烧结砖瓦产品的制造及其产品性能

[法] Michel Kornmann 著

湛轩业 译

[米歇尔·考恩曼（Michel Kornmann），
材料学工程师，曾任法国砖瓦工业技术中心（CTTB）主任]

法国砖瓦工业技术中心给予协助的工程师们：
——Marie Anne Bruneaux；
——Isabelle Dorgeret；
——Olivier Dupont；
——Guy Laurent；
——Daniel Palenzuela；
——Patrick Perrin；
——Thierry Voland；
——Christèle Wojewodka

欧盟砖瓦制造者联合会（TBE）主席 Christian Schenck 先生
为英文原著撰写序言

中国建材工业出版社

图书在版编目（CIP）数据

烧结砖瓦产品的制造及其产品性能/（法）考恩曼
（Kornmann, M.）著；湛轩业译．—北京：中国建材
工业出版社，2010.10
 ISBN 978-7-80227-816-5

Ⅰ.①烧… Ⅱ.①考…②湛… Ⅲ.①砖—烧
结②瓦—烧结 Ⅳ.①TU522

中国版本图书馆 CIP 数据核字（2010）第 137607 号

本书中文翻译版授权由中国建材工业出版社独家出版、发行。未经出版者书面许可，不得以任何方式复制或发行本书的任何部分。

内 容 简 介

这本书的目标是概括性地论述这一工业部门目前的科学研究状态，以及尽可能清楚地论述在这一领域内的工艺技术。该书中涉及原材料（坯体原材料中来自采矿场的黏土质原材料以及外加剂），加工处理过程的基本原理（混合料的制备、坯体成型、干燥、焙烧等），机械和设备，并且也审查了这一工业部门对环境的影响以及对产品质量进行的工业性研究。

本书对产品的物理（机械）性能、热工性能、含水状态下的性能以及耐久性也进行了论述研究，为使用者展示了本行业新的科学技术发展的前景，也对最新的产品发展进行了评论。最后，简要性地描述了新的欧盟标准以及产品的 CE 标记。

烧结砖瓦产品的制造及其产品性能

[法] Michel Kornmann 著

湛轩业 译

出版发行：	中国建材工业出版社
地　　址：	北京市西城区车公庄大街 6 号
邮　　编：	100044
经　　销：	全国各地新华书店
印　　刷：	北京中科印刷有限公司
开　　本：	710mm×1000mm　1/16
印　　张：	22.5　彩插：2 印张
字　　数：	438 千字
版　　次：	2010 年 10 月第 1 版
印　　次：	2010 年 10 月第 1 次
书　　号：	ISBN 978-7-80227-816-5
定　　价：	**70.00 元**

著作权合同登记图字：01-2010-1698
广告经营许可证编号：京 C 工商广字第 8052 号

本社网址：www.jccbs.com.cn
本书如出现印装质量问题，由我社发行部负责调换。联系电话：(010)88386906

本书引用插图的谢启

Infography for the figures 1 à 65, 67, 69, 72, 73 & 76：Éditions Sim
"我们感谢所有列举到的作者们给出许可：让我们在这一作品的创作中使用他们的原始资料"。

封面上的照片：

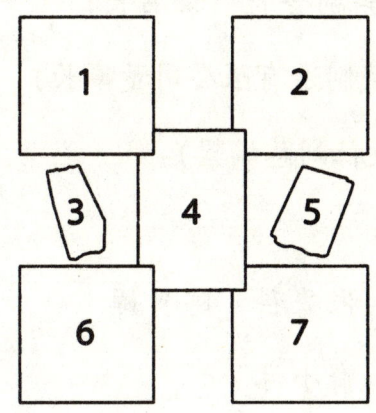

1—Redland Brick Inc.（Harmar），烧砖隧道窑的出口；
2—Imerys toiture（St-Germer），挤出机；
3—垂直多孔砌墙砖（砌块）；
4—照片 FFTB；
5—德耳塔（Delta）10 屋面瓦，照片 FFTB；
6—照片 FFTB；
7—照片 FFTB。

© Société de l'industrie minérale，2007
Dépot légal 3e trimestre 2007
ISBN 2-9517765-6-X
Imprimerie France Quercy

Société de l'industrie minérale
17 rue Saint Séverin-75005 PARIS-FRANCE
Tél. +33(0)153101474—Fax +33(0)153101471
Email：c. grau@ lasim. org

翻译工作委员会

主　　任　孙向远　（中国建材联合会常务副会长，中国砖瓦工业协会会长）

副主任　　许彦明　（中国砖瓦工业协会副会长、秘书长）

　　　　　高　玲　（山东淄博功力机械制造有限公司董事长）

　　　　　侯力学　（中国建材工业出版社副总编辑）

成　　员　（以姓氏笔画排序）

　　　　　孙向远　许彦明　吕佳丽　张秀科　陈肖婵

　　　　　侯力学　高　玲　湛轩业　喻小林

翻　　译　湛轩业

编　　辑　吕佳丽

序　言

两年以前，由法国烧结砖瓦工业协会提供资金支持的一本书（该书的法文版——译者注）在 2005 年年初出版发行了。

这本书的目标是从加工处理过程的观点以及产品性能的观点上介绍烧结砖瓦建筑材料（砖、砌块、屋面瓦等）的生产及应用领域。

这本书是为了最近才加入到我们的工厂中的年轻工程师或是技术人员；为在建筑领域内工作的，希望对我们的产品有更好的了解的工程师；为在陶瓷或建筑专业学习的学生们而写的；更普遍地说，是为了所有那些具备一定技术背景的、对我们性能卓越的产品有兴趣的非专家人士而写的。

这本书受到了讲法语的读者们非常热烈的欢迎，并且普遍地认为是非常有帮助的一本书。

因而，决定对该书进行修订并翻译成为英文版本，以便在欧洲的砖瓦工业内以及让不讲法语的行业同仁们来分享这一著述的成果。

我希望该书的英文译本将会像法文版本那样受到我们欧洲行业同仁们热烈的欢迎和欣赏。

作为 TBE（欧盟砖瓦制造者联合会）的主席，我希望这种首创目标能对所有在我们烧结砖瓦工业中工作的人给予最好的帮助以及由我们最终产品的使用者更加欣赏我们制造的产品。

Christian Schenck

TBE 主席（2004~2006 年）

2006 年 12 月于巴黎

前　言

这一著作填补了一项空白，尽管在世界上欧洲有着最具活力的烧结砖瓦工业，并且使用着最先进的技术，但是还没有先进的法文技术书籍或是以某种英文的、简单的方式展示在烧结砖瓦制造过程中使用的方法以及这些产品的性能的图书。

考虑到烧结砖瓦工业的生命力（在过去 20 年间已经得到了有规律的扩展），非常有必要为感兴趣的读者们提供这样一部作品。

读者们的兴趣是什么？

首先，在我们行业内的年轻工程师及技术人员，正在逐渐地转变成为"技术化"的群体，自此以后这一群体的人数正在逐年增长。经精心策划并完成的这一著作，就是要为那些具有一定程度的综合性科技知识的公众提供初始的知识，为他们提供对这一领域基础要素的认识。他们在经过实践中的磨砺之后能够达到专业化的要求。

其次，我们能够注意到普遍存在的是几乎没有任何可用于烧结砖瓦产品初始教育或培训课程详细而明确的教材，我们不得不为这样的现实而感到痛惜。这就是为什么说这一著作在一些对建筑材料、乃至在一般而言的材料上有兴趣的大学以及高等专科学校将会受到特别欢迎的原因。

最后，这一著作还打算为所有在建筑领域工作的、希望了解他们所使用的材料是怎样被制造出来的工程师们以及技术人员们提供帮助。我们也热切地希望所有烧结砖瓦产品的制造者们能做出关键性的决策，制造出有更好使用功能的产品。

这一著作是基于 CTTB（法国砖瓦技术中心——Centre Technique des Tuiles et Briques）持续了 40 年研究开发经验的基础上，以及在 CTTB 中心行业同仁们的协助下完成的。

法国的这一工业领域的技术中心，是根据 1948 年法国的法律而建立的，从成立伊始就建立在自负盈亏的基础上，其运转经费一方面来自在这一工业领域内的工厂主从他们的用户那里收集来的特种营业税，而另一方面则来自该中心对这一行业内生产厂家提供的技术服务所获得的收入。这一技术中心总是能够得到行业的支持，并且在不断地加强着这一行业的基础，引领着这一行业的发展。该中心已经培育出了某些杰出的生产企业。当然，该中心在生存40年的过程中，也已经获得了相当多的经验。

这本书就是对该中心所获得经验的传递和分享。此外，对这些知识的分享也是CTTB法定的天职之一。

这本书的主要贡献者是米歇尔·考恩曼（Michel Kornmann）。米歇尔·考恩曼曾担任5年CTTB的技术主任。在监管该中心的技术工作期间，他聘用了许多在我们行业内最有发展前途的年轻工作人员，并且在研究开发工作中传递着他的影响力。

在CTTB的许多工程师们也参与了这本书的写作，在我们行业内一些生产厂家的某些工程师也参与了本书的写作。这些工程师们的专业技术活动范围涵盖面非常广泛，如他们中有：陶瓷学家、建筑材料方面的专家、建筑师、技师，等等。他们中的某些人士在研究开发领域内工作，而其他一些人士则在产品制造厂工作或是在建筑和土木工程公司工作，当然，还有其他一些人士是在CTTB本身内的工作人员。这些同仁们以提取基本要素精华的方式，将他们所有的知识和经验贡献到了本书的写作中，他们是"在街上的工程师"（"the engineer in the street"）。

我希望在其后再版时能给出许多更新的内容。

现在让我们进入对这本书核心主题的讨论：烧结砖瓦产品。众所周知，这类烧结材料已经使用了数千年（为什么不写在世界创建的第6天上帝他亲自用黏土造人呢？）（这与我国传说中的女娲用泥造人是何等的相似！——译者注）。每个人都有对烧结砖瓦产品的体验，而且许多人都有着与烧结砖瓦产品接触的个人经历。这些都使得烧结砖瓦产品有着高度的文化属性，是一类令人喜爱的材料。

在烧结砖瓦产品固有的文化附着性上必然不能掩藏现今已进入到屋面瓦的或砖的生产领域内使用的所有工艺技术，当然在本书中已详细地讲到了这方面的状况。

本书是以完全线性的方式组成的。书的一开始就涉及了原材料——黏土质原材料的成分以及它的开采，还有外加剂。接着论及了原材料的化学组成和性质，随后是论述到了成型，即挤出、压制，等等。

然后，该作品继续深入到了包括所知程度最少的领域之一，即使在现今也是如此的干燥阶段。之后就进入了焙烧阶段（论述了一块干燥的黏土质坯体是怎样以及为什么转变成为了一块具有卓越性能的和更经久耐用的烧结产品）。经焙烧之后，我们将考察某些专门类型的产品的精修装饰工序。

本书既从原材料，也从原材料性能转化（物理和化学性能）的观点上，同时也包括生产设备在内论述了所有涉及的内容。

之后，在本书中我们能够看到论及的产品以及产品的性能，但是本书中没有详细地论述关于产品的砌筑和铺设，产品的砌筑铺设是由 CTTB 于 1998 年公开发表的另一著作的主题。这就意味着我们所提及的烧结砖瓦产品，不是仅仅用于屋顶或墙壁的产品。烧结砖瓦产品的性能和优势包括：机械性能等级、防水性能、热工特性和隔声特性、健康特性、耐久性、稳定性、美学性能以及其他一些特性，这些都是本书中详细讨论的技术主题。

关于这一行业的发展形势，虽然在这本书中仅概括性地提及了这一话题，我还是愿意作一简要的评论。过去 20 年期间，烧结砖瓦行业已经出现了非常大的变化。这一行业起源于家族构成的公司，但是现今已经看到逐渐地形成了集约化的生产方式。现在，少数几个主要的集团公司占据了大多数的产量，但是仍然有许多小型的制造企业（SMEs）或是非常小的公司继续存在，而这些小公司在某些专业的产品上往往是高度专业化的，并处于领先地位。

大集团公司的混合生产方式，已经带来了工业上的专业化主义，并且这些大集团公司都具有处于前卫性的技术技能；而小型的制造企业依然掌握有技术诀窍，历史沿革以及传统，其含义就是说专业化是一个完全动态的、可被革新的概念。尽管如此，这些小公司依然保持着非常有力的存在价值。

举例说来，在过去 20 年间，这一行业的推动力是源于在销售上的连续增长（既可按照体积也可按照市场上所占份额来计算），改善了所制造产品的范围（新产品的出现，例如使用薄砂浆连接缝砌筑的砖轻质保温隔热砖或是大尺寸的屋面瓦）以及制造成本的降低。因此，烧结砖瓦产品的价值本质是已经能适应于各种不同情况和环境下的美学质量要与由建筑师们所要表达的新的基本愿望相适宜。这涉及产品的颜色和外观——特别是装饰砖以及用于相同装饰目的的产品，例如，用于墙体外侧保温隔热的大型空心装饰构件（应为烧结装饰挂板——译者注），并且要研究进一步地改善产品外观质量以及有关的环境卫生性能（烧结砖瓦产品的环境卫生性能已经是优越的了）。

最后，我希望这本书将成为所有读者们能找到进入烧结砖瓦产品领域之路的一本参考书，并且能够促进读者们在今后的工作中寻求由专家们提供的更多知识的欲望。

我们将会需要越来越多的具有极强工作能力的工程师，因为我们面临的主要挑战是可持续发展，而可持续发展则是刚刚开始的挑战。的确，烧结砖瓦产品在大多数其他建筑材料中处于领先的地位。但是当前以及将来的发展要求

（例如在2050年之前要将CO_2的排放量缩减三分之二）将会包括大量的要由行业内所有的工程师以及技术人员们来完成的工作。让我们祝愿这本书在这些工程师以及技术人员们艰苦的工作中能够起到有益的帮助。

法国砖瓦制造者联合会（FFTB）主席
Philippe Lafaurie
（飞利浦·拉法奥利亚）
2004年于巴黎

谢　　启

要为在烧结砖瓦工业中所有发现的生产方法和工艺技术的广阔知识范围提供一个总的看法，在没有众多的技术人员的协助下，没有高度的责任感以及异常的坚定信念，一个真正的有雄心壮志的人士也是不可能完成的。我们的讨论、相关人士的评论以及校对使这一著作的顺利出版成为了可能。

首先，我希望要感谢的是在烧结砖瓦工业举行的技术委员会会议期间我接触到的烧结砖瓦行业的专家们，他们的产业观点无一例外总是有帮助的、激人奋进的和富有成效的。我在此要特别感谢：艾梅利斯公司（Imerys）的Jean-René Collin先生在烧结砖上的见解；赛力克公司（Ceric）的Philippe Hatton先生在干燥和焙烧方面给出的他的建议；以及特利雅尔公司（Terreal）的Henri Tixier先生在这一文献中对屋面瓦的加工过程上给出的他的评论和对本书中屋面瓦章节上的贡献。

我希望在此感谢在CTTB所有对这本书做出贡献的、我的前任同事们。通过在该中心时与他们的讨论，通过他们传递给我的知识，更值得提出的是最近经过他们的校对，他们为本书做出了至关重要的贡献。我也应当提及在该中心各个部门如陶瓷工艺部、环境部、标准部、产品和结构部的所有工程师们，感谢 Guy、Fédéric、Michel、Daniel、Amine、Jean-Francois、Isabelle、Oliver、Patrick、Christelle、Maud、Thierry、Catherrine、Lucien，以及所有的其他工程师们……

我也希望对CTTB的首席主任Bruno Martinet先生在这一文献的准备期间给我的帮助表达谢意。他从开始就表示出对这本书的真实兴趣，并在这本书的写作期间给予我强有力的支持。

最后，我想感谢仁慈的Eric Anderson博士，他审查了本书的英文校样。

Philippe Lafaurie先生同意并写出了原著法文版的前言，他曾担任法国砖瓦制造者联合会（FFTB）主席许多年，也曾担任法国砖瓦技术中心（CTTB）主任许多年。对我的这本书而言，特别是在我不担任首席主任期间，在该中心的资金有问题期间，能有这样一位有修养的、有能力的、思想开明的和深沉文雅的主任作序是极大的幸事。我感谢他对这本书的兴趣，我也热切地希望这本书将会促进我们这一工业中的教育以及推进这本书中相当多的经验的传播。

欧盟砖瓦制造者联合会（European Federation of Tile and Brick Manufacturers）主席 Christian Schenck 先生允诺写出了现在的英文版的序言。他的支持让我们想到这本书对提高欧洲砖瓦工业总体的技术发展水平也将会是有益的。

米歇尔·考恩曼
（Michel Kornmann）
2005年3月及2007年2月于日内瓦城（Geneva）

借鉴发达国家经验，加快我国砖瓦工业转型步伐

湛轩业先生翻译的法国《烧结砖瓦产品的制造及其产品性能》中文版付梓，该书的出版为我们提供了有益的参考经验。

中国的砖瓦工业自改革开放以来，经过三十多年的发展，在工艺装备、技术研发、自主创新、生产制造、节能减排等方面，都取得了长足的进步，出现了令人可喜的局面。

纵观世界上发达国家烧结墙体屋面材料的发展过程，高科技手段使这一古老的生产方式跨过了机械化、自动化、智能化三个阶段，使之焕发青春而成为世界建筑的首选材料。当今的中国已成为世界上砖瓦产品生产及机械装备制造最具活力的发展中心之一，取得了不可忽视的辉煌成就，为中国的经济建设做出了巨大的贡献。但在烧结砖瓦行业中仍存在一些结构不合理、生产方式落后、对环境的影响等问题，我们应该借鉴发达国家的成功经验，尽快赶上发达国家的先进水平，提升这一产业在现代工业中的地位，让其更好地为经济建设服务。胡锦涛总书记指出："由于历史等方面的原因，发展中国家的经济文化发展水平同发达国家相比还有较大差距，科技发展水平差距更大。发展中国家应奋起直追，学习先进，全力以赴地加快科技事业的发展。"科学技术是第一生产力，而且是先进生产力的集中体现和主要标志。中国砖瓦工业要发展成为具有创新能力的产业，必须要把最新的科学技术成果应用到传统产业中去，进行产业结构的调整，使传统产业尽快升级成为生态产业，把环境的治理、节能降耗放在重要位置，使烧结砖瓦产品由低附加价值向高附加价值发展，实现经济增长方式的转变，走新型工业化的道路。

中国砖瓦行业的企业家要有强烈的社会责任感；要从不规范的竞争迈向理性有序的规范竞争；要忠实履行自己的社会责任，把企业的经济效益和社会效益、环境效益统一起来作为核心价值取向。倘能如此，中国砖瓦工业之强盛必

将为期不远。

中国砖瓦行业不能只停留在较低的发展水平上。中国砖瓦行业只有在目前看似繁荣、五彩缤纷的蝶舞局面中实现完全彻底的蜕变，走向真正意义上的可持续发展之路、生态之路，才能实现由砖瓦大国向砖瓦强国的转变。

2010年10月9日

译者的话

2008年初，我在德国建筑工业出版社出版发行的《国际砖瓦工业》杂志上看到了法国业内学者米歇尔·考恩曼（Michel Kornmann）先生的著作《烧结砖瓦产品的制造及其产品性能》一书的内容简介。当时就感觉到这本书是近几年来世界上烧结砖瓦行业内出现的为数不多的新作之一。因为好多年来都没有看到烧结砖瓦行业系统性地阐述现代烧结砖瓦生产工艺以及产品性能的书籍，特别是介绍西方发达国家烧结砖瓦行业的技术书籍。经多次联系购买无果之后，在北京的好友李毅先生（北京三融泰科商务咨询有限公司董事长，曾留学法国）的大力协助下，终于在2009年夏初时拿到了来自法国、又从北京转寄而来的这本书。

在过去数十年内，世界上发达国家的烧结砖瓦行业在生产方式、产品质量、产品种类、产品性能、使用功能以及建筑应用等方面发生了重大的变化。现代烧结砖瓦产品在一些西方学者的眼中已经成为了在可持续发展建筑中占有重要地位的一类产品，尤其是对产品性能和使用功能研究的新进展，为这一行业的可持续发展指明了方向。米歇尔·考恩曼先生在这本书中对这些都给出了较为详细的叙述。当我大致阅读完这本书之后，就感到该著作对我国烧结砖瓦行业在目前形势下具有很大的参考价值。随后就给中国砖瓦工业协会的有关领导建议在国内翻译出版这本书，同时也征询了行业内多位专家、企业老总们的意见，并得到了他们的鼓励和支持。在中国砖瓦工业协会和中国建材工业出版社的鼎力相助下，特别是山东淄博功力公司的慷慨解囊、全额资助下，终于使该著作的中译本能够与大家见面了。

在该著作的翻译过程中，曾多次与原著的作者进行联系、沟通，特别是对一些最新专业名词术语的解释、一些新概念的领悟和理解、中文含义的表述等方面，得到了米歇尔·考恩曼先生热情的指导和帮助。在此我发自内心地要对米歇尔·考恩曼先生说声"多谢了"。

本书的引进及翻译出版得到了中国建材工业出版社侯力学副总编、吕佳丽编辑的热情帮助；还得到了西安墙体材料研究设计院喻小林副院长、赵卫虎高级工程师、李密芳高级工程师的大力协助，在此一并表示感谢！

湛轩业
2010年7月于西安

目　　录

第一章　绪论 …………………………………………………………………… 1
　第一节　欧洲的烧结砖瓦工业 ……………………………………………… 2
　第二节　世界上的烧结砖瓦工业 …………………………………………… 4
第二章　原材料和坯体 ………………………………………………………… 6
　第一节　黏土矿物的基础 …………………………………………………… 7
　　一、结晶结构 ………………………………………………………………… 8
　　二、黏土矿物的形成 ………………………………………………………… 9
　　三、主要黏土矿物 ………………………………………………………… 11
　　　（一）1∶1型黏土矿物：高岭石 ………………………………………… 11
　　　（二）2∶1型黏土矿物：蒙脱石 ………………………………………… 12
　　　（三）2∶1型黏土矿物：伊利石 ………………………………………… 13
　　　（四）2∶1型黏土矿物：绿泥石 ………………………………………… 13
　第二节　原材料沉积物 …………………………………………………… 15
　　一、在原材料开采矿山发现的原材料特性 ……………………………… 16
　　二、原材料中不同矿物形态的影响 ……………………………………… 18
　　三、不同化学成分的影响 ………………………………………………… 19
　　四、不同的原材料矿床 …………………………………………………… 21
　　　（一）英国 ………………………………………………………………… 21
　　　（二）德国 ………………………………………………………………… 22
　　　（三）法国 ………………………………………………………………… 22
　　　（四）意大利 ……………………………………………………………… 23
　　五、坯体中的颗粒组成 …………………………………………………… 23
　　　（一）颗粒形状 …………………………………………………………… 23
　　　（二）颗粒尺寸分布 ……………………………………………………… 24
　　　（三）比表面积 …………………………………………………………… 24
　　　（四）颗粒尺寸分布和可塑性 …………………………………………… 24
　　　（五）尼斯珀尔和温克勒尔三角图 ……………………………………… 25

　　　　　(六)最大堆积密度 ………………………………………… 26
　　　　　(七)颗粒尺寸分布累积曲线的比较 ……………………… 28
　　六、瘠性材料 ………………………………………………………… 29
　　七、其他外加剂 ……………………………………………………… 30
　　八、微孔形成剂 ……………………………………………………… 31
　第三节　在原材料中的水 ……………………………………………… 32
　　一、原材料的pH值 ………………………………………………… 34
　　二、Z-电位 …………………………………………………………… 34
　　三、凝聚 ……………………………………………………………… 35
　　四、分散剂 …………………………………………………………… 35
　第四节　原材料坯体的可塑性和流变性 ……………………………… 36
　　一、可塑性和流动性极限 …………………………………………… 37
　　二、"正常的黏土质坯体" …………………………………………… 38
　　三、黏度 ……………………………………………………………… 38
　　四、坯体可塑性的测量 ……………………………………………… 40
　第五节　原材料分析 …………………………………………………… 41
　　一、原材料的化学分析 ……………………………………………… 41
　　二、原材料物理性能的测定 ………………………………………… 42

第三章　原材料采集和采矿场 …………………………………………… 45
　第一节　采矿场项目的准备 …………………………………………… 45
　　一、矿床的研究 ……………………………………………………… 45
　　二、采矿场开采的技术准备 ………………………………………… 46
　　三、行政管理准备 …………………………………………………… 47
　第二节　采矿场的运转 ………………………………………………… 48
　　一、开采设备 ………………………………………………………… 49
　　二、预均化和年度堆垛储存 ………………………………………… 50
　第三节　采矿场和环境 ………………………………………………… 50
　　一、欧盟的规范条例 ………………………………………………… 50
　　二、控制管理采矿场的国家级规范条例：法国的状况 …………… 51
　　　　(一)受环境保护条例约束的分类审批法规(CIEP) …………… 51
　　　　(二)对采矿场的省级指导方针 ………………………………… 52
　　　　(三)采矿场排放的物质 ………………………………………… 52

第四章 原材料处理及成型 ·· 55

第一节 坯体原材料的制备 ·· 55
一、干法制备 ·· 55
二、半湿法制备 ·· 57
三、陈化 ·· 61

第二节 成型 ·· 62
一、真空处理 ·· 62
二、加水和蒸汽处理 ·· 63
三、分层 ·· 64
四、成型方法 ·· 65
 (一)压制实心砖 ·· 65
 (二)实心和空心装饰砖 ·· 65
 (三)"手工制作"或"软泥成型"的实心装饰砖 ············ 65
 (四)穿透孔的空心产品 ·· 65
 (五)屋面瓦 ·· 65
 (六)铺地砖 ·· 66
五、挤出机和机口模具 ·· 66
 (一)挤出机 ·· 66
 (二)机口模具 ·· 69
六、压力机和模具 ·· 71
 (一)回转式压力机 ·· 71
 (二)石膏模具 ·· 73
 (三)钢模具 ·· 74
 (四)带有橡胶衬的模具 ·· 74
七、其他类型的成型设备和压砖机 ······························ 74
八、辅助成型设备 ·· 75

第五章 坯体的干燥 ·· 76

第一节 湿空气 ·· 76
第二节 原材料的吸附等温线 ·· 79
第三节 干燥理论 ·· 80
一、干燥动力学 ·· 80
 (一)阶段1:表面液体水蒸发时期(即恒速干燥阶段) ········· 81

（二）阶段2：干燥的外部表层时期（即降速干燥阶段） ……… 82
　　　（三）吸湿性水分 …………………………………………………… 82
　二、干燥期间坯体的收缩 ……………………………………………… 82
　三、坯体的残留水分和水分的再吸附 ………………………………… 86
　四、抵御开裂的能力 …………………………………………………… 86
　五、坯体干燥过程的模拟（模型） …………………………………… 87
第四节　干燥能力的试验 …………………………………………………… 88
　一、比高特曲线 ………………………………………………………… 88
　二、实验室的快速干燥室中的干燥试验 ……………………………… 88
　三、湿坯体的干燥敏感性判别准则 …………………………………… 89
第五节　干燥周期 …………………………………………………………… 90
第六节　干燥过程中的能耗 ………………………………………………… 92
第七节　不同类型的工业干燥室 …………………………………………… 95
　一、静态的室式干燥室 ………………………………………………… 95
　二、连续的隧道干燥室 ………………………………………………… 96
　三、快速干燥室 ………………………………………………………… 97
　四、干燥室的操作 ……………………………………………………… 98
第八节　干燥空气的再循环和强制对流 …………………………………… 98
第九节　干燥室中坯体的排列方式 ………………………………………… 99
第十节　干燥缺陷 …………………………………………………………… 99

第六章　产品的焙烧 ……………………………………………………… 102

第一节　温度对坯体原材料组成的影响 …………………………………… 102
　一、在坯体结构中的变化 ……………………………………………… 106
　二、相图 ………………………………………………………………… 107
　三、石英的结构及在冷却中的反应 …………………………………… 111
第二节　实验室焙烧性能的试验 …………………………………………… 112
　一、热膨胀分析（TDA） ……………………………………………… 112
　二、热失重分析（TGA） ……………………………………………… 113
　三、差热分析（TCA） ………………………………………………… 113
　四、红外线光谱分析和 X-射线衍射分析 …………………………… 115
　五、工艺性能试验 ……………………………………………………… 115
第三节　传统式窑炉和半工业化窑炉 ……………………………………… 115
第四节　隧道窑 ……………………………………………………………… 117

一、隧道窑的结构 ··· 117
　　　二、窑车 ·· 118
　　　　　（一）砂封 ··· 119
　　　　　（二）水密封 ··· 119
　　　三、燃烧器 ·· 119
　　　四、码砖坯以及在 U-形匣钵和 H-形匣钵（窑具）中
　　　　　焙烧屋面瓦 ··· 120
　　　五、隧道窑的操作方法 ·· 121
　　　六、隧道窑的新发展 ··· 125
　第五节　能耗和燃料 ··· 126
　　　一、窑炉内能量的消耗 ·· 126
　　　二、生产工厂中总的热能消耗 ······································· 128
　　　三、燃料 ·· 128
　　　　　（一）天然气 ··· 129
　　　　　（二）石油焦炭 ·· 130
　　　　　（三）生物燃料 ·· 130
　　　　　（四）热电结合 ·· 130
　第六节　焙烧缺陷 ··· 131

第七章　产品的精修及装饰 ·· 133
　第一节　砖的铺浆面的打磨 ·· 133
　第二节　屋面瓦的硅树脂浸渍处理 ····································· 133
　第三节　产品的颜色 ··· 134
　　　一、芒塞尔（Munsell）色系 ··· 134
　　　二、无装饰层的本色产品 ··· 135
　　　三、表面处理和装饰层 ·· 137
　　　　　（一）机械处理 ·· 137
　　　　　（二）化妆土或泥釉 ··· 137
　　　　　（三）珐琅和釉 ·· 139
　　　四、其他表面处理方法 ·· 140

第八章　辅助生产设备 ··· 141
　第一节　码垛和卸垛设备、转运设备及机器人 ····················· 141
　第二节　分类、包装及包装材料 ·· 142

  第三节　设备的保养、清洁处理及维修 143
  第四节　传感器 143
  第五节　IT 控制系统 143

第九章　产品失色的技术研究方向 145
  第一节　石灰的颗粒和石灰爆裂 145
  第二节　泛霜和石灰的染色 147
   一、在干燥期间的泛霜 148
   二、在焙烧之后的泛霜 149
   三、泛霜试验 153
  第三节　黑心 153

第十章　生产过程控制及产品质量 155
  第一节　工厂的生产过程控制（FPC） 155
  第二节　质量控制实验室 156

第十一章　采矿场及工厂中的健康和安全 157
  第一节　工厂中的肺泡性灰尘和石英灰尘 157
  第二节　在结晶的二氧化硅灰尘方面的欧洲同盟协约 159
  第三节　烧结砖瓦产品工厂中的其他危险产品 160
  第四节　烧结砖瓦产品工厂中的其他危险 160

第十二章　烧结砖瓦工厂与环境保护 162
  第一节　在可持续发展方面欧盟的规范及国家的条例 162
  第二节　气体排放及控制所用技术 164
   一、氟（HF） 164
   二、氯（HCl） 166
   三、氧化硫（SO_x） 166
   四、氮氧化物（NO_x） 167
   五、可挥发性有机化合物（VOCs） 167
   六、甲烷（CH_4） 168
   七、一氧化碳（CO） 168
   八、二氧化碳（CO_2） 168
   九、温室气体（GHG）的排放定额 169

  十、重金属 169

  十一、粉尘 170

 第三节 废水 171

 第四节 固体废料 171

 第五节 噪声 172

 第六节 污染物排放的年度声明文件 172

第十三章 某些典型的生产工厂实例 174

 第一节 屋面瓦生产工厂 A 174

 第二节 屋面瓦生产工厂 B 175

 第三节 生产垂直多孔砌块的工厂 175

第十四章 烧结砖瓦产品的物理、热工及含水性能 177

 第一节 物理性能 177

  一、孔隙率 177

  二、烧结砖瓦产品的真密度和表观密度 178

  三、各向异性（Anisotropy） 179

  四、试验 180

   (一)烧结砖瓦产品的表观密度 180

   (二)开放性孔隙率 180

   (三)真密度 180

   (四)各向异性 180

 第二节 热性能 181

  一、热膨胀 181

  二、比热 181

  三、烧结砖瓦产品的导热系数 182

   (一)孔隙率对导热系数的影响 182

   (二)产品化学成分和结构对导热系数的影响 183

   (三)当量导热系数 184

   (四)水分和有效导热系数 184

   (五)导热系数的测定 184

  四、热扩散系数（Thermal diffusivity） 185

 第三节 有水蒸气时烧结砖瓦产品的含水性能 185

一、烧结砖瓦产品的吸附等温线
  （Fried clay absorption isotherm）……………………… 186
二、由于水分引发的膨胀…………………………………… 187
三、烧结砖瓦产品中水蒸气的扩散………………………… 189
  （一）烧结砖瓦产品中水蒸气的渗透性
    （Permeability of fired clay to water）………………… 189
  （二）水蒸气扩散的阻力系数
    （Coefficient of resistance to diffusion of water vapour）… 189
  （三）测定水蒸气渗透性的试验 ………………………… 191

第四节 有液态水时烧结砖瓦产品的含水性能……………… 192
一、浸湿和完全渗透的自由饱和度………………………… 192
二、用水饱和的烧结砖瓦产品中水分的传递……………… 192
  （一）在饱和的烧结砖瓦产品中液态水的扩散 ………… 192
  （二）屋面瓦的渗透性 …………………………………… 194
  （三）渗透性和孔隙率 …………………………………… 195
三、水没有完全饱和的烧结砖瓦产品中水分的扩散……… 195
  （一）在没有饱和的烧结砖瓦产品中液态水的扩散 …… 196
  （二）初始吸水速率 ……………………………………… 198
  （三）干燥时间 …………………………………………… 199

第十五章 烧结砖瓦产品的力学性能及其他性能……………… 200

第一节 力学性能……………………………………………… 200
一、弹性模量………………………………………………… 200
  （一）杨氏模量（Young's modulus）…………………… 200
  （二）泊松比（Poisson's ratio）………………………… 201
  （三）非各向同性材料的弹性模量 ……………………… 201
二、声音的传播速度………………………………………… 202
三、滞弹性和内部摩擦……………………………………… 202
四、抗压强度………………………………………………… 203
五、抗拉和抗弯强度………………………………………… 205
六、断裂的方式及硬度……………………………………… 207
  （一）韧性 ………………………………………………… 207
  （二）硬度 ………………………………………………… 207
七、与砂浆的粘着力………………………………………… 207

　　　　八、光滑性和摩擦系数……………………………………………… 208
　　　　九、耐磨性…………………………………………………………… 209
　　第二节　耐久性…………………………………………………………… 210
　　　　一、抗冻性…………………………………………………………… 211
　　　　　（一）出现冻害的作用机理……………………………………… 211
　　　　　（二）抗冻性试验………………………………………………… 213
　　　　二、抵抗烟气、冷凝酸及污染空气的能力………………………… 214
　　　　三、抵抗膨胀性盐类物质的能力…………………………………… 215
　　　　四、砂浆和粉刷层中硫酸盐的侵蚀………………………………… 216
　　第三节　光学性能………………………………………………………… 217
　　第四节　防火性能………………………………………………………… 217
　　　　一、与火的反应……………………………………………………… 217
　　　　二、对火灾的抵抗能力……………………………………………… 218
　　第五节　电学性能………………………………………………………… 218
　　第六节　有益健康的性能及对环境的影响性能………………………… 218
　　　　一、烧结砖瓦产品对施工人员有益的健康性能…………………… 218
　　　　二、烧结砖瓦产品在铺砌之后的卫生和健康性能………………… 219
　　　　三、在废料处理中心对烧结砖瓦产品的处理……………………… 220

第十六章　产品的标准化、标记及证明书…………………………………… 222
　　第一节　欧盟的产品标准………………………………………………… 223
　　　　一、产品标准和欧盟建筑准则……………………………………… 223
　　　　二、国家级的附录…………………………………………………… 225
　　第二节　产品的标记……………………………………………………… 225
　　第三节　质量担保书和自愿的产品质量标记…………………………… 228

第十七章　"LD"烧结砖………………………………………………………… 229
　　第一节　LD砖的定义…………………………………………………… 230
　　　　一、顺砌和丁砌……………………………………………………… 230
　　　　二、水平孔和垂直孔多孔…………………………………………… 230
　　　　三、用砂浆铺砌及用薄灰缝连接层………………………………… 232
　　　　四、榫舌和凹槽连接及砂浆槽……………………………………… 232
　　　　五、砂浆层的拼接…………………………………………………… 233
　　　　六、操作抓孔………………………………………………………… 233

七、承重外墙和填充外墙 ………………………………………… 233
　　　八、不同类型的砖 ………………………………………………… 233
　　　　（一）用于传统墙体的砖 ……………………………………… 233
　　　　（二）用于墙体保温隔热的砖 ………………………………… 234
　　　　（三）隔墙砖 …………………………………………………… 234
　　　　（四）用混凝土填充的砖 ……………………………………… 234
　　　　（五）配件 ……………………………………………………… 235
　　第二节　热阻的最佳化 ……………………………………………… 235
　　第三节　热惰性 ……………………………………………………… 236
　　第四节　含水量的最佳化 …………………………………………… 237
　　第五节　力学性能的最佳化 ………………………………………… 238
　　第六节　声学性能的最佳化 ………………………………………… 239
　　　一、冲击声音的传播 ……………………………………………… 240
　　　二、空气传播噪声的衰减 ………………………………………… 240
　　第七节　烧结产品墙体的防火性能 ………………………………… 243
　　第八节　标准和相关试验所包含的特性 …………………………… 244
　　第九节　LD砖铺砌的国家规范和欧盟建筑准则 ………………… 246

第十八章　"HD"烧结砖 ………………………………………………… 248
　　第一节　不同类型的墙体 …………………………………………… 249
　　　一、单片（实体）墙 ……………………………………………… 249
　　　二、空心墙（夹心墙） …………………………………………… 249
　　第二节　美化建筑物的外表 ………………………………………… 249
　　　一、砌筑的形式或连结方式 ……………………………………… 250
　　　二、薄灰缝连结的砌体 …………………………………………… 251
　　第三节　装饰砖的脏污 ……………………………………………… 251
　　第四节　标准和相关试验所涉及的特征性能 ……………………… 252
　　第五节　HD砖的铺砌规范和欧盟建筑准则 ……………………… 254

第十九章　烧结屋面瓦 ………………………………………………… 255
　　第一节　平瓦（Plain tiles） ………………………………………… 255
　　第二节　阴阳面弧形瓦（仰俯瓦） ………………………………… 257
　　第三节　连锁瓦 ……………………………………………………… 258
　　第四节　屋面瓦的性能 ……………………………………………… 261

第五节　屋面瓦的标准和质量 …………………………… 262
　　第六节　铺设方法 ………………………………………… 263
　　第七节　抗风能力 ………………………………………… 264
　　　一、过压和虹吸 ………………………………………… 264
　　　二、屋面瓦在大风中被吹走时所包含的作用机理 …… 266
　　　三、试验 ………………………………………………… 268
　　第八节　下雨天的防水性能 ……………………………… 268
　　　一、雨和风的联合作用 ………………………………… 268
　　　二、屋面的斜度 ………………………………………… 270
　　　三、连锁肋条的防水性 ………………………………… 271
　　　　（一）没有风时的防水性能 ………………………… 271
　　　　（二）风垂直于屋脊时的防水性能 ………………… 272
　　　　（三）有侧向风时的防水性能 ……………………… 272
　　　四、关于屋面防水性能的试验 ………………………… 273
　　第九节　耐久性、抗冻性和通风 ………………………… 274
　　第十节　屋面瓦和雪 ……………………………………… 275
　　第十一节　瓦的防火性能 ………………………………… 276
　　第十二节　屋面瓦和植物的生长 ………………………… 277

第二十章　其他不同性能的烧结产品 ………………………… 279
　　第一节　墙体包覆装饰产品 ……………………………… 279
　　　一、用装饰砖做包覆装饰保护层 ……………………… 279
　　　二、用瓦做包覆装饰保护层 …………………………… 279
　　　三、烧结装饰挂板 ……………………………………… 279
　　第二节　烟囱用的烟道砌块 ……………………………… 280
　　　一、形状和横截面 ……………………………………… 282
　　　二、性能及试验 ………………………………………… 283
　　　三、烟道砌块的装配 …………………………………… 284
　　　四、烟道砌块的配件 …………………………………… 284
　　第三节　楼板和楼板砌块 ………………………………… 284
　　第四节　墙地面覆盖构件 ………………………………… 288
　　　一、墙地砖 ……………………………………………… 288
　　　二、小型烧结板或砖板条 ……………………………… 291
　　　三、铺路砌块和铺路材料 ……………………………… 292

11

第五节	其他装饰构件	294
第六节	特长砖（称为层高条板砖）	295
第七节	膨胀黏土陶粒	295

第二十一章　结论 ··· 296

附录 ··· 299
 附录1　本书中涉及的矿物术语 ··· 299
 附录2　天然气的详细性能 ··· 303
 附录3　各种燃料的综合性能 ··· 304
 附录4　单位换算表 ·· 305
 附录5　用于类别1砖—HD构件CE标记的工厂生产
     控制——FPC系统的实例 ··· 306
 附录6　一般参考文献 ··· 309
 附录7　特殊参考文献 ··· 311
 附录8　技术术语的索引（中英文对照） ································· 316
 附录9　插图目录 ·· 335
 附录10　表格目录 ·· 338
 附录11　公式的列表 ··· 341
 附录12　书中插入照片的列表 ··· 342

第一章 绪 论

烧结的砖瓦材料在建筑上一直使用了数千年。很久以前，人们使用太阳晒干的砖坯来建造墙体，之后又制造了烧结黏土砖。古代亚述人（美索不达米亚）的金字形神塔（顶上有神殿），巴比伦的城墙，是用烧结砖和沥青砌筑的[2]，罗马浴室，伊斯坦布尔的圣-索菲亚大教堂及其圆屋顶，法国的艾尔彼（Albi）大教堂，莫斯科的克里姆林宫，中国的万里长城，缅甸的非基督教的庙宇，贝恰拉其（Bacharach）乌兹别克斯坦的陵墓和尖塔，佛罗伦萨大教堂的圆屋顶（穹隆）或是威尼斯的城市，在各种各样的地方和气候条件下，这些都是流传久远的少数砖瓦建筑实例。

这些烧结砖瓦材料一直在改变，以适应建筑上的变化和需要，既在传统建筑领域，又在工业化的今天都能满足建筑的要求。一百五十年以前，烧结砖瓦材料同金属材料——钢筋的结合，在工业建筑中的用砖量有了较大的增长。后来，在城市的近郊区烧结砖被用于建造工人阶层的住宅。现今，烧结砖具有结构、填充、保温隔热、隔声，以及防火的综合功能，是非常受人们欢迎的住宅建筑材料，居住者们非常欣赏烧结砖瓦的舒适性、安全性、有益健康性，以及尊重环境的友好特性。

烧结砖瓦产品的特性能够使它们在建筑物的许多部分上得到有效的使用。烧结建筑材料产品主要是以装饰、隔墙及承重结构墙体的砖、屋面瓦、铺路砖、烟囱砖、毛面铺地砖（不施釉的铺地砖——译者注）、装饰构件等形式出现。

这些产品是由普通黏土制造的，通常在焙烧之后变红（除石灰质的黏土外，石灰质黏土的焙烧颜色从粉红色、黄色，变化到白色）。最普遍的焙烧温度处于 850~1150℃之间。

虽然自从远古时代以来，烧结砖瓦产品的工艺原理没有变化，实际上，在近些年来其加工过程有了显著的变化，已成为了高度有效的、自动化的以及使用计算机处理的生产过程，能够制造出用于大众消费的产品。这些产品是可再生的、经济节约的，也是尊重环境的产品。

在过去，根本就没有非常合适的、可遵循的工艺参考文献。在对工艺和产品的解释方面，也没有法文的或是英文的最新书籍。因此，这对才加入到烧结砖瓦行业要工作的、对这一领域感兴趣的或是要使用这些产品的工程师和技术人员来讲,要寻找这一行业的有用信息,就相当困难。专业文献是专门研究某些问题的,这些文献不会包括所有生产中的问题,而且这些专业文献不是都可以理解的。这就是要写这本书的重要意义所在。

在烧结砖瓦行业工作的工程师总是面临着同样的问题:在有利润的基础上,怎样去组织生产;产品的性能要持续稳定,并要符合标准的要求,而使用的原材料在变化或是可变的。当遇到这些问题时,这本书将会对他们有所帮助。

本书有一简要的规划:对有关烧结砖瓦工业和所用的基本原材料的信息进行阐述之后,详细地描述了生产工艺过程,如:矿山开采、原材料的制备、成型、干燥、焙烧以及最终产品的处理。此后对烧结砖瓦产品的普遍性能进行了讨论。最后,对烧结砖瓦行业制造的各种产品,如砖和瓦,以及它们的性能和相应的标准也给出了介绍。

在本书中,对烧结砖瓦产品的用途或这些产品在建筑上的砌筑方式没有进行任何实质性的细节讨论。虽然烧结砖瓦的工艺技术和产品在各发达的国家中相互是同样的,但在建筑结构的使用上有许多差异,这则取决于不同的国家和涉及的建筑传统,这些内容不在本书中讨论。本书仅是涉及烧结砖瓦产品在法国[3]的应用。

本书主要是写给在烧结砖瓦产品制造领域内工作的工程师和技术人员,在建筑领域内的专家,以及在建筑材料领域内的学生。在建筑领域内的专家们(在建筑领域内的建筑师、工程师和技术人员、专家等)渴望获得在他们专业活动范围内使用这些产品的进一步细节,以及想证实以尽可能好的方法来使用这些产品,在建筑材料领域内的学生们更普遍的是都对烧结砖瓦行业感兴趣。

第一节 欧洲的烧结砖瓦工业

欧洲有许多国家级的烧结砖瓦生产者协会,都集中在了一个组织下,即TBE——欧盟砖瓦制造者联合会(TBE——Tiles and Bricks of Europe)。

在大多数情况下,这一工业部门是高度自动化的,使用着连续式的隧道窑,并且在近些年来,由于用户的偏爱(优先选择)和不断的技术革新活动,与有竞争的建筑材料比较,该工业能够巩固自己的市场地位。劳动生产效率很高(在烧结砖的生产中,每个生产工人每年可生产 1000~2000t 产品)。因为该工业是耗能密集型工业,能源已占到生产成本的 30%,但是在过去的最近十年期间,新的窑炉技术的使用,以及天然气使用量的增加,能源的消耗已经下降了一半。

表1表示了一些国家生产状态的评估。统计的质量随国家不同而有所变化，因为这仅是一般状态的评估。

主要生产砖的国家有：西班牙、意大利、德国及英国。法国有着非常强大的屋面瓦生产工业。

表1　欧洲烧结砖瓦生产形势（2003年）（根据TBE的统计）

产量\国家	法国	德国	意大利	西班牙	葡萄牙	比、荷、卢三国	英国	欧洲（15国）
砖产量（百万t）	2.6	8.4	18.2	28	4	5	6.9	约80
瓦产量（百万t）	2.9	2.6	1.7	1.6	0.8	—	0.12	约10
砖瓦总产量（百万t）	5.5	11	19.9	27.6	4.1	5	7.1	约90
建造建筑物数量（千套/年）	314	240	257	636	60	110	203	2275
工厂数量	100	153	161	395	73	80	102	约1500
人员数量	5900	10545	9500	12500	4700	3200	5920	约70000
营业额（百万欧元）	827	1152	1237	885	200		900	7500 包括瓦2300

烧结砖瓦产品生产者与建筑工业紧密相连。由于受气候、规范及当地传统习惯的影响，这些产品的细部结构性状和特性也随之变化。

在欧洲，从一个国家到另一个国家的习俗变化非常大。如烧结砖可以或不可以用作装饰的目的，烧结屋面瓦可能在某一国家是很普遍的，而在另一国家可能是稀少的，这取决于不同的国家、建筑形式、人口等，所以使用砖的数量变化范围很宽（表2）。

表2　西欧年人均对烧结砖的消耗数量

国家	法国	德国	奥地利	意大利	西班牙
人均消耗（kg/人）	40	100	210	300	570

西班牙人使用着大量的烧结砖，几乎比法国多14倍。对此有两个主要的原因：首先，西班牙的建筑物数量是法国的两倍；其次，西班牙总是用砖建造建筑。

然而，在西欧各国中，每套新建住宅消耗砖的数据非常明显地表明，到目前为止，意大利的耗砖数量最高（表3）。

表3　西欧各国每套新建住宅消耗砖的数据

国家	法国	德国	英国	意大利	西班牙
每套住宅消耗（t/套）	8.3	35	33.9	70.8	40.8

3

表4概括了欧洲平均消耗烧结砖瓦的水平。

表4 欧洲对烧结砖瓦产品的消耗（欧洲15国）

年平均消耗砖 （kg/人）	每套新住宅消耗砖 （t/套）	年平均消耗瓦 （kg/人）	每套新住宅消耗瓦 （t/套）
222	37.4	26	4.4

根据国家不同，对烧结屋面瓦的使用量也在变化，在欧洲，南部比北部的消耗量高。在欧洲，屋面瓦的消耗量相当于砖产量的15%。

在欧洲的南部，主要是小规模的和中等规模的生产厂家，而主要的大规模生产公司在接近欧洲的西北部和欧洲的中部。最大的公司（Wieberberger AG——维也纳山股份公司）在25个国家（现在是27个国家——译者注）差不多有250个（现在是265个——译者注）工厂，有13000名雇员。在法国，有四家国际性的公司（Wieberberger——维也纳山，Imerys——伊梅利斯，Lafarge roofing——拉法基屋面瓦，Terreal——特利亚尔）占据了70%的砖市场和90%的瓦市场。而另一方面，欧洲的大多数砖瓦生产公司是仅有一个工厂的家族自有的公司。

国际间的贸易受到限制是重要的因素。在欧洲范围内，标准的协调一致已经大大推进了国际间的贸易。协调一致的砖标准已经得到批准，砖的CE标记自从2005年12月已被采用；烧结屋面瓦的CE标记在2007年1月开始使用。

第二节 世界上的烧结砖瓦工业

烧结砖瓦产品在世界各地都得到了广泛的使用，但是其他地区在品种开发和工艺技术上，与欧洲相比还有相当大的差距。

表5给出了某些砖的生产数据，这些数据表明在众多国家中砖有着非常大的重要性。表5也给出了发展水平变化非常大的范围、所使用的工艺技术及生产效率。然而，在这些数据中，许多数据仅是近似值。

世界上烧结砖瓦产品的总产量在30亿t的范围内，也就是接近于全世界水泥产量（17亿t）的两倍。烧结砖瓦产品的主要生产国家是中国、印度、巴西和欧洲联盟国家。

发展中国家的生产数据是非常含糊的，不能确定其数据的来源，但是在某些亚洲国家中的产量数据似乎是巨大的。这些国家通常使用着非常简单的工艺技术（在印度使用有带交替焙烧系统的布尔氏地沟窑，在中国有立窑；实际上在中国的立窑已绝迹——译者注），有的甚至没有任何新的发展（马蹄形间歇式的窑、临时围窑），需要大量的劳动力，能耗水平很高，也没有任何污染控制手段。通常所做的产品非常简单（实心砖），使用大量的黏土，而且质量很差。能耗水平变化很大，其范围在1300~9000kJ/kg之间。

表5 世界上烧结砖瓦工业有限的数据

国家	从业人员（千）	产量（百万t）	每年新建住宅数量（千）	工厂数量（千）	人口（百万）
中国	5000*	1300*	25000	90	1290
印度	1500	360		50	1057
巴西	400	100		5.5	182
欧洲（15国）	69	90	2275	1.5	360
伊朗		23.4		0.9	64
美国	15	19	2000	0.2	290
巴基斯坦	250	18		>3	160
俄罗斯		16	510		144
马格里布	20	14		0.42	72
土耳其	45	12.4	360		68
南非	12	10			44
印尼	125	10		4.5	223
孟加拉国	130	8		3	138
乌克兰		4.2			47
澳大利亚	3.85	1.6		0.07	24
小计		2070			4025

* 中国烧结砖瓦行业的从业人数至少应为800万人，产量至少应为15亿t——译者注。

从产品的质量、能源消耗及环境保护等方面来说，在世界范围内的烧结砖瓦工业有着巨大的改进潜力，因为看来全世界似乎只有不到10%的烧结砖瓦产量是用现代的、效率高的、没有污染的工艺技术生产的。

第二章　原材料和坯体

烧结砖瓦产品的制造工艺过程（图1）是由数个阶段组成的：
(1) 原材料的采集；
(2) 原材料制备；
(3) 坯体成型；
(4) 干燥；
(5) 焙烧；
(6) 焙烧后的处理。

从20世纪70年代开始，发达国家中的烧结砖瓦生产在连续运转的基础上，就已经建造了带有人工干燥系统和隧道窑的大规模的生产线。

近些年来，在烧结砖瓦生产工厂中已经引入了自动化的技术、计算机处理技术、机器人技术，从而强化了生产工艺。在原材料制备和成型设备的功能控制上，在制造过程中产品的转运处理上，在干燥和焙烧的调节上，现在都由计算机来进行操作。

烧结砖瓦产品工厂使用这些技术可以得到：
(1) 增加了生产效率；
(2) 提高了产品质量，因此能更好地满足使用者的需求；
(3) 减少了单位产品的能耗水平；
(4) 改善了工作环境。

现代化烧结砖瓦产品生产工厂的特征是：从原材料的制备开始，真空挤出，生产中的转运处理系统，在室式或隧道式的人工干燥室中干燥，在隧道窑中焙烧，在成品的储存及发运装卸上全部是机械化的操作或是由机器人操作。在烧结砖瓦生产工厂的规划和设计上，现在有许多种不同的解决方案，这则取决于所用的原材料、生产规模及产品的类型。

我们将逐一讨论制造工艺过程的各个阶段，并特别注意在成品性能上可能存在的影响。

在本章中，我们将关注生产中使用的原材料及坯体性能，在随后的章节中将继续讨论生产过程中的各个阶段。

制造烧结砖瓦产品所使用的原材料主要是含黏土质的土壤。这些原材料从一个开采场地到另一个开采场地的性能变化很大，但是所有这些原材料都含有高比例

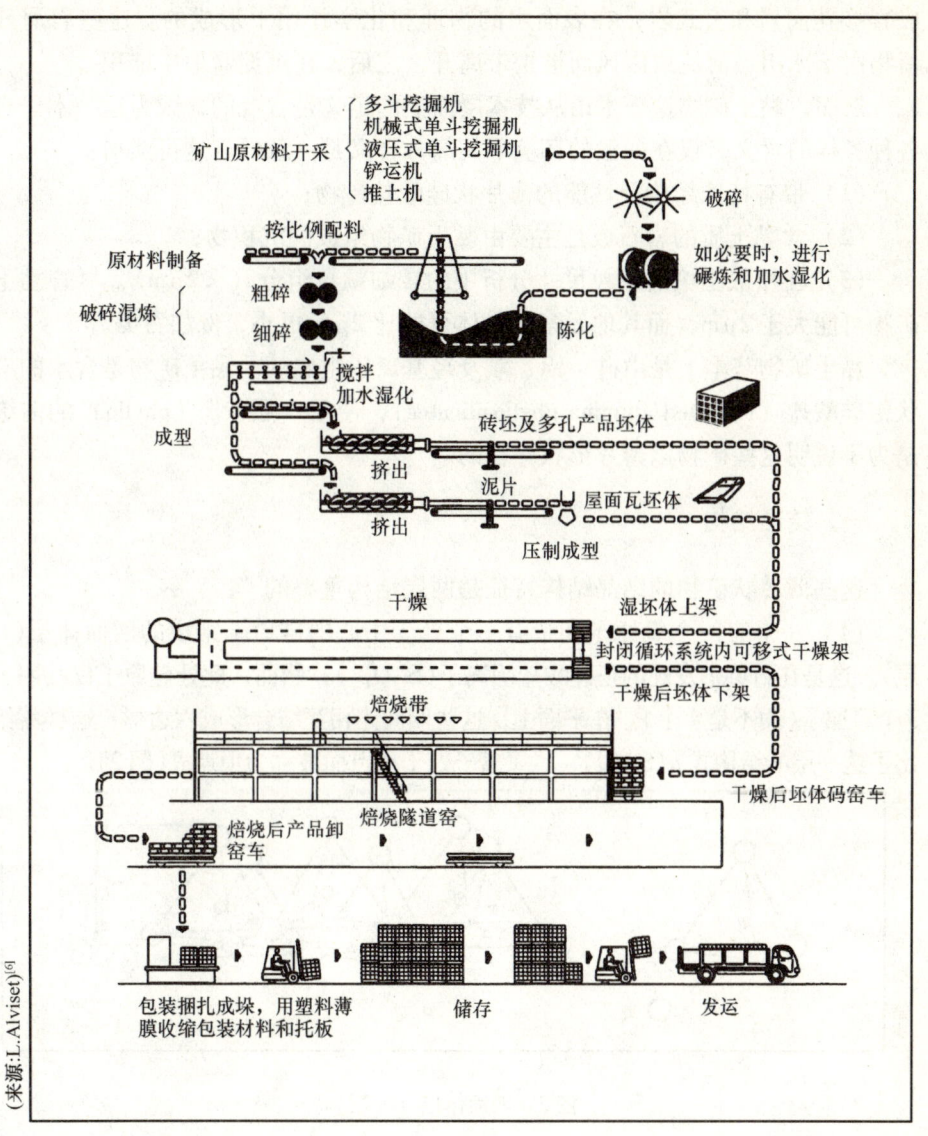

图1 烧结砖瓦产品的制造工艺过程

的黏土矿物，黏土矿物使原材料具有可加工性，并给出了焙烧后产品的机械性能。

第一节 黏土矿物的基础

在地壳上层发现的黏土是沉积性材料。所发现的这些黏土是由物理侵蚀（结冰、盐类物质的结晶化，等等），通过火山喷发出矿物的水解而风化及火成岩（花岗岩和玄武岩）在表面水的物理和化学作用下形成的。这些岩屑残留物由于冰川、河流或因风而被携带离开，之后，在沉淀盆地中堆积[4]。

然而，黏土矿物这一术语从技术层面上的定义是含混的，因为这一术语有各种各样的含义，仅在一般的环境下其部分含义是一致的。这可能指：

（1）带有特殊结构及性能的薄片状硅酸盐矿物；

（2）含黏土质的岩石或是主要由黏土矿物组成的沉积物；

（3）在松散土壤的颗粒尺寸分析中的较细颗粒组分（<2μm），尽管黏土矿物可能大于2μm，而其他元素的晶体可能比2μm更小，例如石英。

黏土矿物基本上是由硅、铝、氧及羟基离子组成的。黏土矿物是含水的层状铝硅酸盐（hydrated alumina phyllosilicates），使用"层状"（phyllo）的前缀是为了说明这些矿物以薄片形状存在的。

一、结晶结构

这些薄片状矿物的结晶结构特征是两层结构重叠的[5,6]：

（1）一个有四个氧原子和带有一个处于中心的硅原子组成的四面体层(ct层)。这是在石英中发现的正硅酸盐阴离子($Si_2O_4^{4-}$)；然而，此处硅原子仅共用了3个氧原子(而不是4个)。在平面上，这些四面体相互结合形成六边形，这样就给出了这一层的结构式$n(Si_2O_5)^{2-}$。氧离子处于顶点而被称为顶点氧(图2)。

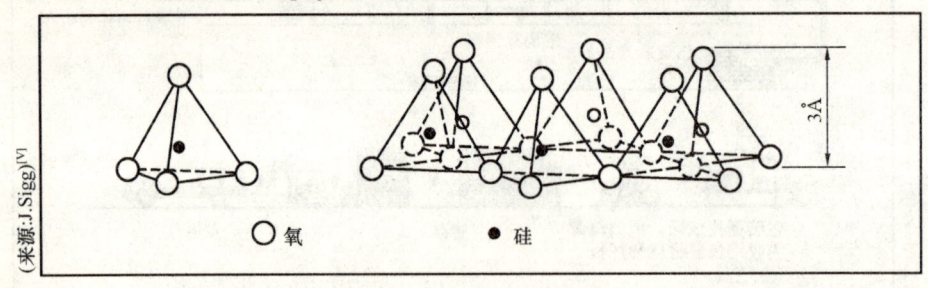

图2 四面体层（ct层）

（所有四面体的点都在同样的方向上）

（2）一个以三水铝石为基础的八面体层（co层），该八面体带有6个OH^-羟基和一个处于中央的铝离子。这一八面体是由两个底部为正方形的锥体形成了它的体积，并由底部组合在一起。同样，这些八面体在平面上结合形成了六边形（图3）。我们也能发现氢氧镁石$Mg(OH)_2$可替代三水铝石。

黏土矿物是由逐次相连的co层和ct层组成，结合在一起形成层状结构，在ct层顶端的自由氧离子形成了直接邻近于co层位置的部分。为了实现相互的结合，来自co层的OH^-就必须远离ct层上每一个顶点的阴离子，寻找合适的位置。

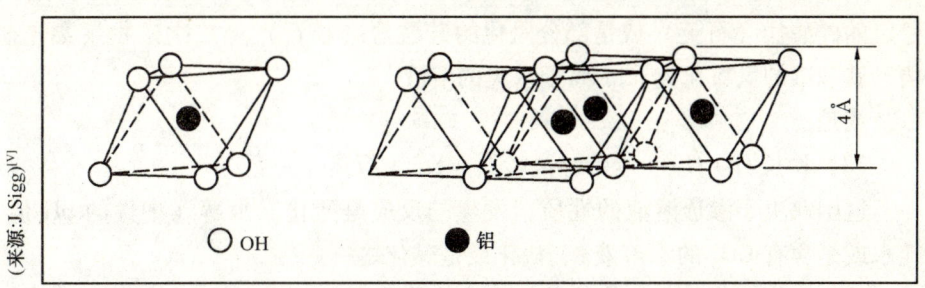

(来源:J.Sigg)[V]

○ OH　　● 铝

图3　八面体层（co层）

由两种类型的层状黏土矿物：

（1）co—ct（1∶1型黏土矿物），该类黏土矿物包含两层：三水铝石层和硅石层；

（2）ct—co—ct（1∶2型黏土矿物），该类黏土矿物包含三层：硅石层、三水铝石层和硅石层。

这些层状结构相互之间是由内层空间分开的。因为所有这些元素都是处于离子化（电离）状态，物质必须保持总体的中性化。如果在电荷之间有一个平衡，各层之间就是中性的，并由氢键或范德华引力保持在一起。内层空间是空的。

然而，黏土矿物的结构通常由于部分置换（取代）而使其复杂化：

（1）在ct层中的Si^{4+}由Al^{3+}取代；

（2）在co层中的Al^{3+}由Mg^{2+}或Fe^{2+}取代。

这些取代导致了正电荷的缺乏。在这种情况下，各层之间就不是电中性的了。因此在内层空间上由附加的部分水化阳离子（K^+，Na^+和Ca^{2+}……）而得到全面的中性。这则取决于阳离子的性质及黏土矿物的性质，这些附加离子的结合能力有强有弱，并且具有可交换能力。因此某些黏土矿物能够固定和交换离子（主要是阳离子，阳离子交换能力——CEC）。

因此，黏土矿物主要是根据它的性质、置换发生的位置、缺乏电荷的价值及阳离子交换能力来分类。

黏土矿物的一层和它的内部空间构成了它的晶胞（单元）结构，因此，黏土矿物有着典型的不同厚度，其范围在7~31Å（Angströms），这则取决于黏土矿物和所处的环境。

二、黏土矿物的形成

黏土矿物是由于物理侵蚀风化（冰冻、热冲击等）形成的岩屑类材料，并伴随有下列类型的连续化学作用：

（1）初始母体硅酸盐（石英、长石、辉石、闪石，等等）+渗透水⇌

稳定的硅酸盐（石英）或是部分风化的硅酸盐（长石）+二次矿物（黏土矿物、铁和铝的氢氧化物）+离子富集的溶液。

或是：

（2）K长石 + H^+ + 水══高岭石 + K^+ + 石英

这则取决于渗透溶液的性质，发生的反应是酸化、水解（中性的pH值，纯水或是含有CO_2的水溶液）、盐化或是碱化之一。

必须记住石英是二氧化硅最普遍的结晶形式。

长石是碱金属或碱土金属的块状（"tecto" = block）——硅铝酸盐。它们可能是：

（1）含钾的长石（K，Na）（Si_3AlO_8）（例如，微斜长石$6SiO_2Al_2O_3K_2O$及正长石KSi_3AlO_8）；

（2）含钠的长石，具有高含量的Na，例如歪长石（anorthoclase，又称钠微斜长石——译者注）；

（3）含钙的长石（斜长石，从钠长石到钙长石$2SiO_2Al_2O_3CaO$）。

上述长石的类别取决于SiO_2的含量、岩石是酸性的（$SiO_2 > 66\%$）还是碱性的。

长石能够以单独的或以联合的物相存在。长石是火成岩的基本成分，特别是花岗岩。

黏土矿物的形成取决于初始岩石的来源、环境条件，例如气候（温暖和潮湿，是否有高度的水解作用）、其主要活动是否为排水区域的地形地貌（盆地还是山峰）、反应的持续时间等。地质学家已经表示出了黏土矿物生成的类型与可变的风化反应之间的关系（图4）。在非常广泛的程度上，我们注意到逐步的脱硅作用、逐步的脱碱作用，首先是1:2型黏土矿物的形成，之后是

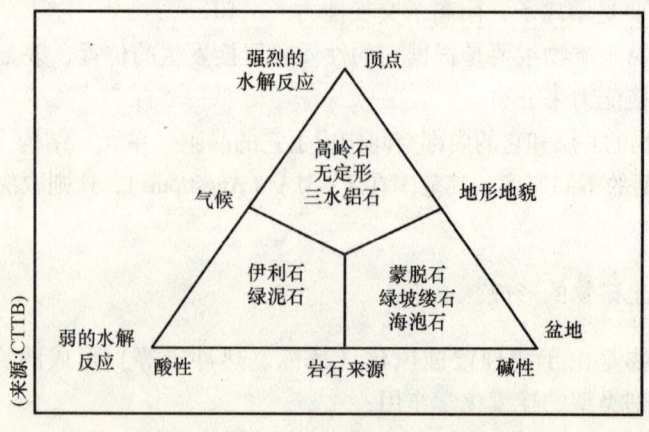

图4　根据环境条件形成的黏土矿物

1:1黏土矿物的形成,最后是硅石。

根据岩屑形成的黏土矿物,具有非常小的晶体结构,形状可以是条板状、圆盘状,或是假六边形的薄片状,或是平板状,或是阶梯状的,在图5中可看到它们的结构形状和分层状状态。

由于co层和ct层的不同性能而导致了晶体

图5　黏土矿物的图像

内部的主要应力,这种应力限制了晶体的尺寸约在10μm之内。因此,人们不可能观察到大的黏土矿物晶体。通常这些黏土矿物的晶体尺寸<2μm。这些晶体中包含有数(达十二)层到数千层。这些晶体能够集结在一起形成较大的颗粒,实际中要将这种大颗粒分散开是困难的。

我们发现黏土矿物晶体形成单一的结构单元(层和内层空间),但是其内部层间结构也是经常能发现的,结构单元的混合体有:co—ct//co—ct/co—ct—co//co—ct—co/co—ct/等。

最后,对黏土矿物的完整描述就应该考虑其多型现象,也就是在晶体中相对于邻近层在堆积的次序上的变异性(规则的堆积、各层的相对旋转、平移的杂乱性、涡旋片状的杂乱性等)。普遍常见的多型现象是云母和黏土矿物。

推断所有这些矿物可能的结合方式,黏土矿物的结构变化范围非常大:简单说来有八十多种已确定的黏土矿物,因此,我们就必须要考虑到复杂的矿物以及它们的混合物。

三、主要黏土矿物

现在我们将继续讨论在烧结砖瓦产品方面所涉及的主要黏土矿物。

(一) 1:1型黏土矿物:高岭石

高岭石$(Si_2O_5)Al_2(OH)_4$,或者根据氧化物形式书写成等价的化学式:$2SiO_2 \cdot Al_2O_3 \cdot 2H_2O$(高岭一词是中国景德镇附近的一小山岗名称,因最先在该地发现这种矿物,故称。原文中叙述有误——译者注)。高岭石是一种由两层ct—co层组成的层状矿物(图6)。高岭石晶体层是电中性的,其内层空间是空的。结构单元厚度为7.2Å(音:埃,一亿分之一厘米)。各层之间由较弱的氢键连结在一起。高岭石的结构是稳定的，因为仅能够在颗粒周围吸附水，这种类型的黏土矿物吸附水后不膨胀。高岭石通常发现在由长石富集的酸性岩石（例如花岗岩）产生的黏土沉积物中。高岭石的含铝量较高（46%）（与我国的说法不一致——译者注），具有可塑性，在干燥和焙烧期间有较低程度的收缩。因此高岭石需要有较高的焙烧温度，并且在焙烧后也有相当好的耐火性能。

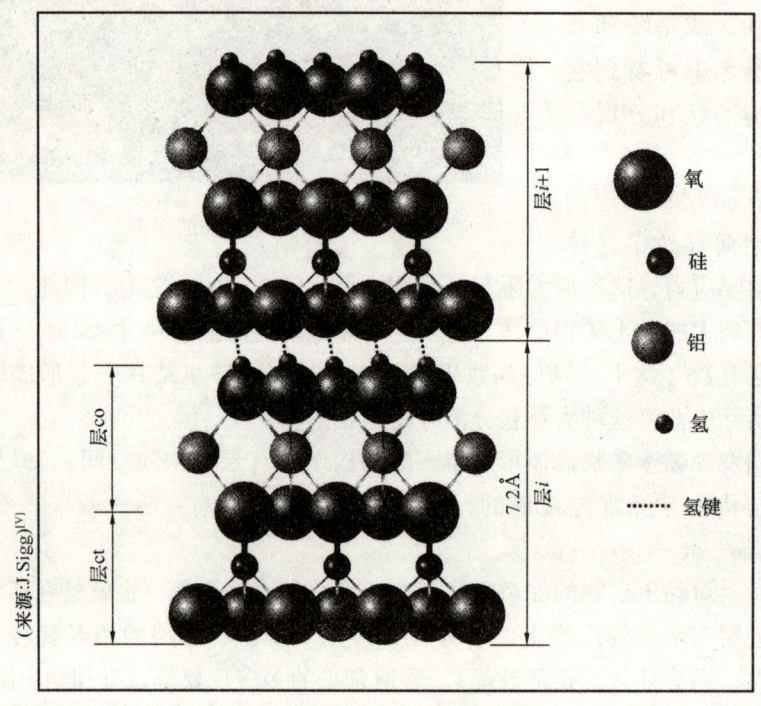

图6 高岭石的结构

高岭石矿物结构有一个轻微的变体，被称为叙永石（多水高岭石或埃洛石），叙永石（因最初在中国四川叙永发现，故称——译者注）含有更多的水，因此层间厚度就更大一些（在7.2~10.1Å之间）；引发的其他高岭石变体是珍珠陶土和地开石。

在蛇纹石$(Si_2O_5)Mg_3(OH)_4$中，镁替换铝而诱发了有意义的错位。从这种错位相应的不同结合方式上讲，蛇纹石有三种变体。在贵橄榄石中，这种错位是由于平层面变成弯曲而引发的。随着这种弯曲层面的生长，层面就围绕它们自身缠绕成为了空心的、拉长了的纤维。贵橄榄石是石棉中最普遍的矿物。

（二）2:1型黏土矿物：蒙脱石

在带有三个ct—co—ct层为一组的层状黏土矿物蒙脱石中，在其层间能够出现有各种各样的置换，Na，Al，Fe 及 Mg 的含量是可变的。这就产生了不同的电荷量（每个单元 0.2~0.9 个电荷），根据吸附补偿离子的程度有各种变体，因此也就出现了或强或弱的结合，等等。

蒙脱石（smectite，来自希腊语"smektikos"一词，其意思是清洁的），也称为"montmorillonite"，其分子式为：$M_x^+[(Al_{2-x}Mg_x)Si_4O_{10}(OH)_2]_x^- \cdot H_2O$（因在法国蒙摩利龙地区首先发现而命名，在美国也称为斑脱岩，该名称来自美国地名福特·斑脱——Fort Benton）。

在蒙脱石中，处在八个方向相互垂直位置上的 Al^{3+} 被 Mg^{2+} 替换。所以其层间不再是电中性的，而是出现了负电荷（每个结构式单元中通常约为 0.33），这种负电荷主要由弱结合形式的离子来补偿（在大多数蒙脱石中是 Ca^{2+}，在某些稀少的情况下也有 Na^+）。蒙脱石的结构特征是具有高度的可交换离子能力（Mg^{2+}，Fe^{3+}），以及它们有在内层空间中保持水的能力。因此在蒙脱石的结构单元厚度上是可变的，根据水存在的数量大小其厚度在 10~21Å 之间变化。一般情况下，蒙脱石晶体是非常细的。蒙脱石的结构和它们在内层空间上吸附水的能力，使其具有高的可塑性、相当大的吸水性、较大的收缩和膨胀性、强的粘结和吸附能力的特性。皂石、绿脱石和贝得石是蒙脱石的变体。

（三）2∶1 型黏土矿物：伊利石

云母族的矿物也有三个 ct—co—ct 层为一组的层状结构。云母族矿物的实例之 就是白云母 $KAl_2[Si_3AlO_{10}](OH)_2$。这种结构包含着吸附进入内层结合的 K^+ 离子，用于补偿电荷的不平衡。然而，这些例子是以非常稳定的方式被结合，几乎不能被交换。白云母的结构单元厚度为 10Å，并保持其厚度不变。

分布最广泛的黏土矿物是带有钾离子的云母族类矿物，被称为伊利石（因首先在美国的伊利诺斯州发现，故名）。伊利石仅是一般性的名称，因为伊利石通常是混合物，并不能确定它们的组成是从云母矿物分离出来的一族矿物。伊利石的含钾量比白云母少一些，但是含有更多的水[例如 $K_{0.8}Al_2(Si_{3.2}Al_{0.8})O_{10}(OH)_2$]。有时称伊利石为"水云母"。伊利石的成分根据形成的条件有所变化。伊利石有着有限的交换能力，其内层空间厚度为 10Å，并保持不变。由于作为熔剂性物质钾的存在，伊利石的初始熔融温度较低，大约为 1050℃。伊利石具有可塑性。伊利石是分布类型最广泛的黏土矿物，也是在烧结砖瓦行业中使用最广泛的材料。海绿石是富含铁的一种伊利石。在钠云母中，钾被钠取代。图 7 表示了 2∶1 型黏土矿物伊利石的一般结构。

（四）2∶1 型黏土矿物：绿泥石

绿泥石（来自希腊语"khloros"一词，其含义为绿色）也是有三个 ct—co—ct 层为一组的层状结构化合物。在绿泥石中，内层空间被 Mg 和 OH 的化

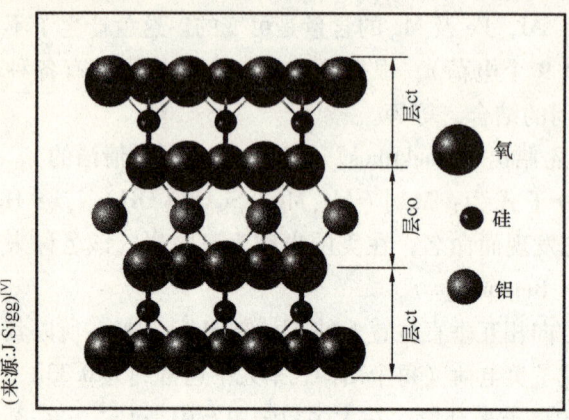

图7 伊利石的结构

合物填充，几乎形成了四分之一的稳定层，类似于氢氧镁石。绿泥石的交换能力有限，其网状交错的间隙保持不变（14.1Å）。绿泥石在烧结砖瓦原材料中是相当普遍的。

还有其他众多的层状硅酸盐矿物，但是很少是普遍存在的，它们有着非常能够相似的化学成分和结构，通常与上述化合物混合在一起。所知道的这些矿物具有层状结构，具有滑动性和吸附性能。这些矿物的实例是：

（1）叶蜡石，三层型黏土矿物，比白云母软一些；

（2）滑石，层状构造的硅酸盐矿物，与叶蜡石有着相似的结构，在其结构中镁部分地或是全部地替换了铝；

（3）蛭石，三层型黏土矿物，类似于蒙脱石，当加热后膨胀二十倍，并呈细丝状剥落（或呈蛭虫状剥落）；

（4）黑云母，也是普遍具有 ct—co—ct 层结构的黏土矿物。

表6比较了各种黏土矿物，不同的判定标准将在后面的章节中详细阐述。

表6 不同黏土矿物之间的比较

矿物	类型	内层状态	阳离子交换能力（当量摩尔$^+$/kg）	膨胀潜力	比表面积（m^2/g）	基本空间厚度（Å）	层间电荷
高岭石	1:1 不膨胀	缺乏内层，有强的H_2结合	3~15	几乎没有	5~20	7	中性
蒙脱石	2:1 膨胀	非常弱的结合，显著膨胀	80~150	高	700~800	10~21	负(-0.2 ~ -0.6)
伊利石	2:1 不膨胀	失去部分K，强的结合	10~40	低	50~200	10	负(-0.8 ~ -0.9)
绿泥石	2:1:1 不膨胀	中等程度的强结合	10~40	没有	5~20	14.1	正
蛭石	2:1 膨胀	弱的结合	100~200	高	500~700	10~15+	负(-0.6 ~ -0.9)

第二节 原材料沉积物

原材料沉积物，不是矿物，而是用来作为烧结砖瓦产品的原材料的。按照定义，这些沉积物中至少含有 50% 的硅铝矿物。

在一个堆积点上常常发现有数种不同的黏土矿物伴生在一起，在一起的还有分布范围非常宽的其他非黏土矿物，这则取决于沉积的岩石，如砂（石英）和硅酸盐（长石、云母），石灰石和其他碳酸盐，氧化物和氢氧化物，可溶性盐，包含铁及有机材料（腐殖质）的原材料。

在大陆或海成沉积岩中，黏土岩是非常普遍的。黏土岩是能够用手指甲刮刻下来的软质岩石；当干燥后黏土岩是脆性的，加入水后可形成塑性的泥团，在焙烧之后硬化。在沉积点上，能够发现黏土有较厚的矿床，或者是与其他矿床（石灰石、砂岩）交替出现。由于这些岩石的不可渗透性，在流体（水、油、气体等）的循环和积累中起着一种主要的作用。

实际上，通常在肥（富积）黏土和瘠性黏土之间做出区别，这则取决于它们所具有怎样的塑性；有白的和带色的黏土，低焙烧温度的或是耐火的黏土，则取决于它们在焙烧期间的性质；还有净化的黏土，也就是有吸附能力的脱脂黏土（硅藻漂白土）。

黏土原材料的形成也取决于形成的方式。如果由于气候的影响，岩石风化的结果而形成的黏土，就是人们常说的风化黏土；或者是残留黏土，残留黏土是指保持在原地的、包含有黏土的岩石在经过分解后形成的（例如脱钙的黏土）。

人们也说到黏土质土壤或亚黏土（一种具有高的黏土矿物含量，且水不能渗透的重质、紧密堆积的土壤），也常讲到泥灰岩（石灰石和黏土的混合物）。

表 7 对两种主要的黏土矿物和使用最普遍的黏土岩的化学分析成分进行了比较。

表 7　两种常见的黏土矿物和普遍的黏土沉积物的化学成分

矿物	高岭石	伊利石	普遍的黏土沉积物
分子式	$2SiO_2 \cdot Al_2O_3 \cdot 2H_2O$	$K_x Al_2(Si_{4-x}Al_xO_{10})(OH)_2 - yH_2O$ $x=0.1$	范围(%)
SiO_2	54	69	35~80
Al_2O_3	46	23	8~30
TiO_2	0	0	0.3~2
Fe_2O_3	0	0	2~10

续表

矿物	高岭石	伊利石	普遍的黏土沉积物
分子式	$2SiO_2 \cdot Al_2O_3 \cdot 2H_2O$	$K_xAl_2(Si_{4-x}Al_xO_{10})(OH)_2 - yH_2O$ $x = 0.1$	范围(%)
CaO	0	0	0.5~15
MgO	0	0	0~5
Na_2O	0	0	0.1~1.5
K_2O	0	7	0.5~4.5
CO_2	0	0	0~15
烧失量	0	0	3~18

注：干质量%。

一、在原材料开采矿山发现的原材料特性

在法国[Ⅵ]制造烧结砖瓦所使用的黏土岩表明有着非常宽的化学和矿物学分布范围，它们中的大多数是伊利石质或是高岭石-伊利石质类型。

某些原材料的典型分析，以及各种元素的限制数值规定见表8。

表8　涉及法国烧结砖瓦原材料的某些数据

	A	B	C	D	E	F	
来源	勃艮第	马赛	里昂页岩	巴黎南部	阿尔萨斯黄土	北部的亚黏土	通常的限制值
产品	屋面瓦	屋面瓦	烟道砌块	装饰多孔砖	装饰多孔砖	无装饰砖	
烧失量(%)	7	15	11	8	16	3	3~18
SiO_2(%)	61.5	42.6	51.5	58.9	50.9	77.8	35~80
Al_2O_3(%)	18.7	17.5	20.7	24	7.3	9.3	8~30
TiO_2(%)	0.9	0.7	1	1.3	0.5	0.8	0.3~2
Fe_2O_3(%)	8	6	6.2	5.4	2.9	4	2~10
CaO(%)	1	12	5	0.7	17	1.3	0.5~18
MgO(%)	1	2.6	1.9	2.6	2.6	0.8	0~5
Na_2O(%)	0.4	0.4	0.7	0.1	0.9	0.9	0.1~1.5
K_2O(%)	2	2.5	2.1	0.9	0.9	2	0.14~4.5
SO_2(%)							0~4
有机碳(%)							0.1~2

续表

	A	B	C	D	E	F	
来源	勃艮第	马赛	里昂页岩	巴黎南部	阿尔萨斯黄土	北部的亚黏土	通常的限制值
产品	屋面瓦	屋面瓦	烟道砌块	装饰多孔砖	装饰多孔砖	无装饰砖	
矿物成分	伊利石、云母、石英	伊利石、方解石、石英	伊利石、石英	高岭石、石英	方解石、伊利石	石英、伊利石	
成型含水量(%)	25	26	25	27	20	24	
在950℃下焙烧后的孔隙率(%)	4.6	18.5	18.6	12	32.4	12.6	

样品的烧失量，是在加热到1050℃时，相对应的是干燥样品的质量损失。烧失量中包括了残留的吸湿水分、化学结合水、有机物质的燃烧、碳酸盐的分解以及在其成分中含有的很少的硫。

我们可注意到下列典型的结论（表8）：

（1）高岭石质原材料黏土 D，有着高的 Al_2O_3 含量；

（2）对于石灰石质原料黏土 B 和 E，其烧失量是非常大的；

（3）原材料 E 有着较低的细颗粒含量，因此其成型需水量就较低，而原材料 D 则与此相反；

（4）石灰质黏土原材料在焙烧后有更大的孔隙率。

在意大利[7]最近公布了用于制造烧结砖的黏土原材料非常详细的规定数据，提供了更多的有用信息[8]。结合化学分析，用半定量分析方法（误差的幅度<10%）对其矿物学成分进行了评估。连同在研究期间测定到的极端数值一起，给出了每种类型的原材料黏土的性能（表9）。

表9 意大利制造烧结砖中所使用的原材料性能

混合物	A	AT	CA	D	F	LM	LS	MA	MO	S	SA	SL	X	范围
化学分析（%）														
SiO_2	50	50	54	42	56	53	45	65	53	63	49	51	50	42~63
Al_2O_3	13	15	17	11	14	14	11	16	13	16	12	21	12	11~21
TiO_2	0.6	0.7	0.9	0.6	0.7	0.7	0.7	0.7	0.7	0.6	1	0.6		0.6~1
Fe_2O_3	4.7	5.6	6.4	4	5.8	5.1	4.2	5.2	5.5	6	4.3	7.5	4.5	4~7.5
CaO	13	7.4	3.8	18	5.7	8.7	16	1.6	9.3	0.5	8	0.2	12	0.2~16

续表

混合物	A	AT	CA	D	F	LM	LS	MA	MO	S	SA	SL	X	范围
化学分析（%）														
MgO	2.7	3.9	2.9	3	3.7	2.4	2.6	1.3	2.3	3.3	2.4	0.7	3	0.7~3.9
Na_2O	1.2	1.2	0.8	0.9	1.1	1.1	1.0	0.7	0.9	1.1	1.1	0.5	1.1	0.7~1.2
K_2O	2.2	2.9	3.4	2.1	2.3	2.5	2.3	2.2	2.3	1	2.1	3.6	2.3	1~3.6
P_2O_5	0.2	0.1	0.2	0.2	0.2	0.1	0.2	0.17	0.1	0.1	0.1	0.2	0.1	0.1~0.2
烧失量	13	13	10	19	10	12	16	7	12	6	15	6	15	6~19
有机碳	0.9	2.6	0.5	1.2	1.2	0.7	1.7	1.9	1.9	1.7	0.9	0.1	0.5	0.5~2.6
矿物分析（%）														
伊利石	22	28	33	20	12	25	22	16	22	27	21	19	22	12~33
高岭石	4	Tr	4	2	11	4	3	18	3	6	3	31	4	Tr~31
绿泥石	4	6	3	4	14	9	4	6	8	12	5	0	4	0~14
蒙脱石	Tr	10	Tr	Tr	2	Tr	Tr	Tr	8	Tr	Tr	Tr	Tr	Tr~10
石英	29	24	30	24	29	29	26	39	29	36	29	27	29	24~39
长石	10	8	8	8	17	9	11	6	12	10	14	9	6~17	
方解石	17	8	Tr	27	10	16	25	3	17	0	21	0	17	Tr~27
白云石	8	10	10	9	Tr	Tr	7	Tr	Tr	0	5	0	8	Tr~10
氧化铁	4	5	6	3	4	4	4	4	4	3	3	7	4	3~7
其他	2	1	4	0	4	3	3	3	3	3	2	3		

注：Tr 表示微量。

可以注意到，在化学分析中的 CaO、MgO 及氧化铁与矿物成分分析中的方解石、白云石和赤铁矿之间有着相应的一致性（表7）。

在高岭石富集的原材料中有着高的 Al_2O_3 含量，但这并不一定真实，因为铝不仅仅是来自黏土矿物。

在其后研究干燥和焙烧性能时的章节中，将进一步涉及这些黏土矿物。

二、原材料中不同矿物形态的影响

下面一段将开始讨论矿物成分在工艺过程和产品性能上的影响，而在随后的一节中考虑化学成分的影响。当然，在矿物成分和化学成分之间有许多相互关系。一些涉及可塑性及对干燥或焙烧性能上的适应性评论将会更有意义，对这些方面的研究将会在后面的章节（第五章和第六章）中涉及。

表 10 表示了在矿物成分、工艺参数的选择和产品性能之间的关系。

表 10　烧结砖瓦坯体中各种矿物成分的影响

矿物成分	可塑性、粘附性、分层的敏感性	干燥难易程度	焙烧性能
高岭石	轻微地增加可塑性	不困难	增加耐火程度，加宽玻化范围
伊利石	给出了良好的可塑性	平均水平	起熔剂*作用，有助于材料的烧结
蒙脱石	具有很高的可塑性和很大的粘附性	非常困难（主要是收缩和毛细管保持力）	增大体积密度
云母（白云母、绢云母……）	易形成分层	不困难	可以降低玻化温度
石英	降低可塑性和粘附性，起着瘠性材料的作用	不困难	增加耐火程度，对冷却敏感（在石英晶型转变点易裂纹）
长石	降低可塑性，起着瘠性材料的作用	不困难	起熔剂作用，在 1000℃以上玻化
碳酸盐	起着瘠性材料的作用	不困难	影响产品的颜色，熔融范围变窄，增大孔隙率
氧化铁			影响产品的颜色，起熔剂*作用

＊熔剂，一种降低熔点和增加玻化程度的外加剂。

三、不同化学成分的影响

不同的化学成分起着各种作用：

（1）碳和小的有机颗粒，如果是适当地分布，可降低焙烧的能耗水平。但这也能增大"黑心"的影响，也可增大孔隙率。

（2）硅既能与各种铝硅酸盐（黏土矿物及其他硅酸盐矿物）结合的形式存在，又能以自由的形式存在。硅以自由的形式存在时，当颗粒粗时起着瘠化剂的作用，可以说，硅组成了产品的骨架。然而，必须注意的是，以适应形式存在的硅，在 573℃时有一个同质异形物相的转变（β石英转变成为α石英伴随着晶格尺寸上的变化），这就导致了变形和内部应力的出现，在冷却期间可能引起裂纹。

（3）铝通常与原材料中的硅酸盐有关系。在纯高岭石的情况下，铝的含量可以达到其质量的46%。铝含量是原材料可塑性的象征，可塑性的大小与铝含量是一致的。无论何时，所使用原材料具有高的铝含量，就有可能制造出具有高浮雕效果的压制产品，例如屋面瓦。高的铝含量也是能够抵抗高温的一个信号。铝也可能有其他的来源（云母质或长石质砂）。因此对烧结砖瓦产品来说，高的铝含量是必需的，但是对要获得良好的可塑性来说并不是充分的条件。

（4）氧化铁和氢氧化铁。如已看到的，铁的氧化物和氢氧化物给出了产品的红颜色。铁化物在焙烧期间起着熔剂的作用，在较低温度下熔融形成低共熔体。在硫化物中也可能包含有铁，如：黄铁矿或白铁矿（两者都有着同样的化学成分：FeS_2），在焙烧期间，这两种矿物的粗颗粒或多或少地出现分解。

（5）石灰 CaO 和氧化镁 MgO，是非常普遍的组成成分。这两种物质起着熔剂性作用，并在焙烧期间与硅酸盐结合。

这些物质部分来自黏土矿物本身，但是它们主要来自碳酸钙（石灰石）和碳酸镁（尤其是白云石），这两种碳酸盐在焙烧期间分解，根据下列反应式释放出二氧化碳：

公式1：$CaCO_3 \Longrightarrow CaO + CO_2$（气体）

当石灰石的颗粒足够细并能在坯体中充分适当地分散时，焙烧期间释放出的石灰就能与坯体中的其他成分结合，形成了复杂的钙铝硅酸盐物质，这些物质具有极好的机械性能和清淡的色彩，其颜色范围可从粉红色到浅黄色。因而，用石灰之原材料制造的产品在焙烧期间不会转变成为红色，具有粉红色或黄色的色彩，随产品焙烧温度的增加会变得更淡。最终产品的颜色则取决于钙、铁、铝的相对含量，这些将在后面的章节中看到（第七章）。

在烧结的产品中，碳酸盐的分解导致了 CO_2 的释放，造成了一定比例的孔洞空间，而使烧结砖瓦产品具有相对高的孔隙率。

石灰首先是延宽了坯体的焙烧范围，但在随后会突然间出现熔融相。

有时，在原材料中存在有粗颗粒（>1mm）的石灰石。在经焙烧的产品中，这些粗颗粒随后转变成为大颗粒的、不能与其他硅酸盐矿物结合的生石灰。这些颗粒状的生石灰由于大气中水分的作用能够水化。这种过程导致了膨胀，并能引起局部的爆裂，行业内称为石灰爆裂。

（6）碱金属氧化物（K_2O，Na_2O）。碱金属氧化物主要来自长石、伊利石、云母及蒙脱石。这些碱金属氧化物起着熔剂性的作用。在焙烧期间，当碱金属氧化物与其他物质（例如氧化铁）结合时，就会导致玻化反应，形成液相，这就给出了产品的最终质量，特别是产品的机械强度和较低的孔隙率。云母出现液相的温度约在950℃，而另一方面，长石则在更高的温度下液化。

（7）硫酸盐（二水石膏 $CaSO_4 \cdot 2H_2O$，无水硬石膏）和硫化物（黄铁矿、白铁矿）通常是不受欢迎的成分，因为硫酸盐和硫化物会导致窑炉排放烟气中含有腐蚀性气体 SO_2，此外还会在产品的过程及使用中造成泛霜。石膏也是 CaO 的来源之一。

四、不同的原材料矿床

以大型矿床形式发现的原材料，其储量和深度也在变化，并且具有各种各样的外貌特征。由于经济的原因，大多数通常开采的矿床是那些接近于表面的矿床。

有机物质和盐类矿物的存在，使原材料的颜色（绿色、紫罗兰色、褐色、黑色，等等）有广泛的变化，最普遍发现的颜色是灰色、灰蓝色和黄色。

黏土质岩石能够以或多或少的有延展性的块状形式存在，这则取决于观察的季节。在夏季，可以看到干燥的、硬质的、脆性的块体以及在土壤上的裂纹。在秋季，黏土块更具有黏性。

烧结砖瓦产品使用的原材料能够在各个地质时代中发现，其范围可从原始地质时代黏土到第四纪时期的黏土。当黏土从母岩形成之后，黏土或多或少被风化，这则取决于当地的气候条件。

由于水解形成黏土后，黏土常常离开原地，并在河岸，在那时就存在的湖积盆地，在河流三角洲或在深海沉积下来。沉积的条件变化很大，这与当地的环境有关（化学，水流，随时间的过去在环境上的改变，等等）。

高比例的黏土沉积在河流的三角洲区域，因为从淡水到海水的过渡区域提供了黏土积聚的有利条件。高岭石与伊利石混合物的形成占优势的区域在接近于海岸线处，而伊利石与蒙脱石混合物的沉积进一步向外到了海中。因此，盐类、动物形成的碳酸盐和砂与黏土混合在一起，这与所发生的沉积条件有关。

冰河（川）及风也是黏土移动的主要动力。

在黏土已经沉积之后，黏土能够出现进化，尤其是在被掩埋的情况下。黏土能够聚集碱金属。黏土也能够被压实并转变成为几乎没有分层的泥质板岩，或者转变成为具有更显著层理的页岩、片岩和板岩。

（一）英国

在英国，从原始的地质年代到所有的地质年代中都发现了黏土矿，除了二叠纪时代（在这一时期，英国还是沙漠！）之外，都用于了烧结砖瓦产品的制造。埃特鲁利亚泥灰岩（Etrurian marl）是来自石炭纪时代；考依波统（Keuper，晚三叠系）泥灰岩是三叠系的；用来生产弗莱顿砖（Flettonbricks，是英国生产的压制烧结砖，在占英国砖产量约40%以上——译者注）的牛津（Oxford）黏土，是来自侏罗系；韦尔德（Weald）黏土是来自白垩系；伦敦和雷丁（Reading）黏土是来自第三系始新统的；距现在最近的黏土为第四系全新统时期，也被开采用来制造烧结砖瓦产品。

（二）德国

在德国，原材料黏土的来源也有很大的变化：

原生含碳原材料来自二叠系（Palatinate，巴列丁奈特）。

次生原材料黏土来自：

（1）三叠系（Odenwald——奥登瓦尔德，Bad Württemberg——巴特符腾堡）；

（2）里阿斯统（Liassic，早侏罗系）（Westphalia——威斯特法利亚，Lower Saxony——南萨克森）；

（3）白垩系（Eastern Weserbergland——威悉山东部地区）；

（4）第三系中新统［Westerland——威斯特兰，巴伐利亚（Bavarian）森林的南部，等等］；

（5）第四系更新统［Brandenburg——勃兰登堡，莱茵河（Rhineland）下游地区］；

（6）第四系全新统［威悉河（Weser）下游，艾弗尔山（Eifel），易北河（Elbe）下游，巴伐利亚（Bavaria）南部和北部］。

在地表层的第四系地层中，也有较多的黄土形成。黄土是冰川边缘的欧洲大陆的起源，黄土是由风力携带迁移而来的。黄土是含硅质和含钙质的黏土，有黄色到浅褐色的颜色，并表现出低的可塑性。

某些地区，在黄土上部地层中已经脱了钙，黄土中硅含量增加，成为粉沙黏土（颗粒尺寸在 $4\sim60\mu m$ 之间），塑性不是很高，几乎不含有石灰石。这种黄土被称为亚黏土（loam），这就是在德国使用的烧结砖瓦原材料之一，并被普遍用来制造屋面瓦。

（三）法国

在法国，几乎没有任何来自原生地质年代的黏土，但是发现了在化学成分上能够使用来制造烧结砖瓦产品的页岩和板岩，可是这些页岩和板岩都具有较低的可塑性。

而在另一方面，却有着许多次生的沉积黏土矿，测定年代为三个地质年代：

（1）三叠系：洛林（Lorraine）和米尤斯（Meuse）的边沿地带；

（2）侏罗系：诺曼底（Normandy）北部（Lisieux, Bavent, Argence），奥

悌斯·阿尔珀斯（Hautes-Alpes）；

（3）中白垩统和早白垩统：在博韦（Beauvais）周围，派斯·德·布雷（Pays de bray），香槟省（Champagne）。

在第三纪时代期间，在巴黎盆地的中心地带形成了黏土［在弗里斯尼斯（Fresnes），沃季拉底（Vugirard），拉斯·米尤丽奥克斯（Les Mureaux）等地的黏土］，与盆地中心地带的这些黏土处于同一地质时代的黏土还有：普罗旺斯（Provence，Séon 盆地，Ste-Baume），赛勒尼斯（Salernes），夏伦特（Charente）和西南部（Castelnaudary）。

在第四系的黏土之中，我们能够提到的是中东部的黏土（Chany，里昂，Bourg-en-Bresse），这些黏土是冰河时代形成的。

在地表层的第四系地层中，也有较多的黄土形成。这些黄土在法国东部（Alsace——阿尔萨斯）分布非常广泛。在法国北部亚黏土分布得也很普遍。

（四）意大利

在意大利使用的所有黏土完全都是近代的，这些黏土的原材料都是来自第三纪或第四纪时代。这些黏土的大多数是由于河流或是在湖泊中沉积的全新统黏土（例如亚诺河及台伯河流域），灰蓝色黏土来自上新世或早期的更新世，因为受第三纪和第四纪地质时代的限制，黏土在深海水中沉积，并发现这种沉积遍及整个意大利半岛的整个范围，河流的沉积来自冰河时代，可追溯到第四纪的更新世［威尼斯（Venice）周围，在伦巴第（Lombardy）以及皮埃蒙特（Piedmont）］。

因此，在意大利可能开采着黏土类别相差非常大的各种各样的黏土矿床。从而，黏土形成的条件和地层的沉积过程方面的知识就可使人们增强对沉积矿床的成分和结构的理解（矿物学、化学、附加物质的存在与否、颗粒尺寸、杂质、颗粒形状、固结性能、矿床的结构和均匀性，等等）。

五、坯体中的颗粒组成

烧结砖瓦坯体中包括许多不同形状和尺寸的颗粒。在坯体混合物中，颗粒形状和颗粒尺寸的分布对坯体性能有着相当重要的、决定性的影响。

（一）颗粒形状

原材料的颗粒形状取决于材料的起源、性能和尺寸，组成坯体的颗粒形状变化范围非常宽。从原理上讲，较大的颗粒具有成块体的形状，在生产加工过程中或多或少地会被磨圆了，这则取决于生产的过程。较大的颗粒在研磨期间被破坏，因此这些颗粒是有棱角的，尽管中等程度的颗粒没有被破坏，仍是原来的形状，但是在加工过程中也会被磨蚀，而且也会变得更圆。最细的颗粒（黏土＜2μm）在其形状上是薄片状的,而且是相对细长的,但是常常聚集在一起。

(二)颗粒尺寸分布

每一种坯体都会由它的颗粒尺寸分布表现出它的特征。颗粒尺寸的平均直径可能小,也可能大;颗粒尺寸分布范围可能宽,也可能窄,也可能是均匀的或是不均匀的。

土壤工作者根据土壤的颗粒直径对其颗粒进行了分类(表11)。

表11 根据颗粒尺寸对颗粒的分类

颗粒尺寸(mm)	名称
>2	砂砾(砾石)
2~0.2	粗砂
0.2~0.02	细砂
0.02~0.002	粉沙
0.002~0.0002	粗黏土
<0.0002	细黏土

表11显示的为在颗粒尺寸基础上对土壤的颗粒分类,而不是在矿物成分的基础上的分类,但是这两者紧密相关的联系。

(三)比表面积

颗粒的比表面积也随它们的尺寸和形状而变化。随着颗粒尺寸的减小,其比表面积就会增大。

对球形颗粒来讲:

(1) 对给定体积的比表面积:$(cm^2/cm^3) = \dfrac{6}{d}(cm^{-1})$(式中 d 为直径);

(2) 对给定质量的比表面积:$(cm^2/g) = \dfrac{6}{d\rho}$(式中 ρ 为密度)。

测定的球形颗粒直径为 $1\mu m$,并具有的密度为 $2.5g/cm^3$ 时,这样,所具有的比表面积就是 $2.4m^2/g$。

薄片状颗粒有着非常大的比表面积。因此,对高岭石和绿泥石来说,其总的比表面积在 $10\sim20m^2/g$ 之间变化,伊利石的比表面积在 $30\sim150m^2/g$ 之间变化,而蒙脱石的比表面积则达到了 $800m^2/g$。

对这些数据的度量,是因为表面反应占据着主要地位。

(四)颗粒尺寸分布和可塑性

具有良好可塑性和具有高度的吸收水分性能的原材料特征就是涉及尺寸比 $2\mu m$ 小的颗粒组分,这一颗粒组分代表着黏土的组分。

小于 $2\mu m$ 的颗粒含量越高,就具有越高的可塑性,相应的所需成型水分就越大,而且由于高度的收缩会带来干燥问题。小于 2μm 的颗粒含量越低,就会有相反的结果(低的可塑性,低的成型需水量,几乎很小的干燥收缩)。

表 12 表示了在表 8 中描述的法国黏土原材料中的颗粒尺寸分布。表 12 中使用的颗粒分类方法与表 11 中的分类方法稍有不同。

表 12 法国黏土原材料的颗粒尺寸分析

来源	A	B	C	D	E	F
	勃艮第	马赛	里昂页岩	巴黎南部	阿尔萨斯黄土	北部的亚黏土
类别 <2.5μm(%)	44	17	8	57	3	12
2.5~10μm(%)	32	57	36	27	14	26
10~40μm(%)	13	24	43	9	72	29
>40μm(%)	11	1	1	7	10	33
成型水分(%)	25	26	25	27	20	24
950℃焙烧后的孔隙率(%)	4.6	18.5	18.6	12	32.4	12.6

从表 12 中可看到,阿尔萨斯的黄土 E 中含有非常少的黏土组分。因此,在其性能上是低劣的或是高度瘠性的原材料。这种原材料的成型需水量较低,但是最终产品的孔隙率很高。

富含黏土组分的原材料 A 和 D 则显示出了与黄土 E 相反的性能。

(五)尼斯珀尔和温克勒尔三角图

要使生产的产品或多或少地容易成型及干燥,这则与所要制造的产品类别、需要的可塑性变化有关。因此,人们推测对每一种产品都应该有一最佳的颗粒尺寸分布。根据所要制造的产品,在生产的坯体中含有一定量的黏土和粉沙组分时,将可能会更具优越性。

尼斯珀尔和温克勒尔[9](Niesper and Winkler)按照三种判定标准对德国生产的黏土坯体进行了分类,这三种判定标准为:黏土组分含量(<2μm),粉沙含量(2μm≤20μm),砂含量(>20μm),并与颗粒尺寸的分布和使用现代挤出技术生产的产品联系在一起。事实上,这三种判定标准是相互关联的(它们的总和等于1)。因此,我们能勾画出一个三元变量或二元变量的图形。之后我们可观察到:对每一种类型的产品来说,其坯体的颗粒尺寸分布是按区域、成组出现的(图8)。

在图 8 中还可以看到,消除了那些含过高量细颗粒的坯体,屋面瓦要求的细颗粒在 20%~50% 之间,粗颗粒尺寸的原材料可用来生产砖,特别是可用来生产实心砖。

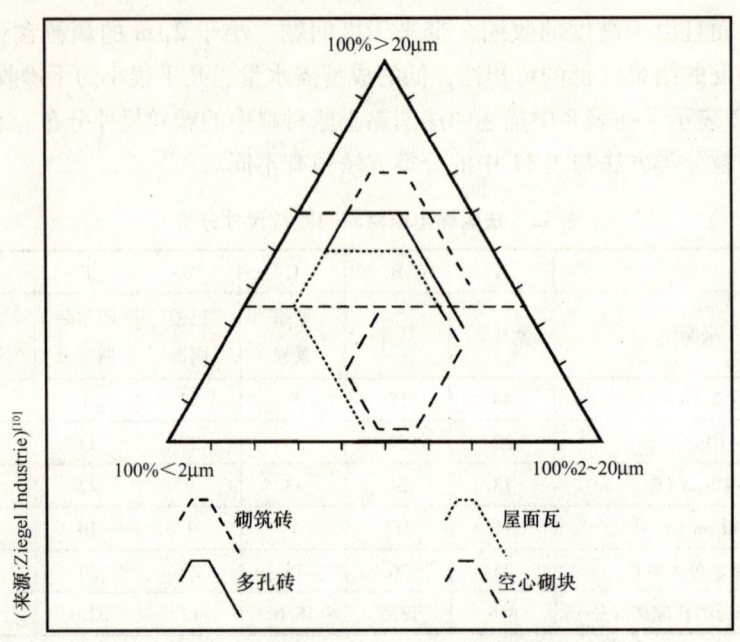

图 8　尼斯珀尔和温克勒尔三角图

虽说图 8 是综合性的，但仅使用了两个独立的参数，即黏土组分含量和粉沙组分含量来描述坯体。通常，该图的目的是用来限制显示的黏土的最小含量。此外，也要考虑到科学技术发展的趋势和历史选择等，不都是技术方面的原因。如果我们现在有非常好的黏土原材料及适当的市场，我们依然可以制造实心砖，而不是仅用来制造屋面瓦。因此，图 8 虽然在德国和比利时对要生产的产品之间的辨别上是有益的，但是要将这种图应用到意大利的生产中就相当困难。

虽然如此，图 8 仍然是非常有用的比较方法，提供了由混合各种类型的原材料及加入瘠性材料的初始的比较方法来改善所生产的坯体性能。

（六）最大堆积密度

颗粒尺寸分布在堆积密度和干燥及焙烧后产品的空隙率上也有着较大的影响。

如果要干燥的产品有很多空隙，水分的交换就更容易进行，同样，在焙烧过程中气体的排出也容易。而在另一方面，要想获得焙烧后具有低空隙率的产品时就显得更困难。

狭窄的颗粒尺寸分布不符合高堆积密度的原理。具有统一半径 r 的圆形球体，最大堆积密度是 74%（紧密的，有次序的六方排列或是面心体排列）及大约为 63%（用机械方法压紧的随意排列）。此时的配位数（在球体和它相邻球体之间接触点的数量）约为 7。这一配位数对干燥和玻化过程来说是很重要的。

如果在初始球体之间的空隙中使用比原球体小得多的小球体（例如，$r/10$）来填充，就能够改善堆积密度。我们能够不断使用新的比原球体半径小10倍的球体颗粒来依次填充剩余的空隙，进一步改善堆积密度，等等。

如果现在使用连续的颗粒尺寸分布，利特措威（Litzow）和富勒（Fuller）表示了在连续颗粒尺寸分布情况下，给出了圆形颗粒（F）和多角形颗粒（L）最高的堆积密度（图9）。横坐标可容易地被修改，使之适应于能够生产砖坯体的最大颗粒尺寸（此处，最大颗粒尺寸为1mm）。

总体说来，如果 D 是最大的颗粒直径，就要求有下列的、如表13中的颗粒分布。

从表13中我们可以看到，对细颗粒的要求仅占着小的比例（<10%）。事实上，通常必须加入比达到最大堆积密度所必需的黏土含量更多的黏土来获得令人满意的可塑性。

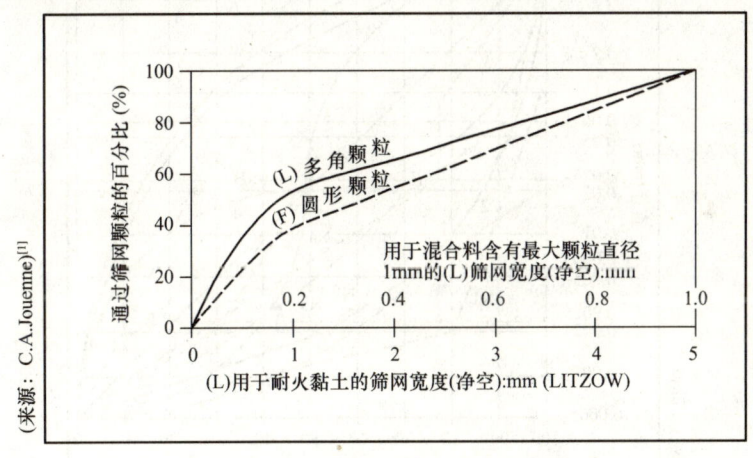

图9　最大堆积密度的颗粒分布

表13　最大堆积密度的颗粒等级和比例

颗粒尺寸 D_{max}（最大颗粒直径）	颗粒尺寸 如果 $D_{max}=1mm$ 时	所占比例（%）
D_{max} > 颗粒尺寸 > $D_{max}/2$	1mm > 颗粒尺寸 > 0.5mm	30
$D_{max}/2$ > 颗粒尺寸 > $D_{max}/10$	0.5mm > 颗粒尺寸 > 0.1mm	40
$D_{max}/10$ > 颗粒尺寸 > $D_{max}/100$	0.1mm > 颗粒尺寸 > 0.01mm	20
0 < 颗粒尺寸 < $D_{max}/100$	D_{max} < 0.01mm	10
总计		100

然而，要获得最大的堆积密度，我们不仅需要有初始良好的颗粒尺寸分布，而且也需要在制造过程中能够使较小的颗粒填充在较大颗粒之间的间隙

内;使用半硬塑挤出成型工艺时,这也是最普遍的成型工艺,就没有必要来保证这些要求。

一般性的总结是:要达到最大堆积密度,乃至要达到理想的最大堆积密度都是不可能的,但需要的是能够平衡、控制及稳定颗粒尺寸分布,以便能够提供所要求的可塑性和获得有规则的空隙率。

（七）颗粒尺寸分布累积曲线的比较

如果看到的温克勒尔三角图（Winkler diagram）是高度浓缩的,这对在黏土坯体中或是原黏土岩中实际的全部颗粒尺寸分布的比较是非常有用的。因此,J. 西格（J. Sigg）[10]在图10 中给出了不同颗粒尺寸分布的实例,该实例中包括:

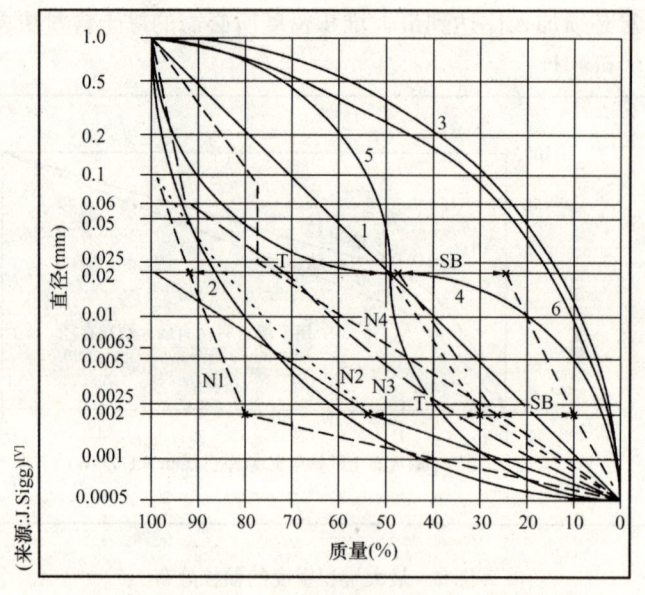

图10 描述不同坯体的全部颗粒尺寸分布

（1）坯体1,所有组分都有着同样的价值;

（2）坯体2,存在高比例的细颗粒（<2μm 的占58%）,这是一种用来作为外加剂的非常丰富的黏土质土壤;

（3）坯体3,与坯体2 相反,含有大量的砂和粉沙,质量是非常低劣的;

（4）坯体4,类似于先前涉及的黏土坯体,但是含有大量的粉沙;

（5）坯体5,富集黏土和粗颗粒砂的混合物;

（6）坯体6,利特措威（Litzow）和富勒（Fuller）用于最大堆积密度的混合物;

（7）黏土质土壤N1,非常黏的土壤,作为外加剂时有用;

（8）黏土质土壤 N2，生产屋面瓦的非常好的土壤，有非常好的可塑性；

（9）黏土质土壤 N3，含有石灰石的土壤，具有大的颗粒，是其主要成分；

（10）黏土质土壤 N4，没有太高可塑性的亚黏土。

同样的，就温克勒尔三角图来说，就有可能绘制出对一定类型的产品推荐的适用的区域。例如，我们已经复制出了适用于生产实心砖（SB）和屋面瓦（T）的温克勒尔区域。

六、瘠性材料

天然黏土原材料通常会表现出过高的可塑性，从而导致了制造过程中的许多困难（需要大量的成型水，缓慢的干燥过程，在干燥期间会出现高度的收缩）。因此，就有必要加入一些被称为"瘠化"或"熟料"的惰性材料来调节。这些瘠性材料是"无塑性的"，在干燥期间不会引起尺寸上的任何变化。通常，这些材料一直到高温时仍是惰性的。这些材料降低了产品的紧密结构，因而有利于干燥期间水分的排放及焙烧期间气体的排出。瘠性材料也能够改善产品中心部位的氧化环境，限制了"黑心"的出现。而另一方面，瘠性材料降低了可塑性、堆积密度和焙烧后产品的机械性能。

大多数常用的瘠性材料陈述如下：

（1）砂：所具有的颗粒尺寸范围在 0.2~1mm，不含有石灰石，加入的数量可达到 30%。砂通常由或多或少的纯石英硅石组成，含有长石和云母。石英是热稳定性的物质，但是在经受同质异型的转变（石英的温度转变点在 573℃）时，在冷却期间能够引起产品的破坏。长石和云母砂不会出现同样的同质异型转变。此外，如果长石和云母含有高比例的碱性元素以及能够形成低共熔混合物时，它们能够起着熔剂的作用。

（2）熟料：熟料［或是黏土（砖）熟料］这一术语是指已经被烧过的黏土质材料。熟料通常来自经焙烧后，并被破碎的废产品。这类熟料经常加入到原材料中来制造烟道砌块。对于烟道砌块这类产品，其粗颗粒结构形成了较低的热膨胀，因此，增加了抵抗热冲击的能力。如果在焙烧温度下熟料是稳定的，这就减少了玻璃相，增加了尺寸的稳定性，并使产品具有更多的微孔。

（3）粉煤灰（Pulverized ash）：来自热电厂燃烧粉煤或来自其他工业窑炉的粉煤灰。

（4）粒状高炉矿渣。

（5）部分可燃材料：例如煤渣、焦炭渣，或是煤泥（来自洗煤的残留物）。这些材料的影响类似于熟料，具有轻微的附加燃烧作用。

(6) 破碎后的硬质岩石（玄武岩、云母质页岩，等等）：所加入的岩石种类取决于岩石的熔融温度，也可能起到与熟料同样的作用，或者是导致了更多的玻璃相。

在表 14 中我们给出了瘠性材料加入到高塑性黏土原材料中所产生的效果。

表 14　瘠性材料对坯体和产品性能的影响

性　能	黏土 100%	黏土 80% 砂 20%	黏土 70% 砂 30%
成型需水量（%）	35	26	24
干燥收缩（%）	8	7.2	6.7
900℃时的焙烧收缩（%）	0.8	0.3	0.3
1000℃时的焙烧收缩（%）	4.4	3	2.2
900℃时的孔隙率（%）	8	8	8.2
1000℃时的孔隙率（%）	2.6	4	5.9

瘠性材料能够降低成型需水量和干燥收缩，但是也增大了最终产品的孔隙率；特别是在 1000℃时，限制了焙烧的收缩。

七、其他外加剂

除了黏土材料和瘠性材料外，通常需要在制造的坯体中加入一些特定成分的外加剂，既为了纠正某些原材料性能上的特有缺陷，也为了使产品具有特殊的性能。使用的主要外加剂有：

（1）二氧化锰，褐色的着色剂，能给出产品具有古老的、沧桑感的外表；假如量为原材料干质量的 1%～3%，当与含铁质原材料混合时，能够获得具有合并效果的、精美的棕色外观的产品。当与钙质原材料混合时，可获得灰色的色彩。

（2）氧化钛，加入量在 1.5%～2% 时，与某些原材料混合（即对原材料有选择性——译者注），能够获得橙色、黄色或是奶油色的有色产品。

（3）碳酸钡，限制泛霜现象的外加剂，在湿状态下碳酸钡与硫酸盐发生反应，钡离子诱捕住在碳酸钡颗粒表面上的硫酸盐离子，形成了几乎是不能溶解的硫酸钡。加入量则取决于在坯体中存在的硫酸盐含量及该种外加剂的表面活性，加入量的变化范围在 1～10kg/t。这种类型的外加剂将在其后涉及泛霜的章节中作进一步讨论（第九章）。

（4）细碎的石灰石，这是一种重要的外加剂，它的作用早已提到，如：增强了来自无定形物相钙化合物的结晶化，改变了在焙烧及玻化期间的收缩程度，通常情况下能使焙烧的范围增大，也能减少产品的湿膨胀。通过碳酸钙的热分解，增加了焙烧后产品的孔隙率。最后，需说明的是，石灰石外加剂减轻了产品的颜色。

（5）生石灰，有时是用来降低坯体中的水分。

（6）碳酸钠，有时加入碳酸钠是为了提高可塑性，加入的量为千分之几，在其后将会看到。

（7）磷酸盐，有时使用磷酸钠（聚磷酸钠、偏磷酸钠、碱性的磷酸硅，等等）是为了达到同样目的（提高可塑性——译者注），加入的量也为千分之几。

（8）木质磺酸盐（钠或钙），加入的量为千分之几，是用来作为干燥的调节剂，由于在坯体表面层更黏，并且渗透性较小，可使干燥坯体中水分有着均匀的蒸发速率。木质磺酸盐也可提高生产坯体的可塑性。

八、微孔形成剂

烧结砖的制造者们正在不断地寻求着降低他们自己产品导热系数的方法，以便能得到墙体上高的热阻值。他们也正在寻求着降低自身产品质量的方法，并且也期待着低成本的能源。可利用的方法之一就是加入微孔形成剂来提高烧结砖瓦产品的孔隙率，在其后将会详细看到（第十四章）。

石灰石（碳酸盐）的使用有提高孔隙率的效果，并在高温下形成了微观孔隙。

此外，还有其他两种增加孔隙率的外加剂：

（1）已具备多孔性、惰性的和或多或少具有热稳定性成分的外加剂，例如：珍珠岩、蛭石、硅藻土（diatomite 或 kieselguhr）、多孔性黏土、多孔性玻璃、氢氧化铝，等等。这些产品中某些在加热期间出现膨胀。大多数这样的外加剂必须加入相当大的比例才会有效果。

（2）燃烧时可分解的、最终释放出 CO_2 气体的有机化合物外加剂。有许多这样的外加剂，由它们的颗粒尺寸、燃烧的能力、生成气体的能力、含水量、纤维的存在与否、残留灰分的数量和组成、氧化的温度区间和范围、排放出气体的类型等进行区别。

可燃烧的外加剂主要是锯末和树木的树皮、庄稼的残留物（切碎的稻草等）、纸张、膨胀聚苯乙烯（以废弃的或以微珠的形式）、有机废料（来自造纸、酿造、皮革工业的淤泥，或是来自处理植物的废料，或是来自食品及纺织工业的残留物，等等）、来自铸造模具的废料、煤粉、煤页岩（煤矸石——译者注），来自不完全燃烧的灰尘和残渣，等等。在给定混合料的基础上，未加入锯末时烧结后产品的密度为 $1700kg/m^3$，加入 15% 的锯末后，烧结后产品的密度为 $1500kg/m^3$。

在生产的混合料中加入微孔形成剂也带来了一些缺陷：

（1）这些微孔形成剂都是瘠性材料，在坯体中造成了不良的后果（如降低了可塑性、降低了干燥坯体的强度）；

（2）本身含有水分的微孔形成剂，通常会使成型含水量增高；

（3）加入微孔形成剂后，已经观察到烧结后产品的机械性能降低；

（4）是在有机微孔形成剂的情况下，当坯体含有发热量太高（在400kJ/kg砖）的有机物质时，在窑内的焙烧控制就可能变得困难，有的坯体中可燃烧物质的发热量已经接近焙烧所需热量的数量。对含有纯有机微孔形成剂的生砖坯和焙烧后密度与1300kg/m³相近的产品来说，其坯体中显示出燃料的发热量为1300kJ/kg，如此高的热量引起了焙烧曲线显著的扭曲，还有一种危险是释放的能量不再能被控制。

在燃烧期间，有机微孔形成剂很可能会产生烟气中的污染气体，对此就必须有所控制或是截留。

第三节　在原材料中的水

水是一种测定原材料性能和在制造过程中用于坯体成型的物质。

要由质量法确定原材料中的含水量，可由易蒸发水分的质量除以原材料的质量。所用原材料的质量，一般是按干燥状态下的质量计算。

与原材料有联系的水有各种类型，如：非结合水和微孔隙水，该类型水在105℃下干燥即可消失；在胶团粒子表面上的吸附水、在膨胀性黏土中的结合水，以及最后的化学结合水。在干燥一章中（第五章）将会重新讨论这些概念。

表15在这些不同类型水的性能之间给出了区别，其中包括干燥或是焙烧的过程，随着向前移动的顺序，其结合状态就会越来越强。对水从凝结状态转化成为蒸发状态所要提供的热量也给出了表示。

表15　原材料中不同类型的水

非结合水	隔离各种黏土质胶团及影响可塑性。非结合水的失去发生在干燥过程中的第一个阶段（伴随有收缩）。 蒸发的潜热：约为2500kJ/kg
微孔隙水	当收缩停止时，发现在坯体微孔中的微孔隙水本身还是自由存在的，这部分水的失去出现在干燥过程中的第二个阶段。 蒸发的潜热：约为2500kJ/kg

续表

吸附水	是在干燥后保留下来的吸湿性水。吸附水的失去发生在焙烧过程的开始阶段。这部分水是吸附在层状黏土矿物的外部。吸附的数量取决于大气的湿度。 吸附热：约2650kJ/kg
结合水	这是在蒙脱石中的结合水，吸附在晶层之间，在相对低的温度下就失去，但是并没有引起矿物结构的完全破坏。如果再次加入水，以可逆的方式重新得到水化，再次组成水化水。 水化热：比吸附热稍微高一些
化学结合水	需要加热到高温以破坏化学键。例如高岭石，本身开始分解约在410℃，分解需要加热

在有水存在的情况下，黏土矿物的表面上有一个由于粒子置换产生的带电负粒子层，从黏土矿物组成大的阴离子团（O^{2-}和OH^-）的事实上来看，小的金属阳离子被遮蔽了。因而，在固定不变的基础上，黏土矿物的外层带有轻微的负电荷（图11）。

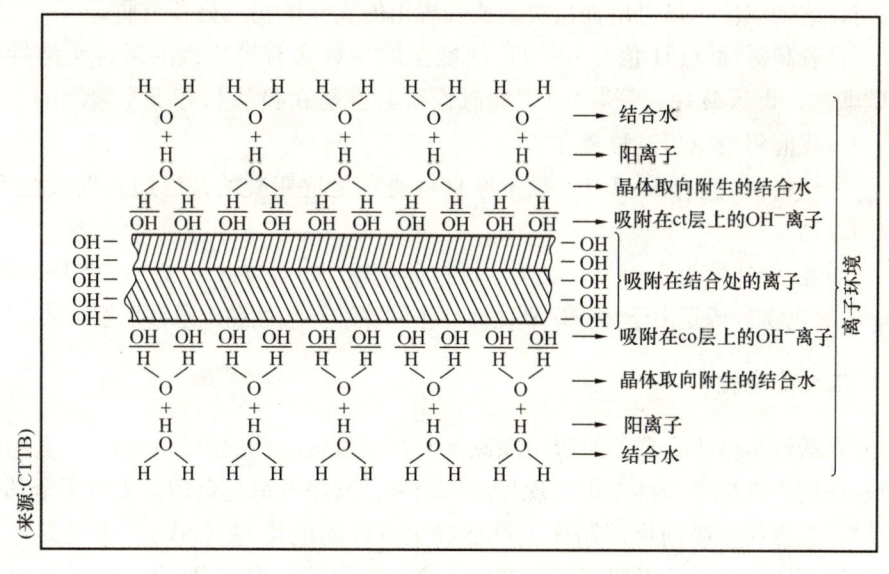

图11 双电层理论中高岭石颗粒的理论图像

在黏土矿物晶体的边缘处也是带电的，但这些电荷不是永久性的，这些电荷随pH值在变化（在酸性环境下吸附H^+，在更强的碱性环境下吸附OH^-），也随离子的强度在变化（可溶解盐的浓度）[11]。

这一带负电荷的黏土矿物颗粒外层由游动的阳离子中和，在整个带负电荷外层的周围都系满了阳离子，如：来自水的H^+离子和来自溶液中的其他阳离子（Na^+，K^+，等等），从而形成了双重的静电层。在更远的外部围绕着部分极化的水分子，吸附在双电层的周围。这一部分是结合水的络合层，被称为赫尔姆霍茨（Helmholtz）层。

晶体的真实静电状态是取决于 pH 值和溶液中的离子强度。

因而，在最有利的条件下，每一黏土矿物颗粒明显地是由一扩散的双层水膜围绕着，扩散的双层水膜厚度（$0.01 \sim 0.3 \mu m$）与黏土矿物层的厚度大约是同样的，或者是大一些[12]。

这种结合水的机理对可塑性、具有凝聚作用和分散作用的胶体形成上等方面有着主要的影响。

一、原材料的 pH 值

如前面所见到的，因为胶态分子团结合有 OH^- 离子，纯净黏土矿物悬浮液的 pH 值是强酸性的（$3.5 \sim 5$）。

天然黏土原材料的 pH 值是可变的，范围在 $3 \sim 9$ 之间，其中多数在 $4 \sim 6$ 之间，这则取决于以可溶性盐类形式表现出的实际矿物成分和杂质。

具有高碱性（pH 值为 $8 \sim 9$）的黏土原材料含有高比例的碱性可溶性盐（碳酸盐、重碳酸盐，等等）。这些碱性可溶性盐在自然状态下是絮凝的。在下一节我们将会重提这种概念。

中性（pH 值为 $6 \sim 7.5$）黏土原材料通常是抗絮凝的，当加入碳酸盐后，容易流动。

酸性（pH 值为 $3 \sim 5.5$）黏土原材料含有酸性的盐类（硫酸盐或是 Fe，Ca，Mg 的氯化物）或是由于黄铁矿氧化而产生的硫酸。酸性黏土通常是絮凝的。

二、Z-电位

在酸性溶液中，质子被吸附在黏土矿物层带负电荷的内部表面上，其净电荷是正的。在碱性条件下则出现相反的结果，其净电荷是负的。当粒子全部带电时，在横越双吸附层的断面上就形成了少许的电位差（mV），电位差的大小取决于所带的电荷及吸附层的厚度，这一电位差称为"$Z(\zeta)$-电位"。这些带电的粒子相互排斥，因此泥浆不能凝聚，就被分散开了。

在悬浮液中的带电粒子在一电场中电泳期间能够移动。在"等电离点"时，黏土矿物胶态分子团上没有净电荷，$Z(\zeta)$ 电位是零。对纯黏土矿物来说，在等电离点，pH 值通常是酸性的（表 16）

当粒子不是全部带电时，就能容易地形成凝聚。这就是为什么被称为絮凝的原因。

表16 不同矿物在等电离点时的pH值

矿　　物	在等电离点时的pH值
三水铝石	10
赤铁矿	4.2~6.9
针铁矿	5.9~6.3
钠长石	6.8
蒙脱石	2~3
石英	1~3
高岭石	2~4.6

三、凝聚

由于有各种吸引力，黏土颗粒常常有凝聚趋向并形成凝聚体。根据不同条件，这些吸引力有边缘到边缘、面到面、边缘到面。当黏土矿物胶态分子团凝聚时，已经观察到有两种主要的凝聚模式：

(1) "卡片式房屋"模式，这是某些粒子的边缘被结合到了其他粒子的面上。当粒子的边缘带有轻微的正电荷时出现这种现象。这是发现的最普遍的模式。该流体是非牛顿流体（non-Newtonian），并有一弹性极限（图12）。

(2) "盘式堆积"模式，盘形粒子相互在顶部堆积，而面对着面，形成条带状。这种模式更具弹性，并在高浓度的盐溶液中发现。

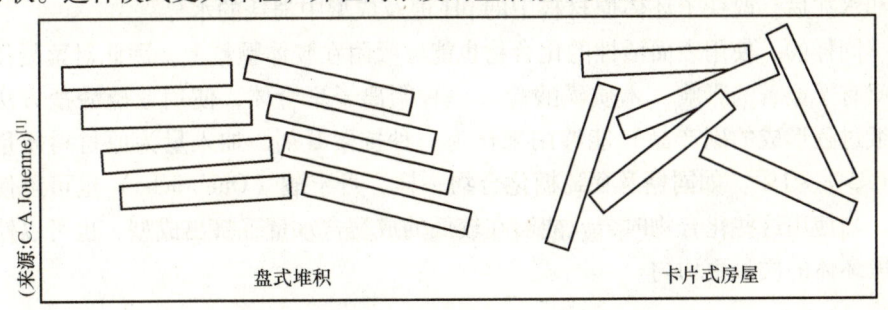

图12 黏土粒子以盘式堆积或是以卡片式房屋形式的凝聚

四、分散剂

因成型水中离子条件（pH值、离子强度）的变化而导致了吸附双电层、Z电位的改变，因此也影响到了胶态分子团的排列。这种变化在黏土原材料的关键性能上也有主要的影响，例如泥浆的黏度和坯体的可塑性（图13）。

对黏土悬浮液来说，可溶性钠盐是有特效的分散剂，如：低浓度的硅酸钠

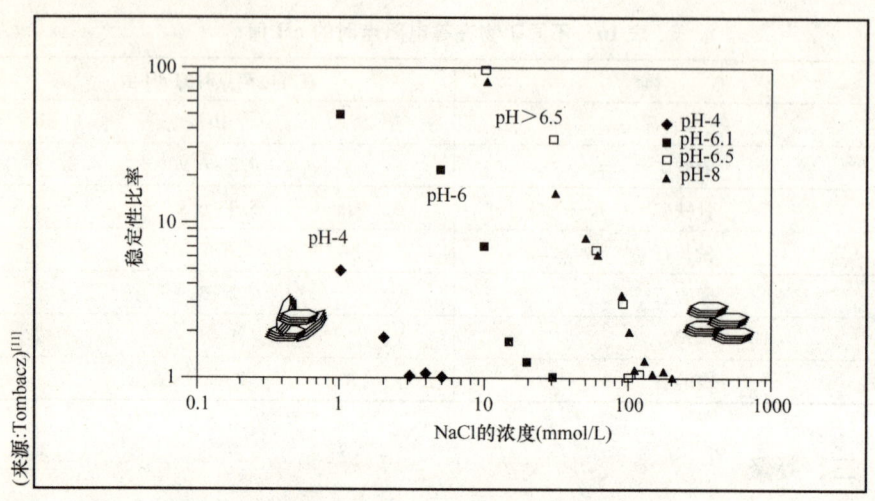

图13　pH值和盐类物质对高岭石泥浆黏度的影响

Na_2SiO_3（或重磷酸钠或聚丙烯酸钠）就改变了吸附双电层，并且增强了抗絮凝作用。

对黏土质坯体来说，碳酸钠是一种廉价的产品，有时用来加入约1%的量来提高可塑性和可挤出性能。当加入碳酸钠后的坯体原材料变得更黏，能够减少成型所需水分，分层减少，并且坯体外观质量得到改善。

苏打和水泥也能够用来作为改变黏土质坯体可塑性的外加剂，因为加入苏打和水泥后，改变了坯体原材料中的pH值及成型中消耗的水分。

同样的，使用表面活性的化合物也能够吸附在胶体颗粒上，因此对絮凝作用就有了显著的影响。木质磺酸盐（一种阴离子聚合体，使用亚硫酸盐方法造纸过程形成的副产品）能够用来作为一种抗絮凝剂，加入量为原材料质量的0.5%~1%。如同糖及葡萄糖化合物一样，丹宁酸（Quebracho）也可以使用。当使用这些化合物时，就能够在较低的成型含水量下挤出成型，也可以使干燥坯体的质量更均匀。

第四节　原材料坯体的可塑性和流变性

原材料的特征性能是它们的可塑性。坯体的可塑性能够使它显著地变形而没有内聚力的损失。这就意味着有极限应力（弹性流动极限）的存在，在这一极限应力之下，黏土质泥团不会变形。超过这一极限，就会产生显著的变形，不会有任何较大范围的凝固现象。这一临界值的存在能够使黏土质坯体在变形后保持它的形状。

因而,可塑性是一个非常重要的性能,同时也是一个非常复杂的参数,因为有数种因素影响着可塑性,如:变形性、黏性和内聚力。

可塑性通常与在黏土质坯体中的胶体颗粒的大小联系在一起。如果有比饱和表面结合所需水更多的水,颗粒的相对运动就容易(即容易产生流动和变形——译者注)。如果没有足够的水,颗粒相互之间直接地接触,可塑性特性就会消失。因此可塑性取决于加入水的量和润湿颗粒的表面面积(与颗粒的尺寸有关)。

一、可塑性和流动性极限

有许多参数影响着原材料坯体的可塑性,如:含水量、原材料的类型、颗粒尺寸(颗粒越细,塑性越高)、颗粒的形状、颗粒的表面面积和定位、颗粒的凝聚、惰性物质(砂等)的含量、存在的盐类,等等。

在干燥的原材料粉末中,开始逐渐地加入水,使其达到原材料变得具有塑性的最初含水量。这时,颗粒表面结合所需水分是饱和的,颗粒之间的空隙被水填充满了,颗粒相互之间不再是直接接触的。这样,颗粒之间的相互运动就变得容易了。

如果继续给原材料中加入水,就会达到第二个含水量的极限,原材料便变成了液体(泥浆)。达到这种程度时,颗粒之间的水层比双吸附层的静电场更厚一些,颗粒之间的相互作用就消失。这两个含水量数值被称为"塑限"和"液限"或称为阿特博格(Atterberg)极限。

这两个数据之差称为可塑性指数。某些典型的数据在表 17 中给出,这些数据已经在意大利的原材料和坯体中得到了应用。

表 17 某些黏土矿物和原材料的塑限、液限及可塑性指数

矿物种类	比表面积 (m^2/g)	塑限 (%)	液限 (%)	可塑性指数 (%)
高岭石(纯)	10~20	25~40	30~110	5~70
伊利石(纯)	80~100	35~60	60~120	25~60
蒙脱石(纯)	400~800	50~100	100~900	50~800
意大利的劣质黏土		22~28	33~38	10~16
意大利的肥黏土		21~31	46~66	20~38
意大利生产的坯体		18~26	35~47	16~25

这些极限值通常与黏土矿物的含量成正比。坯体的性能,诸如渗透性、抗剪强度等都与黏土矿物含量有关。

土壤学者——卡萨格兰德(Casagrande)根据土壤的液限和可塑性指数对不同的黏土质土壤以图表的方式进行了分类。吉普匹尼(Gippini)[13]也使用这

些分类结果,从成型性能的观点上对黏土质土壤进行了比较。这些比较能够放置在卡萨格兰德的塑限与可塑性指数的图中(图14)。图14表示了最佳成型性能的范围,也一起表示了非最佳可塑性指数可能引发的结果。

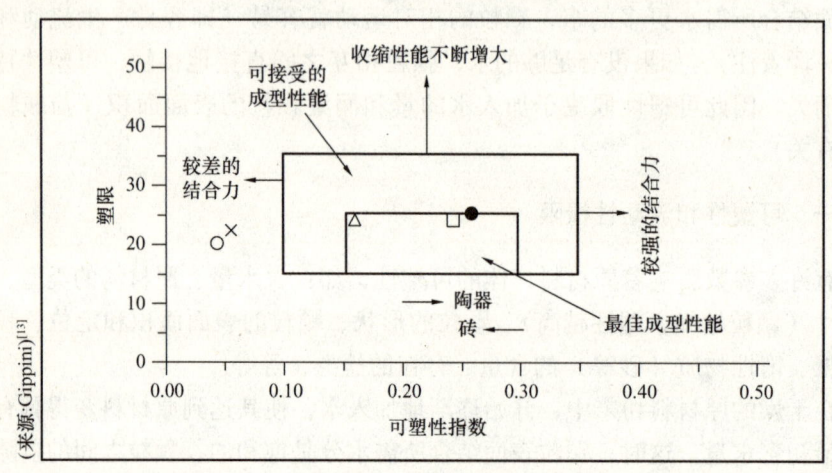

图14　卡萨格兰德(Casagrande)黏土质土壤分类图

二、"正常的黏土质坯体"

在图14的中间部位(最佳成型性能区域),所发现的坯体称为"正常成型的黏土质坯体"(normal shaping clay bodies)或"正常坯体"(normal bodies)。也就是说黏土质泥团有强的结合能力,用手触摸有延展性,但不粘手指(粘手指有时称为黏性点),有经验的技术人员能够相当容易地重复这些动作。要制作"正常黏土质坯体"更容易的可控制方法是:将土壤制成泥浆,并将泥浆灌注到吸附水后的石膏模中,泥浆在石膏模中流淌铺开形成2~3mm厚的一层,留下的泥层能够容易地从石膏模上剥离下来,而没有粘结。此时,该泥浆的组成即为正常的坯体组成成分。

在正常黏土质坯体的情况下,坯体原材料中约含有15%~25%的水,不是非常高的塑性;而非常高塑性的坯体原材料中含有20%~30%的水。但是这些原材料不是粘附性的,在实验室的挤出机上可以容易地挤出成型。

三、黏度

简单的事实是,黏性流体服从于牛顿定律,也就是说,由于运动而引发的剪切应力与剪切的速率成正比,而流体具有的黏度是比例常数。黏度是与速度有关的常数:

$$\tau_{xy} = \eta \frac{\mathrm{d}v_x}{\mathrm{d}y}$$

式中 τ_{xy}——剪切应力；

η——黏度；

$\dfrac{\mathrm{d}v_x}{\mathrm{d}y}$——y 垂直于 x 方向上的剪切速度或速度梯度，亦即流动的方向。

悬浮液的黏度比基本流体的黏度大。与纯的液体比较，随着液体中固体材料（例如土壤——译者注）含量的增加，黏度最初的增加是缓慢地。而另一方面，随着固体材料含量的增加接近于体积的临界组成时，黏土质坯体的黏度增加得非常迅速，并变成无穷大。因此，这一临界值取决于泥料中颗粒尺寸的分布、固相物质的堆积密度和故乡物质的分散状态（抗絮凝能力）。

黏土质坯体不是纯粹的黏性体物质，黏土质坯体的流变特性更加复杂；通常黏土质坯体的流变特性类似于具有沿壁滑移特性的宾汉姆（Bingham）黏-弹性流体（图 15）。

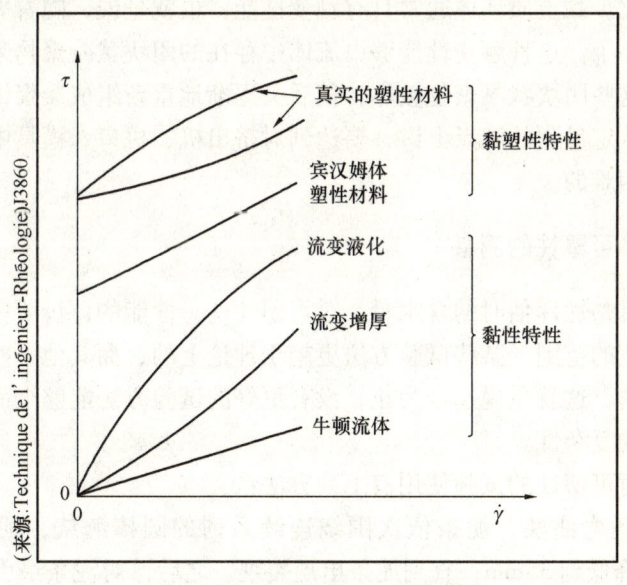

图 15　在不同模型下材料的变形

在一定的应力极限下，$\tau < \tau_\phi$，宾汉姆体黏-弹性黏土泥团不会出现变形。流动的应力极限取决于黏土泥团的含水量。超过这一极限应力，黏土泥团就出现变形，并且其应力与剪切的速度有关。

根据上述，我们有：

$$\tau < \tau_f \quad \mathrm{d}v_x/\mathrm{d}y = 0$$
$$\tau > \tau_f \quad \tau = \tau_f + \eta_B \mathrm{d}v_x/\mathrm{d}y$$

式中　η_B——宾汉姆黏度，考虑其为一常数（宾汉姆流体）。

可使用两个参数 τ_f 和 η_B 来描述此时的运动，每一个参数都取决于材料的含水量，而不是与压力和速度有关。

黏土质材料流动的另外一个性能是沿壁的滑移。在与壁的接触点上，黏土质材料层很少是呈密集状态的，因为黏土质材料颗粒相对于壁进行摩擦；这一与壁接触的表面层富集着水，因此产生了低黏度的、具有润滑效应的一层物质（细颗粒原材料和水——译者注），从而使整体的黏土质材料容易地出现滑动。

因而，在黏土质材料的流动上，就必须要描述双重的、孪生的流动，也就是主体上的流动和接触层上的流动，而接触层上的流动是非常好的及更具流动性的流动。也可以使用两个参数来描述这种接触表面的运动（黏度的大小和表面层的厚度）。总体来说，至少需要四个参数来描述黏土质坯体的流动。要测量这些参数是困难的，正如我们将在后面要看到的一样。

不幸的是，现实存在甚至更为复杂，因为宾汉姆黏度通常不是常数，而是随着时间变化。黏土质坯体通常具有触变性能，也就是说，随着剪切的出现相应的黏性变小了。这种触变性能够由流体中存在的团块状凝聚物来解释，由于剪切运动使这些团块状凝聚物破坏，稍后又逐渐地重新组成凝聚体。

因此，从定量化的观点上讲，要达到对挤出机、机口、模具中流动的现实模拟是相当困难的。

四、坯体可塑性的测量

根据对可塑性评估时的含水量，对可塑性这一性能的评价所使用的试验方法有着非常宽的范围。某些试验方法更趋于理论上的，而其他一些则偏重于以经验为根据的，这就是说迄今为止，没有更好的试验方法能够全面地反映出原材料可塑性的复杂性。

例如，对可塑性的试验使用有下列方法：

（1）泥条弯曲法，泥条依次围绕连续系列的圆棒缠绕，圆棒的直径从220mm逐次降低到35mm，直到泥条出现裂纹。之后，对泥条最大的延伸程度进行评估，以最先出现裂纹时的情况考虑。

（2）阿特博格（Atterberg）极限测量法，被定义的塑限是：在一直径为3mm，长度为5mm的磨具中模制的泥条出现裂纹时，液限的获得是用泥铲冲击25次后，当在泥条上一标准的裂缝消失时。

（3）普氏（Pfefferkon）冲压法，使用普氏装置测定的可塑性极限，就是测定一圆柱体的试样（直径33mm，厚度40mm），在一已知质量（1169g），在设定高度（186mm）下落冲击下的变形。所定义的塑性极限是：在冲击后的试样剩余厚度为原始厚度的 1/3 时。

（4）硬度测量法，即用一个 90°的圆锥体，在给定荷载下，测定透（贯）入泥料的凹陷压痕。

上述这些试验方法所提供的信息都涉及了试样选择的成型含水量，能够在坯体原材料之间进行比较，但是这些试验不能提供任何有关坯体原材料的机械性能方面的信息。因此，这就要求有更为完善的试验方法。

扭转或弯曲塑性仪，使用扭转或弯曲塑性仪，在被实验的原材料试样上逐渐地增加所施加的变形力，在给定的变形速度下，同时记录扭转或弯曲的应变/变形的曲线图，测定弹性极限，这样就可获得最大的应变数值及在破裂时的最大变形。可加工性（工作度）通常是由坯体的弹性极限与最大变形的乘积来测定。该试验是在不同含水量的情况下进行。如果增加坯体原材料的含水量，弹性极限下降，而在破坏时的变形量增大。在含水量为 25%～30% 时，最大可加工性通常可观察到。

使用这种设备，由施加一突然的变形，也可以测定黏弹性及测定随时间而变化的应变程度。

这些测定数据提供了实际的机械性能数据，然而这些数据是在大气压力下测定的，所使用的方式和变形的速度与在挤出机和压力机中的条件有非常大的差别。

实际挤出试验，实际挤出试验是在实验室的挤出机中进行的试验，或是在一流动的塑性仪中进行的。在挤出开始时测定机口的最初压力，在增加压力的时候，根据所施加压力的大小记录挤出的产量。实际上，当挤出泥条达到稳定状态时，沿机口的平面将泥条切断。在一确定的挤出时间后，重复进行这种操作，称重挤出的实物样品，并检查其含水量。

这种试验是令人感兴趣的试验，因为能够在实际压力和剪切速度下进行试验，使用一简单的模拟试验，就可以评估在具有代表性的条件下宾汉姆流体所描述的参数。这样，就能够进行参变量的研究，例如对含水量、压力、温度、各种外加剂等变量的研究，因此就能获得数字化的、可用于工业生产中挤出机最初定位的数值。

第五节　原材料分析

除了原材料可塑性的测定外，原材料还应经过许多化学和物理试验。

一、原材料的化学分析

黏土、其他原材料和生产的坯体要经过许多化学分析。通常有益的分析方法是将坯体（带有瘠性物质）与黏土质组分（小于$2\mu m$）完全分离。

主要的化学分析包括：

（1）化学成分，由等离子体焰炬扩散光谱仪（ICP）或是由X-射线荧光分析原材料的化学组成（Si、Al、Ti、Fe、B等阳离子的分析）。这种分析相对的精确程度约为1%。

（2）晶体化合物，由X-射线衍射法对晶体化合物（高岭石、伊利石、绿泥石、石英，等等）的矿物测定。这是半定量的测定方法，但是可使用有充分根据的参考文献能够做到定量化。

（3）水溶性硫酸盐，由洗脱梯度离子色层分析法来测定水溶性硫酸盐（阴离子分析）。

（4）总含碳量的测定，由热重（量）分析法测定有机碳及碳酸盐含量。测量的绝对误差约为0.1%。

（5）游离石灰（可溶解的）含量，由ICP扩散光谱仪测定游离石灰（可溶解的）含量，从浸泡溶液中测定。

（6）总的硫、氟、氯、钠、钾含量测定，由碘定量滴定法测定总的硫（以SO_3^-表示）含量；由比色法测定总的氟（以F^-表示）含量；由银液滴定法测定总的氯（以Cl^-表示）含量；或由火焰原子吸收光谱法联合测定总的钾、钠含量。

（7）硫、氟及氯热扩散组分的测定，由洗脱梯度离子色层分析法测定热扩散组分的硫、氟和氯。进行这种分析是用来评价可能由烟气引起的腐蚀和污染问题。

（8）可溶性盐类的分析，由浸渍或浸透方法浸出可溶性盐类（提取可溶性盐），这样，由原子吸收光谱和离子色层分析对萃取的溶液进行分析，以便评价泛霜的问题。

（9）检验化学活性表面（"亚甲基蓝试验"）。

（10）某些化学键的测定，由傅里叶（Fourier）变换红外线光谱法（FT-IR）对某些化学键进行测定。这种方法也可能用来分析OH^-基和原材料中水不同结合形式及在热循环过程中的特性（空隙的、被吸收的、吸附以及结合水）。也可以用来研究Si—O键，以测定石英的结晶程度。与OH^-基联系在一起考虑，这种分析也能提供层状结构矿物的类型及这些二八面体或三八面体矿物性质的信息。

二、原材料物理性能的测定

原材料的物理特性是非常重要的：

(1) 自由水分的测量，测定试样在加热到105℃前后的质量变化。

(2) 颗粒尺寸分布的测定，由筛分法和沉降分析法来测定原材料的颗粒尺寸分布。比40μm大的颗粒表示着固有的瘠性物质组分，这一组分可由筛分方法得到。细颗粒组分是由持续的沉降分析方法进行分析，原材料试样（黏土）被浸泡在水溶液中，并带有附加的润湿剂（分散剂——译者注），使原材料分散并形成泥浆。这种方法包括了能使黏土质颗粒彻底地被分散，凝聚颗粒完全被分离的液体使用，以及形成的悬浮液是稳定的。通常使用六偏磷酸钠（Sodium hexametaphoaphate）作为分散剂。然后，该悬浮液经受高能振荡（通常是用超声波），使其完成化学作用。小于2μm的颗粒尺寸通常是用X-射线光谱能量分布图（X-ray sedigraph）进行分析。悬浮液被静止放置一定的时间，然后由X-射线吸收，根据在稳定的液体中的高度测量在浓度上的变化。然后，这些混合物被分成类，此时就可推导出分布的柱状图和累积频率曲线。所测量的比2μm小的颗粒组分被称为黏土矿物组分。

(3) 如果必要的话，可以使用激光漫射（静态和动态漫射）的方法对更小的颗粒进行研究。

然而，对于细颗粒来说，在成型中起着非常重要的作用，如：黏土矿物颗粒不是球形的，它们通常呈薄片状和盘片状。光谱能量分布分析是以水力摩擦因素为基础，静态激光漫射是根据光与颗粒的交互作用，动态激光漫射是由于布朗（Brownian）运动和物体的黏度。这三种分析方法，与细颗粒有着不同的交互作用模式，因而对盘片状形式的小颗粒给出了不同的颗粒分布状态。因此，既从试验的观点（凝聚体全部分散）也从理论的观点上讲，要精确测定细颗粒组分的分布是困难的。

图16给出了黏土颗粒尺寸分布的示差（微分）曲线和累积曲线的实例，该曲线是由光谱能量分布分析法对用来制造烟道砌块的、具有适当塑性的坯体分析而得到的，其中也含有某些大颗粒。

(4) 比表面积，比表面积的特性取决于颗粒的细度，使用BET（Brunauer Emmett Teller，布鲁纳尔-埃梅特-泰勒测定表面积的方法——译者注）氮吸收方法来测定比表面积。对黏土质坯体而言，通常测定的比表面积数值在 $5\sim50m^2/g$ 之间。

(5) 阳离子交换能力（CEC），这是测定黏土矿物交换阳离子的能力，也就是测定在黏土矿物扩散层中不固定阳离子的水平，交换能力则取决于总的电荷量。这一交换能力随pH值而变化，因而通常给出的交换能力是在pH值呈中性时的数值。测试的样品用阳离子（例如正烷基铵，$C_nH_{2n+1}NH_4^+$）饱和，并与氯化物溶液混合。样品中存在的阳离子（Na^+，K^+，Ca^{2+}，Mg^{2+}）被交

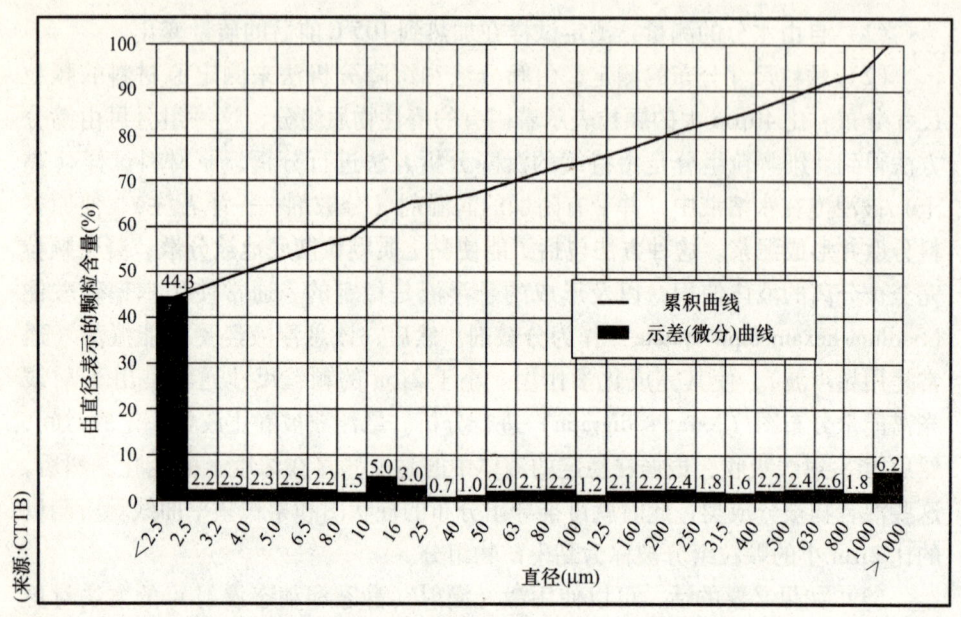

图 16　黏土质坯体颗粒尺寸分布的实例

换出来，仅是后来增添的阳离子保持固定在原来阳离子的位置上。之后，过量的阳离子被漂洗出来，并由其他阳离子（例如 Na^+）取代。测量释放出的 NH_3 阳离子的数量。

（6）化学表面活性亚甲基蓝试验，也能够进行亚甲基蓝的试验。测定时，亚甲基蓝的数量必须覆盖质量为 100g 具有单分子层的试样表面。这种性能与比表面积和阳离子交换能力（CEC）有关。

第三章 原材料采集和采矿场

在讨论过了涉及的基本原材料和黏土矿物的主要成分之后,现在继续讨论制造工艺过程的各个阶段,如:原材料的采集,坯体原料的制备、成型、干燥和焙烧。本章讨论在采矿场中原材料的采集。

烧结砖瓦产品的起始就在原材料的采矿场。

第一节 采矿场项目的准备

在开始采集任何原材料之前,涉及将来原材料开采操作运营的所有事项都要进行详细的研究。

一、矿床的研究

研究矿床开始要做的事就是:使用地图,进行地质学研究,在可到达的地表面进行考察等。

之后对拟选地点进行分析。地球物理学技术[14] [使用斯林格拉姆(Slingram)方法的电阻率地图,地球磁场映射,温纳尔(Wenner)方法——使用带有四个电极的电阻来测定矿层的厚度,地震方法] 在探寻烧结砖瓦产品原材料上应用的不是非常普遍,因为便于利用的矿床是接近于地表面的,所以能够容易地进行钻探并拿到岩芯样品,或是开挖沟槽获得试样。因此,应在规定的距离上采集岩芯样品,这则由矿床的质量和计划使用的年限而定。

矿床的特征包括:地理范围、厚度、倾斜程度、均匀性、覆盖层的厚度,及以焙烧后产品的吨位或是以年产量表示的可开采的最终潜力。一个采矿场必须有较长的开采寿命(20~30年,或更长)。

关于地质条件的信息受控于地层的形成环境,形成的环境提供了有关矿床的均匀性、潜在的杂质等迹象。

通常有数个不同性能的黏土重叠层。在一地层中,处于下部的材料通常具有较小的塑性。在质量较好的各层之间,或多或少地存在黏土质的纹理(矿脉)。在这些重叠层中也能够发现杂质,例如燧石层、石灰石结核(料礓石——译者注)、贝壳和化石层、黄铁矿,或是有机材料,如:褐煤、泥煤、等等。这些杂质必须剔除出来,因此开采将是有选择性的,开采必须是合理的及在经济上是可行的。

其次,要对拟开采原材料的性能,能够生产出的坯体性能,以及最终经焙烧后产品的性能进行研究。

二、采矿场开采的技术准备

在对矿床完成技术评估之后,就必须进行涉及矿床使用的经济性研究。在矿床潜在的可利用体积和覆盖层体积之间的比率是该项目获利能力中一个至关紧要的因素。另外一个重要的因素是在采矿场与生产工厂之间的距离。

依照面临的开采工艺和采矿场发展的状态来制定开采计划。开采计划中包括工作面高度的选择、以台阶(梯田)形式开采的可能性,以及使开采崖面形成斜坡确保未开采原材料的稳定性,这些均取决于被开采原材料的性能和含水量。湿黏土的开采崖面所要求的最大角度为20°~30°。

在采矿场要设计排水系统以便排出来自采矿区域的水。由于渗滤、溢出及雨水,采矿场的水能够聚积。粗劣的排水可导致层状原材料黏土的稳定性问题以及在各层之间污染的危险,也能引起原材料黏土转运的复杂化。当然在可能的情况下,自然排水是最简单的解决方法,因为在用泵排水的系统中要有维修和保养工作,以及由于泵消耗的能量也被证明是昂贵的。保持水流动的量达到最小化以及确实保证水能够排走,尽可能地保持采矿场地的清洁,也是可取的方法。在水排放出采矿场之前,建立沉降池(槽)以便水的澄清是非常必要的,这样就可确保排出水能够符合规范的要求。

在采矿场之内必须考虑内部的转运,同时也要考虑采矿场与生产厂之间的运输,对运输采用的方法以及实际中要使用的路线也要一起研究。开采设备的移动、轨道的铺设以及要使用的开采面必须提前规划。用于开采设备的燃料罐的位置必须事先确定,用于开采设备的清洗设施的定位也要一起考虑。

在原材料采掘期间可能会出现影响四邻的问题必须事先考虑,如:四邻的人们可能会抱怨有关的噪声、灰尘、交通、道路状态等问题。这些问题如果在设计阶段得到了充分考虑,通常是很容易解决的。传统的解决方法是在采矿场周围设置围墙,建立土堤以及小心地错开进入道路,以限制噪声;种植成排的树木以限制飞扬的灰尘;路面润湿(洒水)和履带(轮胎)的表面处理,必要的时候,清洗离开采矿场卡车的车轮,等等。在采矿场不开采期间,必须确保居住在四邻的人和其他人在走近采矿场时不会暴露在有任何危险的状态下。

正如可能需要的一样,也必须确定原材料的堆存(stockpile,即为开采出的原材料通过分层堆放达到均化、风化的目的——译者注)位置,特别是如果一年的生产所需原材料堆存在采矿场时,也必须考虑到覆盖层(剥离层

──译者注）物质的储存问题，如：剥离层材料有时可以用来建造防护性堤坝以防护噪声的传播，然后，可以再将其放回到已经开采过的区域中。

三、行政管理准备

从行政管理（即审批手续的办理——译者注）的观点上看，采矿场项目的准备通常是一艰苦的任务。该项工作涉及国家和地方法规，以及行政管理当局要求可能都在变化的情况下。

自然地，首要的一点就是涉及采矿场所有权的问题。这则取决于各地法规的限制，可能有各种类型的适用于原材料开采的所有权权利。采矿场可以购买、租借或出租，例如，以开采的数量为基础收取一定的费用。

例如，可能发现的像考古学遗迹一样的现场，所有必须进行的工作就是必须保护现场。举例来说，最新的法国法律——预防性考古学和相应的应用指令条款中均要求对试验孔洞（钻孔）的保护。

再者，要进行对环境影响的研究，促进行政管理当局对允许开发采矿场申请的批准。

这种申请文件提出的项目，包括针对的目标、所采取的环境保护措施等。通常这种文件包括下列组成部分：

（1）采矿场建立之前当地位置最初状态的描述；

（2）将来的开采作业对环境的综合影响（景观美化的研究，值得注意的动物群和植物群，与农业的兼容性）；

（3）涉及对环境有重要影响的保护，以及将来的开采对环境质量和对公众安全性上能够预测到的影响研究；

（4）对限制来自操作中的公害性堵塞物和避免污染（减少噪声的程度，在一定的气候条件下限制灰尘的水平）采取措施的说明；

（5）水源的保护，在地下水和水的汇集区域上对水力学影响的限制，对废水的控制，等等；

（6）对最适当的运输方法的建议；

（7）关于开采场地将来的计划，其中包括恢复土地到以前的状态要做的工作的描述［开采工作面（指开采后遗留下的高崖——译者注）的稳定性和安全性，现场的清理，必需的回填和平整，不用设施的拆除，环境美化方面的补救措施，可接受的堤坝斜坡，建立中间台阶以限制开采遗留工作面的高度，在倾斜面上限制角度的突然变化，重新种植的植被类型，等等］，并附带相应的估算费用；

（8）在开采的同时，对有限制的树木的分阶段清除，以及分阶段恢复工作的分阶段工作计划；

（9）在采矿场使用寿命期内的各个阶段与当地居民的联系（交往）。

通常要进行跟踪的影响研究，举行的公众调查要告知当地居民和社会团体，并且记录他们的意见和评论。

在经过长期的准（筹）备工作之后，如果所有工作都按照计划完成，行政管理当局才会准予开发采矿场的许可，无疑地要附带许多要求和限制条件。

第二节 采矿场的运转

这些采矿场通常的操作是在一露天的深坑基础面上，在大多数情况下，黏土原材料的采集是机械化的。采矿工作中包含的爆破通常对黏土原材料没有必要使用，因为黏土原材料相对软一些。虽然如此，但如果黏土原材料由较硬的地层覆盖时，爆破是必要的手段。

大多数常见的采矿场有两种类型：

（1）位于平原或是山谷底面的采矿场。这些原材料矿体通常是近代的，由湖泊或河流留下的，呈透镜状（扁豆状）形式的沉积矿体。这些沉积矿体常常是相当薄的，开采相当简单，一般极少涉及倾斜坡度的问题，但是在采矿场的底面可能会积聚大量的水，这些水与地下水有时会相互影响。这种污浊的水可能会被污染。

（2）山坡边采矿场。这些原材料矿体通常是由于地质构造作用重新塑造的较古老的海成地层。这些原材料矿体可能非常厚（可达数百米），具有定向性及变化的倾斜坡度。因为此处的开采工作是在山坡上进行，这则由地形而定。此时，可以使用机械挖掘机，以台阶方式开采原材料。更粗放的开采方式是：建立或是配备一个倾斜下滑的溜槽，开采出的原材料由推土机推到倾斜溜槽处自然下滑，在溜槽的底部能够直接装车。开采面倾斜坡度的稳定性，从短期和长期的观点看，都是非常重要的，特别是在地震区域内的采矿场。

在山坡或是堤坝上进行的开采被称为水平开采作业，而坑式开采是通过挖掘进行开采。开采面的高度范围通常从1m变化到约20m，这则取决于矿层的厚度、开采机械的通道，以及厚矿层的稳定性和安全性。开采台阶的高度受所使用的设备能够达到高度的限制。

同样地，开采工作的开始就是使用推土机、机械挖掘机、装载机或是铲运机等机械设备剥离去覆盖层（也称为废料）。剥离出的覆盖层材料堆放在旁边以便用于将来的恢复工程，但以土堆或堤坝形式堆放的剥离覆盖层材料在土工技术上应是稳定的。表层土壤是有选择性地以有限制高度的土堆形式存储，以便保存表层土中的腐殖质含量。

通常，在采矿场的底部保留一薄层黏土质原料，以便保护在下面的地层不会受到意外的污染。

有时，各层原材料分别进行开采以便限制产生污染的危险和成分上的变化。然而，现在这种类型的分类使开采变得更困难了，并且由于目前高生产效率的开采方法使得这种分类开采很少有经济优势。

由于集中的季节性生产，经常会出现在短期内开采原材料，在谨慎地选择生产循环过程时，这种季节性生产的方法一般或多或少地会被采用。在季节性生产的情况下，只要是天气有利的时候，就能够开采原材料，通过最佳化的组织开采，可将开采合同转包给装备更好的专门公司，以限制对生态影响的周期，减少在地质变化上的影响（作用）。这样一来，可使每 $1m^3$ 原材料的成本降低，特别是对那些距生产工厂有很长距离的采矿场更有利。

在采矿场和生产工厂之间的运输通常也被转包出去。

一、开采设备

开采设备取决于开采的类型和被开采材料的硬度，开采作业可以使用机械挖掘机、电铲、松土机、铲运机、推土机、装载机、多斗挖掘机或切割轮式机械，等等。

使用最普遍的设备是机械式挖掘机。这些类型的机械挖掘机能够很好地适应中等硬度的黏土质原材料的采掘，挖掘的高度为 2~6m。这类机械设备非常容易操纵，灵活性高，具有多功能性，每次能够容易地挖取数层原材料，并能避免挖取杂质。对于水平开采来说，挖掘机安装有正向铲斗。对电铲来说，使用的是反向铲斗。这些机械也能够装备索斗铲。在这种情况下，它们就类似于多斗挖掘机。

多斗挖掘机被用来开采软质的、具有更高开采工作面（5~15m）的原材料。多斗挖掘机以刨削的形式将原材料切成碎片，并能使不同层的原材料得到很好的均化，但是多斗挖掘机也会挖取碰到的任何杂质。

使用切割轮沿着薄的一层矿体来切碎原材料，因而避免了开采出带有杂质区域的材料。

开采出的原材料在采矿场内部的搬运使用自卸卡车，而在之后运输到生产工厂时，主要用卡车，这也是灵活的、经济的运输方法。

极少见到由铁路、缆车或皮带运输机（较长距离——译者注）来运输原材料的情况，这些方法都是很陈旧的、笨重的运输方式，极少有灵活性，也不能很好地适应于原材料采矿场的实际状况。

二、预均化和年度堆垛储存

在季节性生产期间，被开采出来的原材料在露天堆成大垛储存起来，以供来年生产之用。

这样存储的堆垛就提供了原材料的预均化作用，如：开采出来的原材料以适当薄的一层连续摊开并逐层堆积成垛。从这一堆积的垛上重新取得材料用于坯体的制造。在堆积垛上垂直于堆积层方向切下原材料（例如：如果是水平方向分层堆积储存时，就在垂直方向取料）。这就能够使原材料的成分达到均匀，如果有大量的堆积层数，均匀化的作用更有效。均匀化的程度随堆积层数的平方根在增加。原材料能够以平行的水平层或以人字形轮廓的方式堆积储存，这则取决于堆垛的体积。

堆垛的几何形状可以是直线形的、环形的、圆形的、锥形的，这取决于可利用的场地面积和装卸设备。

在季节性生产的情况下，从开采的原材料逐渐堆积而成的垛上能够容易地取出样品，以检查用于来年生产的原材料性能的连贯性，并且可以限制任何令人不愉快的意外事件出现的机会。

由于经济方面的原因，不可能超长距离的运输原材料，因为运输的成本将会太高。大多数烧结砖瓦厂使用的原材料都是来自接近生产工厂的采矿场（几公里远）。

然而，为了改善制造过程中坯体的性能和最终产品的质量，某些生产厂就必须加入少量的、来自更远矿山的高质量黏土原材料，有时的距离达数百公里远。

第三节 采矿场和环境

采矿场由许多的欧盟和国家级的法规所控制着。这些规定是复杂的，而且变化得相当快。这样就限制了我们对确定数量的全面信息的考察，此处仅以涉及的欧盟和法国的法律作为实例进行讨论。

一、欧盟的规范条例

欧盟涉及采矿场的规范条例同样地尚未改变。当然，有数种类型的规范条例可应用到采矿场，但没有明确的可供烧结砖瓦厂使用的专门规范，涉及的规范有：

（1）涉及关于露天挖掘采矿的及大于 25 公顷（等于 1 万 m^2——译者注）面积的采矿场的环境影响评估指令；

（2）涉及水的新的框架性指令也包括了采矿工业的活动；

（3）2006年1月，欧盟议会正式通过了"采矿废料管理"的指令，该指令中包括：

①关于准予运行授权的条件；

②关于废料管理的义务（制定出显示废料特性，包括数量等在内的废料管理计划）；

③提出与之相配水平的金融安全证书（在法国，这相当于所要求的财政担保）。

在工厂中矿石的处理，由关于综合污染物预防和控制（IPPC）的指令，这些将在环境和工厂一章中进行更多的详细讨论。

到目前为止，大多数控制采矿场的规范条例都已在国家层面上制定了相应的规范，因而将法国的规范条例作为范例将对其进行更详细的讨论。

二、控制管理采矿场的国家级规范条例：法国的状况

法国的法规中，特别是采矿业的规范中，使用了"采矿场"一词，意指开采例如建筑石材、石膏、用于混凝土的淤积集料、砂、黏土、重晶石、滑石、用于破碎集料的和装饰性石材的固体岩石的物质沉积物。

对于采矿业来说，法国国家保留着所有有价值的地下物质的所有权，仅以特许权的形式准予个人或公司拥有经营的权力。

对采矿场而言，这一名称对土地来说就给出了位于地面以下的开采权力。因而，个人或公司要想开采黏土矿就必须购买土地，或是获得"开采权力"，以便使他们能够开采原材料，并由他们按开采材料的吨位付费。

（一）受环境保护条例约束的分类审批法规（CIEP）

自从涉及采矿场的、发布于1993年1月4日的93-3绍美德（Saumde）法律的采纳，发布于1994年6月9日的应用法令94-484，发布于1994年9月22日的应用法令以来，要开发采矿场的授权就由受环境保护条例约束的分类审批法规（CIEP）所控制。除此之外，土地所有者的契约也包括在由省长[仅指法国的省长，法国的省相当于中国的地（区）市——译者注]发布的运行授权中，如前面提到的。

对于使用期限（至多15~30年），在与省级矿产委员会协商之后由省长准许这些授权。

采矿场的恢复是专门规定的目标，给采矿场的经营者留下了一个职责，在采矿场开始运营时，就要缴纳一笔财政保障金，用于采矿场运行周期结束时采矿坑的恢复，该笔保障金包括在采矿场的运营成本中。

（二）对采矿场的省级指导方针

每个省都有他们自己的对采矿场的指导方针。这些指导方针由省级矿产委员会制定，并在省级地方议会协商之后由各省的省长批准。这些指导方针是事先设计好提供给省长的，帮助他决定是否批准所请求的业务活动。矿产委员会的推荐主要是集中在确保资源的合理使用、资源的最佳的管理，以及改善环境保护方面。

由矿产委员会完成的任务包括九个基本主题：

（1）制定资源的明细表；

（2）关于原材料目前和将来需求量的分析；

（3）现有供给方法的分析；

（4）现有采矿场对环境的影响分析；

（5）在这一领域内所使用的运输方法和给出预先的定位分析；

（6）在这一领域内经济地、合理地使用原材料的定位和目标；

（7）决定要保护的区域，考虑保护区域环境的质量和脆弱性，联系到水的管理一并考虑；

（8）关于要达到获得原材料供给所使用方法的定位和目标，同时要降低开采过程中对环境的影响；

（9）预先给出关于采矿场恢复的定位。

当然，运行授权的申请必须符合这些省级指导方针。

在经过较长的行政管理审批程序之后，交由省长考察，向工业和环境的省级指导方针（DRIRE）方向推进，经过举行公众调查；涉及的行政管理当局之间的商议，如政府的代表、省级议会；之后的文件返回到省长处，由省长做出是否批准该采矿场运行的最终决定。

要开发采矿场和采集原材料的授权是受越来越严厉的规定控制的。涉及的最重要的问题是要减少由于噪声、灰尘、道路交通、水的污染引发的危害，以及减少对动物种群、植物种群和陆地景观的影响。

（三）采矿场排放的物质

按照分类的法规，采矿场必须控制他们自身的排放物质，如：灰尘、流泄的水和噪声。

1. 灰尘

对于灰尘，要求要有某些防范措施，例如履带（轮胎）表面的处理，当卡车离开采矿场时车轮的清洗、种植成排的树木等。

2. 采矿场的水

采矿场的水中可能含有以悬浮形式存在的固体颗粒。因此，这种水就有可能变为酸性,特别是在有硫化铁存在的情况下,硫化铁会缓慢地氧化成为硫酸盐,也有可能出现有机物的污染。在原理上,采矿场的水(排泄水、雨水、冲洗水)的控制是与其他类型的被污染水有着同样的限制指标。表 18 给出了排出废水规定的标准值。

表 18　规定的排出废水的标准值

pH 值	在 5.5~8.5 之间
温度(℃)	<30
悬浮物质(mg/L)	<35
COD(mg/L)	<125
碳氢化合物含量(mg/L)	<10

从采矿场流出的水或使用泵排出的水中必须不能含有悬浮物,这些悬浮物可能是细的可溶性颗粒、无机矿物颗粒或是有机物、生物可降解的或是不能降解的颗粒,通常这些悬浮颗粒物质由在沉降池中的沉降分取方法分离。除了上述这些悬浮物引起的有害方面之外,这些悬浮物颗粒阻止了光穿透进入水中,从而妨碍了能够使水正确氧化的光合作用。

从采矿场排出的水中必须不能含有有害的化学物质,要检查排出水的 pH 值,同时也要检查悬浮物质(SM)及化学需氧量(COD)。化学需氧量与水中的有机污染物质联系在一起,因为化学需氧量表示着由化学作用降解所有的有机物质需要的氧气质量。

自然存在于水中的无机盐包括氯化物、氟化物和硫酸盐,其存在的浓度是可变的。这些无机盐类物质诱发电的传导性。在 1994 年发布的应用指令中对无机盐类物质没有给出限制。

对采矿场项目授权决定的主要特征必须符合规范条例建立的约束机制,通常的限制是关于废产品的排放量。

更进一步的要求可能包括:
(1) 在采矿场中不能存储或转移碳氢化合物;
(2) 规定的沉降池数量和尺寸。

3. 噪声等级

采矿场滋生的噪声主要来自现场设备和运输卡车。采矿场的噪声控制在 1997 年 1 月 23 日发布的应用指令的管辖范围之内。使用的计算标准是浮现式显示器的测定数据,限定在设备运转时的全部噪声与设备停止运转后剩余噪声之间的差在一定范围内。

对管制的地区出现的噪声也有限制,例如那些包含有住宅建筑的地区。

发出的噪声等级必须不得导致出现超过管制地区的规定值［如果背景噪声大于45dB（A）时，规定在白天小于5dB（A），在夜间小于3dB（A）］。省级的应用指令中提出对白天的每一个时间段内可接受的最大噪声等级，在噪声性能的边界值处测定。测定的噪声等级在白天期间必须不得超过70dB（A），在夜间不得超过60dB（A）。在这些地区可以考虑设置显著色调的标记。

通常对采矿场的工作时间、噪声的等级和运输车辆的数量或指定的运输车辆行走路线都有规定。

第四章 原材料处理及成型

原材料处理过程包括两个阶段：第一个阶段是坯体原材料的制备；第二个阶段是坯体的成型。对砖和某些瓦的成型主要是由挤出方法实现的，对于其他类型瓦的成型则是在挤出后由压制的方法完成的。

第一节 坯体原材料的制备

坯体原材料的制备阶段实施着许多重要的作用：
(1) 排出石块和其他杂质（草及树根、废金属块，等等）；
(2) 破碎原材料以便获得所希望的颗粒尺寸；
(3) 测量各种成分及充分地混合均匀混合料；
(4) 均化和湿化，以便使混合料获得正确的可塑性。

原材料的制备过程可以在干法（如粉末体）、半湿法（如泥团）或是湿法（如泥浆）条件下进行。用泥浆的湿法制备方式在烧结砖瓦工业内不是在普遍使用。

在原材料的干法制备中，其含水量达到了10%的水平，半湿法制备中原材料的含水量在10%~30%之间。制备方式的选择是根据原材料离开采矿场时的含水量、成型的工艺、坯体所追求的质量，特别是原材料的颗粒尺寸和产品的类型而定。

一、干法制备

在干燥的采矿场（黏土质页岩）和干燥的地区使用干法制备，因为在这些情况下常常能够从采矿场直接获得干的原材料。这种制备方法有许多优点，如：可靠的及简单的处理过程，可较好地适应硬的、黏的页岩原材料，很少出现粘附性问题。在北美地区，制造砖时使用干法制备工艺，其原材料的最大颗粒尺寸在1.5~3mm的范围内。

如果需要时，干法制备能够得到更细的颗粒尺寸，如：干燥颗粒的碎裂，实质上可被转变成更湿的塑性变形需要的颗粒。这样一来，用干法制备的原材料，能够达到高的破碎比率，并且能够在单一阶段进行破（磨）碎。在工业生产中，能够获得的最大颗粒尺寸是100μm，也就是说，比用半湿法制备的颗粒尺寸要好5倍。应当记住的是：这种颗粒尺寸是在烧结之前的水泥混合料原材料制备中的典型尺寸。原材料能够和可以被使用的瘠性材料一起破碎。

由干法制备的这种程度的细颗粒尺寸可以达到：

（1）相当可观的混合料均匀性；

（2）焙烧后产品具有高度的外观质量和漂亮的外表；

（3）可在较低温度下烧结，显著地提高了产品的机械强度，这种细的颗粒可使瓦的质量减少10%～20%（强度高，可以减小瓦的厚度——译者注）；

（4）石灰颗粒的排除。在是石灰质原材料的情况下，细颗粒的干法制备是特别有用的，因为非常细的颗粒能够避免石灰颗粒的影响（第九章）。

由于细颗粒的干法制备有这些优势，特别适应于制造屋面瓦。干法制备原材料的方法已经扩展到了具有干燥气候的一些国家。干法制备的有利性必须根据实际情况进行考察，干法制备的装备更复杂化，但是仅有一台设备，有时需要干燥部分原材料。此外，随着最终颗粒细度的增加，破（磨）碎设备所需的单位能耗也随之增加。

涉及干法处理原材料的普遍缺陷是产生的灰尘，在这些情况下，工作场所的条例通常规定需要配备昂贵的灰尘控制设备。

正常情况下，在夏季的原材料储存在非常大的封闭式料硼中，以防止扩散到环境中去。用齿辊破碎机和除石对辊机的破碎机经最初的加工处理之后，某些批次的原材料太湿时就要干燥，直到颗粒能够滚动起来，碎裂并不再堵塞破碎机的筛孔间隙。因而，在连续干燥时，使用辅助的热风发生器（炉）。而黏土质土壤以及外加剂是放在锤式破碎机、行星式球磨机或摆式磨机中破碎。这些操作都是在连续运转的基础上进行破（磨）碎和混合原材料成分的。破碎之后的粉末状产物通过分离器（例如筛子——译者注）。太大的颗粒返回到破（磨）碎机中重新破（磨）碎。

锤式破碎机的快速旋转，常常需要持续不断地维修。

在行星式球磨机中，研磨球沿着圆形的研磨轨迹，像一个巨大的滚珠轴承一样自由地滚浮动，放入在行星式球磨机中的原材料就被磨细。行星式球磨机的产量在5～100t/h之间变化。在行星式球磨机中，原材料停留的时间相当长，在细颗粒范围内有着非常宽的颗粒尺寸分布曲线。这种类型的磨机也需要有大的驱动系统结构，以便能提供磨球运动所需的推动力。

离心摆式磨机是更新的用于原材料破碎的技术。离心摆式磨机含有数个（2～4个）由离心力驱动的悬挂式摆锤，在每个摆锤末端自由旋转的辊子和磨机的外部筒体（内壁——译者注）之间破碎原材料。已定型的摆式磨机每小时的产量都超过了100t。在这种摆式磨机中，在给定的时间内不会含有太多的原材料（即磨机内停留的原材料不多——译者注），它的结构更轻，因为由离心力所施加的荷载及能量的消耗等级比早期的磨机低。由于离心摆式磨机有着大的敞开式横截面，因而，它容易通风，能在原材料含水量较高的状态下工作。

经过细磨之后的原材料，需要再次加入水分润湿，经搅拌以获得适当的成型含水量。用这类较细原材料制成的坯体，可以观察到的潜在缺陷，例如有缓慢的干燥速度、容易形成黑心以及增强了结冰的敏感性。

二、半湿法制备

半湿法制备原材料是在北欧普遍可见的一种类型的制备工艺。然而，半湿法制备的加工处理过程之间的连结变化范围相当广泛，因此使用着许多不同类型的加工处理设备。

半湿法制备的过程包括下列阶段：

1. 剔除杂质

除去石块、树根、小块金属废料、大块的石灰石，等等。除石对辊机由一光面的辊子和一带凹槽的辊子组成，硬质的石块由带螺旋凹槽的辊子从侧面排出。除石对辊机的典型技术数据是：进料斗的尺寸为1200mm×1000mm；辊子的尺寸为：直径450mm，长度1200mm；小时产量为50m^3/h；剔除石块的尺寸范围为50~200mm。也使用有锥形的除石机和电磁除铁器。

2. 原材料的压碎和破碎

压碎和破碎原材料有利于进行润湿和更好地混合各种成分。用于硬质原材料的压碎和破碎过程是在带有螺旋线（面）齿的块状原材料破碎机中进行的，用于软质原材料的压碎和破碎是在粉碎机中完成的，这则取决于原材料的性质。

3. 原材料的计量

以直线型的、带有金属的或是橡胶带式输送装置的箱式给料机为例说明如下：这种箱式给料机能够处理非常大和非常硬的块状原材料。典型的箱式给料机有下列的技术特征数据：箱体的尺寸为：长6000mm，高1500mm，宽670mm；输送带的速度在0.6~1.2m/min之间；产量在25~120m^3/h之间；

4. 各种外加剂的定量给料

定量给料包括有原材料、瘠性材料及可能需要的各种外加剂。定量给料设备包括了直线型的或是圆形的计量布料器（皮带供料机、箱式给料机、圆盘给料机等）的使用，这些设备提供着恒定的供料数量。也可以使用外加剂布料器，这种布料器有较低的产量，但是具有更高的准确性。通常在生产线上还使用有质量配料控制系统,即在一连续运转的皮带上使用秤重设备。

5. 碾练(研磨)和混合阶段

混练和混合阶段常见的是在竖式湿轮碾机及水平的对辊机中完成的,竖式湿轮碾机及水平对辊机的性能简介如下:

在湿轮碾机中(图17),有两个或是四个大的非常重的竖直滚动碾轮(例如其直径为2m,碾轮宽度为1m,质量为10~20t),在一开有槽孔的水平面上(碾盘——译者注)围绕垂直的轴旋转滚动。碾轮通过水平面上的槽孔压出原材料,其作用像一个筛子(碾盘的表面积为4~8m^2)。槽孔的宽度为10~20mm。碾轮有着轻微的偏移量,以增加碾磨的宽度,并且所制造的传动系统可使碾轮在越过一非常硬的颗粒时能够上升。

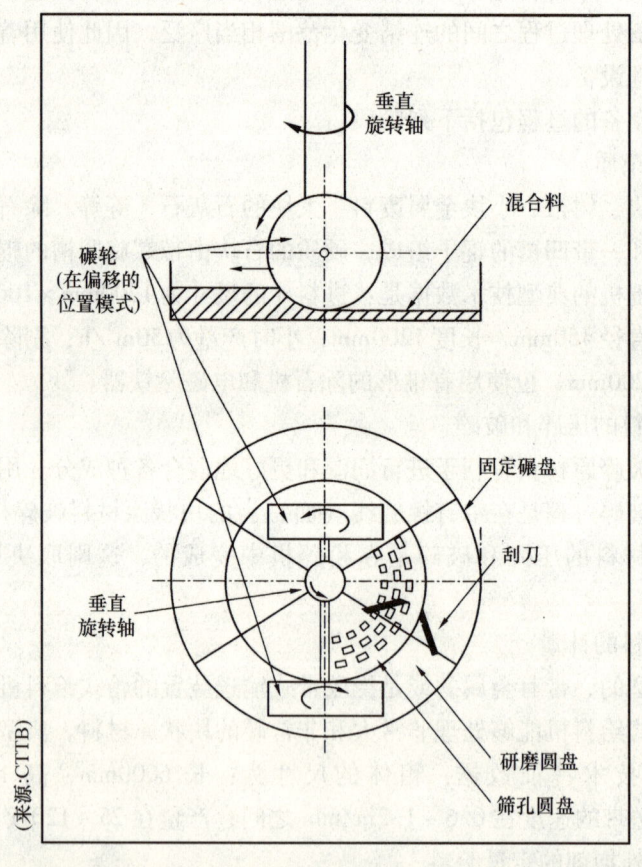

图17 湿式轮碾机

在水平的对辊机中(图18),原材料在两个平行的、在同一水平面上安装的水平轴上的辊筒之间被搓(撕)压。原材料从对辊机的上部给入。对辊机的辊筒直径可以从0.5m变化到1.4m,辊筒的长度可以达到1.5m,两个辊筒

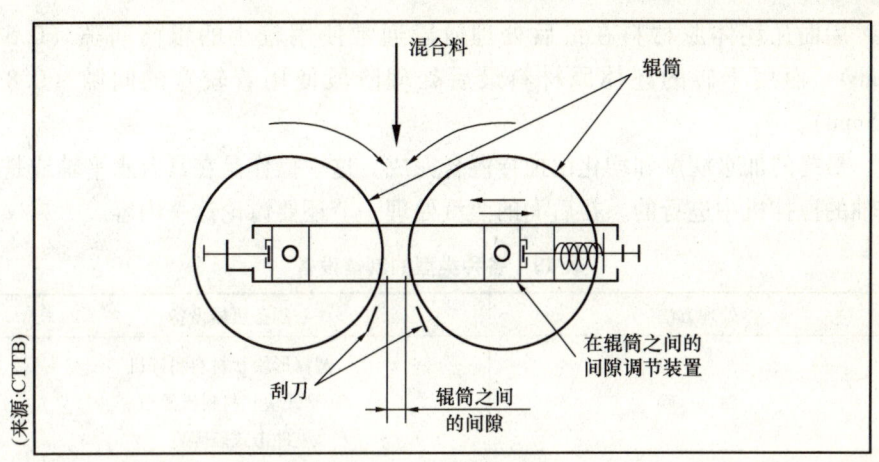

图18 水平（卧式）对辊机

以不同的速度旋转（速度比达到了1:2），在两辊筒之间能抓住块状原材料并将其撕碎，不仅仅是挤压原材料。在两个辊筒之间的间隙决定着原材料的最大颗粒尺寸。对细碎对辊机来说，两个辊筒的表面状况是最基本的保证混合料细度的条件，因此辊筒表面上的刮痕和磨损痕迹必须由经常的、定期重新修复来消除，这样的修复通常在工作现场进行。可能每天都有必要进行重新修复的磨削工作。两个辊筒是固定在两个可调节的轴上，也装备有当遇到太大的反作用力（非常硬的颗粒）时能够使两个轴移动分离的安全系统。对辊机的产量则取决于两辊筒之间的间隙。如果辊筒的间隙减小时，要获得稳定的输出产量，就必须提高辊筒的圆周速度（即提高转速——译者注）。目前，通用的辊筒最大线速度约为每秒15～20m（约为400r/min），这也受到关于最小的、可接受的、经济的辊筒间隙原理上的限制，同时还要受到辊筒的刚度、稳定性和辊筒的振动及定位系统的限制。实际上，当辊筒的间隙小于0.5mm时，就会使对辊机的运行变得困难。要评价对辊机这类设备的产量时，也必须考虑到在两辊筒之间的间隙小于1mm的情况下，在这一空间中物料的填充比率。

在半湿法制备原材料过程中，联合使用有数台连续的设备。因为塑性的颗粒被破碎时并没有使它们完全碎裂，在破碎的每一个阶段，不可能得到比3大的、以颗粒直径表示的破碎比（即用轮碾机和对辊机破碎时，其破碎比或破碎系数不可能大于3——译者注）。因而，下面给出了各种破碎设备能够得到的最大颗粒直径：

（1）轮碾机：10mm；
（2）粗碎对辊机：3mm；
（3）细碎对辊机：0.8mm。

屋面瓦坯体原材料在最后处理阶段通常使用较小的辊筒间隙（0.5～1mm），而用于砖的坯体原材料最后处理阶段使用着较宽的间隙（0.8～1.5mm）。

最终的加水润湿和均化由搅拌混合完成。这一操作是在具有水平轴或是垂直轴的搅拌机中进行的。在后面的蒸汽处理一节还要讨论这一内容。

表19 各种类型的制备设备

处理方法	制备机械设备
粉碎	圆筒形块状材料粉碎机 箱式块状材料破碎机 冲击式破碎机
混合配料 ——布料 ——配料	直线形箱式给料机 圆盘给料机
杂质的去除 ——用剔除的方法 ——用研磨的方法	凹槽式除石对辊机 锥形除石机 过滤搅拌机 原材料净化器 见下栏实例
研磨 ——初级研磨 ——重叠研磨	轮碾机 粗研磨对辊机 细研磨对辊机
挤出—搅拌 ——粗挤出 ——搅拌及混合	水平筛式搅拌机 垂直筛式搅拌机
混合 均化及湿化	湿式双轴搅拌机 垂直搅拌机

来源：L. Alviset[Ⅵ]。

对这些不同类型的处理设备，实际使用中还必须增加上下列类型的处理设备：皮带输送机、螺旋输送机、振动输送机、斗式提升机、布料器、喂料器，等等；加上存储设备如：储料仓等；此外还有计量设备，如秤重装置等；同时还需要有控制和调节设备。

尽管坯体原材料的制备过程如上述简单描述的，但是在大多数情况下依然是有用的，至于怎样在这些设备之间建立起联系的细节则取决于原材料的性能、所使用的成型方法及所生产的产品类型。在表19中概括地总结了应用各种类型制备设备的主要可能性。

三、陈化

通常都使用有中间陈化过程，也有人将这一过程不正确地称为酸化过程（souring）。这种操作是在制备之后，将带有部分成型水分和部分混有空气的原材料堆存在贮藏坑、筒仓，或是带有坑的房屋中，在最终成型之前停放一定的时间（停放的时间范围从数天到数星期）。陈化的目的是：

（1）自坯体原材料中水分的均匀化。
（2）改善原材料成分的均匀性。

像年度存储料堆一样，这种类型的堆存，由于在堆存坑中逐步形成的水平堆料层，之后在垂直方向上以条带方式被重新取出时，就进一步增强了原材料成分的均匀性。这一中间存储过程是发生在一相对封闭的存储设施（陈化库——译者注）内，在其内装备有适合的装卸设备（图19）。这些设备包括在

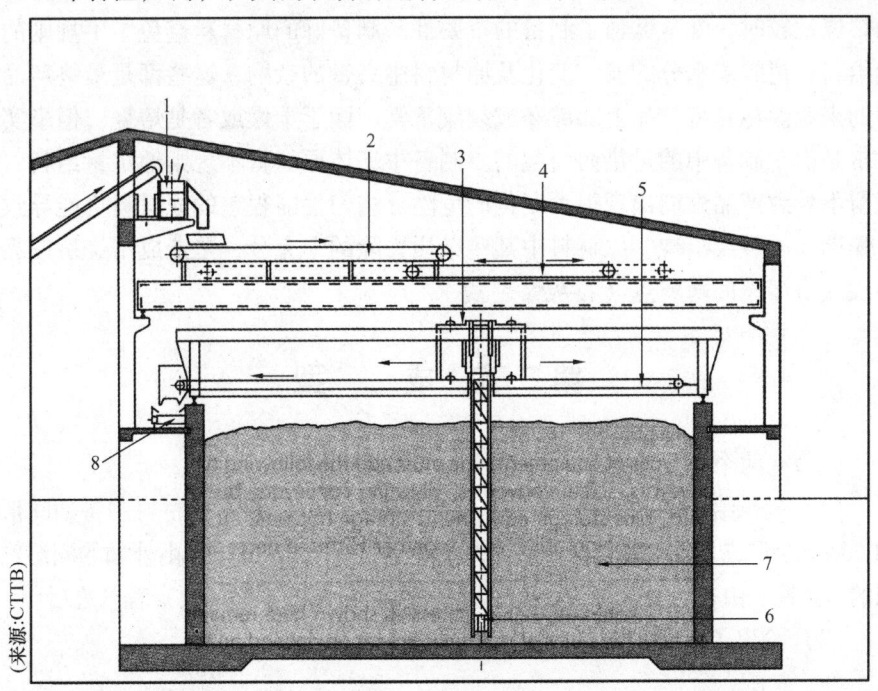

图19 陈化库设施

1—主供料皮带；2—在桥架上的固定皮带；3—在桥架上的可移式刮料机；4—可移式皮带和可逆布料；5—刮料机的接料皮带；6—刮料机的可移式悬臂；7—原材料堆；8—收集到的混合料

存储坑中以平行的水平条带方式布料的堆存供料系统（堆积设备），以及与供料系统正交的垂直取料系统（多斗刮料机），这就使原材料在堆存和取出时得到了最大可能的混合。

(3) 为生产提供了缓冲的原材料，确保提高了生产的规律性。

在陈化期间，有时可注意到可塑性进一步增强的效果，这明显地是与存在的有机物质的氧化、生物学性能的退化有关，由于细菌和真菌而产生细菌酸及形成有机酸，从而减小了pH值，改变了在黏土矿物胶团周围的静电条件。因此，有时将陈化称为酸化。完全酸化则与有机物质的含量和温度有关，而且这种类型的酸化要经过非常长的时间（数星期到数月）。从经济方面的原因考虑，中间陈化周期通常比最佳的酸化时间要短，如已经观察到的，酸化对可塑性的提高依然是有限的。

有时可以看到将原材料的中间堆存料堆放置在一棚子中，用房屋替代了堆料坑及供料和出料系统。这种堆存系统不需要任何投资，但是这样的堆料陈化方式不能提供与上述的坑式堆存原材料同样效果的均匀性保证，缺乏对原材料性能的控制，而且在炎热的天气时，水分从原材料堆的边缘处蒸发掉了。

无论制造什么样的产品，原材料的制备都起着非常重要的作用，当与干燥和焙烧比较时，常常低估了制备的重要性。制备好的原材料避免了不规则的定量给料，消除了水分的波动变化及原材料中夹带的杂物，这些都是最终产品缺陷的来源。尽管将产品上的破坏或裂纹常常归因于干燥或者是焙烧，但事实上常常是由于制备中的过错而引起的。制备中坯体原材料不规则地定量给料，会遗留下导致产品性能出现很大变化的危险。均匀性能很差的原材料也能导致在干燥期间的裂纹出现。原材料中某些杂质去除的不充分，是造成焙烧后产品的裂纹或是爆裂的薄弱点（石灰爆裂）。

第二节 成　　型

成型有两个主要目的：

(1) 提供给坯体足够的内聚力。该内聚力，一部分是在原材料制备期间形成的，而完全形成是在由排出原材料中保留的空气（分离气体）、由外加的润湿剂增强的可塑性、由在压力下注入的蒸汽及由提高原材料的压缩（紧）程度之后。

(2) 给出了想要得到的产品形状。

一、真空处理

在坯体原材料进入最终挤出机（一般概念指挤出机下级——译者注）之

前，将其置入真空条件下抽出气体。这样做的目的是减小产品的孔隙率，改善原材料的可塑性及提高坯体的内聚力，因而有利于原材料通过机口时的运动。在坯体中的确存在空气的气泡，在挤出过程中这些气泡被强烈地挤压，气泡以长形的、扁平盘形的形式存在于挤出的泥条中。这些气泡能够导致产品出现外观缺陷。

真空处理限制了产品出现多孔性的问题，但是只有在原材料颗粒不是太大（成碎片的扁平状颗粒）、空气能够通过坯体泥料（可利用的毛细管）迅速排出、在真空条件下的时间足够长时才是有效的。在挤出成型的温度下，总的大气压由于水分蒸发的蒸汽分压而被降低，降低的范围通常为大气压力的5%~10%。抽真空期间，由于蒸发就使得原材料中部分水分以蒸汽形式被排出，部分冷凝热被利用（即与蒸汽加热一样的道理——译者注）。

概括来讲，真空处理改善了坯体原材料的可塑性，能够使较干的原材料成型，提高了干燥时坯体的机械强度。

而另一方面，如果真空度不够或是因为瘠性材料数量的不足时，使干燥变得更困难（很小的孔隙率），产品的抗冻性也可能降低。有时，也能使得泥条在离开机口芯头后再一次粘连在一起，干燥就会更加困难。

二、加水和蒸汽处理

在成型期间对水分的控制是重要的，因为水分保证了坯体机械性能的稳定性。原材料的初始含水量则根据原材料在采矿场所处的位置、储存的条件、天气情况而变化。当可能时，在最终坯体中的含水量通常是通过湿式搅拌机加水进行调节后的含水量。对塑性原材料来讲，使用得最普遍的是双轴搅拌机。在双轴搅拌机的两根水平轴上固定重叠的，以相对方向旋转的叶片。如果需要时，在双轴搅拌机中加水。随着原材料从搅拌机的一端被推向另一端的过程中，原材料被切割及捏揉（合）。原材料中的含水量直接地和连续地由电容式传感器进行测量，或是间接地由挤出机的瞬时电动机功率来测量。越湿的材料，越容易挤出。另一方面，挤出的坯体必须要有一定的机械强度，在坯体自身的质量下，一定不能出现塌陷，或不能由于切割钢丝造成变形。此外，多余的水分在干燥过程中必须排出。对挤出的产品而言，坯体含水量的范围通常在15%~30%，这则与坯体原材料的性能有关。

在过去大约20年期间，一种新的润湿技术得到了发展，这一技术是在正好位于挤出机前的润湿搅拌机中加入加压的蒸汽（压力在200~700kPa）来替代冷水组成。蒸汽可以是饱和的或是过热的，这样在蒸汽冷凝的过程中加热了原材料，同时限制了水分的增加。加入蒸汽的数量变化范围在40~50kg/t原材料（这可引起原材料中的含水量增大4%～5%）。这种技术能够使坯体在60～90℃的温度范围内被挤出成型，而且在挤出机中显著地改善了原材料的可塑性和均匀性。如果在挤出成型之后立即进行干燥，高温度的坯体也可使干燥过程容易进行。

三、分层

当块状的塑性原材料在挤出机或压力机中被挤压变形时，局部变形的变化范围很大，这则与所制造的产品类型、在挤口中的定位以及产量有关。在不同层次的坯体原材料之间产生有相对的滑移（与挤出机内侧衬套或螺旋绞刀接触）及在不同层之间产生了相对的剪切。这种相对的滑移导致了原材料颗粒的优先定位和其他薄片状的填充材料要达到最小应力的定位。因此在挤出方向上原材料是呈层状排列的。在经过这种塑性变形之后，坯体就变成为高度的各向异性化。

随着原材料运动速度的增加和产量的增加，其剪切应力也随之增加，因为在所有情况下，与模具和机口接触表面的所有点上，原材料的运动速度是非常慢的。

在变形过程的起始阶段，坯体原材料中还保持着内聚力。当超过一确定值的剪切应力时，在坯体原材料不同层之间就出现了分离，分离层的大小则根据原材料的类型而在变化，这种现象称为分层，分层限制了所能够施加的变形程度。

分层涉及坯体原材料的触变性。局部高度的剪切应力降低了坯体的机械性能；反之，进一步增强了变形的局限性，并导致局部的剪切应力值超过了临界剪切应力。

此外，在挤出过程中，坯体原材料必须能够有效地结合或是重新结合（国内称之为愈合——译者注），如：在挤出螺旋进口处不同原材料块体的初始结合，在挤出螺旋出口处及在坯体原材料已经通过了机口芯架之后的重新结合。很差的重新结合也是形成分层的一个来源。在成型期间可引起分层的问题，在原材料制备期间也能够引发分层问题（过分的搅拌）。可由下列措施限制分层：

（1）抽去原材料中的气体，这可以将坯体原材料中被拉长了的气泡拿走，因此对抵抗分层的能力有了重大的改善；

（2）控制成型的水分，这对可塑性有着直接的影响；

（3）使用与原材料挤出性能相配的、设计合理的挤出螺旋绞刀，其中最重要的是螺旋绞刀头（分双螺旋线和三螺旋线绞刀头——译者注），同时也要

使用合理设计的芯架;

(4) 选择合理的成型压力和主轴旋转速度,低转速可以限制分层;

(5) 如果原材料可塑性太高时,要加入瘠性材料。

四、成型方法

对烧结砖瓦产品而言,使用两种主要的成型方法:模制或挤出成型、压制成型。

(一) 压制实心砖

压制成型方法使用的原材料一般是亚黏土,例如在法国北部、诺曼底和巴黎地区发现的亚黏土。这类原材料的可塑性非常低,含有高比例的二氧化硅。从采矿场开采出的这种原材料有着低的含水量(约为15%)。

使用的压力机是转盘式压力机(压力为5～10MPa),产量为每小时600～800块砖(砖的尺寸约为6cm×11cm×22cm)。现在已经开发出了新的、自动化的压力机,其生产效率要高得多,但是这些压力机要求将原材料预先干燥,也要求原材料具备适当的颗粒尺寸组成(英国、澳大利亚等国家及中东地区国家均生产较多的压制砖——译者注)。

(二) 实心和空心装饰砖

用某些设备制造的装饰砖,原材料制备所经历的过程与空心产品所使用的类似。在某些砖厂,在毛坯成型之后再压制(再压砖)。

在成型之后,常常做出一些表面处理,如:表面粗糙化(喷砂、压痕,等等)和上颜色(泥釉,在某些情况下施彩釉)。

(三) "手工制作"或"软泥成型"的实心装饰砖

这些砖是由非常湿的黏土质原材料制造的。手工制作时,将泥块投掷入木制的模子内,之后再将砖坯脱出(软泥成型的砖在荷兰、比利时、英国生产得较多——译者注)。

(四) 穿透孔的空心产品

所讲的这种制造技术包括用于承重墙体的多孔砖、用于隔墙的空心砖、用于外墙的垂直多孔砌块、用于楼板和辅助天花板的产品、用于烟囱的烟道砌块。

这些产品是由挤出方法或是通过挤出机使用机口模具成型连续地制造出来的。首先挤出成泥条,之后用切割钢丝切割成所要求的长度。

(五) 屋面瓦

屋面瓦主要有三种类型考虑:

(1) 仰俯屋面瓦:这类屋面瓦通常与多孔产品以同样的方法用挤出方式

生产的；然而，其中某些瓦是使用压制方法生产的。

（2）平板式屋面瓦：这类屋面瓦通常是用挤出方法生产的。有时，这些瓦是随着挤出机挤出的泥条被压制成型的，压制给出了这种瓦的最终形状。

（3）连锁屋面瓦：该类屋面瓦由挤出的泥条依次切割成毛坯，之后压制毛坯成型的。

在成型之后，这些瓦坯能够涂上各种装饰（如化妆土、釉料、着色剂等——译者注），以便给出所希望的颜色和外观。

（六）铺地砖

所制造的大多数烧结铺地砖（Floor tiles）是由挤出方法生产的。在挤出机挤出的连续塑性泥条上，既有使用钢丝的简单切断，又有使用特制模具将挤出泥条切割成为特殊形状（六角形、细长形、三叶草花瓣形、阶梯形，等等）。在某些情况下，这些产品如上述产品一样切成后再经压制，压制模具通常使用钢模和石膏模。

五、挤出机和机口模具

某些实心产品和所有带孔洞的产品的原材料都能放置入挤出机，通过安装在挤出机末端的机口，在压力下得到成型。

（一）挤出机

现在设计的挤出机有用于硬塑挤出的挤出机（成型含水量小于15%），或是用于半硬塑挤出的挤出机（成型含水量在15%~30%之间）。使用硬塑或是半硬塑挤出成型取决于坯体原材料的性能和含水量，同时也与所制造产品的复杂性有关。图20为挤出机示意图。

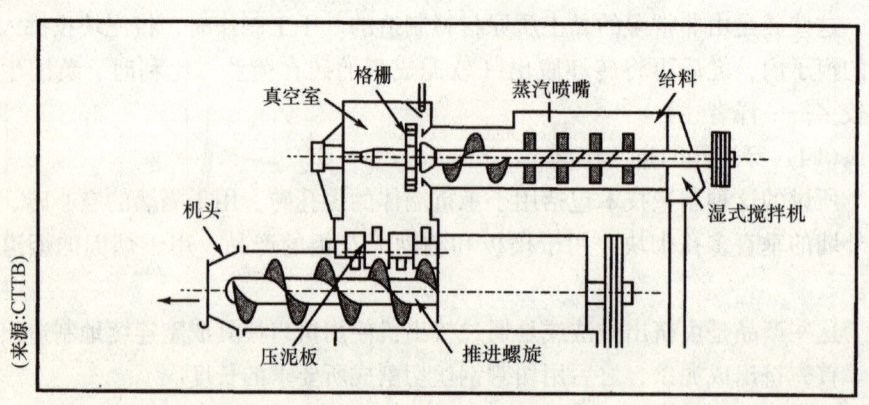

图20 挤出机示意图

挤出机由以下五部分组成：

(1) 湿式搅拌机（即上级搅拌机——译者注）：坯体原材料在该搅拌机中得到再次搅拌，如果需要时可以在此加入蒸汽润湿，两根平行的，装配有搅拌刀片的轴穿过一格栅，该格栅将坯体原材料分割成为小块并落入真空室。

(2) 真空室：在真空室抽出坯体原材料中的气体，抽出气体的程度取决于原材料块体的颗粒尺寸和原材料在真空室中停留的时间。

(3) 压泥板：在挤出机中压泥板将坯体原材料块状颗粒均匀地铺开（并压入推进螺旋——译者注）。

(4) 挤出机本体（即下级——译者注）：下级挤出机由带有螺旋或称推进螺旋的单根轴和圆柱体或称桶体的泥缸组成；推进螺旋桨来自真空室的坯体原材料移动进入填充段，并将坯体原材料均匀地压缩使之密实、压紧，并填满所有的泥缸内部空间，完全填满螺旋的螺距空间，在加压区域进一步压缩，使坯体原材料处于均匀的压力下，由压力螺旋推进坯体原材料进入挤出机的出口，该出口也称为机头。最后，坯体原材料通过机口被挤成为流动的泥条。在坯体原材料上由螺旋施加的推进压力由在螺旋轴另一端的支撑（轴承）提供。

(5) 电动机及驱动系统：上述各组成部分是由电动机、机械传动系统和减速齿轮来运转的。对用挤出成型有困难的某些产品来说，挤出机配备了可变速控制的装置，或是配备了可调速电动机，以便满足那些突然提出的要求以及适应于生产的需要。

沿着螺旋绞刀运动的坯体原材料正好像一不旋转的螺母沿着一旋转的螺杆的运动一样。如果在挤出螺旋系统内被坯体原材料均匀地填充满时，在坯体原材料上的压力随其运动到更接近于机口的过程在逐步增大（图21）。在螺旋绞刀和坯体原材料之间的摩擦系数必须是低的。

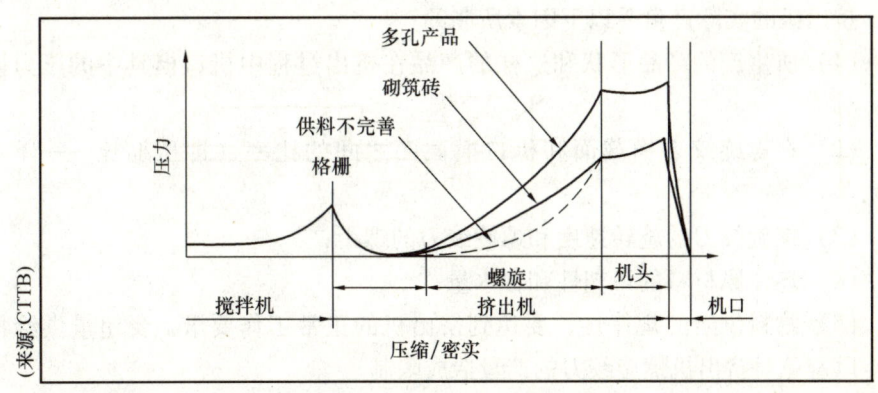

图21 挤出机中压力的变化

因为螺旋绞刀的磨损，就必须重修其表面。螺旋绞刀通常由一个相对简单的外形轮廓（单线螺旋，具有恒定横截面的中心圆）和一个恒定的螺距，但是螺旋绞刀的倾斜角度是可变的，倾斜的角度随离开中心的距离在增大（10°~30°）。螺旋绞刀通常是具有一个大的直径和有限的转速；螺旋绞刀的螺距常常是等于其直径。在挤出机出口处的螺旋绞刀头常常有双螺旋线的或是三螺旋线的（即双线绞刀头或三线绞刀头——译者注），以便提高挤出压力和减少螺旋绞刀在坯体中痕迹（即螺旋纹——译者注）。螺旋痕迹是挤出的泥条离开螺旋绞刀后在坯体中遗留下的痕迹，这种痕迹不能充分地愈合。

处于机口之前的机头有数种功能：

（1）逐渐地将挤出的坯体原材料从圆形改变成为矩形；

（2）消除了由于最后的螺旋绞刀头旋转带来的径向速度；

（3）按照规定的数值和方向，平衡了压力的波动，并使输出（挤出）的速度均匀化；

（4）能够使由螺旋绞刀头造成的S-形劈裂纹愈合。

因而，机头就必须经过调整，并且在可接受的摩擦阻力范围内，尽可能地将机头做长些。

挤出机的理论体积产量（以 m^3/s 计）等于每转一圈挤出的体积乘以旋转的速度（每秒旋转的次数）。

实际上，挤出机的产量是相当低的（例如仅为理论体积产量的30%~60%），因为在螺旋绞刀和泥缸衬套内壁之间存在有返泥现象（坯体原材料的回流）。此外，块状的坯体原材料也能保持粘附在螺旋绞刀上，并随螺旋绞刀一起转动，没有向前运动，因此就减少了挤出的有效体积。此时挤出机消耗的动力也占有较高的比例，挤出的坯体发热。

挤出机的实际产量受以下因素所制约：

（1）所生产的产品形状和这样的产品在挤出过程中机口模具中的压力损失；

（2）在螺旋绞刀横截面和机口横截面之间的比率（即压缩比——译者注）；

（3）螺旋绞刀的旋转速度和螺旋绞刀的螺距；

（4）坯体原材料的可塑性和含水量；

（5）物料供给的规律性，要达到挤出机的正常工作要求，要超量供给物料，以避免对挤出机螺旋绞刀的产量造成限制。

在机口模具出口处的产量涉及最终挤出的压力，在挤出机末端的压力越高，其挤出的产量就越大。平常的挤出压力范围在 15~30bar（巴，1bar = $1.02kg/cm^2$——译者注）。高的挤出压力可轻微地减少干燥期间的收缩，这将会在后面的章节中看到。现代挤出机发展的趋势是尽可能多地提高挤出压力，以便能够使用更硬的、更干的坯体原材料来挤出（较小的收缩及干燥所需能耗更少），或是使用含黏土矿物更低的原材料。然而，这种发展趋势目前受到了技术水平（在高压和转动密封条件下的非常大的泥缸直径）、挤出的产品质量和螺旋绞刀及机口模具磨损的限制。为预防磨损，螺旋绞刀使用了铸造的铬合金钢制造，同时螺旋的表面使用了硬质涂层（镀以硬质合金、等离子体喷涂，在绞刀末梢使用硬焊粘结碳化物等）。

实际上，通过测量挤出机消耗的瞬时功率（或是电流），同时测定在机头处的挤出压力和在湿式搅拌机中原材料的含水量就能够适应各种不同情况和环境。所发现的挤出机的直径范围在 25~120cm，产量为 3~100t/h，在机头处的工作压力达到 35bar。螺旋绞刀的转速缓慢（10~30r/min）。挤出泥条的速度约为 20m/min。

表 20 中表示了典型挤出机的特性。

表 20 典型挤出机的特性

应用范围		屋面瓦坯体	多孔砌块
泥缸直径	(mm)	400	650
最大工作压力	(bar)	20	35
产量	(t/h)	33	90
动力	(kW)	105	310

也有能够处理硬质坯体原材料的挤出机（成型含水量为 12%~16%），这种类型的挤出机主要在美国、加拿大、澳大利亚和南非使用。挤出的坯体原材料相对是非常干的，并在高的挤出压力（25~45bar）下成型。该设备也可以用于黏土矿物含量很少的坯体成型（塑性较低的厚材料——译者注），但是从另一方面来说，该类挤出机部件磨损得较快，并且该技术不能用来成型外形复杂的多孔砖（或砌块）。

（二）机口模具

机口模具是安置在挤出机出口处的部件，坯体原材料被推进通过机口模具。这样一来，机口模具就给出了产品的最终形状。图 22 为用于制造空心产品的机口模具示意图。

对屋面瓦毛坯和实心砖来说，其机口是简单的形状，就是在一厚板上开了一个相应形状的孔。

对于空心产品来说，其机口模具要复杂得多，包括有固定在芯杆上的内部

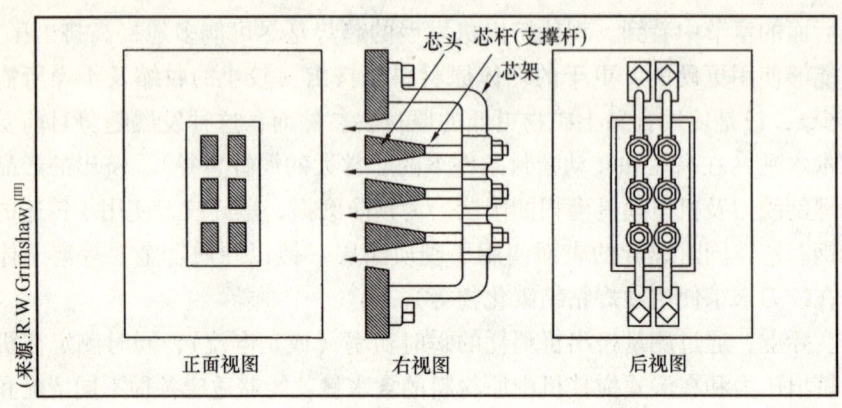

图22　用于制造空心产品的机口模具示意图

芯头,芯杆依次连接到横向芯架(国内常称为横担——译者注)上。用于多孔装饰砖的机口模具有约一打(12)个芯头。而用于保温隔热的多孔砖(砌块)的机口模具,因每一个孔洞里就有一个芯头,也就是说通常共有约100个芯头,是非常复杂的。

横向芯架式坯体原材料中部的流动减慢,并将泥流分开。为了使分开的泥流很好地重新愈合,可以将支撑芯杆加长,但是为了确保产品的肋壁厚度的稳定性,芯杆的长度受到了整个芯架刚度的限制。芯架(横担)通常不使用异形的横截面,因为在异形截面处使坯体原材料优先形成了与异性截面相应的外形。

为了避免产品的变形和弯曲,同时也为了避免产品局部的破坏或是分层,挤出泥条的各部位都必须以同样的速度通过机口。

必须进行被称为"平衡"机口的有关调节,这需要指派技能熟练的人员进行谨慎的操作,因为这种调节决定着产品的质量。当然,机口的平衡也需要下列的保证措施:

(1)在机口模具的范围内和在产品每一个单独的肋或壁上,坯体原材料要有极好的均匀性和稳定的可塑性;

(2)在机头中要有均匀的压力,在整个机口断面上要保持局部的压力损失相等(摩擦的程度)。对称的和统一的产品形状自然会更容易地达到平衡。

机口的平衡调节是由修改机口内通道的尺寸以及在机口模具内增加一些能够使坯体原材料容易滑动的、或是在特定点上调节机口模具内部流动的、或是在芯杆周围特定点上减慢物料流动速度的小部件来完成。这样的调节工作经常是在机口模具内部的外表上可以做的调节。

现在也有能够同时挤出数根泥条的多出口机口模具。例如,从一台挤出机上能够同时挤出10根多孔砖泥条。这样的挤出方式，在给定产量的情况下，能够显著地降低挤出机出口处的泥条速度（1m/min）。使用这种挤出方式通常是为了改善产品的质量（同时也降低了机口模具的磨损——译者注）。

所有组成机口模具的部件都要遭受到坯体原材料的磨蚀。通常表现出来的这种磨蚀作用则取决于挤出材料的数量、挤出的压力以及坯体原材料的磨蚀性能（特别是与石英和其他熟料性物质的含量有关）。所以在使用了一定的时间之后，磨损了的机口模具就必须更换，因为从其他方面来讲，磨损大的机口模具会导致产品的肋、壁厚度以及产品质量的增大而超过了可接受的限度。因为更换及调节机口模具要占用较长的时间，所以确保每一个机口模具的最大使用寿命是很有必要的。制造机口模具所使用的材料必须能够很好地经受得起磨损（也就是说，使用的材料既要硬，又要有弹性，如：硬化的工具钢或是锰钢），也能够使用增强材料（钨铬钴合金、胶结碳化物，或是镀0.2mm厚的硬质铬）来制造机口模具。

六、压力机和模具

在压力机中的两个模具之间压一挤出成型好的毛坯的方法来制造连锁屋面瓦。来自挤出机成型的泥条（片）由刀具或是钢丝精确地切割成一定长度的毛坯。毛坯在缓冲存储站储存，之后供给压力机压制。

（一）回转式压力机

使用最普遍的压力机被称为回转式压力机[15]。该类压力机有一个在水平轴上装配的回转式鼓形部件，回转式鼓形部件在形状上可以是五边形的、六边形的或是八边形的，在每一个边相对应的平面上有一个下部模具，而上部模具是固定在一金属板上，当转鼓的一个边（带底模的平面）转动到达水平位置时，上部模具向下运动一次。压制的表面可以包含一个模具或更多的单独模具（能够达到4个模具）。[既在一个压制平面（与边对应）上，可以有一个模具；又可以有更多的模具，也就是指一次可以压一块瓦，也可以压多块瓦——译者注]。转鼓所具有的边（面）的数量则涉及非水平面的边与水平面相关的角度。在过去，5个边的转鼓能够很好地适应手工操作，但是现在具有6个或8个边的转鼓能够更容易和更好地适应于自动化的操作。在屋面瓦尺寸上的增大就意味着现代的自动化压力机普遍具有6个边，是胜于8个边的。图23中为八边形的回转式压力机示意图，表示了转鼓的示意图。

在转鼓的不同边（面）上进行着各种操作，包括有下列的各个典型阶段：

（1）在下部模具上放置于预先成型好的毛坯，并进行轻微的预压以便使毛坯能保留在适当的位置上；

(2) 使用可控制的压力等级完全压实毛坯；上部模板下降的速度在加压阶段结束时通常是降低的，以便限制坯体的变形速度、变形力及残留应力；

(3) 在下部模具上放置一锐利的金属框除去毛边（刺）；

(4) 使用吸盘从下部模具上脱下瓦坯，并将瓦坯放置到干燥支架上。

这些压力机普遍是电动机械式的。这些电动机械式的压力机装配有凸轮和马氏间隙机构（Maltese crosses，即十字轮机构——译者注），以便完成要求的压制循环操作。相对来讲，这些压力机是便宜的，不具备有很好的灵活性，但是对重复性的产品生产来说是最好使用的设备，而且使用寿命长。

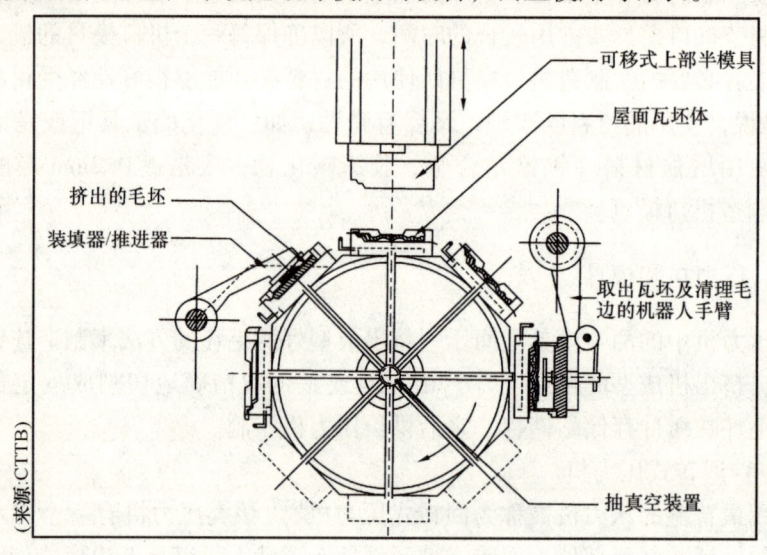

图 23　八边形的回转式压力机示意图

某些压力机是液压形式的，不但压制压力增大，而且能够在压制过程的各个阶段上精确地控制模具移动的位置，也是能够容易地适应于各种类型的屋面瓦和附件的压制设备。另一方面，这类压力机的运行效率普遍是较低的（开动时间少——译者注）。这样的压力机使用了更复杂的部件，并且其使用寿命较短。

模具是固定机械式或液压式压力机上的部件，模具的更换可以由手工方式或自动化的方式完成。

在过去，由手工完成毛坯的装填和压制好瓦坯的脱模。而现在大多数情况下，这些工序由自动化控制装置或是机器人来自动化地完成。压力机的管理和控制水平是根据压力机的发展水平及功能而在变化。表 21 种表示了电动机械式压力机和液压式压力机的典型性能。压力机的所需动力则取决于最大的压力和压制的速度。

瓦坯压实的力量与坯体原材料的可塑性和含水量、屋面瓦的形状（横截面和复杂性）、模具的数量和毛边的厚度有关。

也有设计的其他类型的压力机，例如回转台式压力机，但与回转鼓式压力机比较，一般使用的很少。回转台式压力机通常是液压形式的，结构更简单，但是运转速度更慢。

在压力机上以不同方法制造的屋面瓦，则依靠所使用模具的类型，常用的模具有：

（1）石膏模具；
（2）钢模具；
（3）带有橡胶衬的模具。

表21　典型的回转式压力机的性能

类　　型	简单电动机械式	复杂电动机械式	液压式
模具空间尺寸（mm×mm）	766×600	1700×600	1600×600
上部模具数量	1	3	3
下部模具数量	5（5面）	18（3×6面）	18（3×6面）
每次压制瓦坯的数量	1	3	3
理论产量　　　　　（块/h）	1000	4000	3600
速度　　　　（压制次数/min）	13	27	20
最大压力　　　　　（kN）	不可利用的	2200	2000
动力　　　　　　　（kW）	4	45	40
质量　　　　　　　（t）	—	34	38

（二）石膏模具

用石膏模具制造的屋面瓦具有非常好的表面质量（非常光滑），瓦坯能够容易地从模具中脱出。石膏是一种多孔体材料，在压制期间可以吸收少量的水。当压力释放时，某些水又再次从石膏模中排出，从而使瓦坯更容易脱模。单个石膏模具是便宜的，但是石膏模具磨损得很快。因此，石膏模具需要使用含水量相当高的毛坯（20%~30%）。虽然如此，石膏模具必须频繁地进行更换，一天要更换数次（约每生产1000~3000块瓦坯更换一次），另外，所制造的瓦坯也太厚。对一个屋面瓦生产厂来说，这就涉及要有一个车间来专门制造石膏模具。而且，还有相当数量的废石膏必须分开处理。使用石膏模具的压制技术是"分离式"模具。使用的毛坯体积比瓦坯的需要量大得多，压制过程中模具到达规定的位置时，在瓦坯周围留有数毫米高的空间（例如为4mm），这样就有毛边形成。毛边必须要清除掉之后才能进入下一个循环。最大的操作压力取决于毛边的尺寸，当然，最大操作压力是有限制的。这样的操作过程不要求有任何精确的调节，因为模具总是被填满的。这一压制过程容易地防止了模具的磨损。

(三) 钢模具

铸铁模具或钢模具相对于机器来说是更贵些。虽然铸铁模具和钢模具使用时间长，但是会造成脱模更困难，并使最终成品瓦的表面质量差。可是用钢模具制造的瓦坯干燥更容易，因为使用钢模具成型时可使用较干的坯体原材料（成型含水量小于20%）。因而，当所生产的产品允许时也使用这些钢模具。钢模具的使用方法通常也是"分离式模具"形式。

要想更容易地从中钢模具脱出瓦坯，可能的方法就是在钢模具上喷淋油。在模具和瓦坯之间喷入压缩空气也是可以利用的方法。另外的技术就是使用电震模具，即电流吸引水分，由于电泳现象使吸引的水和模具进入接触，由于电解而产生了气体层，这就使得瓦坯脱模更容易。

使用钢模具压制时，也可以使用"封闭式"模具的压制方法，上下模具几乎完全接触，但不是彻底接触的，只是在上下模具之间留下更小的最终空间和更薄的毛边。这就要求在更高程度的、更均匀的压力下进行压制成型操作。另一方面，钢模具必须要按要求的尺寸精确地制作，并要非常小心的控制毛坯的质量，以及毛坯在模具中的正确定位。

(四) 带有橡胶衬的模具

也可以使用由合成材料制造的模具，包括带有固定橡胶衬的模具。橡胶衬模具在压制之前在模具中保持着真空状态（即在橡胶衬和钢模具之间——译者注）。事实上，这一薄层材料是固定的，预先成型的隔膜层为1mm厚，或者是以保持着卷状的薄层材料，在每压制一次的循环之间缓慢地移动通过模具，使压制的磨损都能平均分担。此时，允许空气进入薄层材料之后（在薄隔膜材料和钢模具之间），所以瓦坯能够容易地脱模。尽管如此，使用薄膜垫层的方法能够生产出带浮雕的瓦坯。

七、其他类型的成型设备和压砖机

原材料在太湿或太干的条件下，也有适合用于其他成型工艺过程的其他类型的成型设备。开发的这些设备主要是用于装饰砖的成型，这些设备在某些欧洲国家和美国是普遍应用的成型设备，如手工模制砖或是"软泥砖"设备和压制砖机：

(1) 用于制造装饰砖的、被称作为手工模制砖的或是"软泥砖"的成型设备。这种成型过程模仿着传统的手工制砖过程，能够生产出令人感兴趣的、具有美学外表的、可用于承重结构的砖产品。这些设备均使用着非常湿的原材料，成型含水量约为30%。在链式模箱压制砖机中，一个螺旋状叶片将坯体原材料压入事先喷撒过砂子的钢模中。也有专门生产毛坯砖块的设备，在制造出的毛坯砖块上抛撒上干粉末之后，将毛坯砖块投掷入模具中。由喷砂处理，表面洗涤打毛等方式能够获得各种各样的表面装饰效果。链式模箱压制砖机的产量能够达到每小时约40000块砖坯（如荷兰得宝公司生产的软泥砖机——译者注）。

（2）压制砖机。在模具中压制相对干的（含水量18%）砖坯。使用这类压砖机来制造带有凹槽的实心砖（称为"Frogs"砖），带有凹槽的目的是为了少用原材料和容易脱模［如英国伦敦砖公司生产的压制砖，弗莱顿砖（Fletton）等——译者注］。

八、辅助成型设备

只有在一定数量的辅助设备的情况下，挤出机和压力机才能够正常工作。

在成型所需要的辅助设备实例之中，首要的就是垂直切坯机。在垂直切坯机中，切割钢丝固定在一弓形装置上，尽管成型后的泥条是水平方向移动的，使用自动化控制系统可进行垂直方向上的切割。为了防止钢丝的磨损和损坏，钢丝伸长之后，就要逐渐地进行更换。如果有钢丝破坏，就能自动化地进行替换。使用伺服系统和运动传感器，这种垂直切坯机能够切出复杂形状的坯体。对切坯机所作的改进设计包括切坯的精确性、切割的速度、切坯设备的可靠性和切割钢丝的选择。如果钢丝太粗，就会使下部的泥条变形；如果钢丝太细，就有可能出现破环。

对于带垂直孔的、在焙烧后要重新打磨的保温隔热产品（如保温隔热砌块——译者注），必须进行非常有效地切割。因为要考虑到这些产品带有薄的壁（肋），并且其垂直度也必须是非常精确的，以便减少重磨表面（座浆面——译者注）的厚度。

对装饰砖和铺路砖来说，可能要进行倒角处理，其切割的速度每小时可达到40000块砖坯。

通常，在成型阶段的末端，还设置有表面处理设备及施加泥釉（化妆土——译者注）的工作站。尽管这样，在考虑到焙烧之后对这些表面的处理会更容易，关于表面处理在后面的第九章中还要讨论。

第五章 坯体的干燥

在焙烧之前,成型后的坯体带有15%~30%的水分(该数据是以干物质质量百分比表示的,即干基),必须经过干燥排除绝大多数的水分。坯体通过干燥室后,坯体中的残留含水量不得大于1%或2%。

干燥是需慎重处理的、制造过程中的一个重要阶段,要想获得高质量的产品,就必须小心谨慎地进行干燥操作。

在烧结砖瓦工业中,由干燥而引发的主要技术问题以及所使用的主要类型的干燥室分别介绍如下。

第一节 湿 空 气

干空气是氧气、氮气和其他气体在较低水平面下(指海拔高度——译者注)的混合物。湿空气则是干空气和水蒸气的混合物。湿空气总的压力是干空气和水蒸气压力之和。如果在给定温度下,在空气中逐渐增加水蒸气的数量,空气在最初不是饱和的。当达到蒸汽的压力时,这一压力被称为饱和蒸汽压,在饱和蒸汽压下,可观察到水的冷凝(雾或表面的冷凝)。此时,就说该湿空气被饱和了。

绝对湿度是水蒸气的数量,以每千克干空气中含多少千克水来表示。

相对湿度(RH)(以%表示)是在相应温度下,空气中的蒸汽压与饱和蒸汽压之间的比率。当相对湿度为100%时,就可观察到冷凝。相对湿度也被称为吸湿性比率。

图24为空气的干球温度和湿球温度,表示了饱和蒸汽压随温度的变化情况。饱和蒸汽压随温度的变化迅速地增加。在曲线以下,空气是湿的,但是并没有被饱和,也没有冷凝现象的出现。这些曲线表示相应的、部分不同程度的相对湿度。曲线以上是过饱和点,过饱和区域不是单一物相(蒸汽+液体),可以观察到冷凝现象。

冷却不饱和的湿空气(例如在70℃、相对湿度为70%时),当达到一特定温度(62℃)时开始出现冷凝。出现冷凝的这一点称为露点(图24),即该温度下的蒸汽饱和点。露点是由温度和相应的绝对湿度定义的。到达露点时的相对湿度为100%,如图24所示,露点温度是62℃。

干空气温度是由放置在露天的、无遮盖的温度传感器直接读出来的温度。

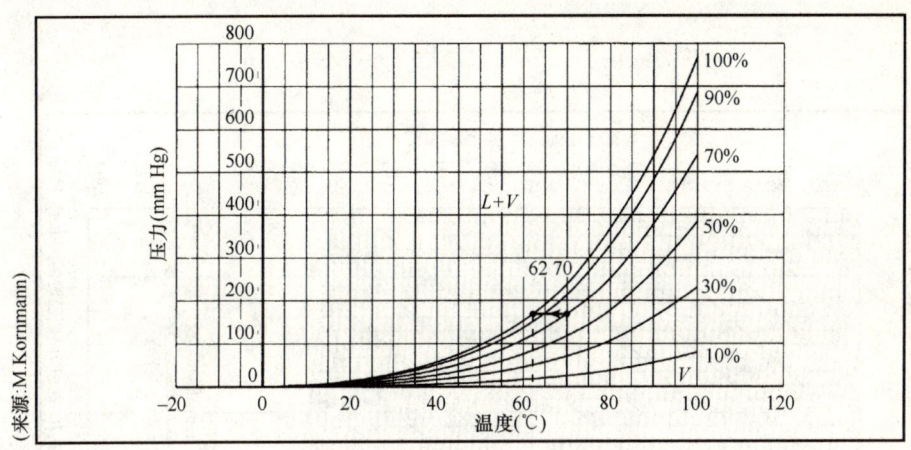

图 24 空气的干球温度和湿球温度

如上面所提到的干球空气温度是70℃。

如果用布包裹住温度传感器的一端，并使之保持在湿状态和通风条件下，用该温度计测量同样的空气混合物的温度时，所测量到的温度就较低一些，这一温度称为湿球温度。对这种现象的解释是：围绕湿球温度计的湿空气，在等量焓（即单位质量的热含量——译者注）条件下允许水的蒸发直至达到饱和（因为在等温等压过程中自由焓总是向减小的方向进行——译者注），该蒸发使湿球温度计冷却。如此一来，RH为70%、干球温度为70℃的空气，就有一个64℃的湿球温度。

反过来说也是正确的，结合使用干湿球温度之间的温度差就能够确定空气的相对湿度。

干燥的能力是干燥空气的绝对湿度与该温度时的饱和蒸汽压力之间的差异，该干燥能力以每千克空气所含多少千克的水蒸气来表示。

湿空气总的热含量或湿空气的焓，与使湿空气上升1℃所施加的热量是一致的。热含量等于干空气的焓、蒸汽的焓的总和，例如蒸发潜热（汽化热）也可以包括在内。当空气的温度和含水量被确定之后，总的含热量就可完全确定。水在0℃时的蒸发潜热（汽化热）是44kJ/克分子（2444kJ/kg），100℃时为40.7kJ/克分子（2261kJ/kg）。

不提及熵时，有五个可变量能够用来描述湿空气，即：干球温度、湿球温度、绝对湿度、相对湿度，以及焓，其中仅需用两个参数就足以来描述湿空气了，其他参数可从这两个参数中推导出来。

因此，对湿空气就有了不同的图表对所表示的这两个参数进行符合要求的阐述。在这些图表上，所有的干燥循环过程都能够很容易地对其进行描述。

经常使用的图表之一就是在图25中表示的莫利尔(Mollier)湿空气图，

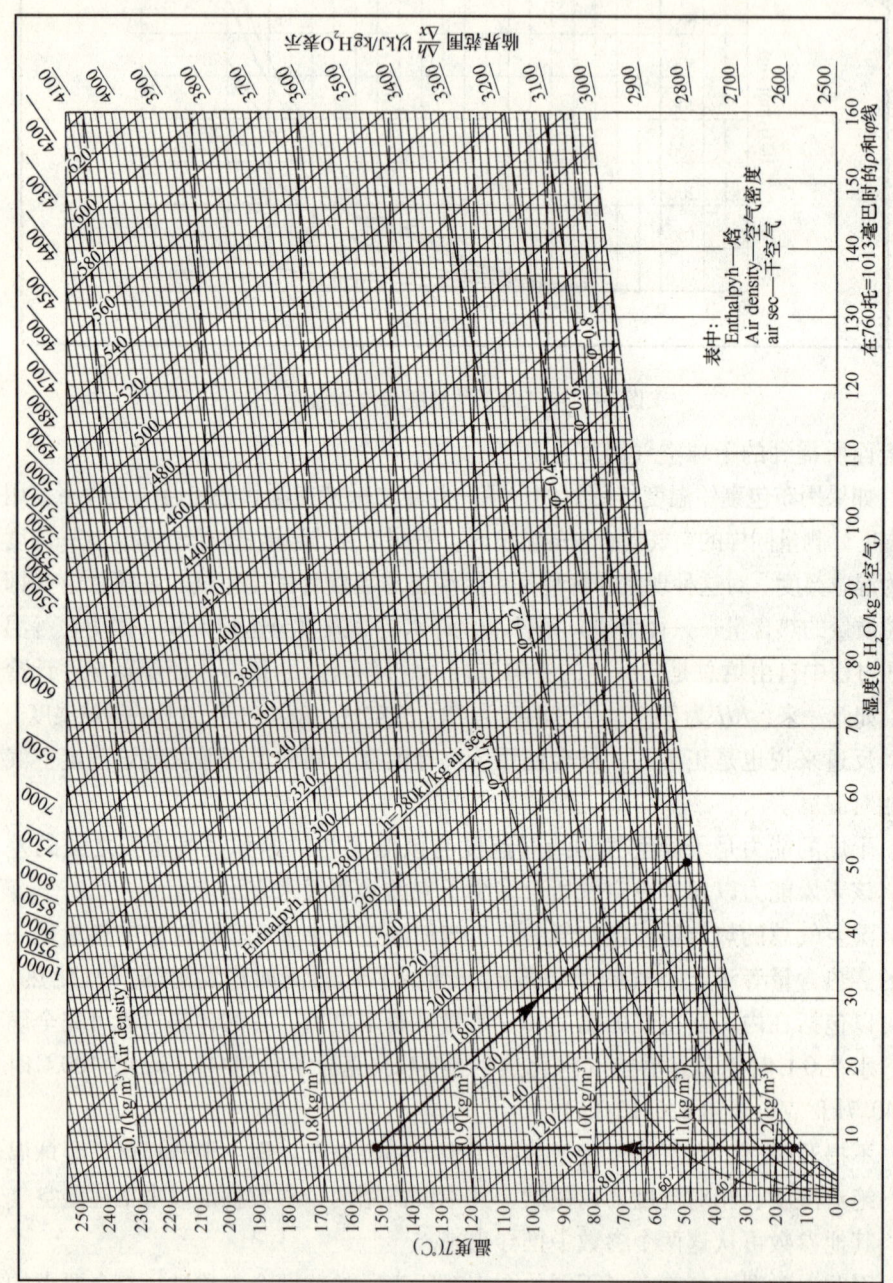

图 25 莫利尔（Mollier）湿空气图

在莫利尔湿空气图中，以干球温度作为纵坐标，以绝对湿度作为横坐标。莫利尔湿空气图与早先使用的图相类似，但在横坐标与纵坐标起始处曲线已转变成了圆弧形。该图中表示了等量焓线（急剧升降的倾斜直线）和等量密度线（断开线，几乎是水平的线条）。

当环境空气温度为15℃、相对湿度 RH 为80%时，在莫利尔湿空气图上表示的这一湿空气点位于下部左侧。此时这一湿空气中含有8.5g水/kg干空气。其露点温度为11.7℃，湿球温度是13℃。该湿空气的密度是1.23kg/m^3，焓（热含量）位于35kJ/kg处。加热这种湿空气到150℃，因为该湿空气中的含水量没有变化，所代表温度的这一点从15℃垂直地上升。达到150℃时，该湿空气的密度为0.83kg/m^3。因为加热使该湿空气的焓（热含量）达到了170kJ/kg，必然的，该湿空气此时可使用的焓（热含量）为135kJ/kg。如果用这种湿空气（150℃）吸收蒸发的水分，在没有任何外部加入热量的条件下，该湿空气的状态就沿着等焓线移动。当该湿空气的含水量达到80%时，如果蒸发停止，该湿空气的温度将会达到50℃，此时每千克干空气中将含有49g的水。因此每千克干空气就蒸发了40.5g的水。当然，在坯体温度保持不变和没有消耗热来加热坯体的情况下，这种结果是正确的。因此，莫利尔湿空气图是计算理论干燥空气需要量的基础。

第二节 原材料的吸附等温线

当一种原材料例如黏土，处于给定相对湿度和给定温度的大气环境下时，就会直接地吸附一定量的水分直至达到平衡含水量（是指与大气中的含水量平衡——译者注）时为止。如果测定原材料在平衡状态下的含水量（kg水/kg干原料），并将其作为空气相对湿度的函数（是指在不同环境湿度下测定平衡含水量——译者注），就能得到原材料的吸附等温曲线（或称为吸湿吸附曲线）。吸附或解吸曲线通常显示有滞后现象。

原材料的吸附等温线根据原材料的类型、结构、颗粒尺寸、比表面积和存在的盐类物质而发生变化。

图26为原材料的平衡含水量与空气相对湿度的关系，表示了几种类型原材料的吸附等温线。在给定的环境空气相对湿度情况下，高岭石质原材料仅吸附少量水分，不是非常大的吸湿性材料。而蒙脱石质原材料吸附大量的水，是相当大的吸湿性材料。

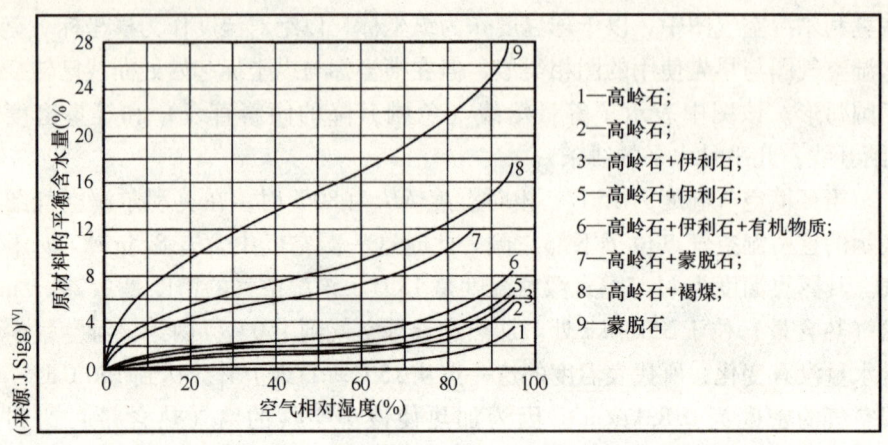

图26　原材料的平衡含水量与空气相对湿度的关系

第三节　干燥理论

一、干燥动力学

我们现在讨论随着时间的过去干燥速度会有怎样的变化。当一块湿坯体放置在一空气气流下时,在给定的温度和含水量的情况下,并已知空气流速,可观察到在干燥过程中有两个连续的时期(阶段)(图27)。

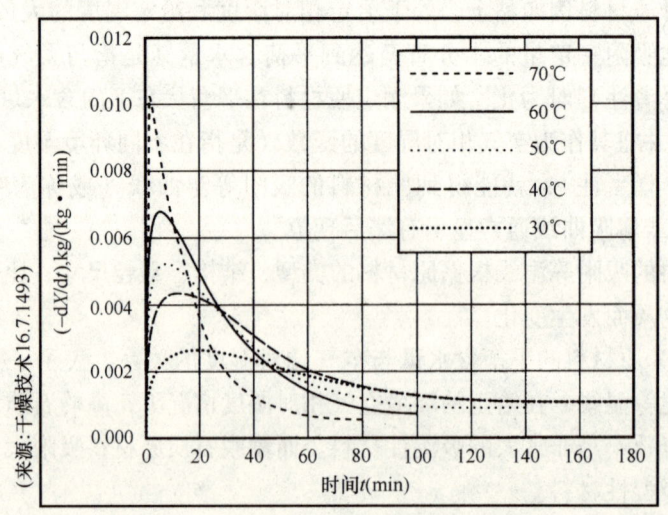

图27　在不同温度下黏土条板的干燥速度

(黏土条板厚度2mm,空气相对湿度RH67%,空气流速0.43m/s)

(一) 阶段 1：表面液体水蒸发时期（即恒速干燥阶段）

最初，是坯体的温度，或至少是它的表面温度，趋向于空气的湿球温度，或正好与湿球温度计的湿球温度相同。如果被蒸发的水中包含有可溶性盐时，这一温度会有轻微的改变。

当温度稳定时，只要在坯体的表面有液态水存在的情况下，蒸发的速率依然是恒定的。在这一时期，限制干燥主要取决于在坯体表面上水的蒸发速度，这一蒸发速度由环境空气的条件所控制。在这一阶段内，蒸发的速率是恒定的。干燥排出水分的数量与时间成正比，而根据原材料的类型不同变化不是很大（除了能改变蒸汽压力的可溶性盐类物质存在的情况）。在图 27 中，仅在低温下能够区分这一阶段，因为试样是很薄的（2mm）。

蒸发的速率由空气的干燥能力和由可使用的对流空气所施加的热量所决定的。蒸发水的数量与热传递系数成正比，热传递系数涉及空气的流速和干球温度与湿球温度之间的差。

公式 2： $$\Delta m / \Delta t = a / L \times \Delta T$$

式中　$\Delta m / \Delta t$——单位面积的干燥速率 [kg/ (m^2·s)]；

　　　a——热传递系数 [W/ (m^2·K)]；

　　　L——水的蒸发潜热 (J/kg)；

　　　ΔT——干球温度与湿球温度之间的差 (℃)。

在自由对流的情况下，热传递系数值大多在 8~15W/ (m^2·K) 之间变化。强制对流时，热传递系数值通常在 20~80W/ (m^2·K) 之间变化，这取决于坯体的几何尺寸和空气的流速。

热传递系数随空气流速而增大，有几种以经验为根据的关系式能够用来评估热传递系数。其中一个简单的关系式如下：

公式 3： $$a = 30W^{0.5}$$

式中　W——空气的流速，以 m/s 计。

因为水分完全地润湿了坯体中的微孔，在毛细管压力的作用下水分就能够连续地被带出来（见第十四章）。

根据朱林（Jurin）和康涛（Cantor）的计算，毛细管的压力是：

公式 4： $$P = 2\sigma / r$$

式中　P——毛细管压力 (Pa)；

　　　σ——水的表面张力（在 60℃时为 0.066N/m）；

　　　r——毛细管的半径 (m)；（因为从量纲上讲这是适合于公式 4 中的单位，当然表示微孔的直径时应该用 μm——译者注）。

对于具有 10μm 半径的微孔，其毛细管压力为 13200Pa，也就是 0.13 大气压。微孔半径越小,毛细管压力就越高。

另一方面,在微孔中液态水的流动受到了微孔中摩擦损失和微孔中不断增加的空气泡数量的限制。

(二)阶段2:干燥的外部表层时期(即降速干燥阶段)

紧随干燥阶段1后的是:在坯体中水分的扩散减少,毛细管中的水分流动不再能够平衡蒸发的速度。坯体的表面不再含有液态水,蒸汽/液态水的蒸发线(界面)移动进入了坯体内部。此时,一干燥的外壳在坯体表面形成。在微孔水面之上的毛细管的压力改变成为蒸汽压力,而导致了干燥速度的降低。以不均匀的方式在微孔中干燥,开始具有的最大毛细管压力降低了。坯体表面温度上升直至达到干燥空气的干球温度。因此,可观察到干燥的速率随时间的过去而在降低的现象,最终干燥的速率降低到零。

这一干燥时期依次由两个次要阶段组成:

①最初,对由毛细管将液态水传递到蒸发线上的现象有了限制(第一个降速干燥时期);

②蒸汽的扩散路径增大,此时的限制因素是在微孔中的水以蒸汽的形式扩散到坯体表面(第二个降速干燥时期)。

(三)吸湿性水分

在干燥阶段的末端,坯体中的残留水分要与原材料的吸湿性相一致,即要与环境空气中的水分以平衡的状态存在。

二、干燥期间坯体的收缩

当非常湿的坯体以很慢的干燥方式进行干燥后,试样中的水分保持均匀的分布,人们能够观察到干燥期间坯体结构上的变化,如:坯体的基本颗粒最初是分散在水中的(其状态如图28中的A所示),随着干燥的进行,这些颗粒有趋向移动相互靠得更近,之后就会重叠在一起。这种现象一方面导致了收缩,而另一方面,使坯体凝固或增大了坯体的内聚力。

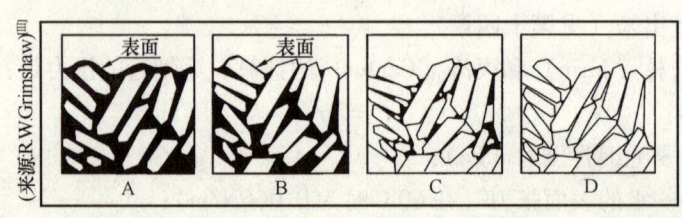

图28　干燥过程中坯体结构的变化

当颗粒在接触状态时,颗粒之间还存在某些水分(图28中状态C),继续干燥仍然排出水,尽管此时在坯体中不再会有任何收缩。

在图 29 中用图解方法举例说明了这些现象,表示了随着时间的过去在坯体上的体积收缩和排出水的体积。根据博利(Bourry)图表,这些现象可分为三个阶段。

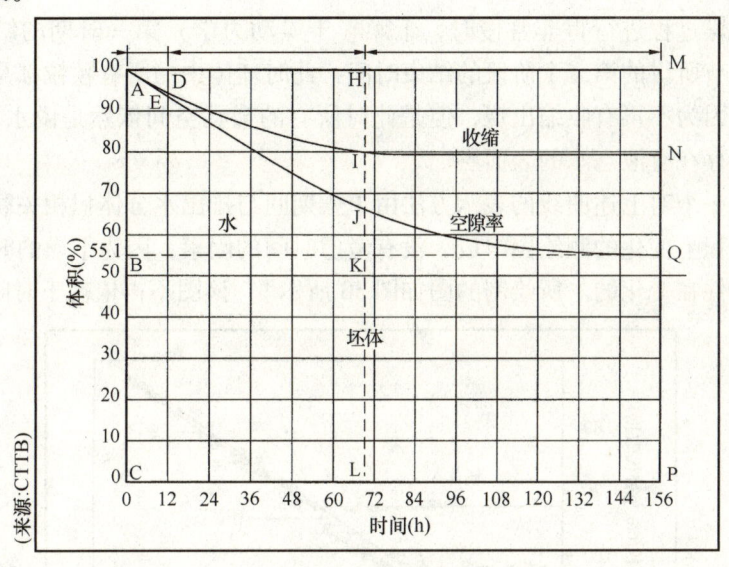

图 29　干燥期间坯体的体积变化

(1) 第一阶段,是由排出围绕颗粒周围的水分组成;在坯体体积上的收缩与排出水分的体积是一致的。在最初阶段期间从坯体中排出的水(伴随有收缩)被称为"非结合水",这一概念在第二章中已讨论过了。

(2) 第二阶段,接着发生的是颗粒进入接触及收缩的速度减慢下来;此时由产生的孔隙部分地占据了排出的水分的空间。这一阶段取决于坯体中颗粒的排列,对每一种坯体而言,仅有一种可能的结果(即每种坯体都不一样——译者注)。特别是,排出水分后形成的这种空间被恰当地填充或多或少地取决于颗粒尺寸的分布,而颗粒的组成或多或少地取决于坯体原材料的处理和成型的条件。因此,在图 29 中,坯体在干燥 70h 之后,表现出的收缩程度为 HI,产生的孔隙位于 IJ 之间,剩余的水分体积是 JL。

(3) 第三阶段,在最后阶段不再有任何收缩,随着水分被排出,遗留下的所有孔隙以多孔结构的形式存在。孔隙中这部分水被称为"填充孔隙的微孔水"。坯体的这种多孔性结构则取决于原材料颗粒的排列。当坯体处于这种状态时,就已经失去了它的可塑性,经常使用术语"半干状态"(leather hard)来描述这种表皮干燥硬化的现象。在给定孔隙率的情况下,其坯体的多孔结构可显示出各种各样的尺寸范围。可以使用水银测孔计来测定干燥坯体的微孔分布。非常普遍地发现有两种集中的微孔尺寸范围：较小尺寸的微孔相应地集中在黏土原材料颗粒之间；而较大尺寸的微孔则集中在瘠性材料颗粒之间。

从原理上讲，这三个阶段不同于在上面干燥动力学一节中所观察到的三个干燥时期。

当干燥过程进行得非常慢时，干燥（干燥动力学）第一时期的结束阶段相当于本节所讲的第二个阶段的结束时间：此时坯体中的所有颗粒都是处于接触状态，因为不再有收缩出现，但是此时所有的微孔空间依然是由水填充的，并且依然存在有液态水的表面层。

另外一个对上述曲线的表示方法由干燥期间与排出水分体积相关联的湿坯体收缩体积上变化的测绘图组成，没有考虑时间的因素，因为干燥的时间是随干燥的条件在变化的。所绘制的图如图30所示[16]，该图不再依赖于时间。

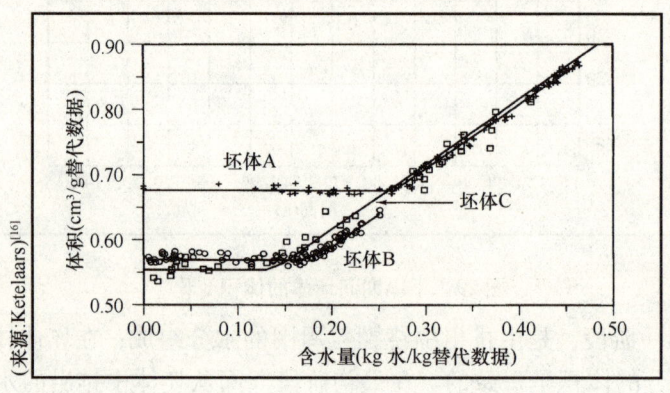

图30　干燥曲线：坯体随含水量变化出现的收缩（3种不同坯体A、B、C）

当有大量的非结合水存在时，干燥使水分在数量上的减少相应地等于湿坯体在体积上的减少。在图30中，干燥的开始阶段曲线的斜率等于1。此时，大的颗粒开始彼此接触，之后，所有颗粒进入相互接触，曲线的斜率发生改变。最后，当含水量继续下降时，坯体的体积不再减少。按顺序直到干燥的结束，在坯体的体积上不会出现任何更进一步的变化。

使用正规的坐标纸能够绘制以干燥状态下的坯体为参照系的曲线图，如：将在坯体相对体积上的变化和含水量在体积上的变化作为干燥坯体的函数。在干燥的起始阶段，曲线的斜率总是等于1。能够选择干燥坯体的点作为起始点。

实际上，比高特（Bigot）和他的继任者们已经推举出了数种经修正的干燥曲线：

①使用正规的坐标纸绘制以坯体干燥状态为参照系的图。

②选择坯体的干燥状态作为坐标轴的起始点。

③绘制在坯体长度上的相对变化,这种方法远胜于坯体在体积上的变化。对于各向同性的固体物质来说,在长度上的相对变化等于在体积上变化的1/3。

④绘制在水分的体积上的变化,并将其作为干燥坯体质量的函数,用来替代坯体的体积。但是在这种情况下,干燥坯体的密度是一个须考虑的因素。

图31表示了根据比高特方法绘制的不同原材料坯体的干燥曲线。

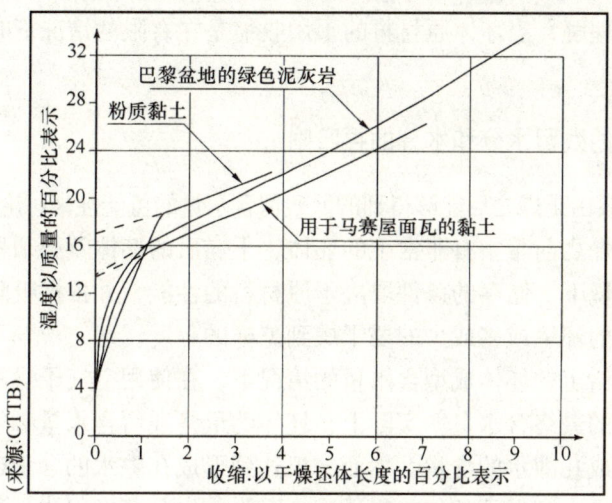

图31　比高特曲线

从图31中可见,最初的收缩依然是线性的。另一方面,现在的曲线斜率取决于干燥坯体原材料的密度及坯体材料的各向异性。出现任何非线性的最初收缩主要是涉及在试验样品中存在的多孔性结构。这些曲线最重要的特征部分位于线性部分的末端。

通常,用比高特曲线方法进行干燥试验时,开始使用一"正常的"坯体原材料,或是一给定性能的实际坯体。根据比高特曲线的定义,曲线越长,收缩越大。曲线的位置越高,说明有越多的水分要排出。

坯体含有高比例的形成孔隙水,是原材料容易干燥的一个信号,因为在给定的总含水量的情况下,这表示有较少的非结合水;这也是表示干燥坯体材料孔隙率大小的一个征兆。科泽斯基(Czysky)和诺丝索娃(Nossowa)声称:当非结合水与填充孔隙水的比率小于1.2时,该坯体原材料是容易干燥的。

对使用于烧结砖瓦产品的坯体而言,总的含水量范围约在17%~30%之间,而含有形成孔隙水的范围为9%~14%。

生产实际中坯体的收缩可从4%变化到约8%(这取决于原材料的矿物学性质、颗粒尺寸、含有熟料物质的百分比、成型含水量、坯体原材料通过机口经受到的压缩等)。收缩超过8%的坯体原材料在生产过程中会引发大量的问题。

在实际工业生产用的干燥室中，坯体不是在非常慢的干燥速度下干燥的，而是以尽可能快的干燥方式被干燥的，因而在坯体中就建立了水分（湿度）梯度。在具有收缩的最初干燥阶段过程中，水分梯度贯穿于整个坯体，从而产生了收缩上的差别，这样在坯体内部就形成了应力而导致裂纹，这些应力和裂纹能够影响到产品的质量。应力的增加与收缩的大小程度成正比。

按照这种理解，当坯体原材料的干燥收缩是在有限的情况下时，可具有很好的干燥能力。

三、坯体的残留水分和水分的再吸附

本节将考察由干燥之后能够得到的低残留含水量的可能性来讨论干燥的能力。

如果在焙烧之前希望有非常干的坯体，干燥后的坯体就必须暴露、储存在非常干燥的环境下。储存的条件取决于原材料的性能，并根据吸附等温线，来决定坯体储存的环境或多或少的要干燥到怎样的程度。

因此，在给定的坯体成型含水量的情况下，在使用空气干燥的干燥室中就能够固定坯体的最终含水量。实际上，坯体的最终残留含水量必须至少低于收缩停止后的形成孔隙水的含量。然而，仅达到形成孔隙水的含量还是不够充分的，因为坯体进入窑炉后的加热很迅速，吸附的水分蒸发很快，蒸汽的压力就能够使坯体破坏。因此干燥必须达到更低的残留含水量。

干燥和变湿是可逆的现象。干燥的坯体暴露在潮湿的环境下就会吸附新的水分。在干燥室的出口处，干燥的产品就有趋向重新吸附水分直至达到与大气平衡的含水量。因此应当测定干燥后的坯体暴露在大气环境下时，是否容易地吸附大量的水。在这方面，蒙脱石质坯体是可高度地吸附大气水分的产品。

就此而论，干燥能力就是可获得具有低残留含水量坯体的可能性及干燥后抵御吸附新的水分的能力。

四、抵御开裂的能力

到目前为止，我们是在没有参照对干燥有最大限制的实际干燥参数的情况下对干燥能力的讨论，如：当干燥进行得太快时坯体裂纹的形成。

当坯体干燥得太快时，坯体中出现的湿度梯度很大，因为这种梯度是比容梯度，会导致坯体中有高的干燥应力。坯体就有可能或是不可能经受得起这些应力，因为在干燥过程中坯体的机械强度也在变化。

在初始干燥阶段，坯体丧失了它的可塑性，但同时得到了强度。在干燥的最后阶段（没有收缩），坯体的强度得到了进一步的增强。

例如，高岭土的杨氏弹性模量（Young's modulus）可从含水量为40%时

的 1MPa，增长到收缩结束时（含水量 27%）的 10MPa 及在干燥状态时的 25MPa。坯体的抗折强度也根据坯体的性能、含水量及测定时施加荷载的速度而在发生变化，如：当所有的非结合水被排除之后（坯体此时的含水量在 10%~20%），其抗折强度范围从 0.1MPa 变化到 2MPa，当坯体被完全干燥后，其抗折强度可达到 2~12MPa。

当坯体不再能够抵抗得住干燥应力时，坯体就会开裂。因此也可以定义干燥能力就是在干燥期间由于变形而引发的应力下抵御开裂的能力。这取决于坯体的性能及在干燥期间表现出的强度变化程度。可塑性非常高的坯体有着较好的机械性能，但是干燥期间会有显著地收缩及出现裂纹的趋势。可塑性非常低的坯体有很少的收缩，但是其机械强度也很低，也会出现开裂。通常是在这两个极端之间找出最好的解决方案。

最后，必须指出的是：在前文中对干燥能力定义的三种方式之间没有确定的必然关系。

五、坯体干燥过程的模拟（模型）

原理上，使用有限单元法完全有可能建立起干燥及计算含水量分布、应变及所产生的应力的详细模型，如由奥吉尔·艾特·亚尔（Augier et al[17]）所做的实例。这种计算是相当复杂的，尽管奥吉尔·艾特·亚尔还没有考虑到所有的黏土质坯体的复杂性（粘弹性等）。

然而，奥吉尔·艾特·亚尔的确考虑到了在干燥期间坯体所涉及的详细性能，并且提出了详细的、有用的坯体控制参数（表22），提出这些要控制的坯体参数是为了确保在干燥过程中的再现性（重复能力）。

表22 用于干燥计算所必需的坯体参数

控制参数的类型	坯体性能
物理性能	密度
	收缩和比高特曲线
热传导	比热
	随含水量而变化的导热系数
湿传导（水分传递）	吸附等温线
	抵御水蒸气扩散的系数
	随含水量而变化的、水的毛细管扩散能力（湿状态和干状态）
机械强度、应力及断裂强度	随含水量而变化的弹性模量
	随含水量而变化的抗折强度
	随含水量而变化的断裂强度的判断准则

这种计算要求有在随含水量而变化的坯体性能上各种相互联系的转换作用

过程，如：

(1) 在坯体中及在坯体表面蒸发过程中的热交换。

(2) 在不饱和介质中由于毛细管的作用以液态水形式出现的湿交换；在坯体中及它的表面上以汽态形式出现的汽相湿交换；以及蒸发作用过程中的湿交换。这些均涉及坯体总的孔隙率及孔隙尺寸的分布。

(3) 在坯体中由于含水量的变化而引起的局部收缩。

(4) 由于收缩而产生的应力。

(5) 有关断裂或是裂纹的判断准则。

这种计算考虑了干燥的初始条件（温度和含水量）和干燥中的限制条件（干燥空气的温度和含水量、干燥空气的流速或是坯体表面上的热交换系数及湿交换系数）。

第四节 干燥能力的试验

在此之前对干燥能力的研究表明：干燥能力包括了许多方面的因素。因此，就有了包括这些多方面因素的许多种干燥试验方法，有些试验方法是独立的，而有些则是相互关联的。

一、比高特曲线

比高特曲线（Bigot Curve）能够使人们使用设备来测定坯体的收缩性能，并且该设备还能够绘制出随坯体线性收缩发生时的相对于质量损失的图。该图以试样的干燥状态（在105℃下完全干燥）作为参照系。

如果有可能，比高特曲线［在美国有时称为金吉利（Kingery curves）曲线］应是在自然的、静态的，缓慢的干燥速度、可控制的环境下进行的试验期间获得的曲线。整个试样中的含水量保持均匀状态，就在此状态下测定坯体的性能。

应当注意的是：当用纯的黏土质材料进行试验时，比高特曲线图是简单的。而另一方面，试样中加入瘠性物质时，含水量降低了的试样的试验结果应当与该试样本身所使用的纯黏土质材料的试验结果进行比较，因为收缩仅仅取决于纯黏土物质的存在。坯体收缩的大小取决于瘠性物质的数量，而且也取决于瘠性物质的颗粒尺寸和结构形态。

二、实验室的快速干燥室中的干燥试验

使用可控环境的快速干燥室能够进行快速干燥试验，以可控制的方式来改变干燥空气的流速、温度及干燥空气的含水量，同时测定试样的质量损失和出

现的收缩。在快速干燥试验中，整个试样中的含水量不是均匀的。

快速干燥试验中令人感兴趣的测定或计算是：

（1）干燥速度。为探测干燥的各个阶段，测定随试验条件改变而变化的干燥速度。因为这样测定的干燥速度能够用来评价不饱和状态下的水分扩散系数和蒸发状态下的蒸汽扩散系数。

（2）干燥坯体的收缩。在快速干燥的情况下，在坯体中存在有湿度梯度和收缩梯度。这样一来，就不能测定坯体的内在性能，但是能够更恰当地测定出整个坯体较干外层上的变形，较干的外层是处于更湿的内层的拉力下。此外，可根据位移传感器的位置而变化获得收缩的结果。

（3）裂纹的形成。裂纹有时能够由测量试样在长度上的变化来发现，由试验操作者的视觉也能很容易地观察到，或是由带有图像处理的摄像机来记录。声音传播测定方法也是很常用的方法。

使用裂纹的出现作为一个判定的依据，以比较的方法，我们就能够测定各种坯体的快速干燥能力。因此，可用各种需测定试验样品的原材料制作成类似实物厚度（例如10mm）的条（板）状试样，并将其放置到标准的、保持不变的干燥环境下，将首先出现裂纹的时间作为判断快速干燥能力的依据。

以同样的方法，在规定时间内可以改变不同的干燥参数并可以改变测定的裂纹临界数值。这些不同的参数能够是试验试样的厚度、干燥的温度、试样及干燥空气的含水量、干燥空气的流速以及试验的干燥动力等。

这些测定的数据可以与那些在已知的工厂中以生产的实际坯体所进行的参照试验进行比较。

三、湿坯体的干燥敏感性判别准则

比较各种各样的混合材料，对解释和计算坯体的干燥敏感性判别准则来说是很有用的。表23中表示了某些在技术文献中推荐的用于坯体干燥敏感性判别的不同准则[18]。其中某些判别准则在以前的文献中就已经提出来了。

表23 用于判别坯体干燥敏感性的不同准则

文献作者	干燥敏感性判别准则	试验试样试验条件	限定值：对干燥具有低敏感性
科泽斯基/诺丝索娃（Czysky/Nossowa）	非结合水/填充孔隙水	100mm×100mm×10mm，20℃	<1.2
奇泽斯克（Chizhskii）	第一条裂纹出现的时间	100mm×100mm×16mm，一面暴露到7000W/m^2的干燥环境下	>80s

续表

文献作者	干燥敏感性判别准则	试验试样试验条件	限定值：对干燥具有低敏感性
皮尔泽/施密特（Pilz/Schmidt）	线性收缩率（%）/裂纹时间（min）	80mm×40mm×20mm，一面暴露到80℃，$RH=3\%$，$v=0.65\text{m/s}$	<0.5
魏玛（Weimar）	含水量差（%）（中心/表面）	侧面密封的圆柱体，150mm长，两个端面暴露到65℃的红外线下，时间7.5h	<6%
马勒/比赫尔（Muller/Biehl）	含水量差（%）（中心/表面）×线性收缩率（%）/干燥抗折强度	侧面密封柱体，120mm×25mm×15mm，蒸汽通过两个面，110℃	<0.03
施维特（Schwiete）	扩散系数×干燥抗折强度		
拉岑博格（Ratzenberger）	填充孔隙水×线性收缩	同魏玛，65℃	
拉岑博格（Ratzenberger）	经过7.5h，含水率的减少（%）×线性收缩率（%）	同魏玛，65℃	<25%
拉岑博格（Ratzenberger）	经过7.5h，含水率的减少×线性收缩率×干燥抗折强度		

在实验室中也能够模拟工业生产中的干燥循环，模拟试验使用的试样与工业生产中的坯体具有同样的厚度。于是，对给定的原材料就能够使用设备以实验的方法来测定最佳的干燥条件，也就是对焙烧后产品的机械强度没有损伤的情况下，提供最快的干燥周期。

然而，要将这些试验结果推广到实际工业生产的环境中还有一定的距离，因为这里面包括了涉及实际产品厚度上的变化而要使用的安全系数，以及与上述的试验条件比较，最重要的是在工业生产中的干燥室发现都缺乏均匀的干燥环境条件。在实际生产中，码放在干燥室中的坯体不是都有必要全部暴露在同样的干燥环境下。在干燥室的某些位置上，干燥条件与平均干燥条件可能存在非常大的差异。

第五节　干　燥　周　期

最佳干燥周期是保持产品的机械性能完整无损的、最经济的干燥方式。此处所讲到的经济性是指干燥快、热利用效率高以及在干燥后的产品中几乎没有缺陷。

要达到最佳的干燥周期，最重要的是必须尽最大可能地获得均匀的干燥环境。这就要限制干燥的速度，在内部水分移动到表面之前，要使外部表面上的水分能足够慢地排走，以及在坯体的某些特定点上，例如边角处不能干燥得太快。尤其是对那些较厚的坯体和那些带有复杂形状的坯体，这种限制是非常有用的。因此，与坯体表面接触的流动空气必须要有一定的、与在干燥的所有阶段上的最佳蒸发速度相一致的蒸发能力，而且这也包含了要在可控环境下进行干燥。可控环境是指在所有的坯体表面上必须正确地给予通风，如有必要，也要周期性地给予相反方向上的气流进行通风（即常说的搅拌循环通风——译者注）。干燥过程必须进行得足够慢以便限制湿度梯度和温度梯度，至少应在坯体经受收缩期间要这样做。因而，要使干燥时间达到最小化，可取的方法是在连续的进程（阶段）中干燥产品，以及要考虑到局部的干燥效果而采取不同的码坯方式。

正常情况下，每一干燥过程的起始阶段均使用非常湿的干燥空气，这种非常湿的干燥空气能够提高被干燥坯体的温度，同时也保证了缓慢的和均匀的干燥速度。

根据克诺伊尔（Kneule）的研究结论，在多孔体的、不饱和介质材料中的液体流动与液体的表面张力有关，并与液体的黏度成反比。随着温度的上升，水的黏度迅速降低，而水的表面张力随温度的上升仅有轻微降低。表 24 表示了在高温下干燥的主要优点是改善了坯体中液态水的扩散速率。

表 24　随温度而变化的水的黏度和扩散

温度（℃）	表面张力（mN/m）	黏度（mN·s/m^2）	表面张力/黏度	改善后（黏度）	改善后（张力/黏度）
20	72.9	1	72.9	1	1
40	73.2	0.65	112.6	1.54	1.54
60	66.7	0.47	142	2.1	1.95
80	60.9	0.35	174	2.8	2.4

在高温下干燥增强了水的扩散，限制了湿度梯度的增大，减少了裂纹出现的危险性。所以，应当尽可能多地利用开始时坯体存在的液体表面的这一过程（即在干燥开始时要用高温高湿的环境，尽快提高坯体的温度——译者注），因为毛细管的扩散是非常迅速的。

然而，如果将一块室温状态下的瓦坯放入热的、非常潮湿的干燥室中，瓦坯上就会有冷凝水出现,这种冷凝水是有害的,给干燥带来了一定的限制。在温度变化期间,例如在干燥室入口处发现的那些现象,要避免坯体的表面温度比引入的干燥空气的露点温度低的情况,要避免能够导致裂纹产生的所有的瞬时冷凝水的出现。

当水分排出、同时有收缩的第一阶段完成之后,能够使用的方法是在干燥室中逐渐增大干燥的空气流量。

实际上,在干燥过程的结束阶段,用热的、干燥的空气在被干燥的坯体上进行循环,逐渐地带走水分并使坯体得到冷却。在干燥过程的起始阶段,使用湿空气在坯体上进行重复循环。某些湿空气可被再次注入到干燥室中,或者注入热空气,或者在干燥室中的不同点上分别注入。这就是为什么称之为"再循环"的含义。

在干燥过程开始阶段,使用的常常是温度在35~50℃之间、相对湿度在75%~90%之间的空气;而在干燥过程的结束阶段,使用的是温度在70~160℃之间、具有较低相对湿度的空气。干燥空气流动的速度在1~10m/s之间变化,大多数常见的干燥空气流速在2~5m/s之间变化。

关于干燥的产品,可以提出下列要点:

(1)无论所使用的坯体有什么样的特性,坯体的外形、尺寸及所制造产品的壁厚,在所使用的干燥制度上均有着大的影响;

(2)加入瘠性物质后,由于增强了毛细管作用的传递和扩散,在干燥的能力上产生了有利的影响;

(3)焙烧后产品的质量在很大程度上取决于怎样进行的干燥过程。

第六节　干燥过程中的能耗

了解最广泛的干燥方法是加热的非闭合循环系统(即一边被加热了的热空气进入干燥室,另一边湿气体被排出干燥室的开放式干燥——译者注)。在这一循环过程中,环境空气被加热,加热的空气通过湿的产品,由此,能量就被交换到了湿产品水分的排除上,该能量在加热期间被加入到了空气中。交换的能量提供给水具有了蒸发水分所必需的蒸发热。在干燥区域产生的水蒸气和空气的混合物被排放到周围环境中。这一过程是相当简单的。这种非闭合循环干燥的缺点是蒸汽以及蒸汽携带的热被排放到了大气环境中,而没有回收利用。另外,这种循环的实现依赖于环境条件,因为环境空气温度和湿度将会产生变化。

在烧结砖瓦工业中,目前的干燥是以相当传统的方式,在没有冷凝现象的加热非闭合循环系统中，使用热的、干燥的空气，在环境压力下进行的干燥。

然而，要回收水蒸气的潜热是完全可能的。冷凝闭合（路）循环的一个实例就是热泵除湿循环，即湿空气离开干燥室时使其通过热泵的蒸发器。在蒸发器中，来自湿空气的热被交换到了热泵的冷却液中，冷却液对湿空气进行冷却并且使水蒸气冷凝。此时，离开蒸发器的空气具有更低的温度和湿度。在机械压缩机中，冷却液被压缩并被提高到更高的温度。新鲜空气通过冷凝器，空气在冷凝器中与来自热泵冷却液的热进行交换。这种空气以高的温度和低的湿度离开冷凝器，此时的热空气就能够送入干燥室。冷凝闭合（路）循环系统本身需要能量来运转热泵机械压缩机，但是整体来说其能量效率是高的。这种冷凝闭合（路）循环系统的缺陷是包括热泵（冷凝器、蒸发器以及机械压缩机）在内的投资成本高以及要使用冷却液的不方便之处。为了克服这些缺陷，已经研究过其他数种冷凝方法，如：非闭合循环机械压缩、非闭合循环热压缩、闭合循环吸收、排气管冷凝等。

一些新的干燥技术，例如使用干的过热蒸汽的无风干燥、微波干燥、使用冷凝方法的干燥、太阳能辅助干燥……，这些干燥技术对烧结砖瓦工业来讲，还没有进入工业实施阶段。

在100℃下蒸发每千克水的理论蒸发焓约是2259kJ/kg水（540kcal/kg）。

使用下列的假设，能够计算干燥所需能量的理论数值（图25）：

（1）初始空气温度为15℃，相对湿度 RH 为80%。

（2）加热该空气到150℃（湿度保持不变，在莫利尔湿空气图上是垂直线）。莫利尔湿空气图可以用来作为转换及需要能量的监视工具。

（3）在干燥室中，空气损失掉了相当大的热，并带走了水分，沿着等焓线移动的空气状态，至少是当时坯体的温度保持恒定时，才能观察空气的真实状态。

（4）湿空气离开干燥室时具有一定的温度，例如44℃，但是湿空气不能完全被水分所饱和。

（5）干燥室应足够长，以便使干燥的产品能够与最终的空气达到平衡。

在这种情况下，蒸发每千克水所需的理论焓为3100kJ（741kcal/kg），其效率仅为60%。图32是绘制出的取决于初始空气（此处空气的相对湿度规定为60%）温度和供给干燥室热空气温度的最小焓图。当然，干燥室的热消耗在夏季较低，而在冬季较高。

上文中提到的蒸发每千克水理论上需要3100kJ的热量，而实际中必须加上加热坯体的热损失，通过干燥室墙壁和干燥室门的热损失，以及通风所使用的能量；提高通风量可改善热动力学效率，但同时也增大了风机的电力等级以

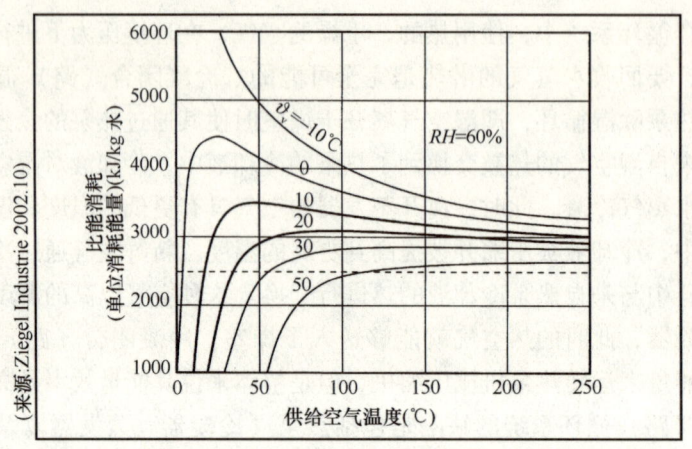

图32　随空气温度而变化的最小干燥焓

及风机的电力消耗。

此外，干燥室通常不是连续运转的，干燥室的运转操作常常是在工作循环的基础上遵循着日常的和每周（一次）的有规律的循环操作，仅有很少的工厂在周末进行着干燥室的操作。这也是限制热效率的一个方面。

因此，对控制正确的干燥室来说，必须考虑到排出每千克水分的热消耗在3500~4000kJ/kg 之间变化的可能性。最近的研究[19]给出了德国烧结砖瓦工业排出每千克水的平均耗能数值为4300kJ/kg 水，其热效率仅为53%。

在烧结砖瓦工业中使用的非闭合循环加热系统的热效率被限制在了50%~60%之间。闭合循环系统的热效率应当要高一些，但是从经济的观点上来讲，闭合循环系统还不是真实可行的方法。

到目前为止，按照被蒸发水分的质量已经计算出了所需要消耗能量的多少，也能够联系到干燥坯体的质量来计算消耗的能量。干燥所需能量取决于坯体的成型含水量。要干燥坯体起始含水量为25%的1t 产品（干质量），需要消耗如以上计算的蒸发25%水分质量的能量，对同样是正确控制的干燥室来说，也就是折合约875~1000kJ/kg 干产品。

风机的电能消耗（仅指干燥部分），对每吨干燥的产品的耗电数据大约处于6~13kW·h之间［相应的每千克干燥的产品为22~47kJ（仅指电能消耗）］。

必须给干燥室输入的热量首先是由从窑炉中回收的热空气供给（在窑炉冷却带的产品预热了空气），因此说窑炉的部分功能转变成了热空气发生器。

需要附加的热量可由带燃烧器的直接热风炉（燃烧天然气、燃油、木质燃料等）、热空气发生器、热交换器或锅炉、联合热发生器装置等来提供。

第七节　不同类型的工业干燥室

在1950年以前，烧结砖瓦产品的干燥是在露天状态下，在带有防雨和防太阳直接暴晒设施的支架（"架棚式"干燥室）上进行的，也有在窑炉上面进行干燥的（"高架式"干燥室）。直到现在，这些技术仍然在许多发展中国家使用。在发达国家，由于涉及效率、劳动生产力、质量，以及自动化等原因，对这些技术的谈论纯粹是出于对历史方面的兴趣。

在欧洲，普遍地使用着人工干燥室，这些干燥室包括范围广泛的对干燥空气的控制以及对涡流（即搅拌循环风——译者注）的有效利用。

一、静态的室式干燥室

在静态干燥室或室式干燥室中（图33）有着大量的流动空气，每一个室中装满了放置在架子、托板或干燥框架上的坯体。每一个室中的坯体分别单独地使用循环的空气进行干燥，并随着时间的延续改变着干燥空气的性能特征。干燥用的热空气由窑炉及产生热空气的燃烧室供给。因为工厂是在连续的基础上运转操作，因此就必须使用大量同样的单个干燥室（例如10个室），以便在一个室中码放坯体的同时减少对其他码好坯体干燥室的影响。而且，每个单独的室都配备了越来越多的、独立的、自用的喷管（即空气进入口——译者注）。特别是在使用了计算机之后，能够容易地控制每个独立的室中的干燥循环。每个室中分别进行通风，室内通常使用可逆风机通风，因此室内的干燥空气是反复循环的。实际上，喷管的应用及操作能使人们调节各个室内的干燥温度，以及对湿度的控制；调节两个活动的闸板（一个闸板让热的、干燥的空气进入；而另一个闸板让冷的、潮湿的空气排出）而使干燥室内的空气得到更新，从而达到控制湿度的目的。

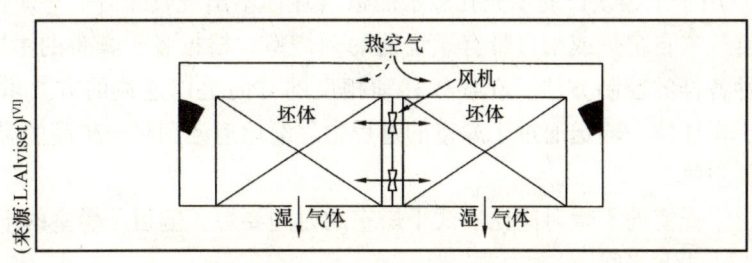

图33　室式干燥室断面

（来源：L.Alviset）[VI]

这些室式干燥室对涉及干燥敏感性高的、干燥周期相对长（12~72h）的坯体有很好的适应性，对那些形状上变化大的、干燥困难的坯体也有很好的适应性。当生产的产品范围变化大时，这些室式干燥室具有非常大的灵活性。

另一方面，室式干燥室的干燥成本通常更高，这包括了室式干燥室较高的投资，其运转成本也较高（将坯体放置在托板上更复杂的操作控制，间歇式操作增大了能量的消耗）。

二、连续的隧道干燥室

在连续的坯体产品循环的隧道干燥室中（图34），被干燥的坯体移动通过干燥室。坯体码放在干燥车（窑车）上，干燥车在轨道上缓慢地移动。码放在干燥车上的坯体在数条平行的干燥通道中被干燥。在干燥室的进口处，干燥车被转轨（就是国内常讲的摆渡——译者注）到可使用的干燥通道上。这些连续的隧道干燥室常常被分成部分相对隔离的区域（带），以便增强对干燥环境控制的可能性。通常分为三个带（区域）：

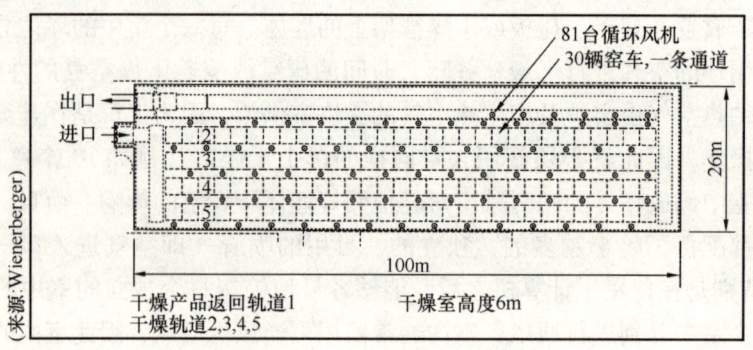

图34 连续式隧道干燥室（俯视图）

（1）坯体预热带；

（2）用于干燥坯体收缩的带（即坯体收缩没有停止前——译者注）；

（3）用于干燥残留的填充孔隙水的带（坯体不出现收缩后——译者注）。

热空气来自窑炉或来自带有燃烧器的燃烧室。根据各干燥带的不同要求，使用各种各样的控制方法。在坯体移动相反的方向上以逆流的方式供给热空气。被干燥坯体在输送通过干燥室的过程中逐渐地遭遇到越来越高的温度和越来越干的空气。

隧道干燥室的干燥时间比室式干燥室的时间要短，隧道干燥室的干燥时间通常在12~48h之间。

连续式隧道干燥室的主要优点是在大规模的、生产运转相当均衡的生产线上有着更低的干燥成本。

三、快速干燥室

"快速"干燥室具有更短的干燥时间,通常的干燥时间小于12h。其术语"快速"不是非常明确的定义,因为该术语有比常规的连续干燥室"更快"的含义,然而,快速干燥室的干燥时间也照样取决于原材料的性能及坯体产品的形状。"快速"干燥室的原理由干燥单个的坯体组成(即对单个坯体的干燥——译者注),没有码垛;每个坯体产品是直接地暴露到干燥的空气流下,其干燥过程是干燥空气通过所有可能存在的孔洞完成的,而不是简单地通过坯垛的外部(图35)。

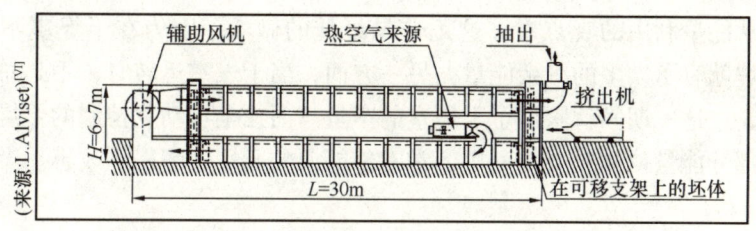

图35 带有可移动支架的快速干燥室(侧视图)

因为被干燥坯体是处于更均匀的干燥环境下,所以快速干燥室能够在更高的温度下运转。在封闭的系统内,要干燥的坯体一个接一个地放置在由链条带动的托架或是可移动的支架上。在挤出机之后刚刚挤出的坯体能够立刻进入干燥室,来自挤出过程中坯体所产生的大部分热量就得到了利用。因此,在常规的隧道干燥室中需要花费12h干燥的多孔砖坯,在快速干燥室中仅需要4h。对空心砖来说,使尽可能多的干燥空气通过砖坯的孔洞。屋面瓦坯是放置在尽可能多地暴露外表面的支撑架上。对屋面瓦坯已推荐使用某些新型的快速干燥系统,在这些新的系统中,循环的干燥空气是垂直于瓦坯的表面,而不是平行于坯体的表面,从而加速了热交换。

因而,对于相同的瓦坯体来说,这些快速干燥室能够达到的干燥时间更接近于理论上的最佳干燥曲线,正如在实验室快速干燥室中测定的一样,因为瓦坯所经受的干燥条件与干燥空气的平均条件几乎是同样的。

快速干燥室有着高的生产效率及使用很少的能量,但快速干燥室也有着更为复杂的运转机械,要求对干燥条件需要有专门操作技能的控制技术。此外,快速干燥室仅能干燥薄壁的产品(如屋面瓦或空心砖),并且在产品品种变换或在坯体更改时,有着较低的适应性(灵活性)。

在某些设计规划中将干燥室和窑炉呈一直线布置,从而可能使干燥和焙烧使用同样的坯体运载设施(即类同于国内常讲的一次码烧——译者注)。这种布置方式减少了坯体转运处理的成本，但是同时显著地降低了生产中的灵活性。

四、干燥室的操作

使用这些干燥室能够干燥出的产量以吨位计，每小时大约可在 1~40t 之间变化，或是更多些，这取决于干燥室的类型以及工厂的生产能力。

在某些工厂，平日（工作日）干燥室的操作仅限定在白天（白班），夜间和周末（星期六和星期天）干燥室常常是关闭的。因此，必须预先干燥出产品并储存，以便在干燥室关闭期间供应给焙烧生产。

使用这种夜间和周末关闭干燥室做法的工厂，通常是由于社会和职员的原因，但从能量利用的观点看，这远非是最佳的做法，因为在干燥室不运转期间，窑炉就有了太多的剩余能量。另一方面，当干燥室运转时，不是总有足够的能量，在这一期间就限制了干燥室的产量。而在全自动化控制的干燥室中能够使这部分能量得到充分的利用，常常使能源的利用效率得到改善。

第八节 干燥空气的再循环和强制对流

为了干燥大量的坯体就必须使用大量的空气。如果使用1kg 空气可干燥除去40g 的水，举例说来，如果每小时要干燥 10t 的坯体（初始含水量为25%），那么每小时就要耗用 60t 的空气，这其中包括了大规模的、复杂的空气（通风）系统（即送排风系统——译者注）。

为了更进一步地提高强制对流效果，加快干燥进程以及使干燥更均匀，在干燥室中也使用了强力循环风机，以及为了加快局部的干燥速度，在没有改变干燥室内空气总量的情况下使用了内部再循环系统，内部再循环系统的作用为：

（1）在坯体的移动方向上建立了横向流动的干燥空气流（如在隧道干燥室中——译者注）；

（2）空气能够纵向流动，也就是干燥空气在一有限的距离上进行再循环（如在室式干燥室中——译者注）。

为了促进干燥室内局部干燥空气均匀的流动速度，使用着不同类型的风机，如：

（1）轴流式风机或径流式风机；

（2）固定速度或可变速风机；

（3）连续运转或间歇式运转的风机；

（4）单向鼓风的或可逆方向鼓风的风机；

（5）固定位置的风机或在干燥室内走来走去的可移式风机；

（6）同步的或异步的风机；

（7）可变直径的风机。

这些风机能够以各种规划设计的方式来安装，如：

（1）安装在坯垛的中间或坯垛的外部，例如固定在干燥室内的天花板上；

（2）沿着干燥车之间移动的大型风机的使用；

（3）以纵向垂直成行的方法安装有数台风机的纵队排列式风机的使用，自始至终地可在整个坯垛的高度上进行吹风，或是由单台的、带有垂直分配风筒的强力风机的使用，在垂直分配风筒上安装有一个上面接一个的数个喷管（即格栅式分配器——译者注）；

（4）带有用于改变供入干燥室干燥空气流动方向的交替滑动端口（即改变送风方向——译者注）的固定风机的使用。

业内的工程师们已经将他们全部的聪明才智投入到了这些干燥空气的再循环和强力对流的系统设计中，并用图例方式说明了在低成本条件下和低噪声水平下，以及在标准解决方法缺乏的情况下，要想得到一致的、均匀的干燥效果的困难性。

这些方法要使用数量非常多的风机，如对隧道式干燥室来说，风机的使用数量多于 50 台。因此，越快的干燥速度，就有越高的电能消耗。

第九节　干燥室中坯体的排列方式

干燥室坯垛中坯体的排列方式（即国内常讲的干燥码坯形式——译者注）是影响高效率干燥的一个主要因素。被干燥的坯体必须要以一定的方式码放，必须有干燥空气通过的通道，每一块坯体必须以相似的方式暴露在干燥空气中。

砖坯通常以松散的交错坯垛形式进行码放，砖坯带有的多孔和大孔的孔洞方向平行于干燥气体流动的方向，以尽可能的方式保证在各个坯体的内部孔洞之间、在坯体与坯体之间的空间上、在坯体与干燥室墙壁之间的空间上干燥空气流速的均匀性。砖坯也可以码放在专用的坯架上。

屋面瓦坯通常是放置在瓦托板或支撑架上，这些瓦托板或支撑架必须能适应在生产线上制造的各种类型瓦坯的使用；这些瓦托板或支撑架可能包括有可移动的插入垫块（条）或拴销。

第十节　干　燥　缺　陷

下列两表中列出了某些在干燥过程形成的可见缺陷。在干燥室出口看到的某些缺陷是由于坯体中事先存在的原因引起的（表25），而其他一些缺陷的确是在干燥过程中造成的[20]（表26）。

表25　干燥缺陷（坯体中预先存在的原因）

缺陷特征	可能产生的原因	解决方法
起泡：表面气泡	在挤出过程中形成空气泡，坯料细部结构	加入熟料添加剂，排气（抽真空）
翘曲：瓦坯体的不平整性	不均匀的压制引起了不均匀的收缩	瓦形的重新设计和模具的重新设计
在整个坯体上有规律的、纵长裂透的直裂纹	在通过机口内芯架之后泥料的再次愈合程度很差	向后移动芯架，改变芯架的形状
S-形曲线裂纹，在普通（实心）坯体的横截面上是显著可见的	在离开绞刀头之后泥料的愈合程度很差，原材料的可塑性太高	加长机口，增加防止泥料旋转的阻泥刀（棒），加入瘠性材料
凹陷或凸起形状：呈橄榄球形状使坯体扭曲变形	在挤出机口中的压力差引起的不均匀收缩	机口平衡调节，对原材料的含水量及物料稠度进行试验
在操作过程中的扭曲变形	成型含水量太高，粗野的操作	适当地调整

表26　干燥缺陷（与干燥过程有关联的缺陷）

缺陷特征	可能产生的原因	解决方法
在干燥室进口处由于吸附潮气引发的坯体扭曲变形	进入到干燥室进口后，在冷的坯体上潮湿空气的冷凝	热挤出，改变输入干燥室的干燥空气参数
纵向开裂，通常位于干燥空气的输入侧	在干燥过程的起始阶段，干燥空气有太高的干燥能力（温度太高或湿度太低——译者注）	降低干燥过程起始阶段干燥空气的干燥能力（降低温度或增加湿度——译者注）
坯体周围各种各样的混杂裂纹（有斜纹和横向纹）	坯体中的湿度梯度太高，坯体的叠压面积太大	减慢干燥过快的区域，提高干燥过程的均匀性
干燥后的坯体太潮湿，进入焙烧窑后碎裂	原材料的可塑性太高	提高干燥过程末端的干燥空气温度，降低干燥的产量

续表

缺陷特征	可能产生的原因	解决方法
干燥后的坯体太干，在某些坯体上出现极微细的裂纹	再次吸附水分引起了坯体尺寸上的变化	降低干燥过程末端的干燥空气温度和干燥能力
随着时间的过去出现了不一致的结果，没有规律性地出现脏污，可变的残留含水量	进入干燥室的坯体数量不一致，热控制有过失	均匀地供给坯体，调整热控制方式
在坯体棱边的某处出现未裂透的纵向开裂	太高的干燥速度，在干燥的第一阶段收缩太快	降低干燥坯体的速度，增加干燥过程的长度，改善混合料
极微细的裂纹	不适当的干燥速度	同上述
焙烧之后产品的机械性能降低	干燥过程进行得太快，形成微观裂纹	同上述
在干燥室横截面上干燥不均匀，干燥异常总是在同一区域出现	热空气的输入设计很差，造成流动空气不均匀	改变干燥空气的流通状态
在单独的一块坯体上出现干燥不均匀，在坯体表面出现水分污点	在相应的部位上缺乏通风	改变通风状态（通风的位置，干燥空气的流速）
接近于通风处在坯体支架后出现交叉裂纹	由于坯体支架干扰了干燥空气的流通	准备使用更合适的坯体支架形式
在坯体支架的高度上出现交叉裂纹，裂纹沿着支架脊的方向	由于支架的吸湿性局部地影响干燥过程减慢	考虑使用合适性能的支架
坯体的扭曲、变形	坯体支架形状变形	调整坯体支架
泛霜，在出窑处发现产品上有白色污点，但除了坯体与支撑架接触的位置	原材料中存在可溶性盐，例如 $CaSO_4$，在干燥过程中随水分流动到坯体的表面	加入碳酸钡外加剂

第六章 产品的焙烧

从干燥室出来的产品本身还没有获得完整的陶瓷质性能。要使这些产品能够获得它们所具有的机械强度、在有水分存在条件下的稳定性、抵抗大气侵蚀的能力等性能,就必须将这些产品在高温下(850~1150℃)进行焙烧。

自从烧结砖瓦产品以大规模方式生产以来,人们就能够调整(测量)这些产品重要的规律性。焙烧必须以一定的方式进行,以便确保这些产品能获得令人满意的、尽可能有规律的功能特征。

非常必要的是,在燃烧器中必须将燃料与燃烧空气充分混合,还需要更进一步地考虑到在燃料和燃烧空气的混合物中空气的数量,以使火焰产生的温度能达到所希望的焙烧温度,最终要确保在坯垛中的所有坯体能够全部暴露在同样的热环境条件下。

因此,焙烧的环境条件参数是坯体的温度、焙烧过程持续的时间、以及在窑炉内的气氛条件(性能和均匀性)。

第一节 温度对坯体原材料组成的影响

在温度的影响下,坯体原材料中发生了一系列复杂的化学和物理焙烧反应,从而导致了被焙烧产品在孔隙率、结构、密度、尺寸以及机械性能上的变化。

在加热过程中,坯体原材料中的主要成分会经历下列的变化:

(1)加热到约200℃时,如同干燥过程的部分作用一样释放出来残留水分(依然保留的填充孔隙水分加上吸附的吸湿性水分),同时也释放出水化水分。这就意味着蒙脱石可能会失去它们的主要部分的水化水,特别是会失去位于在黏土矿物的层之间的水分子。此时,这些层间水分子(H_2O)从红外线(IR)光谱范围内消失了。

(2)从200~450℃期间,有机物质被排除,这是由于空气在坯体微孔中的扩散有机物而被氧化。如果在这一时期的气氛不是氧化气氛,碳的残留物质是被分解而不是被氧化,会形成气态的碳氢化合物以及碳是以被烧结的产物形式保留下来。这样的碳分解出现在比氧化温度更高的温度下,在其后要烧尽残留碳是困难的(黑心形成的重要原因——译者注)。

(3) 在约350℃时，非黏土矿物的氢氧化物出现全部或部分的分解。氢氧化铁（针铁矿）被转变成为氧化铁。氢氧化铁既能形成具有红颜色的三氧化二铁（Fe_2O_3），又能形成在颜色上呈蓝黑色的磁铁矿（Fe_3O_4），这取决于氧化-还原的环境气氛条件。因此，含有铁的非石灰质坯体原材料在氧化气氛中焙烧之后转变成为红色，而在还原气氛中焙烧之后呈带褐色的蓝色。

(4) 从400~680℃期间，黏土矿物被破坏，其结合水也被排除。氢氧基（羟基）OH结合键在红外线（IR）光谱的范围内消失了。非常细的、紊乱的（无组织的）被称为偏高岭土的矿物形成，可以注意到最初的焙烧收缩，因此，高岭石、伊利石和埃洛石（多水高岭石，或称叙永石——译者注）在约550~580℃时开始分解，而蒙脱石在约680℃时开始这样的分解。

(5) 在573℃，石英的结晶相出现改变。在加热期间，这种晶相转变与产品的质量没有实际的因果关系，因为此时坯体还不是完全的陶瓷体（仅指在加热升温阶段，冷却阶段有着很大的影响——译者注）。

(6) 从750~850℃，碳酸钙（在含石灰质原材料的情况下）分解成为生石灰，并在下列的反应中释放出二氧化碳气体：

公式5：　　　　　　$CaCO_3 =\!\!= CaO + CO_2$（气体）

这种反应是以平衡的方式进行的，因此，精确的反应温度取决于反应气体的气氛。

在这一温度范围内，也能观察到硫化物的分解，同时也能观察到某些硫酸盐和卤化物的分解。在讨论泛霜和气体污染物时将会涉及这些成分。

(7) 从800℃直到最终焙烧温度时，会出现有两种现象[21]：

首先，在非石灰质坯体原材料中含有的熔剂性矿物（长石、含有碱金属的矿物）逐渐地开始反应，并形成具有相对低熔点的低共熔体，产生了能给出产品自身确定机械性能的液相反应烧结（意思是液相出现后产品就有了强度——译者注）。在低于800℃的情况下，玻璃成分首先出现。在1150℃时，长石熔融。

其次，液相能够在很宽的范围内出现，液相的出现被称为部分或全部玻化，液相是导致焙烧之后产品孔隙率降低和产品焙烧收缩的主要原因（焙烧线性收缩率通常在0.5%~5%之间变化）。

因而在冷却之后，可得到由或多或少的玻璃相结合在一起的产品结构，并带有残留的微孔。而另一方面，含石灰质的坯体原材料几乎没有表现出有任何玻璃相的迹象（即石灰质坯体原材料中玻璃相极少——译者注）。

(8) 在更高的温度下，发生的其他现象是一些高温（陶瓷质）化合物以固相反应的方式开始重新结合及结晶化。当温度上升超过1000℃时，硅酸盐物质开始出现反应，随着温度上升达到最终焙烧温度，这种反应得到强化。因此，高岭石在到达约950℃时就出现了一个高的放热峰，从相应的偏高岭石形成莫来石 $3Al_2O_3 \cdot 2SiO_2$。由于杂质的存在减小了高岭石这一放热峰并导致这一峰出现在较低的温度下。其他黏土矿物没有显示出这一放热峰，或是仅有非常轻微的峰，也许是因为杂质的存在约束了莫来石的形成。

以同样的方式，在有方石英（高温状态下的石英——译者注）催化剂存在的情况下，向（常温下）石英的转变是非常缓慢的，尽管另外的组分熔解在熔剂中。这种现象将在后面看到。

如果在原材料中存在石灰石，随着 CaO 的消失，形成了少量的硅酸钙（硅灰石），同时形成铝硅酸钙，例如钙长石 $CaO \cdot Al_2O_3 \cdot 2SiO_2$（最常见的形式），或是钙黄长石 $2CaO \cdot Al_2O_3 \cdot SiO_2$（在有大量的石灰石存在时）。白云石会导致硅酸钙/硅酸镁（透辉石）的形成。在有大量石灰石存在的情况下，不再会发现铁以赤铁矿的形式存在，铁与铝硅酸盐矿物结合，其红颜色消失。这种现象被称为材料的硅化作用。

表27给出了在非石灰质原材料中黏土矿物在焙烧期间所有反应转变的概要总结。

表27　焙烧期间非石灰质原材料中黏土矿物的反应

温度	高岭石	伊利石	蒙脱石	绿泥石
130℃	失去吸附水	失去吸附水	失去吸附水	失去吸附水
150～250℃			失去水化水	
400～550℃		失去结合水	失去结合水	
470℃	失去结合水，偏高岭土形成			
700℃				失去氢氧镁石层和云母系统的结合水
780～850℃				失去云母系统的结合水
800℃			可能形成尖晶石	
900～1000℃		可能形成尖晶石		
970～1300℃	莫来石形成			
1050～1200℃		逐渐烧结，莫来石晶化、熔融	逐渐烧结，莫来石晶化、熔融	逐渐形成玻璃相
1350～1700℃	烧结之后熔融			

因此，在烧结砖瓦产品中，经焙烧之后可以发现下列情况：

（1）最初存在的以及没有被完全破坏的物相的残留物，如：石英、云母、长石。

（2）新形成的结晶相，铝硅酸盐以及在石灰质原材料中形成的如上述所有的硅铝酸钙矿物。

（3）包括玻璃相的无定形组分，而玻璃相是其中的主要成分，但是这些无定形物质含量在更高的温度下会减少（即在更高温度下会再次结晶——译者注）。

图 36 表示了石灰质原材料在加热过程中的晶相变化过程，这与 X-射线监测到的结果一致。

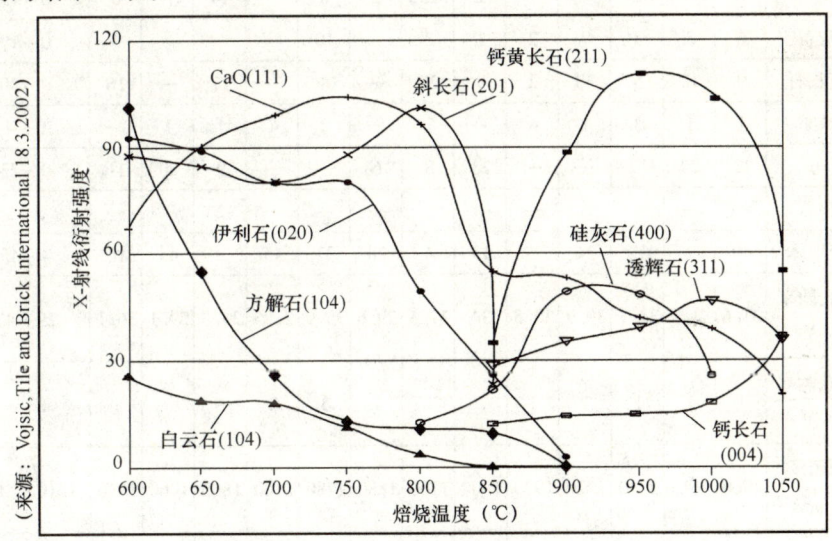

图 36　石灰质原材料中结晶相的转化过程

作为一个实例，表 28 表示了在意大利的烧结砖上所进行的矿物分析结果[22]，这与在前文表 9 中所提到的黏土原材料是一样的，在焙烧之后（对黏土原材料 F、MO 和 S 是在连续的工业窑炉中于 910℃下烧成的；对于其他黏土原材料则是在实验室的窑炉中于 950℃下烧成的），其他一些令人感兴趣的物理性能也包括在该表内。

从表 28 中可以看到，没有含碳酸钙的黏土原材料（MA、S、SL）焙烧之后表现出的主要物相是无定形体（28%~45%）、石英（26%~42%）、斜长石（2%~11%）以及碱性长石（8%~14%）的物相。

含有 3%~10% 碳酸钙的黏土原材料（AT、CA、F、LM、MO）焙烧之后表现出的物相有石英（18%~28%）、斜长石（11%~25%）以及碱性长石

（3%～13%）。也存在有钙黄长石和硅灰石。

含有高比例碳酸钙（大于10%）的黏土原材料（A、D、LS、SA、X）焙烧之后也表现出有限的石英（16%～22%）、斜长石（10%～20%）和碱性长石（5%～11%）。也存在有高比例的硅灰石和钙黄长石。

表28 焙烧之后意大利成品砖的矿物成分和其他性能

来源	A	AT	CA	D	F	LM	LS	MA	MO	S	SA	SL	X	范围
石英	22	28	34	16	18	26	20	42	26	26	22	26	20	16～34
斜长石	23	21	9	12	25	18	10	11	11	11	23	2	20	2～25
长石	11	8	20	5	13	3	5	11	4	14	9	8	7	3～20
辉石	6	—	2	4	7	2	15	2	8	—	14	—	6	0～15
硅灰石	6	3	—	7	2	1	8	—	10	—	—	—	4	0～10
钙黄长石	9	12	5	30	2	8	27	—	8	—	11	—	16	0～30
赤铁矿	1	1	3	1	4	—	2	—	2	4	1	1	—	0～4
云母	12	20	12	—	—	23	8	6	—	—	9	20	11	0～23
方解石	—	—	—	1	—	1	—	—	—	—	—	2	—	0～2
无定形体	10	7	12	24	29	19	4	28	31	45	—	43	16	4～45
开放孔隙率（%）	31.6	41.9	34.1	39.9	30.5	34	37.5	29.6	35.9	21.5	34.3	29.1	36.1	29～42
封闭孔隙率（%）	1	1	1	—	3	2	1	1	3	2	—	—	1	0～3
容积密度（kg/m^3）	1860	1610	1780	1720	1920	1800	1700	1880	1780	2100	1860	1960	1830	1610～2100
平均微孔直径（μm）	0.26	0.35	0.39	0.19	0.28	0.40	0.29	0.69	0.37	0.40	0.26	0.62	0.27	0.19～0.69
比表面积（m^2/g）	1.4	2.4	2.0	2.2	1.0	1.6	1.4	8.3	1.2	0.6	1.3	12.3	1.6	0.6～12.3

（表中数据来源：Industria dei Laterizi）[13]

注：除了表中最后三行之外，其余表中的每一个数据都是以百分比表示的。

一、在坯体结构中的变化

坯体结构上出现的变化可反映出以上论及到的化学变化。对含铁质原材料而言，随温度上升超过800℃，其孔隙率在降低，微孔的数量也在减少，微孔的直径开始增大。在孔隙率度量曲线（Porometric curves）上（图37）可以观察到这种变化朝着更大的微孔直径方向发展。之后，微孔开始出现封闭，敞开

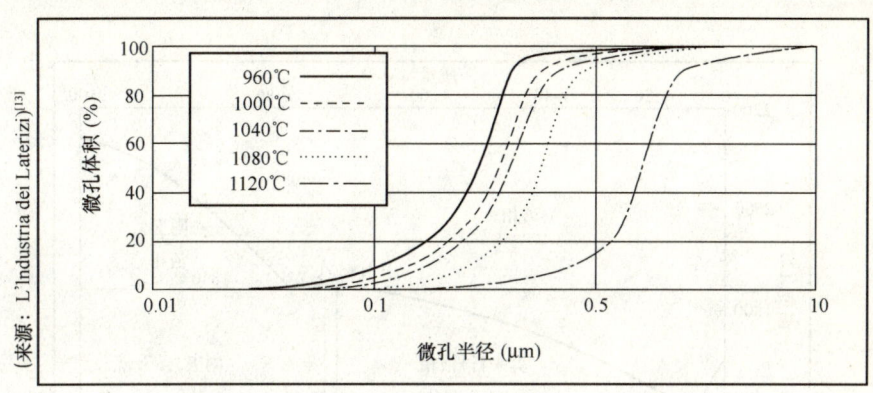

图 37　孔隙率度量曲线和焙烧温度

孔隙率程度迅速地下降，而封闭孔隙率程度上升。

另一方面，在石灰质坯体中微孔的尺寸几乎保持不变，并保持着最初的孔隙率直至熔融相出现，该种坯体中的熔融相（液相）仅能够在1080℃以上的温度下出现。

与孔隙率下降的同时，可以观察到在产品的密度上同时增大，以及在弹性模量、强度和硬度上也同时在增高。

二、相图

在相图中所描述的，处于高温下氧化物的成分是稳定的。然而，对烧结砖瓦产品原材料来说，有着下列的限制条件：

（1）烧结砖瓦产品原材料的化合物仅是部分结晶的；

（2）坯体中的局部组成不是完全匀质化的，因为焙烧的时间太短、焙烧的温度太低。

因此，相图对烧结砖瓦产品仅能表示出一般性的趋势。

与烧结砖瓦产品有关的主要二元相图和三元相图讨论如下：

（1）Al_2O_3/SiO_2系统，该系统中有刚玉、石英或方石英以及中间形态的化合物、莫来石（图38）。实际上，在烧结砖瓦产品中能够观察到的化合物主要是莫来石和硅石（二氧化硅）。

（2）CaO/SiO_2系统，在石灰质原材料中出现这一系统，并包括有硅酸钙的形成，例如硅灰石$CaO \cdot SiO_2$（图39）。该系统中最低的低共熔点混合物出现在1436℃。

（3）$Al_2O_3/SiO_2/CaO$系统，出现在石灰质原材料中，其中也包含有三种组成的硅-铝酸钙成分（钙黄长石、钙长石等）（图40）。该系统在1170℃时

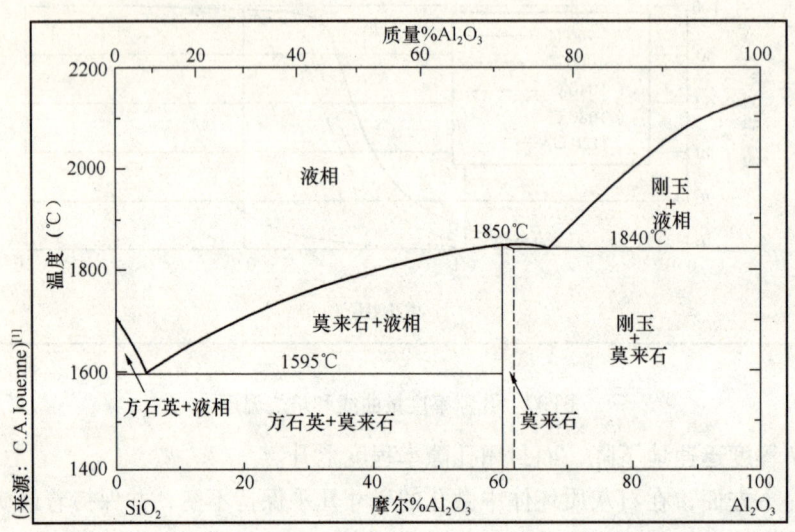

图38 氧化铝/二氧化硅系统

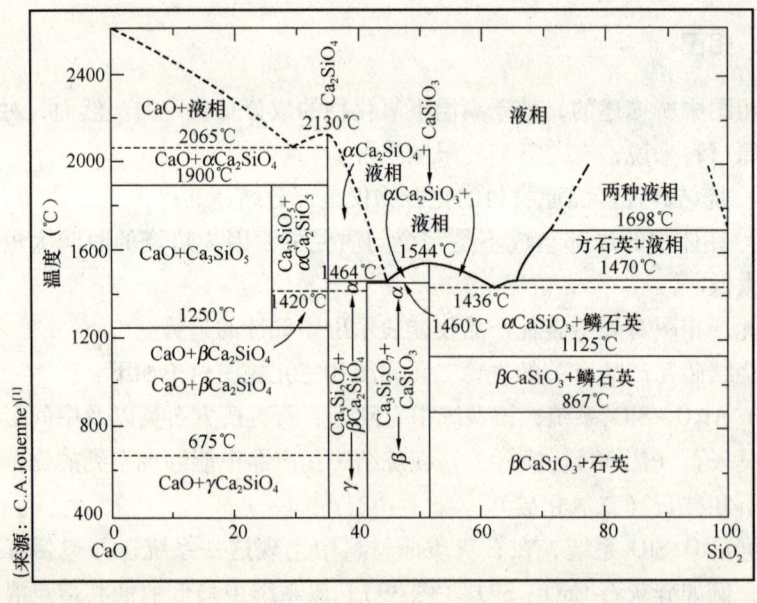

图39 石灰/二氧化硅系统

出现有三元体系的低共熔混合物,如下表中所示。

	二元点					三元点				
1	1800℃	P	8	1395℃	E	a	1345℃	P	i	1360℃	P
2	1545℃	E	9	1500℃	E	b	1170℃	E	j	1505℃	P
3	1436℃	E	10	1590℃	E	c	1265℃	E	k	1335℃	E
4	1455℃	E	11	1775℃	E	d	1310℃	E	l	1335℃	P
5	1475℃	P	12	1903℃	P	e	1335℃	P	m	1900℃	E
6	2065℃	E				f	1380℃	E	n	1470℃	P
7	1535℃	P				g	1475℃	P	o	1512℃	E
						h	1450℃	P	p	1500℃	P

注:E 为低共熔点;P 为转熔点。

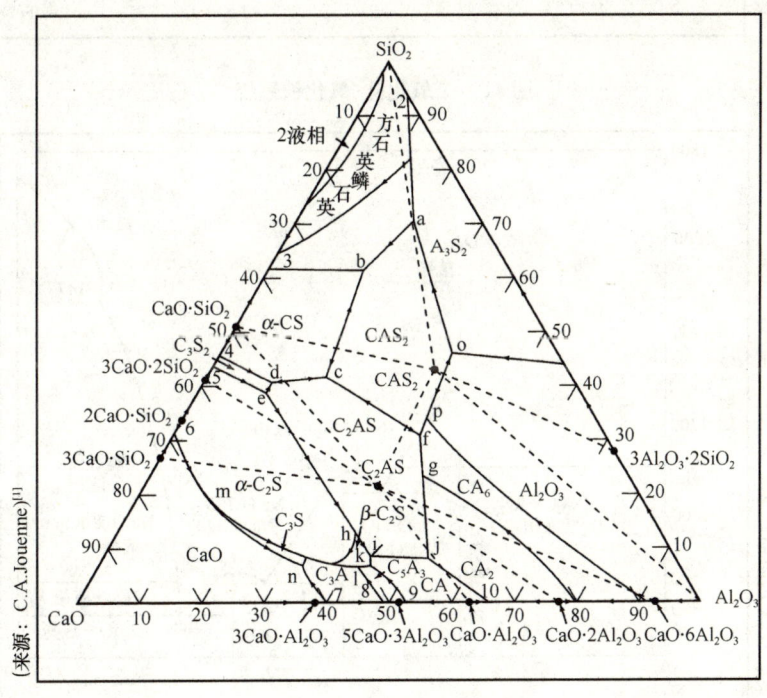

图40　石灰/二氧化硅/氧化铝系统

(4) SiO_2/FeO 系统,这一系统解释了铁为什么有一定的助熔作用,但是这种助熔作用仅出现在相当高的温度(1190℃)下(图41)。这一系统表示有混合氧化物的存在,如铁橄榄石 $2FeO \cdot SiO_2$。在相图中,FeO [方铁体(维氏体)] 仅在高温范围内表现出是稳定的。

(5) SiO_2/Na_2O 系统,这一系统包括了在低温下就能够出现的低共熔体混

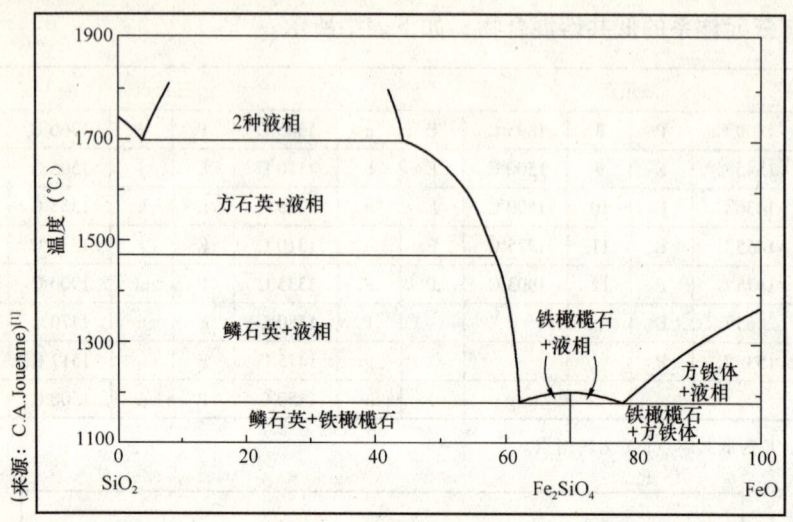

图41 二氧化硅/氧化铁系统

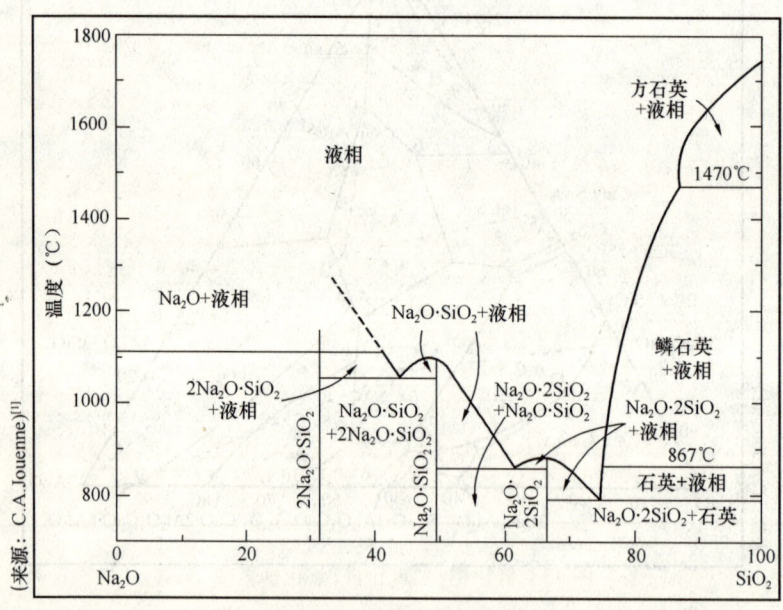

图42 二氧化硅/氧化钠系统

合物，并说明了碱金属的熔剂性作用（图42）。最低温度下的低共熔体混合物在约800℃时出现。

（6）$Al_2O_3/SiO_2/Na_2O$ 或 K_2O 系统，该系统是相当类似于前文中的三元系统，其化合物表现出比那些在二元相图中有更低的低共熔点（图43）。在 $SiO_2/Al_2O_3/Na_2O$ 系统中的最低三元点是处于732℃，而在 $SiO_2/Al_2O_3/K_2O$ 系统中的最低三元点是在695℃。如下表所示：

		二元点					三元点			
1	1810℃	P			a	1050℃	E	i	760℃	E
2	1545℃	E			b	1140℃	P	j	1270℃	P
3	789℃	E			c	750℃	E	k	915℃	P
4	837℃	E			d	732℃	E	l	955℃	P
5	1022℃	P			e	1063℃	E			

注：E为低共熔点；P为转熔点。

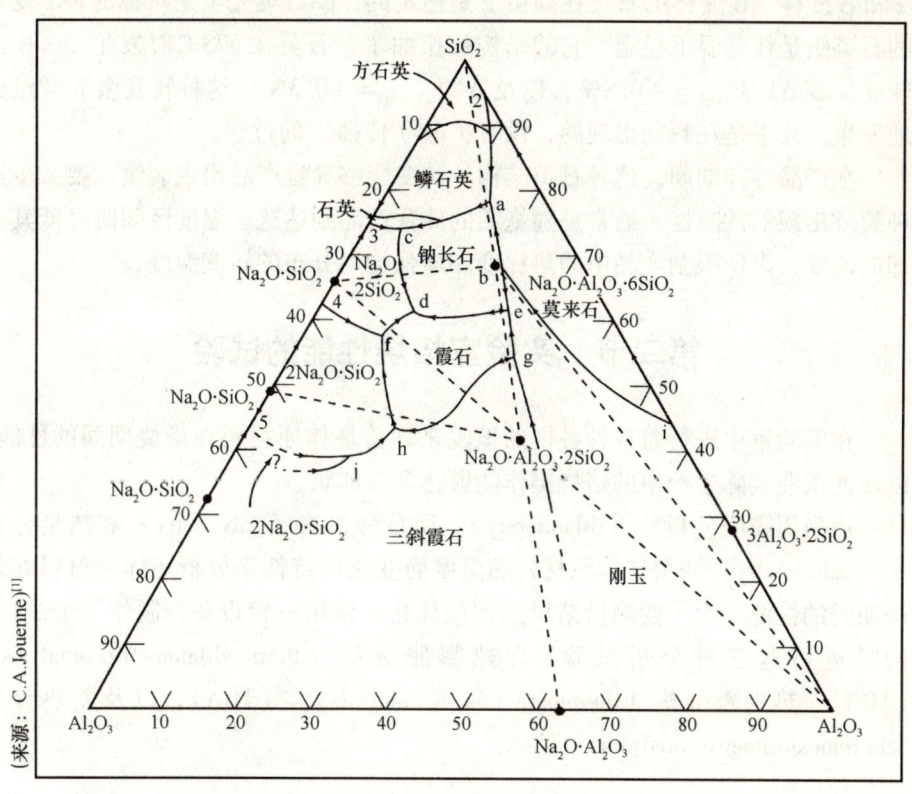

图43　氧化铝/二氧化硅/氧化钠系统

三、石英的结构及在冷却中的反应

在烧结砖瓦产品冷却期间，在高温下生成的新矿物结构通常是稳定的。值得注意的现象仅是石英的同素异形结构转变。二氧化硅能够具有不同形式的同素异形结构形式，如：

（1）石英，从环境温度到870℃时，其热力学性能是稳定的，在0℃时的密度为2.651；

(2) 鳞石英，从870℃到1470℃期间是稳定的，在0℃时的密度为2.262；

(3) 方石英，在1470℃以上时是稳定的，在0℃时的密度为2.320。

事实上，石英的这三种形态从反应动力学上讲是非常稳定的状态。在有熔剂性物质存在的情况下，必须将石英加热超过920℃，石英才非常缓慢地转变成为方石英。在冷却过程中方石英几乎从来不会转变成为原来的石英。

然而，石英结构的这些形式中的每一种都能够观察到以两种变体存在，即α和β变体。β变体的石英在高温下是稳定的，β-石英完全是对称的；α变体的石英则是在低温下稳定，它的结构被扭曲了。石英在573℃时发生α⇒β的转变，其$\Delta V/V_{\alpha \Rightarrow \beta}$ = +0.8%，以及$\Delta l/l_{\alpha = > \beta}$ = +0.3%。这种转变会非常迅速地发生，几乎是在瞬间出现的，没有扩散（传播）的过程。

在产品冷却期间，这种石英结构的转变能够导致产品出现裂纹。要减少这种裂纹出现的危险性，通常是随烧结的砖瓦产品到达这一温度区间时降低其冷却的速度，以便限制产品中的热梯度和增强均匀分布的转变温度。

第二节 实验室焙烧性能的试验

在实验室中进行着各种各样的试验来评价坯体原材料在焙烧期间的性能，以便使工业实际生产中的焙烧操作能够达到最佳状态。

由采用膨胀分析法（dilatometry）、质量分析法（gravimetry）和热量分析法（calorimetry）测量坯体原材料随温度而变化的特性来分析坯体原材料在焙烧期间的性能。为了使测量结果达到最佳化，使用一台设备，制作一个试样，同时进行这三种分析试验，即热膨胀分析（thermodilatometric analysis）（TDA）、热失重分析（thermogravimetric analysis）（TGA），以及差热分析（thermocalorimetric analysis）（TCA）。

一、热膨胀分析（TDA）

热膨胀曲线是所使用的每一种类型原材料高度的特性曲线。热膨胀曲线提供了涉及焙烧期间坯体的收缩、玻化开始时的温度、加热期间的热膨胀，以及在冷却期间能够导致裂纹产生的石英晶型突然转变的信息。在高温下，坯体体积的急剧缩小与材料的玻化是一致的（在粘滞相中的烧结）。热膨胀分析也能够确定在原材料中是否存在石灰石。图44表示了不同种类黏土矿物的热膨胀曲线（高岭石、耐火黏土、多水高岭石、白云母、伊利石、海绿石、蒙脱石、蛭石、绿泥石）。

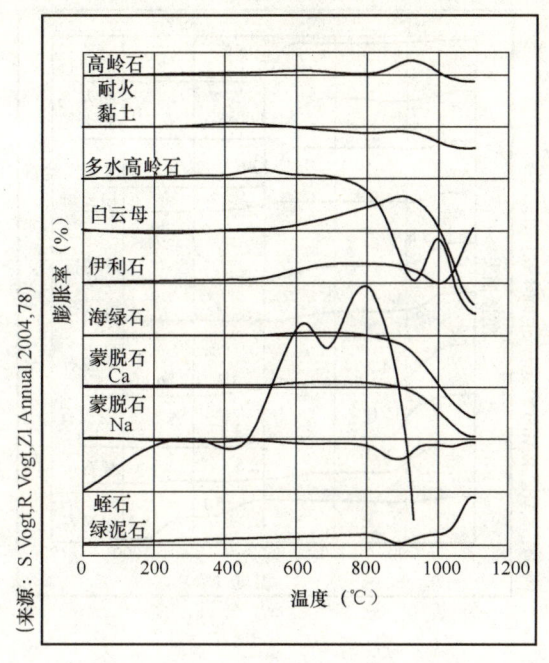

图 44　不同类型黏土矿物的热膨胀曲线

二、热失重分析（TGA）

所提到的热失重分析（TGA）是指随试样温度的变化对试样中的质量损失进行分析。试样中质量的损失与原材料中各种水分的排出、各种气体的排出及有机化合物的氧化、盐类物质的分解，特别是石灰石失去 CO_2 的分解是一致的。图 45 中给出了确切的质量损失的数据。

三、差热分析（TCA）

差热分析（TCA）是测量惰性的控制试样和试验试样之间温度上的差别。这种在温度上的差别与焙烧过程中物相的转变，例如相变化或化学反应所引发的焓是一致的。所涉及的分解反应通常是吸热反应（脱水、脱碳）。另一方面，从高岭石形成莫来石的反应则是放热反应。图 46 给出了不同黏土矿物的差热分析曲线。

差热分析（TCA）的结果用来量化焙烧反应中发散出的热以及确定焙烧反应中发出热量的来源。放热反应会导致窑内的温度升高。焙烧反应释放出的这种额外的热量能够作为焙烧的动力，像使用有机外加剂一样，可减少窑炉的能量消耗。

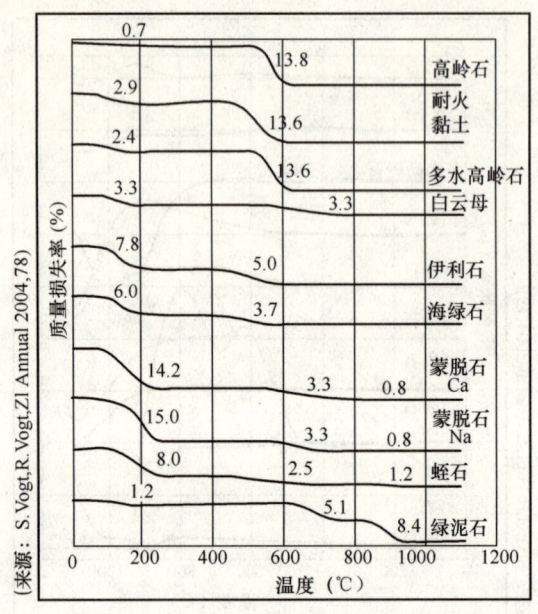

图45 不同黏土矿物的热失重曲线

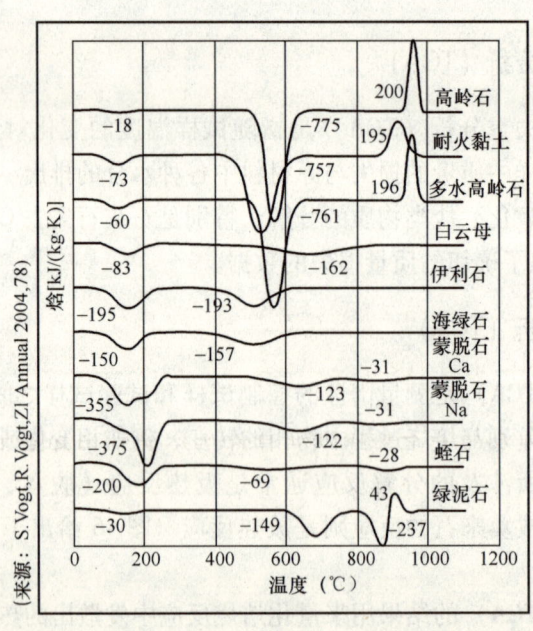

图46 不同黏土矿物的差热分析曲线

四、红外线光谱分析和 X-射线衍射分析

在低温下,烧结砖瓦原材料在矿物结构上的变化也能够使用红外线光谱对其进行监测(黏土矿物中 OH 键结合的变化及消失)。尽管烧结砖瓦产品的矿物结构通常是非常细小的,而且部分是玻璃体的,但是仍然能够使用 X-射线衍射方法对其进行晶型转换的研究。

五、工艺性能试验

在预先设定的加热循环条件(温度上升的速度、在恒定温度下持续的时间、冷却的速度)下,在不同温度下焙烧条形原材料试样,也能够进行更多的工艺性能焙烧试验。试验中称重和测量这些条形原材料试样,并在焙烧之后检查试样的颜色、外观、声音的响亮程度以及检查是否存在可见的裂纹。计算在焙烧期间出现的收缩、烧失量以及开放性孔隙率。也要对焙烧后的试样进行机械性能的试验(抗折强度试验),并由人力视觉方式以及显微镜(如使用扫描电子显微镜,SEM)方法检查试样的外表面以及断裂的表面。这些检查能够使人们对原材料制备中形成的颗粒尺寸、产品性能的均匀性以及玻化的程度等作出更好的评估。

从试验中获得的所有这些数据就能够对最佳烧成温度作出最初的评价。其次,从这些获得的数据分析也可能对加热升温的速度作出变更,以便使热循环过程持续的时间达到最佳化。

也能够进行蠕变(creep)试验(或是试验测定在荷载下坯体的性能),用于评估坯体随温度变化而可能出现的变形,以及评价坯体在热环境下的承重特性(在坯垛中坯体塌陷的危险性和瓦坯高温下的变形)。

第三节 传统式窑炉和半工业化窑炉

世界范围内制造的大多数烧结砖是在传统的窑炉和半工业化窑炉中焙烧的。

传统的窑炉以间歇循环的方式进行操作。大部分传统的窑炉是在地面上建立,每焙烧一次,就要建立一座新窑,装窑是用干燥的砖坯和燃料按层混合码放,用连续的一层砖坯接一层燃料的方式码成大干草堆形状的大垛来实现焙烧的目的。焙烧的周期要持续数星期(此段所讲是指围窑,明代《天工开物》中就有记载,我国在 20 世纪 60 年代"三线"建设中也曾使用过——译者注)。

进一步发展的窑炉是发明了永久性的圆形窑，砖坯在这种窑炉中也是间歇式地进行焙烧操作。在某些情况下，这些窑炉改善了它的通风控制方法（倒焰窑）。这种类型的窑炉不需要每焙烧一次之后再重建一次了，但是这种窑炉的焙烧周期依然较长（2个星期），焙烧能耗仍然较高。

对传统窑炉的主要改进是循环窑炉的发展，循环窑炉的焙烧特点是固定的坯垛和火的循环旋转。循环窑炉最初是呈环形形状，焙烧之前将砖坯码放在窑内。这种窑炉是由霍夫曼先生（Mr. Hoffmann）于1867年发明的，因而以霍夫曼的名字命名了这种窑炉（霍夫曼窑，即轮窑——译者注）。霍夫曼窑在欧洲到20世纪70年代或80年代一直使用于烧结砖瓦的生产。在一些国家，霍夫曼窑仍然被使用着和不断地改善着，例如在马格里布（Maghreb）国家（北非地区——译者注）中，因为这种窑炉建造便宜以及运行有效。霍夫曼窑常常采用的形式是两条平行的焙烧道，以便码坯和出砖操作及工人的进出，在焙烧顺序的末端使装出连接在一起。

1893年W. 布尔（W. Bull）对霍夫曼窑这种类型的窑炉作出了修改，W. 布尔设计了一种更容易建造的地沟式窑炉（即无顶的地沟窑——译者注）。这种变体式霍夫曼窑在亚洲使用得非常广泛，特别是在印度。这种窑炉不是建造在地面之上，而是建造在地沟内，没有永久性的窑顶。窑顶是在装砖坯时建造（一般使用砖坯码成及用土覆盖——译者注），并在焙烧完成之后出砖时移走。这种窑炉的通风是由随火而移动的烟囱来承担的。然而，更复杂的布尔式地沟窑在中心有一固定的烟囱。地沟窑的投资很有限，其窑顶的投资也很有限。要在传统的霍夫曼窑上建造这种形式的窑顶是复杂的，该种窑顶的移开也是困难的。但是地沟窑的装坯和出砖操作更容易。

还必须提及中国式的垂直立窑（Chinese vertical shaft kilns）。砖坯和煤被放置在一垂直的圆柱状窑体内，该立窑的使用高度为6~8m。砖坯是按批次在顶部装入窑内。随着焙烧的进行，不断地在窑顶加入新的砖坯和煤。在立窑的底部，同时移出烧成的砖，在立窑的下部使用千斤顶托住沿竖井下降的整个产品坯垛。一座立窑每天能够焙烧4000块砖，并使用更少的燃料。（中国的立窑之所以被本书作者录入文中，是因为在20世纪90年代初，由四川夹江县的一位史姓先生和河南农业大学的有关人员一起在尼泊尔的一条山沟中建立了数十座立窑，联合国工发组织的一位官员考察了这些立窑，并对中方在尼泊尔指导建设立窑的人员进行了采访，后在德国的《国际砖瓦工业》杂志上撰写专文并配有照片介绍了这些立窑。该文中宣称用立窑焙烧砖的能耗只有210kcal/kg。该文曾在欧洲引起了不小的反响。因而给欧洲甚至北美等国家造成了中国存在有大量立窑的印象，也有欧洲的业内人士质询过立窑能耗的真实

性。——译者注）

第四节 隧 道 窑

尽管在欧洲有少数传统的公司依然使用着间歇式窑炉，少量工厂仍然配备着以固定的坯垛及移动的燃烧（火）为特征的连续式窑炉（霍夫曼窑），但是大多数欧洲的烧结砖瓦生产工厂现今使用着固定燃烧带及可移动坯垛的连续式窑炉，该种窑炉也被称作隧道窑，在隧道窑中，坯体缓慢地移动通过焙烧道而被焙烧。

一、隧道窑的结构

在隧道窑这种类型的装备中，坯体是码放在窑车上之后被推入隧道窑内，随着每一辆新的窑车被推入隧道窑内的进程，窑车逐渐地移动通过隧道。

隧道窑通常能被测量到的尺寸在长度上大于100m，在其横截面上的内部净宽度为3~7m，内部净高度为1~4m。隧道窑的尺寸范围变化也宽，例如有长170m、宽度为12m的隧道窑等。

对屋面瓦来说，由于受到寻求热量分布的均匀性、坯垛的稳定性以及自动化装卸处理系统设备的限制，隧道窑的高度被限定在一定的范围内。对于砖来说，码得太高的坯垛焙烧期间在坯体的压力荷载下坯体有粘连在一起以及由于所要求的热工制度而引发变形的危险性存在，因而对隧道窑的高度有了进一步的限制。

坯体移动通过隧道窑包括焙烧时间在内的所用总时间（即焙烧周期——译者注）通常在8~48h之间变化，这取决于所焙烧产品的类型以及坯体原材料所具备的焙烧性能的难易程度。

也有被称为快速焙烧窑炉的隧道窑，快速焙烧隧道窑的焙烧时间少于8h。使用辊道窑技术有可能进一步减少焙烧的时间（减少到几乎3小时）。

隧道窑具有三面带隔热保温功能的固定壁，即：窑顶和垂直的两面侧墙。隧道窑的底部是由可移动的、隔热的窑车面组成的平台构成。图47中表示了隧道窑的横截面。

隧道窑的固定壁通常是由耐火砖和耐火砖外部的隔热保温纤维组成隔热层。原理上，隧道窑总是保持着同样的温度区域以及总是寻求着最大热惰性的窑墙壁。隔热保温层由外部的结构将其保持在适当的位置上。隧道窑最外部的墙壁常常是用烧结砖建造。

对于"金属板包覆的"隧道窑（国内曾译为铠装式隧道窑——译者注）来说，其外墙结构由连续的、保持在周围环境温度下的、自身承重的金属板外

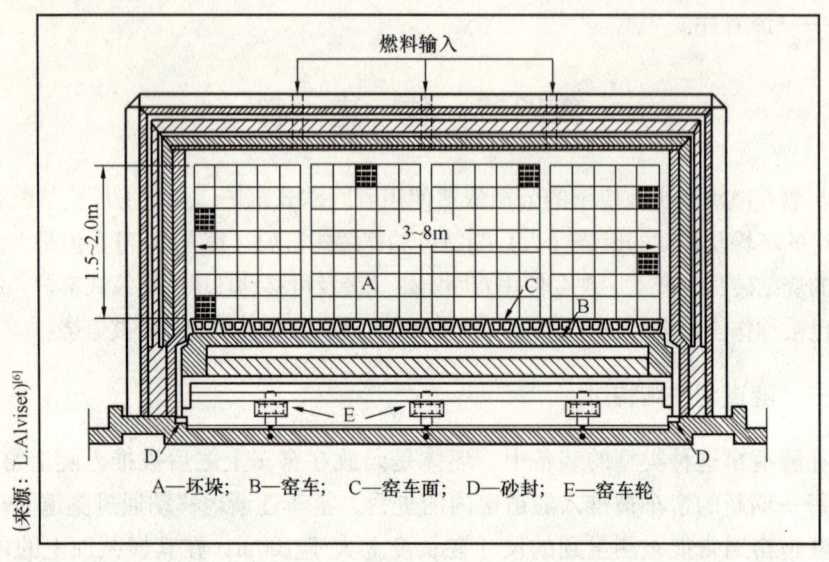

图47 带窑车的隧道窑横截面图

壳体组成,这样的窑墙结构提供了良好的气密性。因为这种非常长的隧道窑不能在环境压力下进行操作,而气密性的窑墙结构限制了吸入外部的冷空气,改善了窑炉的热效率,提高了产品的质量以及产品颜色的重复能力(再现性)。

二、窑车

窑车通常为3~6m长,可携带的坯体质量为12~20t。窑车有一坚固的带有独立悬挂式轮子的金属底盘架。窑车面层平台下装配有将金属底盘隔离的隔热保温材料,窑车面层平台组成了隧道窑码放坯体的底部。窑车面层平台也避免了窑车的机械部件直接暴露在窑内的热环境下。

窑车通过码坯站台连续地移动,在码坯站台,窑车装上来自干燥室的坯体。码好坯体的窑车要经过一个缓冲储存区域,因为码坯系统设备不是在连续的基础上运转,所以码坯系统设备就必须为夜间及周末窑炉的运转储备一定数量的码好坯体的窑车;码好坯体的窑车通过垂直的可移动窑门进入隧道窑内。隧道窑还可能包括了在窑体之前的、带有移动门(国内称为截至门——译者注)的分离式预备设施(国内称为预备室——译者注);窑车移动通过隧道窑的各带后,经隧道窑出口端的门出来。之后,窑车进入卸车站台。经卸车后的窑车经过回车轨道移动返回到起始点。当码好坯体的窑车在等待进入隧道窑之前,有重新吸附水分的危险性存在时,载有坯体的窑车最好能够被储存在一可控制的环境条件下。

由于窑车在隧道窑中进进出出地移动，在窑车面层上使用的车面隔（耐）热垫衬材料不同于总是保持在同样温度条件下的隧道窑本身使用的隔热材料。窑车系统所使用的隔热材料必须具有低的导热系数，而且也要求有着低的热扩散系数（低质量和低的蓄热量）。因此，窑车通常是以机械承重的结构和轻质纤维隔热保温层的结构为其特征的。

一直研究开发着各种各样的窑车结构方法，因为窑车上的各种部件组成了隧道窑的第四个面（底部），所以明智的方法是尽可能地确保窑车与窑车之间、窑车与窑墙之间的气密性。

（一）砂封

由插入含有砂的砂封槽砂子中滑动的、沿着隧道窑垂直侧墙运动的窑车上的侧向裙板提供了在窑车面平台和隧道窑垂直侧墙之间的侧向密封。窑车之间正前面的密封由窑车之间结合缝处被压缩的耐火纤维提供。这种解决方案虽然简单，但是不能做到完全的隔绝密封。

（二）水密封

在"水密封"的隧道窑中，每一辆窑车的下部周围由封闭的金属裙板所围绕着，窑车上的裙板浸入一层水中而提供了窑车侧向及窑车前后的密封。这种类型的水密封隧道窑建造起来更复杂，因为隧道窑的地板（底面）是一个水槽。因而当每一辆窑车进入隧道窑时，就必须将窑车下降送入这一水槽，该水槽中水的高度约为20cm。出窑时，就要使用一上升平台，将窑车抬出水槽，如使用倾斜轨道（坡道）或闭锁装置。这种原理可使隧道窑在它的第四个面上做到完全的密封。水槽中的水不是暴露在来自窑内大量辐射热的环境下，因而也就没有太多的蒸发现象。但是隧道窑下部水槽中的水能够诱捕到窑内空气中的污染物质，并可使水变成腐蚀性的液体。

这样的密封结构方式为隧道窑窑体提供了非常好的密封条件，从而确实保证了热效率的最佳水平以及对焙烧气氛的控制。

三、燃烧器

在焙烧带的位置上，由在窑顶以及侧墙上的燃烧器将燃料喷入窑内，燃料喷入的地方在窑车坯垛之间预留的空间中。燃烧器要与所使用的燃料相适应（如天然气、贫煤气、燃油、锯末、焦炭粉末等）。

气体燃烧器可以是简化的，并且能够在高温下燃烧。气体燃烧器也可以是喷枪式的，例如在火焰是弥散的情况下使用。

燃烧器中有能够安装在预热阶段和排风机之间的冷火焰燃烧器。这种冷火焰燃烧器可以使坯体的预热提前进行，也能够提高已经在最大能力下运转的窑炉的总产量。冷火焰燃烧器也能够减少在燃烧之后发散出烟气的扩散（即能够减少来自燃烧带烟气的排放——译者注）。

也有自点火燃烧器。自点火燃烧器可以使用在窑炉操作需要有经常频繁地中断的位置上，因自点火燃烧器有更容易启动以及更快地加热窑炉的特点。

也能够发现带有高速（$V>100\text{m/s}$）强制通风系统的脉冲式燃烧器和喷射式燃烧器。这些燃烧器的高能量喷射在窑内产生了剧烈的扰动，并且改善了窑内环境介质中气体的混合。这就使得在窑内每一个截面上的温度具有了很好的均匀性，从而增强了产品质量的均匀程度，并且也能够缩短焙烧的时间。喷入的这些高速气体在窑内的速度可以迅速地减慢下来，从而限制了这些高速气体对被焙烧产品和隔热保温材料造成的潜在性危害作用。

也有带同流式换热器（热量回收装置——译者注）的再循环类型的燃烧器，该燃烧器使用着已经被预热的空气。由于使用被预热后的燃烧空气，因此可以节约大量的燃料。在典型的隧道窑中，已经声称将燃烧空气预热到300℃时，就可以节约20%的燃料。

燃烧器能够带有可调节功率的功能或在连续不断的或断续的基础上能够控制脉冲的变换持续时间和频率。因此，每一个燃烧器总是能在它的标定（额定）功率下工作，都能以最好的效率工作。

四、码砖坯以及在U-形匣钵和H-形匣钵（窑具）中焙烧屋面瓦

砖坯通常以一个之上接一个的形式码放成为坯垛，砖坯垛在相邻的坯体之间留有足够大的、以便让热空气通过的空间。在不同样式的产品之间转换时（生产品种更换时——译者注），无论何时都要尽可能地保持同样的坯垛密度（码坯密度——译者注），以便避免改变了窑炉运转的热工条件。在坯垛与坯垛及坯垛与窑墙壁之间的间隙要做出专门的设计，以便限制坯垛周围以及坯垛之上空间中的气体的优先流动（即避免间隙中过量的气体流动，如坯垛与窑墙之间的间隙以及在坯垛与窑顶之间的间隙中——译者注）。砖坯的码坯密度是较高的。

屋面瓦与砖比较，通常在更高的温度下焙烧。此外，对屋面瓦产品的尺寸要求更加严格。因此，集中码放瓦坯垛的方式已经被抛弃，因为集中码放瓦坯垛的方式导致了过度的变形。

因而解决集中码放瓦坯的方法是采用了U-形的耐火材料窑具（saggars），有时称为定位支撑装置（setters）或称为匣钵（cassettes）（国内习惯统称为匣钵——译者注），少量的瓦坯以垂直的方式码放在U-形匣钵内，之后，装有瓦坯的U-形匣钵在窑车面上彼此叠码在一起。这种匣钵是由耐火材料（堇青石）

制造的。

最近更多的发展是采用了单独支撑的系统窑具（H-形匣钵），在H-形匣钵中瓦坯是水平放置的，每一个瓦坯都是分离支撑的。这些H-形匣钵也是在窑车面上彼此叠码在一起。H-形匣钵能够使用更高的焙烧温度，从而使屋面瓦的抗冻性得到了显著的改善。H-形匣钵装载瓦坯的方式也可使瓦坯体更容易地施加各种表面处理。这种瓦坯装载方式，尽管有更高的焙烧温度，但是成品瓦依然保持着非常好的几何形状。因为这种具有更多开放空间的结构方式，使得每一块瓦坯都能更好地暴露到窑内的流动气体状态下，并且也能够使瓦坯的加热以及焙烧后瓦的冷却速度更快。但是这种瓦坯的码坯密度较低。同时也有如下的不足之处：必须使用的H-形匣钵和支撑部件，需要一定数量的投资成本；转运处理问题；匣钵对不同形状产品的适应性问题；损耗问题（热冲击及机械损耗）以及窑炉的效率较低；在隧道窑出口处，损失了这些匣钵和支撑件中所含的热量。

因此，最新的解决方法是采用了由碳化硅（SiC）棒制造的支撑部件，这些碳化硅窑具更轻，经受热冲击的性能更好，因而得到了快速的发展。

五、隧道窑的操作方法

一座隧道窑的产量能够以不同的单位来表述，如：

①100t/d＝4.2t/h＝1.16kg/s；

②300t/d＝12.5t/h＝3.5kg/s。

传统的连续式隧道窑由焙烧带隔开的以两个相反方向的热交换方式进行操作，即：产品朝着一个方向上行进，而燃烧气体、交换气体以及燃烧的烟气则在另一个方向上行进（国内通常称为逆流式——译者注）。隧道窑内随着产品的冷却而加热了引入的新鲜空气。此外，在焙烧之前由热烟气加热了进入窑内的坯体。在这样的操作过程中，随着经焙烧后产品的行进，从隧道窑出来的冷却过程中释放出的热量也能被用来预热进入隧道窑的坯体（即抽取冷却带的余热引入到预热带来预热坯体——译者注）。上述这两种热交换过程由焙烧带隔开。图48表示了产品和气体温度变化的隧道窑工作示意图。

随着产品（坯体）移动通过隧道窑，就会遇到下列隧道窑的各带：

（1）预热室。在某些情况下，预热室是由一道门与隧道窑隔离开来，在预热室中每一辆窑车上装载的坯体能够迅速地被预热达到100℃。

（2）预热带。在预热带中通过来自焙烧带的热气体预热坯体。由于从焙烧带送来的这些热气体趋向于停留在窑顶附近（即常说的热空气上升，易形成温度或气流分层——译者注），因而使用强有力的抽风系统来混合搅拌这些

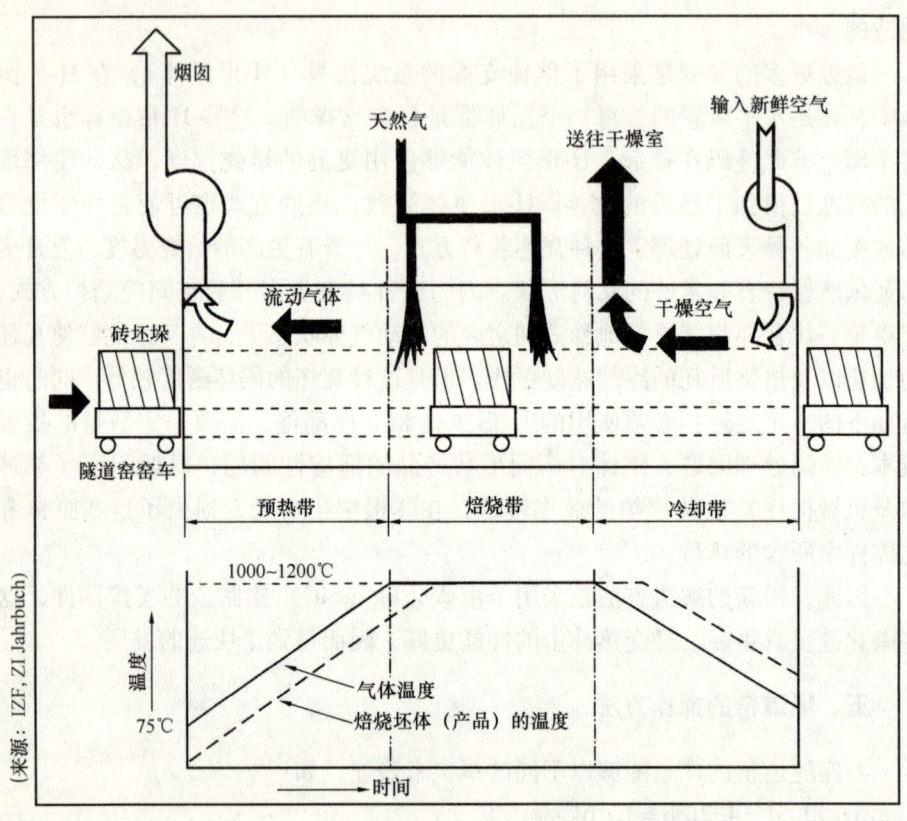

图 48　传统隧道窑中的热量示意图

热气体，以便确实保证坯体产品能够均匀地、快速地升温。预热带的升温速度的范围通常在每小时 30～100℃。在隧道窑排放烟气出口处以尽可能低的温度排放出烟气，但是要避免在烟道及烟囱中酸性烟气的冷凝现象（排放烟气温度的变化范围在 110～200℃ 之间）。

（3）焙烧带。焙烧带装备有燃烧器，燃烧器应符合稳定的、最大焙烧温度的要求。

（4）冷却带。在冷却带中由于加热向焙烧带流动的强制通风的空气而使产品冷却下来。从产品离开焙烧带之后的冷却范围上可划分出数个冷却速度不同的区域，如：

①被称为急冷区域的最初冷却区域，该区域内的冷却速度很快，可以直接地向窑内鼓入冷空气；

②缓慢冷却区域，以缓慢的冷却速度通过石英晶型转变点；

③加速冷却区域，在通过石英晶型转变点之后，可使用另外一个更快的冷

却速度直至达到产品的出窑处。这一冷却区域,也是处于能够抽出用于干燥室热量的区域上。为了限制过大投资,隧道窑的长度是有限的,但从纯热利用效率的观点看,太短的隧道窑并不是最适合的。因为隧道窑太短,产品在出窑时还是很热的。因而,就要增大冷却空气的输入量,这样就要抽取更多的热空气提供给干燥室。

隧道窑中这些逆流式的热交换过程能够使用少许单凭经验的假设方法来近似地测定其大小(尤其是一维空间上的计算,整个窑内有着恒定的热交换系数,随温度的变化依然保持着恒定的比热数值,没有气体注入隧道窑内或抽出窑外)。隧道窑内有一被烧结产品热容量的流量(被焙烧产品的质量流量 Q × 被烧结产品的比热 c),该热容量的流量由比热为 c' 的空气和烟气的流量 Q' 使之达到平衡(即被焙烧产品与窑内空气之间的热量平衡——译者注)。窑内温度的计算包括热容量流量之间的比率。因此能够获得下列类型的遍及整个窑内温度变化的表达式:

公式6: $$\Delta T^{(l)} = \Delta T_0 \exp^{[-Kl(1-Qc/Q'c')]}$$

式中 K——气体与被烧结产品之间的热交换系数;

l——在隧道窑内所处位置;

$\Delta T^{(l)}$——在 $x=l$ 位置点上被烧结产品与气体之间的温度差;

ΔT_0——在 $x=0$ 的初始点上(相当于热交换器的进口处)被烧结产品与气体之间的温度差;

比率 $Qc/Q'c' = 1$ 时,保持着恒定的温度差。

化学工程计算表明,以同样的计算方法也得到了最佳效率的热容量流量比率数值。

随着被焙烧产品在隧道窑内的移动,窑内气体和被焙烧产品之间温度差的增加、保持恒定或是下降,取决于热容量流量比率数值($Qc/Q'c'$ 是小于、等于或大于1)。对1kg 被焙烧产品[包括窑具(如匣钵及支撑部件——译者注)和窑车]来说,需要大约1kg 的空气或是烟气,因为被焙烧产品的比热数值与空气的比热数值大致是相等的。如果只考虑每千克纯的被焙烧产品(不包括窑具和窑车)时,则需要的空气量会显著地增多,也就是说每千克纯的被焙烧产品需要约1.5kg 的空气量。

窑炉的气密性也是一重要因素。当密封不是很好的隧道窑以及所焙烧的产品需要大量的窑具支撑时,在热交换区域内每千克被焙烧产品(含窑具和窑车)必须有5kg 的空气流量;对用金属板包覆的、带有砂封的隧道窑(铠装隧道窑——译者注)来说,每千克被焙烧产品(含窑具和窑车)需要有3~3.5kg 的空气流量;水密封隧道窑中每千克被焙烧产品(含窑具和窑车)需要有 1.6~2.5kg 的空气流量。实际上，随着隧道窑内气体流动量的变化，要考虑到来自坯体中物质分解形成的气体、燃烧器喷入的气体、抽出的气体以及泄漏的气体。

要达到满意的热交换所需的气体流量比燃烧所需的气体流量要高得多。因此隧道窑的操作使用着相当大的过量空气。在给定焙烧产量的情况下，为了确保消耗最小的能量，就必须寻求能够提供满意的热交换以及可将出窑产品降低到所要求的温度下所需要的最小空气流量。

来自隧道窑出口处的纵向流动气流，在其压力上自始至终都需要有良好的控制状态，因在隧道窑出口处空气是在环境压力下进入窑内的，通过焙烧带时空气出现轻微的过压（正压——译者注），到达烟囱进口处时则有轻微的局部真空状态出现（数毫米水柱），因而烟囱的排放量要考虑到在焙烧过程中可能形成的气体及燃烧器喷入的气体。由人工通风（通风机）方式提供了空气和烟气的循环。

在冷却带抽出的热空气送往干燥室。具有腐蚀性的烟气通过热交换器进行热量回收，以避免将有污染性的气体送往干燥室。

现今的隧道窑都装备有自动化的控制系统，由计算机操纵管理，因而能够提供有规律的焙烧过程，同时也一起对窑车运转系统进行着自动化的控制（进窑和出窑）。这些自动化控制装备构成了非常精确的焙烧系统，具有许多调节焙烧过程的可能性，保证了产品质量有很好的再现性，在产品更换及焙烧制度变换方面提供了高效率的响应。

表 29[23] 中总结了隧道窑典型的运转条件。

表29　隧道窑的运转数据

项目	单位	烧结装饰砖和铺地砖	烧结砌块	烧结水平多孔砌块	烧结屋面瓦
产量	t/h	1~15	3~15	3~15	3~6
隧道窑长度	m	35~160	60~120	60~120	80~140
窑的横截面	m^2	1.3~6	4~12	4~12	4~10
码坯密度	kg/m^3	1600~3000	1000~2500	1000~2500	1600~3500
焙烧温度	℃	1000~1300	900~1050	900~1050	1000~1150
单位能耗（干燥+焙烧）	kJ/kg	1600~3000	1000~2500*	1000~2500*	1600~3500
烟气体积流量	$1000 m^3/h$	5~20	10~50	10~50	10~40
排出烟气温度	℃	100~230	100~300	100~150	170~200

* 包括来自微孔形成剂的含热量。

因此，隧道窑控制的主要内容是与被焙烧产品相适应的设定温度曲线、在窑内断面上温度的分布、气体压力的分布、气体流量和气氛的控制。实际上，预热带和焙烧带的温度是根据所要求的温度曲线由燃烧器来控制的。烟气的温度和隧道窑出口处经烧结后产品的温度是由调节气体的流量来控制的。

六、隧道窑的新发展

在隧道窑上新近的发展一直确定的方向就是朝着寻求提高隧道窑生产效率的方向发展，因为产品生产得越快，在热处理中就有越大的均匀性，并可节约更多的能量。这种发展已经在两个方面得到了实施，如：

（1）因为通过隧道窑产品的移动速度受到从最冷状态（相对而言，在焙烧过程中温度最低的就是刚入窑的坯体——译者注）下加热坯体的限制，最初的努力是集中在由来自窑顶下热烟气的循环使窑内温度的均匀化方面。使用空气的循环系统使每个坯垛中所有点上的温度能够达到均匀化，在低温下使用机械装置进行强制循环，在高温下使用高速燃烧器使空气进行循环。此外，在加热带上正在增加着燃烧器的安装数量（应包含预热带——译者注），图49表示了现今隧道窑的加热操作简图。

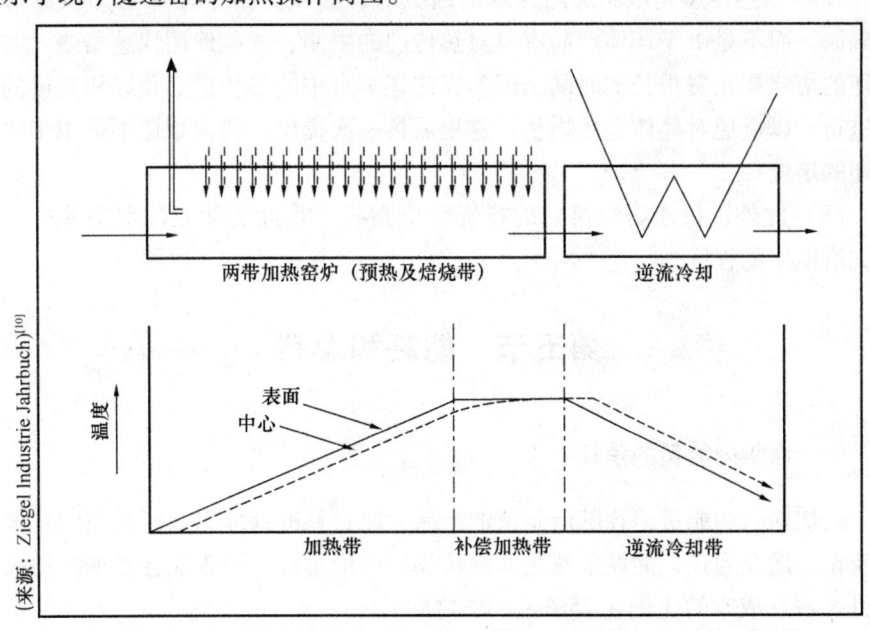

图49　新型隧道窑的加热简图

（2）坯垛本身以及实际上的实心产品，在焙烧过程中是从外部被加热的，因而限制了热传递的速度。给定坯垛中产品的加热时间和没有码坯垛的单个产品最佳的加热时间之间的比例可相差10倍，例如对空心砖坯体坯垛而言（即加热单独的空心砖坯体所用时间比加热码成坯垛的空心砖坯体的时间要短得多——译者注）。因此，在加热每一个单独的瓦坯体或砖坯体上已经作出的努力是在坯体之上以及在坯体周围创造出合适的流动气流（无论何时尽可能地通过砖坯或是通过瓦坯体的匣钵）。对于H-形支撑匣钵中瓦坯的加热时间的比例数值能够降低到2（也就是加热单独的瓦坯所用时间为1，而在H-形支撑匣钵中瓦坯的加热时间为其2倍——译者注）。这种拟（准）单块的焙烧方法被称为"快速焙烧"。快速焙烧中加热的产品正好是一块坯体的厚度，在没有任何叠码的情况下，例如在辊道窑中可以达到加热速度的极限值。在辊道窑中仅仅有一层瓦坯体，而没有窑车。因此焙烧出的每一个单独产品的性能是相近的，并且焙烧的时间非常短（例如3h）。

虽然如此，对快速焙烧方法依然有反对意见，而受到某些限制：

（1）当热传递速度确实是限制加热速度的主要因素时，快速焙烧才是有效的。如果限制加热速度的因素是化学反应，例如黑心的出现，就不能使用快速焙烧。

（2）当热传递是限制加热速度的因数时，必须是由于坯垛对热传递形成的限制，而不是由于坯体产品本身对热传递的限制，才能使用快速焙烧。实心砖坯的焙烧要花费很长的时间，因为在砖坯本身中的热传递必须以相对慢的速度进行，以避免对坯体造成损伤。这里需再一次提出，快速焙烧不适用于实心砖坯的焙烧。

（3）此外，快速焙烧窑炉的投资额更高些，并且实际能耗水平总是不能达到所期望的程度。

第五节 能耗和燃料

一、窑炉内能量的消耗

焙烧期间的能量消耗随所制造的产品、原材料的性能以及所采用的技术而在变化。迄今为止，能耗依然是非常重要的评价指标，因为能耗是最大的成本项目（占总成本的比例在25%~40%之间）。

结合水的分解反应所消耗的热量以及石灰石分解所消耗的热完全是取决于坯体原材料的组成，这部分分解反应所需的热量在125~500kJ/kg之间变动。高岭石分解形成氧化物所需热量约为195kJ/kg[24]。这种类型的耗热量仅表现出了总能耗中的一部分。

其他能耗包括了下列的热损失：

①排放烟气中带走的热损失（这涉及窑炉出口处烟气的流量和温度），这部分热损失通常是引发热损失的主要原因；

②出窑产品带走的热损失（涉及出窑产品的温度）；

③随产品一起移动出窑时的窑具、匣钵、支撑耐火材料构件等，以及窑车带走的热损失（涉及这些窑具、匣钵、支撑耐火材料构件以及窑车的质量及出窑温度）；

④通过窑墙的连续热损失；

⑤当隧道窑门开启时通过窑门的热损失；

⑥在不是水密封的隧道窑中，在窑车下冷却过程中的热损失，这些热量通常被回收用于干燥室；

⑦在隧道窑上抽取供给干燥室使用的热空气的热损失（这部分热量不是真实的热损失）。

要将窑炉的热损失细分成各种各样的热损失来进行评价时，则涉及详细的窑炉热平衡测定。德国的统计研究给出了 80 座隧道窑测定的平均单位热能消耗数据（表 30）。这些隧道窑的单位热损失数据（kJ/kg）是变化的，在表 30 中，亦将所使用燃料的总发热量作为 100%。

表 30　德国砖瓦工业隧道窑的单位热能消耗　　　　　　　　kJ/kg

产品类别	屋面瓦	砌筑砖	装饰砖及缸砖（铺路砖）
输入燃料发热量	2154(100%)	1294(100%)	2303(100%)
原材料带入或消耗的热量	64(3%)	-447(-34%)	14(1%)
烟气带走的热损失	757(35%)	413(32%)	614(26%)
产品带走的热损失	251(12%)	223(17%)	191(8%)
其他热损失	333(15%)	175(14%)	459(20%)
总的热损失	1241(62%)	811(62%)	1264(55%)
回收的热量（用于干燥室）	749(35%)	930(71%)	1025(45%)

注：表中数据来源：Ziegel Industrie Jahrbuch[10]。

在表 30 中，首先给出了燃料可提供的热量。原材料可以作为消耗热量（屋面瓦、装饰砖——正的数值，表示化学反应以及碳酸盐分解消耗的热量）或作为可提供热量（砌筑砖——负的数值，表示坯体中的微孔形成剂所携带的热量）的物质来表示。表中后面的栏目中指出了热能的用途（热损失以及回收用于干燥室的热量）。

从表 30 中可以看到，热能消耗的主要差别在于产品类别之间的不同，而且无疑地也取决于所使用的窑炉。在坯体中以有机材料形式所提供的热量在砌筑砖产品中能够达到相当高的程度。所有三种类别的产品出窑时带走的热损失是相当的，因为这些产品的出窑温度是相似的。通过烟气带走的热损失相当于约一半焙烧所需的热量。

通常，干燥室所需的绝大多数热能（约 1000kJ/kg）来自窑炉回收热能的重新利用。

二、生产工厂中总的热能消耗

除了在焙烧过程中消耗的热能外，也有必要对在生产工厂中总的热能消耗（如坯体原材料的制备、干燥以及焙烧）给出某些评论，因为生产过程中的两个主要阶段（制备及干燥——译者注）都涉及了通过窑炉而抽取的热量。不同产品的总热能消耗（德国烧结砖瓦工业的数据以及来自表29中的欧盟国家烧结砖瓦工业的热消耗数据）给出在表31。

表31 在德国及欧盟国家烧结砖瓦工厂中总的单位热能消耗（2004年）

kJ/kg

产品类别	德国烧结砖瓦工业			欧盟国家烧结砖瓦工业	
	最小	平均	最大	最小	最大
装饰砖	1826	2420	3310	1600	3000
里衬墙砖（砌筑砖）*	919	1421	1810	1000	2500
屋面瓦	2700	3310	4443	1600	3500

* 里衬墙砖（Backing brick），也称为普通多孔砖，带有一定数量的孔洞，外观质量稍低些，多作为砌筑夹芯墙的里层承重墙用——译者注。

从表31中可再一次看到，热能的总消耗量取决于所生产的产品类别以及所使用的窑炉。在里衬墙砖和屋面瓦之间，可观察到热能消耗有两倍的差距；不管用何种方法，在生产同样种类产品的工厂之间，也可以注意到热能消耗的数据有着两倍的差距。

三、燃料

在过去的20年内，对燃料的选择已经有了非常大的变化，烧结砖瓦工业对燃料选择的取向如下列所示：

①天然气得到了普遍化的应用，因为天然气是可以得到的、能够替代燃油和煤的燃料。

②电能使用量的增加。再次用德国的情况作为实例介绍如下：在德国，里

衬墙砖当前的平均电能消耗为46kW·h/t产品（与165kJ/kg产品的电能消耗或约363kJ/kg产品的最初能源一致），而装饰砖的电能消耗为53kW·h/t，屋面瓦的电能消耗为96kW·h/t。这种电能消耗普遍地占有约25%的总的最初能源，而且这种电能消耗涉及了坯体原材料的制备、空气的循环和通风系统、转运处理设备以及机器人的使用。

③开始使用可再生能源（木材废料、家庭生活垃圾）。

（一）天然气

表32[25]表示了目前法国在烧结砖瓦工业中使用的能源类型的分类。

表32　法国在烧结砖瓦工业中使用的化石类燃料的分类（2001年）

燃料的类型	所占比例（%）
天然气	92.7
GPL	3.7
燃油	2.9
固体燃料	0.7

注：表中数据来源：CTTB。

在法国以及大多数欧洲国家的烧结砖瓦工业中，天然气是最普遍的燃料。这种选择是基于天然气的价格、使用的难易程度、产品颜色的控制以及为清洁的燃烧过程。本书附录2中给出了天然气的主要性能。

在21世纪早期看到石油价格泛滥性地剧升，紧随其后天然气的价格也出现了巨大的增长，这样的形势导致烧结砖瓦制造商们最近重新回顾他们对某些相关能源的选择。在考虑到这些因素之后，能够提及的选择如下：

①低热值（LHV）燃料（GJ/kg）的使用；

②低热值（LHV）燃料的价格便宜（以德国2004年各种能源价格作为实例：天然气为0.0317欧元/兆卡（Mcal），柴油为0.0397欧元/兆卡（Mcal），2号燃料油为0.0188欧元/兆卡（Mcal）；

③使用的难易程度（装卸转运、储存、引入窑内的方法、灰烬和废料的生成及清除等），供应的有效性以及确信性，使用的安全性，与环境保护法规的一致性等；

④对屋面瓦和装饰砖产品颜色的控制；

⑤由于排放烟气而引发的污染问题；

⑥涉及温室气体的CO_2排放量。

本书附录3中给出了这些燃料（天然气、液化石油气、燃料油、石油焦炭、煤、生物燃料等）以及两种类型燃料的某些可比较的数据，这些燃料连同正在受到大量关注的热电结合，在下面将会在更大的程度上给出详细的讨论。

（二）石油焦炭

石油焦炭与天然气或燃料油比较，在目前是便宜的。石油焦炭是燃料油生产过程中的副产品。因此石油焦炭含有硫，与没有被净化的 N°2 燃料油一样，在燃烧过程中石油焦炭不会产生太多的灰烬。与煤相反，石油焦炭不含有太多的可挥发性物质，能够在很好的安全状态下以粉末的形式来使用。石油焦炭以小球粒状的形式来运输，在使用的工厂中被磨成粉末，之后由气力输送到隧道窑上的燃烧器中。这种利用石油焦炭的技术，已经在西班牙的烧结砖瓦工业中得到了发展，并在目前的低成本的推动力下正在迅速地扩展。石油焦炭的使用完全能够满足环境保护的要求。

（三）生物燃料

生物燃料是一个涵盖着非常大量的可再生产品的普遍的名词术语。生物燃料能够涉及专门种植的植物，来自其他加工过程的有机废料（例如橄榄滤渣、木材废料、稻草以及锯末、动物性粉末等），其他含有机物质的废料（例如城市废料），由于气化、高温分解、燃烧或由于生物反应而得到的气体燃料（例如沼气）或液体燃料（例如生物柴油）。

值得记载的像这样使用生物燃料的一个砖厂是部分地使用着沼气进行焙烧操作；而另外一个砖厂则使用着动物性粉末；其他一些砖厂则使用着木材的锯末，将锯末作为外加剂加入到坯体中，或用燃烧器喷入窑内，使用锯末可以在60%的程度上满足焙烧需要热量（即使用锯末可节约60%的其他燃料——译者注）。另外一些烧结砖瓦厂使用着来自城市废料焚烧工厂的热量或是来自发电的同时所产生的可利用热量（即在发电的同时所产生的有用热量，例如干燥室可以由燃气涡轮发电机发电时所产生的废热来加热）。

（四）热电结合

一个烧结砖瓦厂既需要有热能又需要有电力。如果也能够利用发电时所产生的废热，就会达到在能量利用上有重要意义的节约。采用热电结合的方式不会改变在生产操作循环过程中所需要能量的总数量，而是转变脱离外部低效率供应能量的负担成为内部高效率供应能量的方式，就会使这种转变过程所获得的效益有可能用来摊销高的初始投资。

长期以来，不管烧结砖瓦生产工厂是否想要转变能源的供给方式，都必须逐渐地转变向使用这些能源的方向发展，这些转变使得生产工艺过程更为复杂，但是能够降低生产成本。

第六节 焙烧缺陷

焙烧缺陷对产品的制造有着直接的影响,小心谨慎地生产控制能够使产品的焙烧缺陷保持在一个经济的、可接受的范围内。废品率的大小直接影响着生产线的盈利能力。如在一个年产50000t的屋面瓦的生产线上,在废品率上每有1%的变化,其废品数量的增减就会达到500t/年,如果不是废品时,这些产品(仅指500t——译者注)的销售价值约为100000欧元。

表33[26,27]中表示了在焙烧之后的产品上发现的不同种类的主要焙烧缺陷,这些缺陷中某些为焙烧之前就存在的缺陷,而其他一些则是由于焙烧过程本身引发的缺陷。大多数缺陷已经在先前的章节中提到过。

表33 主要的焙烧缺陷

缺 陷	可能的原因
产品色彩异常	坯体混合料发生变化;焙烧温度上出现变化(温度太高或太低)
声学性能差(国内称为哑音——译者注)	焙烧温度太低;脱碳作用(如碳酸盐的分解——译者注)引发的结果;裂纹
机械强度低	焙烧温度太低;裂纹;不均匀的混合料
过高的孔隙率	焙烧温度太低
抗冻性能差	微孔尺寸分布很差;焙烧温度太低
泛霜	焙烧温度太低以及焙烧周期太短;原材料采矿场的污染;没有添加碳酸钡外加剂
石灰爆裂	焙烧温度太低以及焙烧周期太短;混合料的细度不够;水分浸渍控制很差(是指在给刚出窑的产品淋水或浸入水中以消除石灰爆裂时的控制——译者注)
产品尺寸异常,扭曲变形	焙烧温度太低;焙烧温度太高出现过度烧结
产品表面起泡	焙烧温度太高;相对于被焙烧坯体的可渗透性而言,气体的解吸附作用出现得太剧烈(排气太快太多——译者注),这种现象常常与黑心或脱碳作用有关;在750℃左右温度上升得太快

续表

缺　　陷	可能的原因
高的湿膨胀	焙烧温度太低
高度的机械冲击和热冲击脆性	烧结程度极高（过度的烧结，产品中玻璃相含量太高所致——译者注）；焙烧温度太高
碎裂、剥落	入窑时坯体含水量过高；坯体结构太密实使气体不能够顺利地排出；在20℃到500℃之间温度上升得太快
由于过热引发的裂纹及爆裂	由于干燥过程中产生的极细裂纹引发；存在的挤出缺陷；偶然的热冲击；烟气通过产品沟槽的流动（即局部空气流量太高——译者注）
由于过冷却引发的裂纹（非常细的裂纹，裂纹的断面明亮）	在石英晶型转变点冷却得太快
在冷却期间出现的断裂	在产品局部中的温度梯度太高
黑心	相对于焙烧的速度来说，坯体中含有太多的有机物质；坯体的结构太紧密

第七章 产品的精修及装饰

第一节 砖的铺浆面的打磨

尽管生产出来的砖产品保持在严格的尺寸公差范围之内,但是烧结之后的砖有时要经过打磨。特别是对使用薄层砂浆(使用胶浆的薄灰缝——译者注)砌筑的建筑砖的打磨是必要的。必须检查打磨之后砖的高度,对于高度为250mm的砖(国内的概念应为砌块——译者注),其高度误差范围应在±0.3mm,才能保证1mm厚的灰缝。打磨的精确程度约为0.1%,然而,要达到这样的精确程度单靠生产控制是困难的。

通常情况下,不可能打磨干燥的产品,而是砖的打磨必须在烧结之后的产品上进行。幸运的是,在大多数情况下,所涉及的产品是为了设法改善保温隔热性能的、具有低密度的多孔性砖,这就使得这些砖能更容易地使用机械进行打磨。然而,打磨的工作量非常大,能以吨位计。所使用的打磨机械普遍有两个大的(研磨轮直径可达到900mm)、平行的、相当高的速度(120m/s)旋转的固定研磨轮,或是两列平行的、以相当高的速度旋转的研磨轮。烧结之后的砖在这些研磨轮之间向前移动的过程中被打磨。为了提高生产效率,可以将两块砖叠码在一起,在更大的高度上(例如600mm高)进行表面打磨(原文意思为重新修整表面——译者注)。打磨工作既可在干燥状态下又可在润湿状态下进行。进入打磨机械设备的产品厚度误差(即要进入打磨设备之前砖的高度误差,因为打磨的表面为铺设砂浆面——译者注)在1~2mm之间变化。来自机械打磨加工过程的灰尘被回收,通常是将回收的灰尘加入到生产线的坯体中。打磨装置被封闭在一个箱体中,以便限制噪声的传播以及灰尘的收集。

第二节 屋面瓦的硅树脂浸渍处理

烧结砖瓦的终端产品是部分能渗透的多微孔体。这种性能对提供保温隔热用途的砖来说是一个优点,但是对屋面瓦来说,这样的性能却是一种缺陷。因为随着孔隙率的增加,屋面瓦将会吸附更多的水,降低了瓦的防水性能。屋面瓦吸附的水分是有害的,因为这种吸附水能够影响到瓦的抗冻性,促使藻类、苔藓以及地衣的生长，并导致泛霜。因此某些屋面瓦，特别是那些用石灰质原材料制造的屋面瓦，使用有机硅树脂进行处理。硅树脂处理改变了屋面瓦的润湿性能，因而液态水就不再能够渗透进入瓦。使用含有硅树脂官能团的有机化合物对屋面瓦进行处理。有机硅树脂成分可有效地粘附到烧结瓦上，使屋面瓦外部表面上暴露着有机成分，因此改变了瓦的润湿性能以及水分的可渗透性。另一方面，瓦上粘附的有机硅树脂层并不是完全密闭的，水蒸气能够通过这一粘附层，因而屋面瓦仍然可保持干燥状态，尽管这种过程进行得非常缓慢。大多数经常使用的硅树脂处理产品是硅烷、硅氧烷及硅氧酸盐（siliconate）或是这些产品的混合物。

因为甲基硅氧酸钾（potassium methyl-siliconate）可在水中溶解，能够在一大水槽中的含水溶液中通过浸渍使甲基硅氧酸钾渗入到瓦中。设法使其达到有效的吸入（吸入数毫米的深度），以便确保这种处理有持久性的效果。在浸渍后的干燥过程中，这些浸渍吸附的物质随水分迁移靠近到瓦的表面，并形成了更薄的残留层。这些浸渍吸附的物质与大气中的 CO_2 反应，并以聚甲基硅酸的形式最终粘附在瓦上。

下列因素影响着浸渍处理的效果：
①产品的性能（孔隙率、石灰的存在、碱度、毛细管作用）；
②处理的条件（稀释、浸渍时间）；
③良好的通风以及 CO_2 的存在；
④在干燥期间的温度。

下列是典型的处理程序，即：浸渍溶液的浓度为1.3%，浸渍接触时间为7min，每块屋面瓦吸附的溶液为112g，渗透的深度为1~5mm。这种硅树脂处理能够将瓦的吸水率从9.5%（硅树脂处理之前）降低到1.6%（硅树脂处理之后）。

虽然最初对这种硅树脂浸渍处理后的耐久性有某些怀疑，因为考虑到来自雨水的反复冲刷、紫外线（UV）的辐射作用以及污染问题，但事实上，随着时间的流逝，这种硅树脂浸渍处理抵御气候的能力看来还是令人满意的。

第三节　产品的颜色

一、芒塞尔（Munsell）色系

颜色能够以数种颜色等级体系来定义。

在年代久远的传统芒塞尔颜色图表中，使用了三个参数来定义颜色，即：

"色调"、"对比度"或是亮度以及"色度"。

"色调"是从绿色中区别出红色、从黄色中区别出蓝色的属性。例如，红色和黄色可以任何比例进行混合而得到从红色、橙色到黄色的所有色调。已定义了十种主要的色调区域，并由词首字母大写的方式指明了所代表的颜色，如R代表红色，YR表示黄红色，Y是黄色。

由色调区域以及梯段给定一种颜色，在该色调区域内，分为10个等级梯度。具有一种色调的颜色称为彩色的。白色、黑色及灰色称为非彩色的。

"对比度"象征着颜色的亮度。对比度的等级范围从表示纯黑色的0变化到表示纯白色的10。

"色度"或饱和度是从同样对比度下非彩色颜色上颜色的变化程度。低色度的颜色称为淡色，而那些具有高色度的颜色被说成是高度饱和的、强烈的及鲜艳的颜色。色度的等级从表示非彩色颜色的0开始，没有任意确定的等级界限。在某些情况下，对正常的反射材料其色度等级的扩展超过20。

二、无装饰层的本色产品

从上述颜色的三个参数的定义，能够将意大利生产的烧结砖瓦产品的颜色分类，作为实例介绍如下（表34）：

表34 意大利烧结砖瓦产品的颜色（285种产品）

概括描述	褐红色	红色	淡褐红色	橙色	粉红色	淡褐色	粉红色	米黄色
色调	2.5YR	2.5YR	5YR	5YR	5YR	7.5YR	7.5YR	10YR
对比度	4~5	5~6	6	5~7	7	6	7~8	7~8
色度	4~5	6~8	3~5	6~7	3~4	4~6	2~4	3~4
产品出现频率（%）	2	11	19	37	8	2	12	8

发现所有的产品色调都在"YR"（黄红色）范围内，具有的等级梯度从2.5（非常红的）到10（米黄色）。最普遍的砖是具有色调5YR的橙色，对比度为5~7，色度为6~7。

无装饰层的本色最终产品的颜色取决于坯体原材料的成分、焙烧过程的气氛（氧化或还原气氛）以及热循环（最终焙烧温度）。照例，颜色的均匀性是消费者选择产品时的一个主要判定依据，顾客们会想到颜色的均匀性也是涉及产品其他性能均匀性的一个标志。

在氧化气氛条件下，原材料中铁和钙的含量在烧结砖瓦产品的着色上分别有着重要的影响。根据比高特（Bigot）的研究结论：如果坯体中CaO/Al_2O_3

（以克分子表示）的比率大于 1 时，无论铁的含量达到什么样的程度，焙烧后产品保持着黄颜色。否则，产品是红颜色。

对于无石灰质原材料，称为含铁质原材料的，当氧化铁的含量高于 5% 时，在氧化气氛条件下经焙烧后产品的颜色是红色的。其颜色随焙烧温度的增加而变暗，其颜色发展的排列顺序是从赭黄色或赭粉红色，经过传统的砖红色到略带红色的褐色，之后，当温度达到接近于熔点时，发展到带黑色的褐色。

对于富含石灰（Ca > 7%）的石灰质原材料来说，总是得到浅色调的产品，其颜色发展的排列顺序是从浅粉红色到略带黄色的粉红色，之后发展到黄色，随温度上升接近于熔点时，产品的颜色呈绿色色调。

根据赛格尔[28]（Seger）的研究，当 $Fe_2O_3\%/CaO\% < 0.5$ 时，就可获得黄色的色调。烧结之后产品中的铁不再以氧化铁的形式存在，而是以铁钙化合物的形式存在（铁酸钙：$CaO \cdot Fe_2O_3$ 和 $2CaO \cdot Fe_2O_3$）。

由费泊利（Fabbri）证实了上述观点：如果 Fe_2O_3/CaO 的比率 < 0.45，其色调是米黄色；如果 Fe_2O_3/CaO 的比率 > 0.9，产品的色调是红色。

对这些红焙烧色的产品来说，其"对比度"以及"色度"随焙烧温度的增加而增大。

同样根据赛格尔[23]（Seger）的研究证明，铝含量的大小也是影响产品颜色的一个因素，如：

①当原材料中的 Fe_2O_3/Al_2O_3 的比率 < 0.2 时，其色调是清淡的；

②当原材料中的 Fe_2O_3/Al_2O_3 的比率 > 0.33 时，其色调是非常红的。

图 50 给出了某些石灰与氧化铁对产品颜色影响的更进一步的详细说明。

在还原气氛中焙烧时，可得到灰色以及带蓝色色调的颜色，这涉及部分氧化的氧化铁。

改变坯体原材料的成分就有可能改变产品的颜色。改变产品颜色常用的外加剂有：

①二氧化锰（加入量为 1% ~ 4%），能够获得褐色（棕色）色调。这些外加剂或多或少地起着有效的作用，这与外加剂的颗粒尺寸及纯度有关。当二氧化锰与铁结合时，就有可能获得黑颜色。

②磨细石灰石，可得到更淡的色调，但是这类外加剂加入的数量相当多。

③氧化钛 TiO_2（加入量为 0.5% ~ 2%），氧化钛外加剂在含铁质原材料中能够得到黄颜色。

这些外加剂的费用是很高的，在许多情况下，出于经济方面的原因，在产品的表面上更喜欢使用化妆土（engobe）。

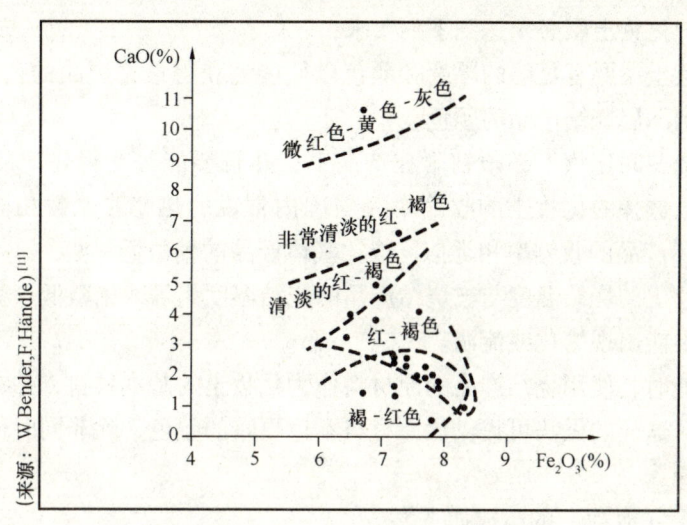

图50　石灰/氧化铁比率及产品的颜色

三、表面处理和装饰层

在挤出机或压力机的出口处，常常在产品上进行表面处理。有时，这种表面处理是在焙烧之后进行。表面处理应用的机械设备无论在生产线的什么位置上，对所有这些表面处理的方法分别论述如下：

（一）机械处理

装饰砖可以在湿坯体上给出表面纹理、表面轮廓、某些粗糙表面或是表面形态的处理。能够使用下列技术进行这些处理：

①使用条纹皮带或斑纹压辊（凸纹皮带冲击或压花辊筒——译者注）；

②使用笼梳或毛刷（梳毛或刷毛表面——译者注）；

③表面上喷砂或喷熟料；

④用钢丝切割（切割剥皮露出粗糙表面——译者注）。

（二）化妆土或泥釉

装饰砖和屋面瓦坯体可以施加化妆土以改变产品的颜色，使最终产品的颜色具有无光泽或亚光泽的表面。

化妆土是一种以黏土为基础加入氧化物组成的泥釉，这种泥釉施加在坯体上用来改变屋面瓦或砖的表面颜色。

化妆土既可在湿坯体上施加（屋面瓦坯体可在压制之前或在压制之后），也可在干燥之后的坯体上施加。可以液态的形式或以粉末的形式由浇注、离心抛撒或喷雾的方法施加。化妆土在焙烧期间粘结在下层的产品上。

施加的化妆土层必须达到下列要求：

①化妆土层要有足够的厚度和颜色以便能够获得最终产品的色调和外观，而不会看到下层烧结产品的颜色。

②焙烧期间化妆土必须粘附在产品上，并且要能经受得住产品的收缩变化。通常，选择的化妆土的收缩率（与国内常说的热膨胀系数相同——译者注）与基体产品的收缩率相类似，或比基体产品的稍微低一些。

③化妆土的烧结温度与被烧结产品的烧结温度相等或稍微低一些。化妆土烧结期间不能出现熔化或流淌。

有可能时，使用烧结产品的原材料作为化妆土的基本材料，并在其中加入着色色料。这样的做法可提供比原材料本色更暗的颜色，除非同时使用淡化颜色的外加剂。

化妆土（泥釉）的组成如下[29]：

①原材料以及平常的黏土和高岭土的混合料可得到恰当收缩的化妆土，这两种成分的总量常常占到化妆土总量的40%~70%。

②熔剂，通常是无铅的熔块。

③瘠性物质，通常是燧石粉末（以石英、玉髓以及蛋白石形式聚集的团块状二氧化硅）。

④在泥釉施加、干燥以及焙烧过程中的硬化剂：有时使用硼砂、硅酸已脂、水玻璃或有机树脂。

⑤遮光剂（乳浊剂——译者注）。

⑥着色剂。着色剂为有色的氧化物。表35表示了某些在化妆土中具有代表性的着色剂加入量以及可得到的颜色（泥釉的基本配料比：50%的黏土和高岭土混合物，25%的长石以及25%的燧石）。

表35　用于化妆土的着色剂以及典型的加入量

着色剂	（浓度）	颜色
氧化铁	(2%~6%)	红色、咖啡色
铬酸铁	(1%~2%)	淡的或是中等程度的灰色
氧化钴	(1%)	蓝色
氧化铜	(3%)	绿色
氧化铬		绿色
二氧化锰	(3%~6%)	褐色及黑色
颗粒状锰	(3%)	斑点式褐色
氧化钛	(2%~6%)	奶油色
二氧化锰与氧化铁的混合物		巧克力褐色
碳酸钙		铁质原材料的脱色（漂白）

为了达到某些装饰效果，某些着色剂也能够以颗粒形式加入到化妆土中。通常，在屋面瓦上模仿受大气侵蚀而变化的色调效果。

也能够使用由倾析或离心方法制备的非常细的黏土泥釉（可用作标记的极细泥浆），这种泥釉能给出具有金属性光彩的完美涂层。

（三）珐琅和釉

在本节中，也有必要提及釉或珐琅，虽然到目前为止釉和珐琅在烧结砖瓦产品上还没有得到大量使用，这主要是经济方面的原因。按照惯例来说，釉是透明的，而珐琅是不透明的釉。

原理上讲，除了釉在焙烧期间形成玻璃相的比例非常高之外，釉非常类似于化妆土，这就是为什么上釉的产品具有光泽的外表的原因。

着色剂是或多或少的复杂的金属混合物，有时也用于化妆土，如铜（绿色）、铁（黄赭石色或呈褐色的红色）、氧化锆-钇（黄色）、氧化锆-钒-钴（蓝色）的混合物。

珐琅和釉的应用条件以及产品的处理问题与化妆土的非常类似。

釉能够与坯体同时通过一次焙烧而成。在这种情况下，釉与化妆土以同样的方法施加在干燥的屋面瓦坯体上。而珐琅与坯体要同时通过一次焙烧而获得良好的结果则非常不容易，因为坯体在焙烧期间要收缩。

通常，珐琅是施加在已被烧过的屋面瓦上。之后，在比最初产品的焙烧温度更低的焙烧温度下，必须再进行一次全部焙烧循环（两次焙烧）。

最终，在产品的表面上就有可能获得透明的釉层。传统的上釉方法是在坯体的表面上放置碱性的盐类物质以引发产品表面的玻璃化。这些盐类物质在进入灼热的窑炉内时，就蒸发了。事实上，由于这种技术可引发烟气的污染问题以及窑炉的维护问题，因此已不再使用。现在使用的釉料是用锌制作的，表36 中给出了两种锌釉的组成。

表36　锌釉的组成（质量比）　　　　　　　　　　%

釉料参数	A	B
熔融温度	980℃	1050~1100℃
无水 Na_2CO_3	6.5	10.2
碳酸钙	2.1	9.8
ZnO	21.5	30.0
二氧化硅	41.4	28.7
硼砂	23.0	
高岭土	5.0	
硼酸		12.0

这些釉在产品表面上形成了硅酸锌的结晶体，$ZnOSiO_3$ 或 Zn_2SiO_4。使用六偏磷酸钠也能够获得绸缎样表面的玻璃质覆盖层。

四、其他表面处理方法

还必须提及到其他表面处理方法，这些处理方法的目标不是提供给产品新的色调，而是确保产品能够长期地保持其外貌。

硅树脂处理方法已经讨论过了，所开发的其他方法包括：

（1）在有雨水存在的情况下，创立产品表面的新构形，以改变其润湿过程及防止脏污物质的沉淀（称为"忘忧树效能"，the "lotuseffect"）。

（2）包含有光活性 TiO_2（锐钛矿）的光活性覆盖层的发展（国内有的翻译成为"光触媒"技术——译者注）。已经证明由于具有光催化作用，这种涂层能够氧化有机沉淀物质，被氧化之后的有机沉淀物质可由雨水冲刷掉。这种技术最初是为上釉产品开发的，现在已经开发出了用于涂料以及对混凝土表面处理的新技术，因此该技术也能够用在屋面瓦以及装饰砖上。

第八章　辅助生产设备

上述提到的所有设备是在如果有许多项的辅助生产设备是可利用的情况下才能保证正常地运转。

第一节　码垛和卸垛设备、转运设备及机器人

烧结砖瓦产品的生产在各个加工阶段之间包括了大量的转运过程。在生产工厂中，原材料和产品由运输线来输送；现今的坯体放置是由带有旋转、翻转以及升降方法的码坯机械设备来完成的；当干燥室和窑炉在装入和卸出时，就必须进行码垛以及卸垛操作；在屋面瓦生产工厂中的压力机必须有辅助设备用于提供毛坯以及坯体的转运，也必须对最终产品进行捆扎包装。

过去所有这些令人烦恼的操作都是由手工完成的，但是这些操作已经逐渐地由自动化控制过程替代了。某些工厂在有限的范围内可制造许多种类的产品，而自动化使其生产过程相当地简单。另一方面，一些制造装饰砖或是屋面瓦附件的工厂在同一条生产线上生产着数百种不同的产品。在这样的生产线上则要求自动化控制设备具有更多的灵活性。

因此，自动化控制设备的使用已经朝着两个独立的方向在发展，如：

(1) 专用的自动化码垛机械和卸垛机械的使用。这些自动化的码垛机械和卸垛机械是有效的以及是坚固耐用的，但是这些机械设备在生产不同产品时的切换之间不具备有很好的灵活性（即机械式码坯机对多规格产品的适应能力较差——译者注）。可调速电动机的使用使得这些机械式码垛及卸垛设备具有了少许多一点的灵活性。

(2) 机器人的使用。现在的机器人采用了更先进、更复杂的技术，在涉及的产品类别以及外部条件上，机器人具备了更多的灵活性。单臂机器人现在已是大量制造的工业化产品，并且其价格已经降低了。机器人已经成为更可靠、更持久耐用、更容易使用的设备，机器人的维护成本已经下降。现在的机器人具有更多的灵活性以及可变性，能够完成更复杂的作业以及可替代数种传统的自动化机械设备。选择机器人的标准是最大抓取荷载（5~200kg），轴的数量（4~6个），最大半径范围（一直到3m），它们定位的可重复性，机器人运动的速度和有效范围，头部以及夹具的复杂性，关于定位、视觉，或是荷载传感

器要求必备的条件等。当然，机器人也有着自身的维护修理成本，因而机器人应当仅使用在对机器人有明显的有利条件的场合下。现今，通过内部链接程序（IT）可直接与机器人的生产者链接，能够使编程的问题简单化，从而使机器人有可能在许多不同类型的生产工厂中应用。

虽然如此，机器人依然有着它们自身的限制，如：

① 为了有可视功能而使用的照相机是两维空间的，这种照相机的可视范围没有深度。这就意味着对产品正确定位的顺序的控制上受到限制；

② 机器人最大抓取荷载是有限的，任何过载都会导致部件的磨损以及不准确的定位。

在经过对机器人普遍的狂热阶段之后，一些生产工厂当前常常以并行的方式使用着这两种类型的设备（码坯机和机器人——译者注），这则取决于这些工厂的要求，以便使运行的效率达到最佳化的程度。

第二节　分类、包装及包装材料

在隧道窑窑车的卸车过程中，产品自动化地或是由手工进行分类，这则取决于焙烧过程所得到的结果。

在某些国家中，烧结砖瓦产品还是以散装的方式运输，因而造成了高比例的损坏。因此，应作出努力来开发更有效的包装方法。

在欧洲，烧结砖瓦产品通常是在有包装的托板上出售，每个托板上包装有大约1000kg的产品。

成品砖以紧密的形式（产品之间不留任何缝隙——译者注）码放在托板上，并用带子捆扎，有时也用收缩塑料薄膜包裹。

也有可能将成品砖以小捆的形式码放在一起（即将小捆码成大垛——译者注），不使用托板，搬运时使用带升降叉具的电动搬运车以及相关设备。码垛时是将砖（小捆）按照专门的顺序排列，并在车间内确定的场所使用塑料薄膜包裹以及用带子捆扎。虽然如此，在搬运过程中，在砖垛最下部的一层砖没有任何保护，这种包装依然是相当容易受到损坏的。

成品瓦通常以较小的捆码放在一起，这些小包装可使在屋顶上铺设屋面的工人容易操作。包装小捆时在各个成品瓦之间放置薄纸板垫。之后，将这些小包装码放在托板上，并捆扎。码成较大的成品瓦垛非常普遍地使用透明的收缩性塑料薄膜预先包裹，以防止成品瓦在运输到施工现场之前遭受到雨淋。

第三节　设备的保养、清洁处理及维修

烧结砖瓦产品生产设备的保养、清洁处理及维修有许多条款要求，必须遵守这些要求，将这些设备安装在良好的工作环境中，如：用于机械加工研磨对辊机辊筒的车床、窑车清洁处理及维修站、用于生产以及保养的模具设备、制造和维修以及清理的机口模具、制造和维修的磨损部件（螺旋绞刀、筛板等）。

第四节　传　感　器

没有大量的传感器，就不可能进行生产，如：定位传感器、设备运动测量、质量检测（测量设备、称量设备）、速度、压力（烟气、挤出机等）、流量（气体）、湿度（干燥室）、温度（Pt，铂探测器、热敏元件、热电偶及高温计）的测量，以及有关电的测量（U、I、功率）等。

这些传感器必须被控制、校准以及与总的信息（IT）控制系统相链接。通常，有一个局域网 LAN（Local Access Network）与各种传感器和机械设备相连接。

第五节　IT 控 制 系 统

信息技术能够为生产作出相当大的贡献，尤其是在：

（1）使为达到更好的控制目的而能够做出更精细的调节成为可能，对不可能用任何其他方法进行处理的专门技术的应用使之成为可能，从而增加了产量以及进一步地提高了生产的效率。信息控制技术可使生产过程达到最佳化的效率，并且可将这种最佳化的生产效率在实际生产过程中保持稳定不变。也能够使能量的消耗达到最佳化的程度。

（2）由于对有关机械设备的运转状态可提供出准确的信息，因而在机械设备运转的可靠性上得到改善，并具备了远程诊断的可能性。

（3）由于有对生产过程的可追溯性，对有关破损量或是故障的统计等，使产品的质量得到改善。

（4）可对材料的流动进行更好地控制，对工作组织、使用预先设定的程序来处理干燥室和窑炉的码坯形式、在产品种类变更时给出所要求的调节方面，在广泛的程度上提供了快速反应的可能性，因此提高了生产过程中的执行能

力，最重要的是操作运转过程中的灵活性程度，使用其他方法时是不可想象的。

（5）永久性的信息来源，如：依照 ISO 9000 标准提供的报表、生产工厂的功能分析、数据的归档；对于整条生产线或是由数个单位组成的多家工厂，或是对于总部设在遥远地方的报表，都可链接到集中管理系统，组织建立数据库。

整条生产线是由所有的生产阶段组成的整体控制系统使用计算机处理来进行管理的。该系统的硬件和软件必须确实保证所进行的操作过程没有任何危险；该系统也必须是可靠的，具有非常高的实用性以及有非常好的电磁兼容性。这种系统也必须具有备用系统以及可使用户容易掌握使用（即是用户界面友好型的——译者注）。

特别是这种系统必须包括一个能够储藏在与局域网链接的控制机 PC 中的软件包，该软件包以各种各样的组成部分为其特征，如：

① 普遍的管理模式覆盖着整个生产线，在所有组成部分之间有共同的协调以及相互的通信；

② 存储所有信息的数据库；

③ 控制的指令组（模块）与对设备可能要求的、具有这样的控制回路的设备的每一项指标都是相符的，与设备的运行状态信息也是相符的；

④ 用于传感器以及其他输入和输出信号的界面及校准系统；

⑤ 具有外部整体管理系统的、覆盖管理控制以及市场商品销售业务的界面；具有生产报表，涉及产品应用、质量，以及生产过程的可追溯性的界面；

⑥ 所有发生数据的保存以及永久性的存档。

第九章 产品失色的技术研究方向

第一节 石灰的颗粒和石灰爆裂

长期以来就知道白色的石灰颗粒，随着时间的延续能够在烧结砖瓦产品的表面出现炸裂（bursting）或称为爆裂（blowing），这是当坯体原材料处理得不是足够细以及坯体中的石灰没有充分地反应形成硅酸盐时，由于"大"颗粒石灰的水化作用以及膨胀而引发的。

这种缺陷能够在较早的阶段出现，如在生产工厂的堆场或在施工现场。石灰爆裂也可能出现在较晚些的建筑物墙体上，出现在墙体上的石灰爆裂需要昂贵的费用进行修复工作。

数年前人们认为当石灰石的颗粒尺寸大于 0.5mm 时，才会出现石灰爆裂的现象。实际上，最近的研究结果表明：要确保不出现石灰爆裂的缺陷，更好的方法是进一步地减小石灰石的颗粒尺寸，从 0.5mm 降低到 0.2mm。

此外，石灰爆裂的最大尺寸取决于产品的应用条件，如：装饰的墙体或铺地砖上的石灰爆裂点，在短距离上都可以看到，因此在这些产品上必须没有这种缺陷。

如果石灰颗粒太大，在焙烧过程中，仅在石灰颗粒的外部表面上，根据下列等式发生硅酸盐反应：

公式7： $$CaO + SiO_2 = CaO \cdot SiO_2 + H_2O$$

在石灰颗粒的内部依然保持着生石灰 CaO 的成分。

焙烧之后，残留的生石灰能够与水化合生成 $Ca(OH)_2$ 或再次碳化形成 $CaCO_3$，因为这两种化合物中的每一种的比容（specific volume）都比生石灰的大（而这两种化合物的密度就小得多），因而这两种化合物都能引起膨胀的现象。然而，石灰爆裂仅发现在羟化物（氢氧化物）存在的情况下，石灰爆裂表示了膨胀的最高程度。表37 表示了钙化合物的密度以及溶解度。

生石灰或多或少地参与反应，这与坯体的成分以及焙烧温度有关。在缓慢水化的情况下，生石灰的膨胀也似乎是更大一些。如果石灰的颗粒接近产品的表面，颗粒状的生石灰就能够导致产品表面的爆裂。产品内部的生石灰颗粒水化的速度更缓慢，但是能够导致内部裂纹的出现。

表37 钙化合物的密度和溶解度

化合物	密 度（kg/m³）	两种温度下在水中的溶解度（g/100g）
CaO 氧化物	3340	—
Ca(OH)$_2$ 氢氧化物	2340	在 0℃时为 0.19 在 100℃时为 0.076
CaCO$_3$ 碳酸盐（方解石）	2710	在 0℃时为 0.0014 在 100℃时为 0.0018

在实际生产中，仅能够由干法制备坯体原材料时得到 0.2mm 的颗粒尺寸。当使用半湿法制备坯体原材料时，最终的原材料颗粒尺寸趋向于 0.6~1mm 之间的尺寸，这取决于所生产的产品以及不同的生产厂家，因此半湿法制备坯体原材料不能够完全解决原材料中含有石灰石颗粒引发的石灰爆裂问题。

在实际中使用的解决方法有：

（1）在采矿场中，可以做到避免使用堆放在石灰石矿床旁边的、被块状石灰石污染的原材料以及瘠化材料，如果可能，选择最纯净层的原材料。

（2）在焙烧期间，可取的方法是采用高的焙烧温度（一直达到 1100℃），并延长高温焙烧时间，以便促进钙的硅化反应（即促进钙与硅的反应——译者注）以及消耗石灰的颗粒。但是在高温下焙烧的残留石灰似乎有较小的反应活性。事实上，石灰石是最危险的碳酸盐来源[30]；白云石很少引起石灰爆裂，而碳酸镁根本不会引起任何爆裂。而对消除石灰爆裂这一主题来讲，必须提及加入盐类（NaCl）物质的制造技术[31]（每吨加入量为 5~6kg）；通过这一媒介提高了钙的硅化作用，促使钙与产品中的二氧化硅反应形成 CaCl$_2$ 物相。然而，这种处理方法使得烟气的净化工作量相当大，更为复杂。

（3）另一方面，经常使用的解决方法是在一个冷水槽中浸渍新鲜的产品（例如刚刚出窑的产品——译者注），因为在低温下石灰部分溶解，正如在表 37 中看到的一样；快速水化限制了石灰的膨胀，而生成了带有过量水的浆体状石灰膏，此时比在较干燥状态下注意到的石灰的过应力更弱小。浸渍的时间可从数分钟变化到几十分钟；当然，必须确实保证在浸渍过程中吸入的水保持在不饱和的状态下。这种处理方法的缺点包括：对产品制造过程而言，增加了更多的工序，而且事实上产品易于出现泛霜。

新的试验方法能够检查产品抵抗由于石灰颗粒引发的爆裂的能力（附录 B 为新的试验标准 NF P12-021-2），该试验方法也是一种产品浸入在水中的试验

(沸水，浸入3h)。然而，在100℃时石灰的溶解度降低2.5倍，此时石灰的膨胀是相当大的。因此，在沸水中试验得到的结果与在冷水中浸渍得到的结果是相反的。

第二节　泛霜和石灰的染色

在烧结砖瓦产品的表面上，在生产过程的各个阶段，在铺砌之后，都可能看到发白的染色物质出现，以及产品表面上出现的薄雾状和条纹状的杂色，这些都被称为"泛霜"。更广义地说，"泛霜"这一术语是被应用到所有由于来自多孔体产品（烧结砖瓦产品，也包括混凝土和天然石材）中心部分的含盐水分朝着外部表面的迁移而引发的盐类的渗出物质。在干燥过程中水分蒸发之后，这些盐类物质就沉积在了产品的表面上。

如果水/空气的蒸发界面不再是产品的表面，正如在干燥一章中已经看到的，此时盐类物质就会沉积在产品内部，不再是可见的了。所以有时人们说是"隐秘性的泛霜"（crypto-efflorescence；crypto- = hidden，即隐藏）。

装饰砖、铺地砖或屋面瓦上的泛霜是令人非常不愉快的现象。建筑砖上的泛霜，对这些中间层沉积物上的砂浆和粉刷层（石膏以及水泥）的粘结能力必须进行评估。

数种因素的结合必然会产生泛霜，如：
① 水溶性盐类物质的存在；
② 高比例的水分；
③ 多孔体的结构；
④ 接着发生的干燥；
⑤ 水/空气的干燥界面在产品的表面上。

从原理上讲，所有的水溶性盐类物质都有可能形成泛霜。在原材料中发现的大多数普遍存在的可溶性盐类物质有：

① 石灰，石灰仅有轻微的溶解，并且可转换成为不溶性的物质，如与大气中的二氧化碳接触后形成胶着状的白色碳酸盐；

② 各种各样的硫酸盐，表38中列举了这些硫酸盐以及在水中的溶解度和作为这些硫酸盐稳定性指示剂的熔化/分解温度。

表38　产生泛霜的各种硫酸盐

硫酸盐名称	在水中的溶解度(g/L)	熔化温度(℃)
硫酸钠 Na_2SO_4（芒硝）	280	884

续表

硫酸盐名称	在水中的溶解度(g/L)	熔化温度(℃)
硫酸钾 K_2SO_4	110	1069
硫酸镁 $MgSO_4$（泻盐）	270	1124
硫酸钙 $CaSO_4$（无水石膏或石膏，可部分地与水化合）	2	1460
硫酸钡 $BaSO_4$	0.028	1580

除硫酸钡外，所有的硫酸盐都部分地溶于水。当考察坯体原材料的成分时，必须提及的是在原材料中加入碳酸钡的优点，这将再一次地涉及在其后发生的泛霜。

从表38中也能够看到硫酸钙在水中仅有轻微的溶解，但是硫酸钙具有非常好的热稳定性。

从美学的观点看，泛霜这种不利的影响常常仅是短期的。随着时间的过去，雨水可再次溶解泛霜，并会冲刷掉这些泛霜盐类物质。

使人们遗憾的是，有某些粉刷层的泛霜现象在初始暴露到空气中后，变成了不溶性的物质，例如石灰的再次碳化。

在不同类型的泛霜形成之间能够区别出生产期间出现的泛霜，主要是在干燥过程中出现的泛霜，在生产厂家的堆场以及在施工现场都可以注意到这种类型的泛霜。

一、在干燥期间的泛霜

在干燥期间可能会出现泛霜。盐类物质来源于坯体原材料、瘠性物质添加剂或搅拌用水。能够形成泛霜问题的盐类物质是硫酸盐，或是能够在坯体中缓慢氧化形成硫酸盐的硫化物（黄铁矿）。此时的石灰还没有释放出来，这一阶段的泛霜石灰还没有起到作用。

干燥期间的泛霜（efflorescence），或称为泛白（scumming），与干燥的速率有关。干燥过程中硫酸盐易经受到两种相反类型的扩散：一方面，干燥期间硫酸盐通过坯体的微孔由于毛细管的作用随水分朝着外部表面移动；而在另一方面，硫酸盐在坯体的外部区域之间进行着扩散，并且富集达到饱和，而在坯体的内部区域上具有较低的浓度。最近大量的研究结果表明：干燥得越快，泛霜的强度就增加得越高[32]（图51）。在低的蒸发速率下，水分移动的缓慢以及盐类物质内在的扩散限制了坯体表面上存在的盐类物质的总数量。当蒸发的速度非常迅速时，就不会出现上述情况。虽然如此，在有关文献资料中仍可发现有相互矛盾的结果，可能是由于在这两种类型的扩散之间要精确地控制其平衡过程是困难的。

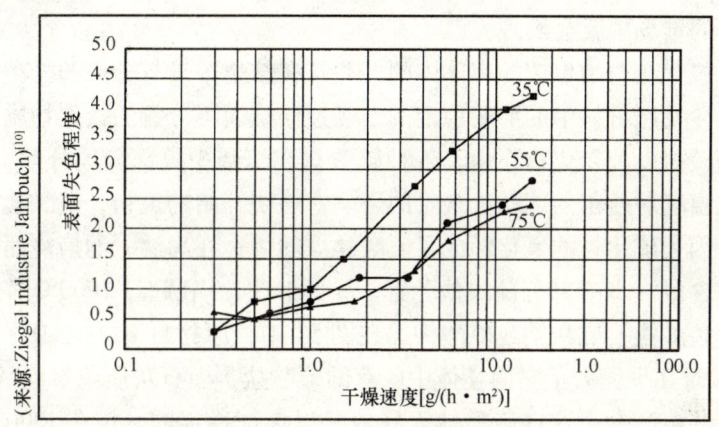

图51　干燥期间的干燥速度和泛霜

如果坯体中硫酸盐含量超过0.1%时，泛霜则成为真实的问题。

在由硫酸盐引发泛霜的情况下，广泛使用的解决方法是在坯体中加入碳酸钡。碳酸钡在潮湿状态下发生了固定硫酸盐的反应。在碳酸钡颗粒的表面上钡离子与硫酸根离子反应形成了硫酸钡，新形成的硫酸钡在水中仅有非常轻微的溶解，而且其热性能是稳定的。

上述的全部反应是：

公式8：　　$BaCO_3 + CaSO_4 \cdot 2H_2O \Longrightarrow BaSO_4 + CaCO_3 + 2H_2O$

所形成的硫酸盐是稳定的，同时形成了少量的石灰石。

加入碳酸钡的数量是每吨产品为2～5kg，这取决于碳酸钡颗粒的表面活性。

没有用碳酸钡处理的坯体，干燥之后在坯体上富集的硫酸盐层在焙烧过程中出现了转化，某些硫酸盐消失以及分解。另一方面，稳定的$CaSO_4$与石英反应而形成白色的硅酸钙$CaSiO_3$，这种硅酸钙不溶于水，而且非常稳定。此时，烧结砖瓦产品不可避免地要出现变色。

如果所使用的燃料中含有太多的硫（在烟气中SO_2的含量超过0.5%），也可能会形成硫酸盐类的泛霜。在如今天然气得到普遍使用的情况下，这种现象几乎消失了。

二、在焙烧之后的泛霜

焙烧之后的泛霜盐类有各种各样的来源，如：

（1）来自原材料的石灰。这种类型的石灰来源于原材料中的小颗粒，与上述提到的石灰为同样的来源。石灰石的颗粒在焙烧期间已经分解，但是没有充分地反应形成硅酸盐。来自原材料中的石灰形成的泛霜是很迅速的过程（在生产工厂的堆场中就会出现）。

（2）包含在初始生产的坯体中的，并且在焙烧中没有分解的盐类物质。此处仅可能涉及原材料中的那些稳定的、经过焙烧而不分解的盐类物质，这其中不包括硝酸盐以及氯化物在内。各种硫酸盐在焙烧中仅部分地分解，图 52 表示了焙烧温度对残留的硫酸盐含量的影响。焙烧开始的最初，硫酸盐的含量增加，这是因为硫化物的氧化形成了硫酸盐。随后，在高温下的焙烧而限制了硫酸盐的总含量（即有部分硫酸盐分解——译者注）。在超过 1000℃ 时焙烧的产品中没有硫酸镁、硫酸钠或硫酸钾。在图 52 中，原材料 B、C、D，明显的是在 1000℃ 时几乎失去了它们坯体中所有的硫酸盐，而石灰质原材料 A、E 及 F 则含有某些硫酸盐，这些硫酸盐无疑地是以更加稳定的、仅在 1300℃ 的温度下才分解的硫酸钙的形式而存在的。因此，实际上的硫酸钙是在正确焙烧的产品中能够存在于砖中仅有的盐类物质。而且，硫酸钙引起的泛霜在干燥阶段就出现了，因此砖的制造者就有时间来处理这种泛霜。

（3）来自砂浆中水泥里的石灰[33]。砂浆中水泥里含有的硅酸三钙的水化的初始阶段，会释放出 Ca^{2+} 离子，随后形成 $Ca(OH)_2$ 沉淀物质。这些钙离子能够随拌合水而移动并形成乳白色条纹。因而，基本的要求是在砌体砌筑之后的第一个星期内要限制进入到砌体中水分的量，也就是说，必须防止砌体淋雨。因为混凝土比砂浆含有更多的水泥，在混凝土附近的砖砌体上会形成更多的乳白色条纹，所以使用装饰砖砌筑的墙体必须用防水的隔膜与混凝土隔离开。

（4）来自砂浆中水泥里的盐类物质。水泥中含有可溶性的盐或与砖接触之后变成可溶性的盐。例如，硫酸钙常常被加入到水泥中（加入量为 3%~5%）作为缓凝时间的控制剂（缓凝剂，用于调节铝酸三钙的水化速度），而且硫酸钙的消耗速度缓慢，要超过数天的时间。因此，在水泥水化达到稳定状态之前，硫酸钙也能够随拌合水一起移动。缸砖铺砌有时加入含有硫酸钠的水泥。砌筑烧结砖瓦有时也在砂浆中加入清洁剂作为增塑剂的（增加砂浆的流动性——译者注），而这些清洁剂中常常含有硫酸钠，要不惜一切代价避免这些含硫酸钠的砂浆与烧结砖瓦产品接触。

（5）来自砂浆拌合用水中的盐类物质，或来自砂浆中未清洗砂子或集料中的盐类物质（例如未清洗的海砂）。

（6）由于原材料在潮湿的、脏污的地板或地面上储存期间吸附的盐类物质。

（7）来自没有防潮层的砌体（如老式建筑物）由于渗入墙壁的潮气带入的盐。

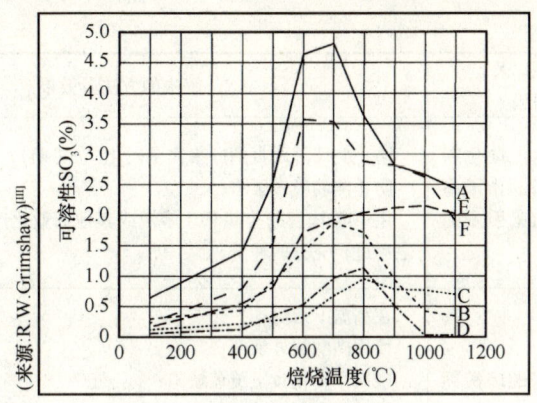

图 52　各种性能的坯体原材料的焙烧
温度与残留的硫酸盐含量

（8）源于污染的盐类物质。在大气中包含有高浓度的 SO_2 时，随着时间的过去，SO_2 能够侵袭砌体中的石灰而使其转变成为硫酸钙。

因而，在出现泛霜之后，重要的是需仔细分析泛霜沉淀产物的成分，因为泛霜产生的原因以及解决方法取决于泛霜产物的化学性能。

干燥条件（水/空气界面的位置、干燥速度）对砌筑之后发现的泛霜方面有着主要影响，上述所作出的评论也是有充分根据的。

当发现泛霜之后，在现场能够做些什么呢？如果控制砌体外观的环境条件不当时（有足够的可溶性盐以及有高的湿度），非常清楚的是铺砌之后的泛霜现象在进行过清理之后仍然可再次出现（如将泛霜清除之后，仍然保持着先前的可引发泛霜的环境条件——译者注）。

无论何时，当泛霜现象出现之后，可取的方法是尽可能地给出事先预定的解决方案，包括机械清除方法或不给砌体增加过量水分的其他处理方法。

某些由烧结砖瓦产品制造厂家以及建筑物的使用者共同使用的解决泛霜的方法陈述在表 39 中[34]。

表 39　主要类型的泛霜物质以及可能的解决方法

泛霜物质的性能以及引发泛霜的原因	解决的方法及效果
由于产品本身含有的石灰（Ca）引起的泛霜	改善坯体原材料的配合比（需慎重考虑的操作）； 更细的原材料处理； 冷水浸渍； 延长高温下的焙烧时间，最大程度上促使硅酸钙的形成； 在遮蔽的环境下进行中间存储，由 CO_2 促使石灰碳化； 用 10% 浓度的盐酸 HCl 溶液或其他商业化产品溶液洗涤砖瓦产品，之后进行充分的冲洗

续表

泛霜物质的性能以及引发泛霜的原因	解决的方法及效果
来自砂浆以及在水泥硬化期间释放出的石灰(Ca),由于高的含水量而被传递出来引发的泛霜	防止侧墙淋雨直到砂浆完全硬化(一星期); 防止侧墙吸入雨水; 用10%浓度的盐酸HCl溶液或其他商业化产品溶液洗涤砌体,之后进行充分的冲洗
由于产品本身含有的硫酸钙引起的泛霜	在高温下焙烧; 使用碳酸钡外加剂; 敷用干粉化妆土覆盖缺陷; 墙面的高压刷洗; 酸洗(10%浓度的HCl溶液)或用其他商业化产品溶液洗涤墙面,之后进行充分的冲洗
由于砂浆中的硫酸钙引发的泛霜	防止侧墙淋雨直到砂浆完全硬化(一星期); 砌体的高压刷洗; 酸洗(10%浓度的HCl溶液)或用其他商业化产品溶液洗涤砌体,之后进行充分的冲洗
来自产品本身的硫酸钠和硫酸钾引发的泛霜(有盐味的)	如果产品在高温下得到充分的烧结,这类泛霜就很难出现; 加大通风量进行烧结,能够排除这类硫酸盐; 让雨水冲刷掉这些泛霜的污点或刷掉泛霜的污斑
由于砂浆中的硫酸钠和硫酸钾引发的泛霜	选择含硫酸盐量低的水泥(波特兰水泥); 不使用清洁剂作为砂浆的增塑剂; 让雨水冲刷掉这些泛霜的污点或刷掉泛霜的污斑
硫酸镁引发的泛霜	因为硫酸镁泛霜盐的高度膨胀性能,有着高度的危险性; 经950℃以上的温度焙烧后,产品中就不会存在硫酸镁; 硫酸镁也可来自粉刷材料; 使用机械方法进行清理,避免再次弄湿墙体
氯化钠和氯化钙引发的泛霜	不会来自产品本身; 但能够来源于砂浆、集料,在存储过程中由于毛细管作用而被吸附; 缓慢地进行干燥,如果$RH>75\%$,就不进行干燥(NaCl)

此外,也能够提到的是某些稀少的彩色泛霜外观,如钒盐或铬盐的黄色或呈绿色的斑纹,或硫酸铁略带红色的斑纹。有时也可能是复杂的钒盐及铬盐将白色的泛霜物质染成了彩色。

必须特别提到的是:砌体上或粉刷层的所有失色并不都是由于泛霜引起的。也能由下列原因引发失色:

① 由于某些类型的残留油污留下的污斑(如混凝土模板的脱模油);

② 霉菌的生长；

③ 灰尘的积聚；

④ 硝石（一般指硝酸钾——译者注）。

三、泛霜试验

可以使用各种各样的实验室试验来评价烧结砖瓦产品表现出的泛霜发展趋势。某些在烧结砖瓦产品上的试验是用于评价坯体原材料本身的泛霜，而其他一些试验则是产品与砂浆结合在一起来进行泛霜的评价。试验的方法有：

（1）测定活性的可溶性盐类物质。以渗滤方式对开采出的原材料中含有的盐类物质以及分析（EN NF 772-5），要测定 Na、K 和 Mg 的含量。欧盟砖标准 EN 771-1 中规定要测定的可溶性盐类物质种类以及限制含量陈述在表 40 中。

表 40　活性可溶性盐类物质含量的类别

类　别	$Na^+ + K^+$（%）	Mg^{2+}（%）
S1	<0.17	<0.08
S2	<0.06	<0.03

表 40 中的规定不是真实的泛霜试验，因为最重要的阳离子——钙离子没有考虑在内。这种试验正确地称为"活性的"可溶性盐类物质的试验。这些盐类物质涉及硫酸盐对砂浆的侵蚀以及膨胀盐类（Mg）物质的作用（见第十五章）。

（2）泛霜外观的试验。该试验是将烧结砖瓦产品的底部浸入在水中，建立一个通过毛细管作用带走可溶性盐的环境，让水分从水平面以上的产品表面上蒸发。在干燥之后检查试验的样品，并考察泛霜盐类物质的性能以及泛霜盐类物质的粘着力。因为铺砌之后的干燥条件不同于试验时的干燥条件，所以试验的结果仅是用于定性的目的时是有效的。

（3）使用与上述同样的试验方法也可以进行产品和砂浆适应性的试验，但是试验时砖的底部要用新鲜的砂浆包裹住。在建筑现场墙体的美观性能是重要的指标，因此可取的方法是在选定了砂浆的类别后再进行这种试验。

第三节　黑　心

"黑心"（black core）现象有时在烧结砖瓦产品的内部可以观察到。这种黑心在产品内部中心上是可见的不同颜色带（蓝色、灰色或黑色）。

当坯体较密实并含有较高的有机物质时，以及当焙烧的速度太快时，特别易于出现这类杂色的黑心。此种情况下，坯体中的有机物质不是在氧化气氛下分解，由于有机物质与周围空气交换的缺乏，从而留下了对氧化更具抵抗能力的含碳残留物。在这种缺乏充分的氧化气氛的条件下，当氢氧化铁分解时，形成了黑色的、中等程度氧化的氧化铁（方铁矿 FeO、磁铁矿 Fe_3O_4）。因此，由于产品的内部区域没有充分地暴露到氧化气氛条件下足够长的时间，从而使中等氧化程度的氧化铁不能达到完全氧化的最高氧化状态以及红的颜色（赤铁矿 Fe_2O_3），就形成了事实上的黑心。

由于被焙烧坯体上温度分布的不一样，从而可使坯体的表面层优先趋于致密化，如：有机物质的分解是吸热的反应，相反的是铁的氧化是放热反应。因此，由于碳氢化合物的分解燃烧使坯体表面的温度比坯体中心的温度更高，达到玻化的速度更快。

在极端情况下，坯体外层玻化出现得太迅速以及太完全，从而截留住了坯体中的反应气体。这种被截留的气体是在高温下由于碳质残留物与氧化铁的还原，根据下列形式的反应而产生的：

公式9： $$Fe_2O_3 + C = 2FeO + CO$$

对于石灰质原材料而言，来自分解反应生成的 CO_2 也是在这一温度范围内气体的主要来源，这种气体可导致进一步的膨胀以及裂纹。

有限的黑心对最终产品的性能通常不会产生主要的影响。已经注意到要提高坯体中心区域的孔隙率以消除黑心[35]。有时黑心的出现可使产品的强度更高，但是至今仍不知道在黑心区域内实际的玻化温度。

然而，消费者从产品颜色的均匀性的观点上，将黑心看作一种缺陷，常常感到烦忧。

解决黑心的方法通常是在坯体中采用更高比例瘠性物质，或者在有可能的情况下，在临界区域（指在玻化温度出现之前——译者注）内降低升温的速度。

第十章　生产过程控制及产品质量

对消费者来说，产品质量的发展结果包括许多方面。本章将讨论工厂生产以及生产实验室的产品质量控制。其他更多的规章制度的限制以及商业贸易方面的要求，例如 CE 标记、产品标准和产品质量的标记，将在第十六章中进行详细的考察。

第一节　工厂的生产过程控制（FPC）

为了确保生产的产品性能具有可再现性，要求生产者要有一个可操作的工厂生产控制（FPC；Factory Production Control）系统。

随着在欧盟国家中产品 CE 标记规定的实施，这种类型的工厂生产过程控制现今已经成为强制性的措施。

在产品 CE 标记规定的详细介绍中将会看到，产品的制造者必须展示出他们的产品在 CE 标记规定的基础上符合产品的标准规定。

为此，产品制造者就必须在生产线运转的开始用具有代表性的试样做出大量的试验，以说明从一开始生产的产品就符合标准的规定。因此，产品的生产者就进入了关于所获得的和所声明的产品性能的有约束力的契约。这些试验被称为最初的"型式"试验。

与上述试验并行的是，制造者必须同时陈述以及用文件形式证明工厂生产控制系统，并且在进行审计的过程中能够呈现出这些文件。FPC 系统必须包括所有能够涉及的内部生产控制过程，以确保投放市场的产品符合标准的规定以及符合由生产制造者所声明的产品性能数据。

因此，能够推测出在最初的型式试验之后的数个月内，如果在最初的型式试验做过之后以及如果在由 FPC 控制的生产参数没有改变的情况下，所进行的产品生产或许是符合上述要求的。

FPC 系统必须包括定期进行的检查、验证以及试验，同时也包括对原材料、设备、制造工艺过程以及最终产品的控制试验结果的应用。

要详细地说明这种控制系统，或多或少地与所涉及的产品标准有关。这种控制系统总是包括下列 5 个组成部分：

① 原材料的性能控制。

② 制造工艺过程的控制，如：给定值、校准值、生产设备的调节和控制、生产人员的资质、决策的判定标准以及根据测量数值所做出的反应动作，同时也包括各种各样的干扰出现的频率。

③ 在最终产品上的试验，包括试验的频次、取样方法，以及试验设备的校准方法。这些试验包括常规试验和周期性重复的"型式"试验。通常，在生产链末端的所有产品都有一个视觉上的直观检查，以及有用于更进一步试验的系统化产品取样。

④ 最终产品的存储管理和对分类产品之外的管理程序。

⑤ 产品的标记和可追溯性。

作为一个实例，附录5描述了工厂生产控制（FPC）的内容，该内容是由申报主体小组（the group of Notified Bodies）推荐而产生的，这些内容是生产类型1的HD（高密度——译者注）砖时用于CE标记系统所必需的内容，类型1的HD砖在有关砖产品的章节中给出了定义。

在附录5的文件中，有5个表给出了一系列建议的控制目标，并给出了所必需的控制方法和试验的频次。

第二节　质量控制实验室

工厂生产过程质量控制要求在工厂中有一个质量控制实验室的存在，同时还需要有能够完成所必需的试验以及检验人员。

实验室要求的条件可以变化，这取决于不同的工厂以及所生产的产品类型。通常的实验室包括：

① 测定尺寸的器械；

② 干燥产品的烘箱；

③ 焙烧产品的窑炉；

④ 压力机；

⑤ 计量设备；

⑥ 由标准所要求的、进行规定试验的设备（冷冻、渗透性等）；

⑦ 用于实验室设备和生产设备所必需的标准校正设备；

⑧ 必需的电子及计算机设备；

⑨ 当需要时能够完成某些湿化学试验的设备。

第十一章 采矿场及工厂中的健康和安全

本章将讨论采矿场及生产工厂中的健康和安全，并且解释了怎样对这一特殊的工业生产环境（这里指烧结砖瓦工业——译者注）进行控制，没有去探究所有的高效率生产的工厂和采矿场普遍存在的风险。职业安全通常是根据国家的法律规定来组织生产的。本章采用法国的法律规定作为实例进行必要的阐述。

第一节 工厂中的肺泡性灰尘和石英灰尘

灰尘能够危害到人体健康，特别是非常细小的灰尘可以进入到人体的肺泡中。烟气中的灰尘有双重的危害作用，这同样与灰尘粒子以及由烟气携带的污染物质有关，这些会涉及人体的呼吸系统和心血管的问题。

法国的劳动法典 R332-5-5 条款中规定，对不含硅的肺泡性灰尘其平均限制数值为 $5mg/m^3$。应当记住的是肺泡性灰尘为尺寸小于 $4.25\mu m$ 的灰尘，由于这类灰尘具有小的尺寸，因而具有粘附到肺泡上的倾向。

尽管普通的居民无处不在地暴露在低浓度的蒙脱石、高岭石以及其他黏土矿物的灰尘下，但是均在有限制的数据下，对人体健康的影响还构不成威胁。长期地职业性暴露在斑脱土（指膨润土，是由火山灰分解而成的一类黏土——译者注）灰尘环境下，就可能会对肺的结构和功能引起损害，但是普遍采用的限制数据并不是确定的剂量反应数据，或者说在限制数据和引发伤害之间没有因果关系。长期暴露在高岭土灰尘的环境下，引发了放射线诊断的尘肺病，但是呼吸功能明确地变坏以及相关的症状仅仅出现在具有显著的放射性发现物的情况下。在这一方面，无高岭石组成的原材料成分是很重要的。

来自原材料和烧结之后产品的、含有一定比例结晶化二氧化硅的灰尘（石英、方石英或鳞石英）。这种细颗粒的结晶化二氧化硅能够诱发硅肺病，所以应当限制工作环境空气中以肺泡性灰尘存在的、释放出的结晶化二氧化硅灰尘，因这些灰尘在每天八小时工作期间的工人可能会通过呼吸而吸入肺部。

大多数欧洲国家对暴露的最大灰尘有强制性的限制，在其具体限制数值上有一定的数量变化（从 $0.3mg/m^3$ 变化到 $0.05mg/m^3$），在三种不同形式的结晶二氧化硅含量限制上，有的国家有区别，而有的国家则没有区别（表41）。

表41 不同的欧洲国家对暴露的二氧化硅灰尘的限制数值

国 家	最大暴露限制(MEL)		
	石英[mg/(N·m³)]	方石英[mg/(N·m³)]	鳞石英[mg/(N·m³)]
奥地利	0.15	0.15	0.15
比利时	0.10	0.05	0.05
丹麦	0.10	0.05	0.05
芬兰	0.20	0.10	0.10
法国	0.10	0.05	0.05
德国[1]	(0.05)	(0.15)	(0.15)
爱尔兰	0.05	0.05	0.05
意大利	0.05	0.05	0.05
卢森堡	0.15	0.15	0.15
荷兰	0.075	0.075	0.075
挪威	0.10	0.05	0.05
葡萄牙	0.10	0.05	0.05
西班牙	0.10	0.05	0.05
瑞典	0.10	0.05	0.05
英国	0.10	0.10	0.10

注：在德国，2005年之前，对结晶的二氧化硅灰尘的最大暴露限制值是 $0.15mg/m^2$。从2005年起，这一最大暴露限制数值就已经废除，但同时建立起了对工人的保护体系。

作为预防性的措施，对应用在其他产生石英灰尘的工业中的法律以及有约束力的限制数据也被应用到了烧结砖瓦行业。事实上，这种做法看起来似乎是肤浅的，石英的活性可以具有非常大的差异，其活性取决于石英颗粒的表面是新鲜的还是陈旧的。石英颗粒的新鲜表面上包含有高度反应活性的Si和SiO原子团（根）。这种现象看起来铁和铝也似乎是减少了石英的有害影响，例如铁和铝与新鲜石英颗粒表面上的原子团的结合。虽然这种观点在目前规范的条文中还没有得到认可，但是来自黏土质原材料的石英灰尘看起来似乎是比来自采石场的新鲜石英灰尘有着更少的危害。

在法国，没有人知道由于烧结砖瓦工厂而引发的硅肺病的确切情况。在德国，将所有的工业部门加在一起来看，目前每年得到确认的硅肺病有10人。

在欧盟的标准上，欧洲职业暴露限制科学委员会（SCOEL）在2003年6月提出了一个建议，全面下调对石英灰尘的限制数值到现有最低的水平 $0.05mg/m^3$ 上，以减少硅肺病的出现。这一建议的限制数值至今在法规中还没有采用，因为要将这一限制数值应用于实际还是困难的。另一方面，在结晶的二氧化硅灰尘限制方面已经签订了欧洲同盟协约（见后述）。

使用包含有一个抽吸泵和一个或更多的各种尺寸过滤器的传感器来测定灰尘以及石英灰尘。这种传感器由工作人员在工作期间携带，并持续携带一定的工作周期（例如一个星期）。传感器上的泵通过过滤器吸入空气。对收集到的各种各样的灰尘颗粒的质量进行测定，灰尘中存在的任何形态的石英可以使用X-射线仪或红外线光谱仪进行分析。

在生产工厂中，哪里发现有原材料灰尘，哪里就有干燥的原材料。这种灰尘由于周围的风而被吹起，或由于各种类型的设备而被扬起以及由于卡车驶过而被带起。原材料灰尘的主要来源是原材料的储存区域，在该储存区域当原材料运到时的倾倒，以及来自使用轮碾机、对辊机、搅拌机和各种传输设备的原材料制备的区域上。

来自烧结之后的灰尘，是烧结砖瓦产品相互摩擦时产生的。可在各种运输路线上以及在最终产品的堆场上发现这种类型的灰尘。

可通过定期清洁打扫和将某些设备封闭的方法来保持工作的车间中没有灰尘，以控制灰尘的危害。

车间外部，在原材料储存区域和运进来原材料的倾倒地带要经常清扫。运输道路和成品堆放场地要铺设柏油硬化地面。干燥的季节期间，如果需要时，在原材料堆垛上喷洒水。

第二节　在结晶的二氧化硅灰尘方面的欧洲同盟协约

按照 SCOEL（欧洲职业暴露限制科学委员会）所作出的推荐意见，使用包含二氧化硅材料的各个工业部门（混凝土、水泥、选矿、陶瓷等）已经和欧洲委员会商定了一个同盟协约，即：工业家们承担履行改善生产现场环境的计划。如果该计划实施有效，欧洲委员会将制止改变目前的法律。

该协约在 2006 年 4 月底签订，并在 2006 年 10 月进入实施，有效期为 4 年；4 年之后，将每 2 年扩展修订一次。

这种协约是双向的。一方面，雇主承担着训练职工和提供给职工使用的各种设备的义务，而这些设备是能够减少二氧化硅灰尘扩散和吸收的设备；而另一方面，职工承担着遵照给定的指令进行操作的义务。

委托给雇主的任务是制定良好的实际操作指导方针、定期地测定二氧化硅灰尘的浓度、确认所采取的治理措施的效率、对职工的身体检查提供监督管理。一份由欧洲陶瓷联合会转呈的报告表示出了在限制二氧化硅灰尘方面所作出的进步。一种良好的实际操作指导方法已经用各种欧洲语言（www.nepsi.en）公开地发表了。

第三节 烧结砖瓦产品工厂中的其他危险产品

特别是对烧结砖瓦工业来讲，其工厂中有非常少的危险产品。一般说来，都是在小心谨慎地控制着这些包含危险产品的扩散。

碳酸钡被列入有毒产品的类别，因此其临界限制值（TLV）是 $0.5mg/m^3$（以 Ba 表示）。碳酸钡是一种稳定的粉末，以细小的颗粒尺寸供给使用，以保证最大的反应效率。一定不能吞咽碳酸钡，也一定不能吸入来自碳酸钡的灰尘。碳酸钡产品与人的皮肤或眼睛有接触后，必须使用大量的水将其冲刷掉。因此，当使用碳酸钡产品时，操作者必须穿戴防护服、戴手套以及戴上安全眼镜，做这种工作的要求是洁净的，没有任何碳酸钡灰尘的释放。以凝胶体溶液形式使用的碳酸钡数量正在逐渐增加，因而避免了所有含钡灰尘的释放，并且消除了涉及这种产品的大多数风险。

耐火陶瓷纤维是使用在陶瓷工业窑炉上作为内衬的硅酸铝纤维材料。在窑内衬修理、窑车清理以及维修期间，人可能会暴露到含有这种纤维的环境下。硅酸铝耐火纤维材料被归类为引发皮肤炎症和能够致癌的物质类别（由于吸入可以引发癌变的2″类物质）。目前在欧洲国家中纤维暴露的限制值是变化的，从2根纤维/mL（英国）下降至0.5根纤维/mL（德国、荷兰）。

对化妆土和釉料来说，可取的方法是小心谨慎地考察它们的成分，因为化妆土和釉料有许多可能的组成成分，某些成分易于包含潜在的有害着色剂。化妆土和釉料的制造者们已经作出了相当大的努力来全部取代有害的成分。

为防止人类健康和环境受到由于使用化学制品而引发的危害，新的欧洲化学制品使用政策，被称为REACH的，在2007年6月1日进入了强制实施。在其后的11年内，30000多种材料，包括工业矿石在内，必须面对包括注册登记和评估的新契约。带有害性能的材料将要求有授权认可。除日常文书工作之外，烧结砖瓦工业似乎没有受到这一新规章制度太多的限制。

第四节 烧结砖瓦产品工厂中的其他危险

烧结砖瓦产品工厂中的其他危险主要涉及货物的装卸和转运，以及压制过程。

作为普遍的规则，工作场所的安全和工作环境改造工程涉及了工厂的设计阶段。防护工具的可靠性要定期检查。在所有的电气控制台上都必须有可使用的突发事件的停机按钮,对安全锁和标签必须制定出工艺规程。安全锁和标签的意思是指采用所有必需的步骤,使机器进入和保持在安全状态下运转,机器运转状态的任何改变必须以这样的方式进行,即通过有关的深思熟虑之后,仅能由人为的干预才能起作用的方式来改变机器的运转状态。

关于所涉及的危险方面,干燥室和窑炉表现出了许多的、类似的相关危险以及预防的措施。干燥室的进口处要有清楚的标记,并由各种安全系统设施进行控制,以防止各种不定时的关闭。窑炉的进口处也要防护,并要带有安全防护的警示标签(LOTO——一种安全保护的警示程序,即在保养或维修工作完成之前不能启动设备的安全要求。如有伤害的动力源在设备保养或维修开始之后,必须隔离或锁定,而且要求以警示标签的形式标示清楚)。

来自装坯、卸窑车以及转运处理设备堵塞物的危险,这是除所有上述外涉及挤出或是破碎操作人员可能存在的危险。但是这种危险由于转运系统采用了限定停止装置以及在操作人员活动期间可以听到或能够看到的警报系统而变得相当有限。

在码坯和卸窑车区域上窑车的移动是由机械的或是由光栅提供防护。

对需要由一个工作人员单独进行工作的岗位,可以按需要使用"事故自动刹车"装置或使用摄影机进行监视。

屋面瓦压力机如同其他压力机一样存在着同样类型的传统危险,但是由于自动化操作运转的实现而排除了这些危险。

来自在工厂中转运货物使用的机动车辆的危险。对涉及使用的机动车辆,都有着强制性的严格规定。

第十二章　烧结砖瓦工厂与环境保护

对源于工业污染物的环境治理已经成为涉及公民及当政官员的主要问题，尊重自然环境及工艺规程，能够避免对环境造成危害，现在这些问题都与可持续发展有相当重要的关系。

砖瓦产品制造中使用的所有原材料在自然环境中分布非常广泛。虽然如此，事实上在有限的区域内集中建设大规模的生产线就有可能存在着污染物，并且也能成为必须控制的局部的污染源。因此烧结砖瓦工业早在多年前就已经采取了措施来限制他们的生产活动对环境的影响。

第一节　在可持续发展方面欧盟的规范及国家的条例

本书内容主要集中在烧结砖瓦产品的技术方面。因环境保护已经成为了分布广泛的一个课题，在这一节仅能接触到行政管理方面的条例。这些条例在欧洲联盟委员会和国家的层面上都存在。这些规定随着时间的延续已经逐渐变得严格了，在布鲁塞尔（Brussels，比利时首都）作出了越来越多的决定。因此，环境工程师们必须小心谨慎地遵循这些条例，并要经常性地关注这些条例的进展，本节给出的限制值是经过修订后的数据，这些数据仅能作为信息资料的目的来使用。

欧洲联盟对其所有的工业寻求促进可持续发展的途径。此外，在不同国家之间必须有相应的条例，以避免倾倒环境垃圾。因而在1996年9月，欧洲联盟就采用了与预防及减少污染物有关的IPPC（Integrated Pollution Prevention and Control，综合污染物的预防和控制）指令。在这些条例的框架之内，在该指令范围之内的所有环保设备就必须获得主管当局的正式批准之后方能运转。要得到这样的正式批准，操作人员就必须展示出已经采取了能确保环境控制的措施，其中包括了最好的可利用技术（BAT, the Best Available Techniques），并且能够遵从于对排放等级的一些限定指标。

即使获得了运行的正式批准，欧盟条例中依然强制性地规定了定期检查、设备的复查、操作许可证的复查的内容。

这些欧盟条例已经置换成为了欧盟成员国的国家条例。为了确保环保设备达到条例规定的要求，也已制定了最终限期，原则上在2007年底前，所有的欧盟国家中的环保设备都要达到条例规定的要求，或至少是那些已经成为新的欧盟成员国的国家需要一定的时间外，也应当遵从这些规定。

为了帮助当局发行操作许可证，欧洲联盟已经要求在塞维利亚（Seville，西班牙）的办事处制定被称为"BREF"的参考文件（BAT REFerences，最好的可利用技术的参考文件），该参考文件中对最好的可利用技术（BATs）的每一部分都给出了陈述。涉及污染物排放等级的每一项技术都可以由所有成员国使用。因此，用于陶瓷工业方面的BREF，其中包括了烧结砖瓦产品，是在2006年9月公布的。

工厂主还必须能够证明他们根据生产现场的规模所选择的工艺技术及现有设备的正确性。

表42表示了在BREFs中规定的污染物排放范围以及所推荐的技术措施，这些推荐的技术措施将在其后的章节中更详细地讨论。

表42 在陶瓷工业BREF中提出的污染物排放量限制指标

排放物质	在BREF中描述的、在BATs中规定的排放量指标	推荐的技术
HF	$1\sim10\mathrm{mg/m^3}$	富含Ca的外加剂
HCl	$1\sim30\mathrm{mg/m^3}$	富含Ca的外加剂
SO_x	该值取决于原材料中的含硫量： 如果$S<0.25\%$，SO_x最大为$500\mathrm{mg/m^3}$； 如果$S>0.25\%$，SO_x最大为$500\sim2000\mathrm{mg/m^3}$	富含Ca的外加剂
NO_x	该值取决于烟气的温度： 如果$T<1300℃$，NO_x最大为$250\mathrm{mg/m^3}$； 如果$T>1300℃$，NO_x最大为$500\mathrm{mg/m^3}$	
VOCs(可挥发性有机物质)	总碳含量$5\sim20\mathrm{mg/m^3}$； 如果烟气中含量$>100\sim150\mathrm{mg/m^3}$，仅有使用BATs（最好的可利用技术）控制	加热分解
灰尘	在窑炉或干燥室中清除灰尘堵塞：$1\sim20\mathrm{mg/m^3}$； 来自干燥室的灰尘：$1\sim20\mathrm{mg/m^3}$（日平均） 来自窑炉的灰尘：$1\sim20\mathrm{mg/m^3}$（日平均） $<50\mathrm{mg/m^3}$（有除尘器）	过滤器 很好地维护 过滤器 除尘器
水生成的废料	悬浮固体物质$<50\mathrm{mg/L}$； OAX* $<0.1\mathrm{mg/m^3}(2h)$； Pb$<0.3\mathrm{mg/m^3}(2h)$； Zn$<2\mathrm{mg/m^3}(2h)$； Cd$<0.07\mathrm{mg/m^3}(2h)$	

* OAX——在活性炭上吸附的有机金属卤化物。

在法国，欧盟的规范已经被置换，烧结砖瓦工厂由1998年2月2日发布的环境应用指令所覆盖，该环境应用指令涉及了环境保护的审批分类。这一环境应用指令与开采矿山的不同，其内容更加复杂。因此，在本章中讨论的污染物排放的限制规定是按1998年环境应用指令中的规定而叙述的，该内容是非常广泛的（最初的文件有100多页）。

在烧结砖瓦厂中污染物最大的可能来源是在带有燃烧产物的窑炉烟囱的出口处。首先，将考察各种气体污染物及所采用的解决方法必须符合条例的规定。废水和固体废弃物的处理，也要一起考虑，采用其他方法限制其不会带来任何另外的影响，这将在其后详细讨论。

第二节　气体排放及控制所用技术

本节涵盖了各种可能的气体污染物和它们引发的危害，以及能够实施的控制它们扩散的解决方法。

一、氟（HF）

如果重复地暴露在氢氟酸的环境下，就能够引发皮肤、眼睛和呼吸道的刺痛感。从环境的观点讲，氢氟酸有助于酸雨现象的形成，而酸雨影响着材料以及森林和淡水（湖水、内河）生态系统。

法国的条例规定，当氟的排放量超过500g/h时，烟气中氟的含量必须不能超过$5mg/m^3$。德国2002年的TA Luft中规定，当氟的排放量超过15g/h时，烟气中氟的含量同样必须不能超过$5mg/m^3$。

在使用的黏土原材料中可能含有氟，而在其相应的晶体结构中取代了OH^-离子。在意大利的黏土中，氟的含量在0.05%到0.125%之间变化，分布得非常广泛，其平均值约在0.086%。

在加热循环过程中，氟能够在两个不同的阶段释放出：

① 在结合水分解时，一旦温度上升超过320℃，就会释放出氟，因为环境气体中含有部分水分，释放出的氟通常会转变成为HF。此后，这种酸性气体可能会侵蚀窑炉中的构件，或是与坯体中的化合物或外加剂结合（特别是碱土金属，例如碳酸钙），形成更稳定的氟化物，例如CaF_2。

② 在更高温度下，超过850℃到920℃时，其化合物根据平衡的原理依此分解。在到达这一简短的温度区间时，人们就能控制氟的扩散。

烟气中氟的含量取决于坯体的组成（氟和石灰石含量）及热循环过程。

有各种各样的方法能够保证氟的排放量保持在最大允许的排放量之下：

① 首先可在坯体中加入石灰石，尽可能多地将氟截留在坯体中，并限制

氟的再次扩散；

② 也能够使烟气流经过滤器[36]。

过滤器的基本原理是：使用例如石灰石颗粒或粉末，或是加入了石灰或苏打水的反应剂与氟的化合物中和。

最普遍的解决方法是使用石灰石颗粒过滤器（图53）。

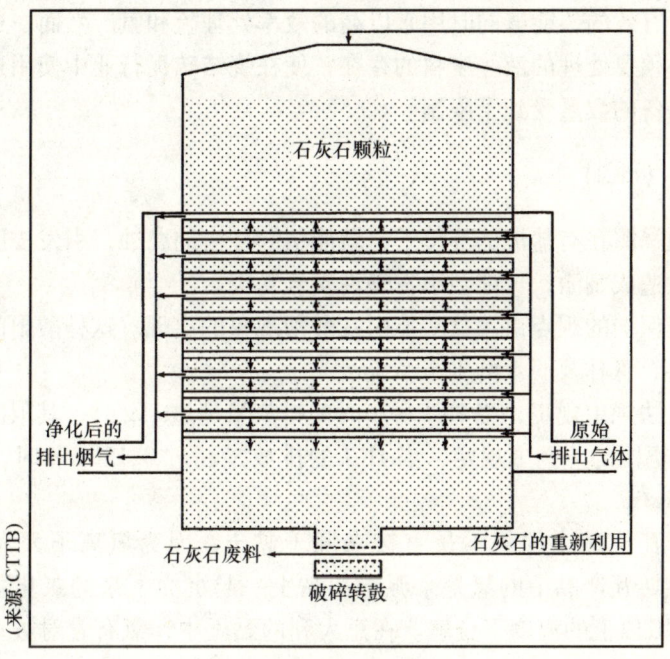

图53　石灰石颗粒过滤器

原始烟气通过石灰石颗粒层。氟在石灰石颗粒表面以 CaF_2 的形式被结合截留下来。

这些过滤器的活性由于反应物质的比表面和颗粒表面的饱和程度而受到限制。吸附的程度则根据石灰石的来源及它的活性而变化。

这种类型的过滤器的维护成本很有限。移去颗粒表面的硬壳使颗粒重新恢复其活性是非常必要的。以 CaF_2 和硫酸钙或亚硫酸钙富集的石灰石，能够在水泥厂中得到再次利用。

这些过滤器在氯和硫的吸附上也有着一定的效果，虽然其作用是非常有限的。

欧洲联盟国家的发展趋势是减少可容许氟的排放数量，这无疑地要使用更复杂的过滤技术。

对于氟的分离可采用石灰捕集袋式过滤器。石灰以粉末的形式喷入窑炉排出的烟道中。烟气中的氟以粉末形式被截留下来，之后当烟气通过多孔的过滤袋时被分离出来。所用袋子交替地被清理。反应物质大的比表面能够同时以高的效率处理硫和氟。另一方面，袋式过滤器也限制着烟气的最高温度。

以液态的形式分离氟还不是非常广泛。反应物质以液态的形式喷入窑炉排出的烟道中。烟气被"洗涤"并被水和反应物质的溶液冷却。这些类型的过滤器是非常有效的，能够同时用来以高的效率处理硫和氟。然而，这种设备的复杂性及必须要处理的液体废料的存在，使在烧结砖瓦行业中使用这种类型的净化系统装备的数量受到了限制。

二、氯（HCl）

反复地暴露在有盐酸的环境下，就能引起牙齿的腐蚀，引发皮肤炎症，以及对呼吸道造成刺激，可能会引发慢性支气管炎。

从环境保护的观点讲，盐酸能引发酸雨现象的出现。这种酸雨的降落影响着各种材料、森林及淡水的生态系统。

法国的法规中规定，当HCl每小时的排放量超过1kg时，其限制值规定为$50mg/m^3$。德国的条例中规定，当HCl的排放量超过0.15kg/h时，其限制值规定为$30mg/m^3$。

烧结砖瓦产品中的氯不是直接来源于黏土，因为氯离子太大不能取代OH^-，烧结砖瓦产品中的氯是来源于和黏土一起沉淀下来的氯化物。这些氯化物在840℃以上的温度下分解。在意大利的黏土中，氯有着对数正态分布的形式，大多数黏土中含有少于0.01%的氯，但是某些黏土中达到了0.1%的氯。

使用传统的中和技术就能够控制这些氯的扩散。

三、氧化硫（SO_x）

二氧化硫是一种刺激性的气体，能够导致具有痉挛（抽搐）性的支气管炎症，其结果使呼吸功能恶化。

二氧化硫的扩散可使大气出现酸化的现象（如酸雨）。

法国规定，如果每小时二氧化硫排放量超过25kg时，最大允许的排放浓度为$300mg/m^3$（以SO_2表示）。在德国，根据原材料中的含硫量是否超过或低于0.12%，允许的排放浓度为$500mg/m^3$或$1500mg/m^3$。

烧结砖瓦产品中的硫来自于黏土中的各种杂质，如黄铁矿（Fe_2S）、硫酸盐如石膏（$CaSO_4 \cdot 2H_2O$）等。加热期间这些硫的化合物部分地分解，以气体的形式存在于烟气中，主要是以带有少量SO_3的SO_2的形式存在。在意大利的黏土中，硫是对数正态分布的，大多数黏土中的含硫量少于 0.06%，但是某些黏土中几乎达到了 0.2%。然而，德国的黏土中硫的平均含量相当地高，达到了 0.39%，无疑地其排放量会更高。

硫与氟的释放有着同样的方式，在加热期间分为两个不同的阶段：

① 在约 450℃ 时由于黄铁矿的氧化释放出 SO_2，某些 SO_2 与黏土中的成分重新结合形成硫酸盐；

② 在超过 750℃ 到 960℃ 期间硫酸盐会出现缓慢地分解反应。当硫酸盐没有充分地分解时，在产品上就有形成泛霜的危险。

四、氮氧化物（NO_x）

二氧化氮是一种氧化剂，有刺激性的气体，不易溶于水，能够到达细支气管及进入肺中的肺泡，因此能够导致呼吸困难。

氮氧化物的排放能够引起大气酸化的现象（如酸雨）。

如果氮氧化物的排放量超过 25kg/h，所允许的最大排放浓度为 500mg/m³（NO_2 表示）。

烧结砖瓦产品中的氮氧化物是很稀少的。氮氧化物可能来自坯体中氮化合物的分解或来自于燃烧器火焰中氮的氧化。在大多数情况下，砖瓦厂中的火焰温度足够低，因此就不存在氮的氧化，在烟气中很少或根本就没有氮氧化物的存在。由于使用高比例的过剩空气，在砖瓦窑炉中还没有发现氮的化合物（例如 NH_3）。

五、可挥发性有机化合物（VOCs）

VOCs 包括所有分子量比甲烷高的有机化合物，这类化合物能在烟气中发现。可挥发性有机化合物对健康的影响非常广泛，从仅仅是让人们感觉到不愉快的气味，到有刺激性，甚至是呼吸能力的降低到诱导有机体突变及到致癌物质的影响。

这些化合物在对流层（接近地球的表面）中能够形成臭氧，因而会导致形成光化学污染。

来自于造纸或木材加工工业的残渣废料，在砖瓦工业中作为燃料来使用。当这些有机材料在经过高温带分解成为气体时，它们就完全地被分解了。因此，所使用的锯末在加热到高温带后，不会产生任何的 VOCs。

有时在生产的砖瓦坯体中可能存在某些有机材料（如来自黏土中的腐殖质或砖厂使用的微孔增强剂）。在这种情况下，从预热带 200℃ 到 450℃ 的范围内坯体中就会产生可挥发的化合物，这些可挥发物质没有通过高温带就直接送入了排烟系统。因此,这些可挥发物质能够形成不愉快的气味。所探测到的这些化合物常常是苯、甲醛、乙醛、苯酚等。VOCs 的多少及程度取决于坯体中有机成分的含量及热循环过程。

因而,对预排放烟气的净化是非常必要的,以确保达到规范所要求的排放指标。该净化是在窑炉的出口处进行烟气的加热分解。法国的规范规定,可接受的 VOCs 最大排放浓度为 $110mg/m^3$(德国规定为 $50mg/m^3$)。

六、甲烷(CH_4)

这种化合物影响着大气中的臭氧层,会直接引发温室气体的效应,因而使地球气候发生变化。

甲烷是天然气的主要成分,而天然气是烧结砖瓦产品主要使用的燃料。因为甲烷在加热带会停留相当长的时间,在有大量过剩空气存在的情况下,甲烷被完全烧掉了,并转变成为 CO_2 和 H_2O,燃烧后的产物通过烟囱排出。而另一方面,甲烷可能会从管线上或在冷却带上不正确地调节燃烧器的操作中泄漏。出于经济方面的原因,鼓励操作者直接消除所有这样的泄漏或不正确的燃烧器安装方式,总的要求是发现及时和处理迅速。

七、一氧化碳(CO)

在低浓度时,一氧化碳能导致心脏病的问题,会使人感到恶心、作呕、头昏眼花,精神恍惚及头痛。在高浓度时,一氧化碳有致命的危险。

这种气体在对流层(接近地球的表面)会形成臭氧,因而导致光化学污染。在大气中,一氧化碳被转换成为二氧化碳(CO_2),因而会直接地引发温室效应。

正常情况下,烧结砖瓦产品的过程中没有一氧化碳(用煤焙烧的窑炉不完全燃烧时会产生一氧化碳,特别是轮窑,这种现象很多——译者注),对这种现象解释如下:因为这种气体在加热带停留相当长的时间,并且在窑内有大量的过剩空气存在。然而,使用生物燃料时,在低温下形成的烟气中能够发现 CO,并且该气体没有通过加热带,但是其浓度依然非常低。

2002 年 5 月 2 日发布实施的法国新的应用指令中规定:一氧化碳排放的浓度限制在 $100mg/m^3$。

八、二氧化碳(CO_2)

不像上述提到的其他化合物,二氧化碳本身不是一种污染物。然而,考虑到地球变暖的必然性,必须要对 CO_2 的排放量进行控制,因为 CO_2 是引起温室气体效应的主要因素。与其他温室气体比较而言，二氧化碳有相对低的内在升温能力，但是二氧化碳在地球变暖过程中起着55%的作用，因为在人类活动中排放出了巨大量的二氧化碳（来源 IPCC）。

烧结砖瓦产品工厂中产生二氧化碳的来源有两个：燃料燃烧和焙烧过程中坯体内碳酸盐的分解。

过去20年中，以绝对项及相对项来讲，欧洲砖瓦工业已经显著地减少了CO_2的排放量，这种减少是通过改善热效率等级和把用油或煤加热转换成为用天然气加热。因为甲烷是高度的氢化物，与燃油或燃煤比较，甲烷燃烧产生了相当大量的水蒸气，而不是CO_2。

因为从经济的观点来讲，烧结砖瓦还不可能使用氢作为燃料，要进一步减少CO_2产生量，仅有的方法是减少能源的消耗或使用可再生燃料。法国2001年烧结砖瓦产品所产生的CO_2约在200kg/t（生物燃料除外）。

CO_2部分来源于所使用坯体中碳酸盐的分解。坯体中所含碳酸盐的多少可由测定使用的原材料来判定，但是要更换含有碳酸盐的原材料开采地是非常困难的。

九、温室气体（GHG）的排放定额

在指令2003/87/EC的实施意见中，提出了GHG排放定额的交换系统，欧洲国家从2005年1月1日已经实施国家定额分配计划。定额被分配到每一个生产现场，即每天温室气体排放量不得大于75t。

该定额由国家管理机构确定，例如在法国是MEDD和MINEFI，并应得到企业家的同意。

每一个企业必须做出控制和测定CO_2的管理计划。在每年末，每个企业还必须提前做出有关CO_2排放的声明文件，由认可的机构确认。如果所涉及的排放装置已经排放了比分配定额多的CO_2，所涉及的企业就必须购买排放的权利并处以罚款，在2005~2008年期间，每超排1t CO_2要处罚金40欧元，2008~2012年期间，每超排1t CO_2要处罚金100欧元。在排放量没有超过定额的情况下，其可利用的排放权利（指标）可以转让或出售。

十、重金属

原材料中可能含有某些少量的重金属杂质，但是金属盐类物质通常在高温下分解了。然而，检查已经表明：在烟囱中绝没有重金属的存在。对热力学和动力学的研究表明，金属并不是在很大程度上被蒸发了，而仅有少量的蒸发，并再次凝结在窑、烟道及烟囱较冷的墙壁上。

布鲁斯男（Brosnan）[37]已经表明：在低于1200℃的情况下，含有着色剂（氧化锰及铬铁矿或亚铬酸盐）的烧结砖瓦产品的排出烟气中没有锰或铬的踪迹。

在CTTB也获得了与此类似的结果。

法国的规章制度中对重金属的限制（最大输出量或最大排放等级），无论是以气体或以颗粒状的形式排放的，在1998年2月2日颁布的应用指令中给出了详细规定，其限制值给出在表43中。

表43 法国对重金属扩散的限制指标

重 金 属	每小时流量（g/h）	最大允许排放浓度（mg/m³）
镉Cd，汞Hg，铊Tl	1	每种重金属0.05；总量0.10
砷As，硒Se，碲Te	5	1
锑Sb，铬Cr，钴Co，铜Cu，锡Sn，锰Mn，镍Ni，钒V，锌Zn	25（总量）	5（总量）
铅Pb	10	1
氧化锌ZnO，二氧化锰MnO_2	—	10

十一、粉尘

研究一直都表明，粉尘能引起对健康的危害。

从环境学的观点上讲，粉尘首先影响到人们的视觉。粉尘是肮脏的，随粉尘中细颗粒数量的增加，限制了能见度。通过沉积作用或直接的交互作用，粉尘对植物的生长也能构成危害。

当粉尘的排放量超过1kg/h时，法国的条例规定最大允许排放浓度为40mg/m³。

在烧结砖瓦厂中，粉尘不是在烟囱的出口处测定的，因为在大多数烧结砖瓦生产中广泛地使用天然气作为燃料，燃烧过程中使用相当大的过量空气，所以烟气中没有碳的颗粒存在。

此外，当烟气冷却时，没有粉末形式的冷凝物质产生。

还有比烟尘更有危害性的其他粉尘的来源，如在前面章节中已提到的在矿山开采及在工厂生产中形成的特殊的粉尘问题，本节对其安全性就不作讨论了。

粉尘也必须不能给生活在工厂附近的人们造成麻烦。对矿山开采及工厂工作场所粉尘的调查表明，只要达到矿山开采和工厂工作场所对粉尘排放量的要求，对生活在工厂附近的人们就能起到有效的保护作用。由CTTB进行的试验表明，只要采取了对粉尘的防护方法，工厂外部粉尘的沉积量是非常有限的。

第三节 废 水

在烧结砖瓦厂中几乎没有废水排放，因为绝大多数来自坯体中的水在干燥室中蒸发后直接排入了大气，而大多数设备冷却系统是封闭的循环操作系统。

在烧结砖瓦工厂中发现的各种类型的废水是：

（1）来自道路和成品堆场的雨水，而雨水能够带走粉尘和碳氢化合物；

（2）来自水密封隧道窑使用的密封水，但这部分水能够吸收来自窑内空气中的酸性污染物质和金属盐类物质；

（3）用于某些没有封闭冷却循环系统设备的冷却水；

（4）用于清洗设备和工厂地面的清洗水；

（5）来自某些工艺处理过程的水，如使用冷水浸泡含有石灰产品（防止石灰爆裂）的浸泡残留水，或是来自研磨设备的、含有粉尘的冷却水。

在矿山开采的排放物一节已经详细地讨论过了矿山水的排放，其处理方法是类似的。但是在法国，来自生产工厂的废水处理与矿山开采的要求不同，因为对工厂排出的废水必须依照地方政府的法令进行处理，而不是按照矿山开采的要求进行处理。同时也必须符合法国政府于1998年2月2日颁布的应用指令的要求。要控制的参数包括：悬浮物质、pH值、温度、化学需氧量、碳氢化合物含量、重金属、有机卤化物等。

第四节 固 体 废 料

来自烧结砖瓦工厂中以吨位计的主要固体废料是生产中的废料。但是这些废料在生产厂内本身就能得到重新使用。如：

（1）加工中的废生湿料（挤出机出口的潮湿废料、压制屋面瓦坯体时的废边角料等）返回到制备的原材料中；

（2）在干燥室出口处的干燥后的废坯体可在存储阶段或陈化阶段重新作为原材料使用；

（3）来自出窑处焙烧后产品的废料，因其固有的性能在生产工厂内部就有各种各样的用途，如可作为熟料、用作采矿场的回填及铺设道路等，这种废料也有少量的外部市场，如用作网球场的红砖砂等；

（4）也还有其他一些特殊类型的废料，例如来自氟（或硫）过滤器的石灰石粗砂砾，以及某些屋面瓦厂使用的石膏模具；氟过滤器的石灰石有时可在水泥厂中得到重新利用；来自屋面瓦模具的无污染石膏可以回收用来制作新的石膏模具。

在生产现场所产生的其他废料主要是由包装材料和成品托板、使用过的润滑油和润滑脂，以及来自维修工作的废填塞材料等组成的。

这些类型的废料都能以标准的方法得到回收利用。

第五节 噪　　声

烧结砖瓦工厂的其他影响就是对噪声的限制。

在白天期间，有着连续的噪声。噪声来自干燥室的风机、窑炉燃烧器的喷射、用于原材料制备的对辊机（轮碾机）以及使用的各种交通工具。

在夜间，由于没有交通车辆的运转，原材料制备车间和干燥室有时也停止操作了，噪声的等级就降低了。然而，从另一方面讲，周围安静的环境会使噪声显得更为突出。

标准和应用指令限定了噪声的等级，对于不符合立法规定的边界值，规定使用的测量方法有：

（1）1995 年 4 月 18 日颁布的应用指令 N°95408，涉及的内容是努力降低噪声对周围居民的影响。该指令中规定的噪声等级处于能忍受噪声性能的边缘值，超过这一规定值的噪声就被认为是令人烦恼的噪声。

（2）1997 年 1 月 23 日颁布的应用指令，涉及的内容是来自经分类审批的授权或是在 1997 年 7 月 1 日后经修改的噪声等级的限制。

（3）标准 NF 31010，规定了进行相应测定使用的方法。

事实上，这些规定与矿山开采应用的规定是同样的，这已在前面讨论过了，那些设备的噪声及显露出的等级也已在前文中给出了。

第六节　污染物排放的年度声明文件

对烧结砖瓦产品的生产厂家，要求他们每年都要声明公布污染物的排放量。

这些污染物排放的声明文件受 2002 年 12 月 24 日颁布的应用指令的约束，该指令中规定了声明文件的一般性规则。

这一应用指令是根据 2000 年 7 月 17 日欧洲联盟的决议而制定的，这涉及 1996 年 9 月 24 日颁布的 IPPC（综合污染的预防和控制）指令条款下规定的 EPER（欧洲污染物质排放的记录）的创建。

这种声明文件涉及制定一个国家中存在的水中携带和空气中传播的废弃物所有来源详细目录的必要性。以年度为基础制作声明文件。同时要求一起填报涉及水中携带废弃物和空气中扩散废气有关信息的调查表。

要求所有分类审批，超过某一临界值时都要声明（申报）它们的污染物排放量，如：

（1）每天能够制造 20t 以上的陶瓷或耐火材料产品的设备；

（2）燃烧能力等级超过 20MWth 的设备。

涉及空气的有关污染物有：CO、NO_x、SO_x、粉尘，以及某些重金属。

对水要求的声明数据有：悬浮固体物质的总量、COD（化学需氧量）、BOD_5（生化需氧量）、碳氢化合物、氯化物、氟化物、硫酸盐、以及重金属。

这一调查表不是限定的内容，这取决于应用指令中所提出的控制元素。

第十三章 某些典型的生产工厂实例

下面以三种典型的生产线以及工厂作为前文所述技术结合应用的实例进行简短的描述。

第一节 屋面瓦生产工厂 A

制造过程中所使用的坯体原材料由来自当地三个采矿场开采的三种黏土原材料组成，每种黏土每年的供给量为 25000m^3。

所使用的黏土原材料之一是含硅量高的黏土，并含有铁、锰和钛的氧化物，这种黏土与塑性非常高的、有色黏土质土壤混合在一起。坯体原材料中也加入来自采矿场附近的砂，加入的砂比例大约占混合料的 18%。

生产的设施包括一座干燥室和一座隧道窑生产线，隧道窑带有 H-形焙烧支撑窑具。

该工厂由两个制造车间组成：

① 一个制造连锁瓦的车间，所具有的生产能力为每小时 2520 块瓦；

② 一个制造平瓦的车间，所具有的生产能力为每小时 5040 块瓦。平瓦直接放入 H-形焙烧支撑窑具中（每个 H-形焙烧支撑窑具中放 1 块连锁瓦或 2 块平瓦）。

干燥及焙烧是在隧道干燥室和隧道窑中在窑车上进行的（根据前后文意思理解应为一次码烧——译者注），隧道干燥室和隧道窑的产量为每小时 1920 块瓦，其特征是：

① 在 160℃ 的温度下（应为最高温度——译者注）干燥 11.5h；

② 在 1150℃ 的温度下（应为最高温度——译者注）焙烧 11.5h。

该隧道窑为水密封式隧道窑。

在分类及在每个成品瓦上喷上墨水标记之后，瓦被以小包装的形式码放在托盘上，该码放过程是由机器人托盘系统自动完成的。

第二节　屋面瓦生产工厂 B

采矿场位于离生产工厂不是很远的地方，每年开采的黏土数量为160000t。仅是在夏季数个月期间开采黏土。

坯体原材料由20%的黄色黏土和80%的黑色黏土组成，黏土原材料经称重计量、破碎之后，由皮带运输机供入到轮碾机中。坯体混合料被碾压得非常细（轮碾机有4个碾轮，每个碾轮重13t），之后坯体混合料继续向前移动进入6000m^3容量的陈化库（坑式），在陈化库中陈化3个星期。这样的陈化过程确保坯体混合料达到了适当的可塑性（柔顺性）程度。

来自陈化库的坯体混合料，再次被碾压（根据前后文意思理解应为对辊机——译者注），之后混合料继续向前移动并被送入三个制造瓦坯或屋面瓦附件的车间之一。使用挤出机挤出成泥条（片），经过精确的切割制成瓦坯的毛坯（泥片），之后送往瓦坯压力机。瓦坯压力机使用的石膏模具给出了瓦坯精美平滑的表面。在该工厂中每天要制造大约100个石膏模具。

压制成的瓦坯放置在隧道干燥室中的干燥架上，在85℃的干燥温度下干燥约12h。由于在原材料黏土中存在有相当数量的氧化铁，因此在焙烧之后呈红色，但是也能给瓦施加上不同的颜色，这既可通过在坯体混合料中加入着色剂，又可在化妆土的制备中加入天然的着色剂，制成泥釉的方法来改变瓦的颜色。

然后，瓦坯码放在窑车上并被移动进入水密封式隧道窑中焙烧，在隧道窑中按照不同阶段的要求升温，最终达到1067℃的峰值温度。焙烧过程持续的时间为21h。

最后对出窑产品进行直观的检查。之后将每6块成品瓦捆成一个小包装，将这些小包装码放在托盘上，用收缩塑料薄膜包裹，储存发运。

第三节　生产垂直多孔砌块的工厂

这一工厂制造的是垂直多孔的砌块，生产的能力为每星期2900t。其中85%的砌块被精修过（即打磨铺浆面——译者注）。

坯体原材料的制备过程包括下列：
(1) 带有联合计量供料设备的四种黏土原材料供给系统；
(2) 轮碾机；
(3) 中碎对辊机；

(4) 细碎对辊机。

经处理后的坯体混合料进入陈化库（坑式），陈化之后的混合料经多斗挖掘机取出，经皮带运输机送往挤出机前部的一个小型缓冲存储料仓中。

该生产线上的挤出机有两个更容易切换的带机口的机头。

坯体混合料被挤出成为像砖的形状一样的砌块泥条，使用钢丝切坯机将泥条切割成为砌块坯体，砌块坯体码放在尺寸为 2.6m×2.6m 的干燥架上。这些码放有坯体的干燥架被放置到包含有 9、12 或 18 个重叠干燥架的、5.5m 高的可移动式框架上（即常讲的上架设备——译者注）。

隧道干燥室为 100m 长、26m 宽、6m 高。干燥车在平行的 4 条通道中运行，每一条通道中容纳有 36 辆干燥车。也设置有干燥车的返回通道。干燥的时间大约为 20h。供应循环空气的风机有 70 台（按上下文理解应为带干燥托架的单层码坯、多层框架的干燥车上干燥——译者注）。

具有钢板包覆的砂封式隧道窑长 172m、宽 7m。窑内可容纳 38 辆窑车，其中包括在预热窑内的 4 辆窑车。在每辆窑车上码放 3 列坯垛（5.45m 宽、1.6m 高、1m 纵深厚）。该隧道窑设置有一个预热窑（室）段，有烟气抽出系统，以及在加热带上的再循环系统，在侧面和顶部安装有燃烧器、快速冷却系统、热交换器、控制窑内气体流动的风机、烟气的双重处理系统（加热分解以及石灰石粗砂过滤器过滤）。

焙烧周期持续时间为 24h，最高烧成温度为 960℃。

烧成之后的砌块由两台打磨机器在 12m/min 的速度下进行重复打磨，打磨之后的砌块精度范围是 ±0.3mm。

最后砌块产品码放在托盘上并被包裹。

第十四章 烧结砖瓦产品的物理、热工及含水性能

在研究了制造工艺之后，下面两章将仔细审查烧结砖瓦产品物体的各种性能。首先是它们的物理、热工及在含水状态下的性能，其后的一章讨论烧结砖瓦产品物体的力学性能，包括抗冻性在内的耐久性、光学性能、火灾时的反应、电学性能及有益健康的性能。

烧结砖瓦产品的最终性能在涉及产品本身的章节中同样要详细考查。

第一节 物 理 性 能

一、孔隙率

烧结砖瓦产品性能中测定最多的主要参数之一就是孔隙率。

烧结砖瓦产品的孔隙可能是开放的或是封闭的。开放的微孔可能是管状的，带有圆形的横截面，有些扁平状。封闭微孔可能是球形的或是盘形的。这些孔隙可能有其定向性，这就是产品各向异性的一个因素。孔隙率的大小取决于不同的产品，人们设法获得了不同产品的孔隙率级别，屋面瓦和清水墙装饰砖具有低级别的孔隙率（<20%）；某些低导热系数的建筑用砖，具有非常高的孔隙率（>40%）。

砖的孔隙率通常是指开放的微孔。封闭性的微孔仅能够在较高的焙烧温度下得到。孔隙率对产品的导热系数有着直接的影响。

下列因素可降低孔隙率的级别：

① 含铁质的原材料在950℃以上的高温下焙烧；
② 混合料中不含微孔形成剂及含有极少量的有机物质；
③ 混合料中含有大量的熔剂性物质，也就是碱金属物质（以长石或云母的形式存在），能够形成低熔点的共熔体；
④ 不含石灰质的原材料。

微孔的直径可用水银测孔仪测定其分布范围。在不断增加压力级别的环境下，强迫水银进入烧结物体不同直径的微孔，此时就能测量到压力的增加与所

吸收水银数量之间的函数关系。

在上述测定的分布范围的基础上,就可以计算各种指导性的参数:

① 微孔的平均直径;

② 通气性的延展范围(最大和最小直径);

③ 直径大于 $2\mu m$ 微孔的百分比;

④ $D10$,超过 10% 的微孔直径(即在总的孔隙中占 10% 以上的微孔直径——译者注)。

如后面将会看到的,烧结砖瓦产品的孔隙率对强度、水分的扩散有着直接的影响,特别是对屋面瓦的抗冻性显示出了更直接的影响。

二、烧结砖瓦产品的真密度和表观密度

烧结砖瓦产品真密度(没有孔隙)的范围在 $2500\sim2800kg/m^3$ 之间。无多孔性烧结砖瓦产品的真密度主要与产品的化学成分(铝和铁的含量越高,密度越大)及烧结砖瓦产品的结构(结晶化程度越高,密度越大)有关。表 44 表示出了某些陶瓷产品的真密度。

表44　某些致密陶瓷产品的密度

材　料	密度（kg/dm^3）
玻璃体 SiO_2	2.2
普通玻璃	2.4~2.8
烧结砖瓦	2.4~2.8
堇青石 $5SiO_2\cdot2Al_2O_3\cdot2MgO$	2.5~2.8
正长石 $6SiO_2\cdot Al_2O_3\cdot K_2O$	2.6
α 结晶体石英 SiO_2	2.65
钙黄长石 $SiO_2\cdot Al_2O_3\cdot2CaO$	3.04
莫来石（高铝红柱石）$3Al_2O_3\cdot2SiO_2$	3.2
硅线石 $SiO_2\cdot Al_2O_3$	3.2
石灰 CaO	3.3
$\alpha\text{-}Al_2O_3$	4.03
赤铁矿 Fe_2O_3	5.2

无多孔性烧结产品的真密度随焙烧温度的高低有轻微的变化,并与热膨胀率成反比。

当然,多孔性烧结产品的密度是较低的,这与它的孔隙率有关,而且保持着下列的关系式:

公式10：
$$\varepsilon_t = 1 - \frac{\rho_a}{\rho_s}$$

式中 ε_t——总孔隙率；

ρ_a——多孔性烧结产品的密度；

ρ_s——无孔材料的真密度。

与此相关联的等式为：$\rho_a = \rho_\sigma(1 - \varepsilon_\tau)$

举例如下：在设定烧结砖瓦产品的真密度为 2500kg/m³ 的基础上，表 45 给出了典型的烧结砖瓦产品的表观密度及相应的孔隙率等级。

表 45 各种烧结砖瓦产品的表观密度及相应的孔隙率等级

产 品	ρ_a（kg/m³）	典型的孔隙率（%）
屋面瓦	2200	12
水平孔多孔砖	1896	24
烟囱砌块	2025	19
垂直多孔砌块—Monomur	1500	40

三、各向异性（Anisotropy）

在大多数情况下，烧结砖瓦产品的性能不是各向同性的，因为每种材料"牢记"着制造它们时的制造方法。挤出和压制在坯体内导致了变形及剪切，如在成型一节中所讲的，这种变形甚至在干燥和焙烧后也留下了痕迹。因在变形的方向上原料中的颗粒和瘠性物质已经定位，材料中的微孔也形成和定位了。烧结砖瓦产品通常有着正交各向异性的特性，或横向是同性的材料，也就是说顺着材料的主要平面其性能是相同的，但是材料有着不同的横断面。这类材料有些像胶合板，沿着层的平面与垂直于这一平面上的性能不一样。

例如，烧结砖瓦产品各向异性的表现为：机械模量、力学强度、声音的传播速度、导热系数、扩散系数等都不同。在烧结砖瓦产品的挤出泥条上，沿着不同的方向已经进行了力学试验，即在挤出的方向上 D1 和垂直于挤出平面的两方向 D2 与 D3，试验结果见表 46。

表 46 烧结砖瓦产品机械性能的各向异性

方 向	挤出纵向 D1	挤出横向 D2	挤出横向 D3
弹性模量（GPa）	44.3±1	33.9±3.5	33.7±2.4
各向异性的比率（%）	100	77	77
抗压强度（MPa）	169	120	119
各向异性的比率（%）	100	72	72

最大及最小性能的比率能够用来度量各向异性的差异。在 D2 和 D3 方向上的性能是相等的，而且比 D1 向低 30% 左右。从力学的观点看，幸运的是各向异性在实际中影响很少，因为在砌体设计中所使用的安全系数是非常高的。

在热工性能上，也观察了各向异性对导热系数的影响。当涉及隔热保温性能的计算时，考虑这种特性就更关键了。

在更高的温度下焙烧可减少各向异性的差异，是因为玻化和再结晶程度的发展而得到了减少。然而，各向异性绝不会被完全消除。

四、试验

（一）烧结砖瓦产品的表观密度

如果知道样品的质量和几何形状，就能够测定其表观密度。如果能预先防止已称重的液体进入物体的微孔，也能够用静流称重的方法来测量表观密度（即排开液体法——译者注）。

（二）开放性孔隙率

开放性孔隙率容易获得的方法是使用静流称重方法。问题是要从微孔中移出所有的空气，用水代替微孔中的空气，并用水饱和试验样品。这种吸入水分的过程能够在环境压力及环境温度下进行，也可在大气压力或负压状态下在沸水中进行，或是在环境温度下抽真空，这样可获得不同的结果。吸入水分的时间也是非常重要的。

欧盟标准 EN NF772-3 要求砖在环境压力下吸收水分，至多 1h，直到质量保持恒定。此外，所知的标准是作为"真空度百分比测量法"规定的，并与其他建筑材料的几何测量法进行了比较。实际上它不是测定孔隙率的一个准则，因为实际孔隙率的等级比用这种方法测量的高。要获得材料实际孔隙率的方法是在真空状态下用水饱和或在负压下用水银饱和。

（三）真密度

真密度的测量包括对所有封闭微孔的破坏，并且应在粉末状态下进行。也能使用氦比重瓶的方法测定真密度。方法是在已知体积的封闭容器内，在有样品和无样品的情况下，分别引入同样数量的氦气。压力上的改变使人们能够测定固体的实际体积。

（四）各向异性

各向异性的评价是在产品各个方向上进行测量，并计算各向异性的比率。

第二节 热 性 能

一、热膨胀

热膨胀对烧结砖瓦产品的制造及砌筑来说是一个重要的性能。低热膨胀系数限制了产品在冷却中建立的热应力。砌筑之后，热膨胀系数作为评判的参数，如在烟囱砌块中抵抗热冲击及砌体的膨胀或是暴露在阳光下的铺地砖。

热膨胀概括说来是由于碰撞原子的热振荡引起的，并在晶体网架中彼此相互排斥。它与振荡时结合的能量有关。

因此，烧结砖瓦产品的热膨胀与它的成分和矿物结构（玻璃体、无定形体、结晶体、晶体结构）有关。热膨胀也与产品的纹理和孔隙率有关。产品的纹理使产品有了各向异性。

膨胀率的大小取决于产品的成分，例如含 SiO_2 高的其热膨胀值降低，含铝高的热膨胀增大，最重要的是含碱金属和碱土金属高的其热膨胀值也高。

原理上讲，热膨胀随着孔隙率的增加而降低。同样地，颗粒尺寸对热膨胀也有影响，因为大颗粒与小颗粒混合后比那些均匀尺寸颗粒的热膨胀率要低。

在温度一直达到 400℃ 时，出现的膨胀是精确的线性关系。超过此温度后，膨胀的速率增加，在石英转变点时有着奇特的变化。表 47 给出了某些陶瓷材料线性热膨胀系数的比较值。

表 47 陶瓷材料的线性热膨胀值

材 料	热膨胀值（10^{-6}/℃）
熔融石英 SiO_2	0.5
α 石英 SiO_2	1.5
堇青石 $5SiO_2 \cdot 2Al_2O_3 \cdot 2MgO$	3
烧结砖瓦	3.5~8
莫来石 $3Al_2O_3 \cdot 2SiO_2$	4.5
碳化硅 SiC	4.7
Al_2O_3	8.1
MgO	11

各向同性的材料，其体积膨胀是线性膨胀的 3 倍。

二、比热

干燥的烧结砖瓦产品的比热 C_p 是 800~1100J/(kg·K)，这取决于产品的化学成分和其晶体结构。欧盟标准主张取其中间值 1000 J/(kg·K)。

烧结砖瓦产品的比热值随温度的增高仅有缓慢的增加：如在 500℃ 或接近 500℃ 时，其比热值大约是 1050J/(kg·K)。

对建筑物进行热工计算时，明智之举是采用取"有用"的数据，也就是说产品的性能数值能够平衡建筑物外部的湿环境。因此对烧结砖瓦产品所具有的吸着水分能力的考查非常必要。

比热是可加成的。因此，要获得有用的比热值，就要加上干燥的烧结砖瓦产品吸附水（按液态水考虑）后的比热。因为烧结砖瓦产品的吸湿仅是轻微的，其吸湿数量也是小的（有代表性的是在空气湿度为 80% 时，吸湿量为 0.5%），在比热 C_p 上的增加限制到了 0.5% 的水上，即：

$$\Delta C_p = 0.005 \times 4180 J/(kg \cdot ℃) = 21 J/(kg \cdot ℃)$$

即与干燥状态下比较仅增加了 2%。

三、烧结砖瓦产品的导热系数

导热系数表示的是在所涉及的材料中热传递的难易程度。在傅里叶（Fourier）定律中，导热系数起着重要的作用，该定律描述在厚度为 x 的材料中、在横截面为 S 的两个平行表面之间、在两种不同的温度 T_1 和 T_2 下通过的热流量：

公式 11：
$$\Phi = \lambda S dT/dx$$

式中　Φ——热流量（W）；

　　　S——截面面积（m^2）；

　　　dT/dx——热梯度（K/m）；

　　　λ——导热系数[W/(m·K)]。

概括地说，导热系数 λ 取决于材料的结构、材料的密度或孔隙率以及温度。

导热系数对所有影响热流量扩散的缺陷（孔隙率、杂质、晶体界面）是非常敏感的。当烧结砖瓦产品具各向异性时，在通常情况下，其导热系数也呈各向异性的特征。

（一）孔隙率对导热系数的影响

孔隙率是影响导热系数的主要因素。对给定的烧结砖瓦产品而言，在导热系数和孔隙率之间有着一渐减的线性关系。不幸的是，孔隙率对力学强度也有很大的影响（不是线性关系）。因此，不可能无限制地增加孔隙率。

从传热的观点讲，多孔性烧结砖瓦产品中有两种物相影响着传热：

① 固相，此处有热传导；

② 微孔相，因有空气存在，此处有辐射和传导传热。空气中的热传导是很慢的，因为空气的导热系数很低。在限定尺寸的孔洞（<1cm）中没有对流传热。

以串联、并联或是串联/并联的模型综合考虑这两个物相，在 λ 作为孔隙率的函数的情况下，对导热系数的描述是可变化的。至少在达到600℃时，导热系数随温度的升高仅有轻微的增加。的确，没有孔隙率的陶瓷材料的导热系数随温度的升高而在下降，然而，由辐射传递的热量则随温度的升高在增加。

通常导热系数给出的是10℃时的数值。20℃时，烧结砖的导热系数明显增加了1%。超过600℃后，由于辐射作用导热系数有相当大的增加。

（二）产品化学成分和结构对导热系数的影响

材料种类的影响能够在表48中看到，表中给出了烧结砖瓦产品导热系数的等级。这些数值取自公开发表的刊物或标准中的数值。这也是对某些相类似材料的导热系数的展示，也可作为一比较的基础。

表48 某些材料导热系数的等级

材　料	导热系数[W/(m·K)]
微孔"高档隔热保温"材料（真空）	0.005
空气，1atm. 20℃	0.025
水（10℃）	0.6
玻璃棉（7~50kg/m³）	0.035~0.06
多孔混凝土（400~800kg/m³）	0.16~0.33
烧结砖瓦（根据密度/孔隙率及原材料）	0.3~0.8
烧结砖（没有孔隙）	0.8~1.1
烧结砖（根据形状和孔洞率）	0.09~0.8
烧结砖瓦产品（d=2000kg/m³）根据 EN12524	1
堇青石，$5SiO_2 \cdot 2Al_2O_3 \cdot 2MgO$	1.45
石英，SiO_2	1.1
耐热玻璃	1.09
标准混凝土（d=1800kg/m³）根据 NF EN12524	1.15
混凝土（d=2200kg/m³）根据 NF EN12524	1.65
熔融的 SiO_2	1.8
冰（0℃）	2.2
Al_2O_3，聚晶体	3.6
莫来石，$3Al_2O_3 \cdot 2SiO_2$	4
MgO	6

硅的导热系数变化范围很宽，明显地取决于其晶体结构。铝对导热系数的影响也是明显的，增大了其导热系数。实际上，在给定的密度和孔隙率下观

察，对不同类型的烧结建筑产品而言，其导热系数差别达30%，这取决于产品的化学成分和结构。

研究[38]表明，含云母（>25%）的烧结砖瓦产品能够降低其导热系数（可能是因为云母有众多的内界面）。然而，坯体中存在石灰石/白云石（>5%）时，产品内会形成更高程度的结晶体，因此会提高其导热系数。高的铝含量显然提高了导热系数，而玻璃相则明显地降低了导热系数。

（三）当量导热系数

在烧结多孔砖中，有着烧结砖瓦产品的微观（微孔）孔隙率，也有产品的孔洞形成的宏观孔洞率。而这些孔洞的尺寸一直有规律地在降低，而且随着技术的发展和进步会更小。在300mm大的砌块上，通常可见的孔洞宽度仅有几毫米宽。

为简便起见，通常定义的当量导热系数是同时考虑了孔隙的类型（微观孔和宏观孔洞），以及认为在热流方向上其材料是匀质的。在计算或测量砖（砌块）的热阻时，使用的是当量导热系数。

（四）水分和有效导热系数

当烧结砖瓦产品暴露在潮湿的大气环境下时，因其吸湿性会吸入少量的水分。吸水后的产品，就会增高其导热性能。

法国的规范中考虑到在建筑物的热工计算时，必须将烧结砖瓦产品的导热系数提高30%，以得到有效的用于计算的导热系数。对不同类型的烧结砖瓦产品所做的测定证明，通常含水状态下其导热系数的增加仅限制在5%以内。

在欧盟标准EN ISO 10456中，对获得有效导热系数的规定是：在给定的空气中含水量的情况下，由产品在干燥状态下的导热系数值乘以系数F_m。

$$F_m = \exp(f_\psi \cdot \psi)$$

式中 f_ψ——10；

ψ——体积含水量（m^3/m^3）。

因此，对砖来说，在相应的空气湿度比率为80%时，其体积含水量为0.5%，而导热系数仅增加了5%。

也有其他的建议认为：导热系数随含水量呈线性变化。

当含水量低时（产品暴露在潮湿的空气中），在上述两种评估方法之间的差别是有限的；在有较高含水量的情况下（没有覆盖情况下的暴雨淋刷、淹没水中），导热系数的线性变化比指数变化更接近实际。

（五）导热系数的测定

有各种各样相当复杂的、精密的技术方法用来测定导热系数。使用何种方法取决于下列条件：

① 热状态：稳定的热源或不稳定的热源；
② 样品的几何形状；
③ 用于测定温度和热流的程序。

在稳定热源的基础上，做这些测量最常用的技术方法是用傅里叶定律：测定通过样品的热流量，即检查样品两平行的外壁上的温度。对砖而言，最简单的几何形状是一平面盘形物体。样品必须有足够的厚度，其热接触阻力可忽略不计。应当在干燥状态下进行测定，以避免水分的蒸发。

四、热扩散系数（Thermal diffusivity）

虽然热扩散系数是用来描述稳定状态热传递的参数，但是动态的热传递则取决于扩散系数 α。

$$\alpha = \lambda/(\rho \cdot c) \quad (m^2/s),$$

扩散系数 α 是导热系数的函数，而且也是密度 ρ 和比热 c 的函数。

动态热扩散的测定涉及到热扩散系数 α，而稳定态热扩散的测定涉及导热系数 λ。

使用温度传递的时间或在样品一面施加的峰值温度到达另一面所用时间的动力测定方法可直接测定出热扩散系数 α。不需要再去测定带有不完整性的温度，这种不完整性是这种类型的测定方法中所固有的缺陷，是测定在一时间周期之内性能达到最大时的变化。热扩散系数 α 能够推导出来，如果知道密度和比热，就能得到导热系数 λ。

表 49 给出了某些烧结砖瓦产品的热扩散系数。

表 49　某些烧结砖瓦产品热扩散系数的范例

产品类型	密度（kg/m³）	热扩散系数(m²/s)×10⁷
烟道砌块	2020	8.5
水平孔多孔砖	1900	7.6
"蒙瑙米"1（Monomur1）砌块	1510	4.3
"蒙瑙米"2（Monomur2）砌块	1480	3.2

在温度一直达到 600℃ 时，热扩散系数的降低很缓慢。

第三节　有水蒸气时烧结砖瓦产品的含水性能

含水性能涉及烧结砖瓦产品与水的性能。烧结砖瓦产品中存在不同状态的水时，例如水蒸气、液态水、冰，所表现出的不同类型的特性之间要谨慎地作出区别，这是非常必要的。本节仅涉及水蒸气和液态水对烧结砖瓦产品的影响。结冰对烧结砖瓦产品的影响在其后的章节——抗冻性一节中进行讨论。

烧结砖瓦产品的绝对湿度能够以不同的方式分别来定义：

① 按质量计烧结砖瓦产品的含水量：用可蒸发性水的质量除以干燥产品的质量（可蒸发水 kg/干燥产品 kg）。这是唯一的可用于烧结砖瓦产品的权威性数值，因为烧结砖瓦产品的体积不是一个常数。

② 按体积计烧结砖瓦产品的含水量：用可蒸发性水的体积除以干燥产品的总体积（可蒸发液态水的体积 m^3/干燥产品的体积 m^3）。

③ 按质量-体积计烧结砖瓦产品的含水量：用可蒸发性水的质量除以干燥产品的总体积（可蒸发液态水的质量 kg/干燥产品的体积 m^3）。

④ 烧结砖瓦产品含水的程度也能与最大含水量比较而使之标准化，含水的程度以百分比来表示，如同表示湿空气的特征一样（相对湿度）。

一、烧结砖瓦产品的吸附等温线（Fried clay absorption isotherm）

如果多孔的烧结砖瓦产品暴露在潮湿的环境下，就会吸收一定量的水分，这种现象早在原材料一节论述过了。

烧结砖瓦产品中的平衡含水量被归结为空气中含水量的函数，这一曲线被称为吸附等温线（或称为吸湿吸附曲线，如图54所示）。图54中也包括了其

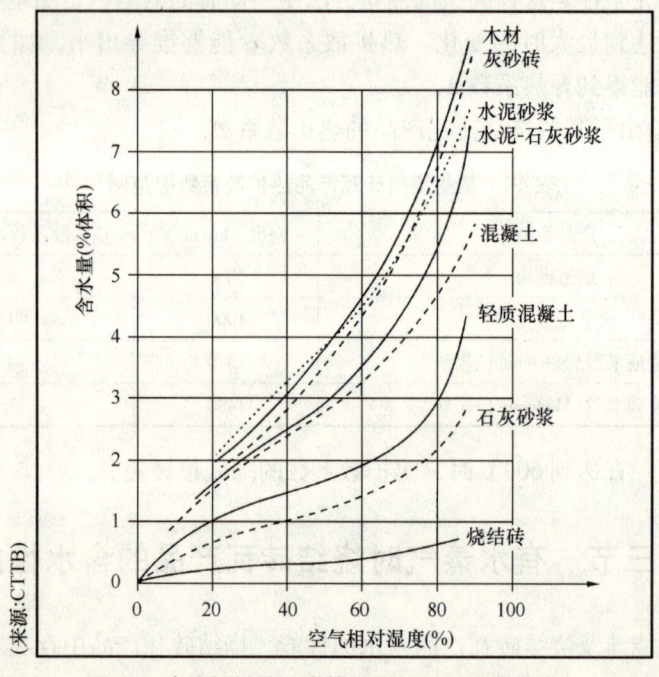

图54 建筑材料的吸附等温线（吸湿吸附曲线）

他建筑材料的吸附等温线。在一给定湿度的环境下，烧结砖吸附的水蒸气非常少，与石膏、粉刷材料、混凝土、生黏土或木材比较，烧结砖瓦产品不是吸湿性的材料。烧结砖瓦产品这种低的吸湿性能够部分地解释为：与其他材料的微孔比较，烧结砖瓦产品具有较大的微孔直径（约为 $1\mu m$）。

在吸附的最初阶段，吸附在干燥状态下进行，此时水分被墙体的微孔以单分子的吸湿方式吸附。在给定孔隙率的情况下，如果材料具有小微孔，其吸湿量就更大，因为小微孔有更大的有效比表面积。

随着空气中含水量的增加，水转变成为多分子层，并且其吸附层也变厚了。此时，水分变成了纯的液态，这就构成了吸附作用。稍后，某些小的微孔被液态水滴填充，这种填充从最小的微孔开始。

随着空气中潮湿程度的进一步增加，被水充满的微孔数量上升，产品中的含水量显著增大。在空气中超过了一定的潮湿程度（接近于80%）时，其吸附出现了机理上的改变：即吸附的水由与液态水接触的毛细管作用力控制着。然后，随着空气中的潮湿度接近饱和状态，烧结砖瓦产品中的含水量上升得非常迅速。在空气湿度达100%时，可发现烧结砖瓦产品如同在液态水中浸泡一样的情景，这种现象将在下节讨论。

与其他建筑材料比较，烧结砖瓦产品不会从空气中吸收更多的水分，而且当周围空气环境变化时，烧结砖瓦产品的含水量仅有轻微的变化。如上所述，与其他许多建筑材料相反，烧结砖瓦产品随着周围环境空气中潮湿程度的变化在其尺寸上、力学性能上，或在其热工性能上不会出现显著的变化。

将烧结砖瓦产品的样品暴露在具有不同潮湿程度的大气环境条件下所测定的吸附等温线，以及表现出质量的增大，是根据欧盟标准 EN ISO 12571 进行的。

欧盟标准 EN 12524 给出了各种建筑材料在环境相对湿度 $RH = 50\%$ 和 $RH = 80\%$ 时有用的吸湿量数据。

二、由于水分引发的膨胀

新鲜的烧结砖瓦产品由于水分而引发的膨胀程度是较低的。
这种膨胀的特性说明如下：
① 在产品刚刚出窑后就会出现这种明确的现象；
② 首先出现的膨胀的比率是高的，随后其比率降低，在经过几个星期或几个月后会最终消失，这种膨胀的动力学作用取决于吸收水分数量的大小；
③ 在各种类型的烧结砖瓦产品中发现，由于吸附水分而引发的总的膨胀量依然是较低的［在 $0 \sim 1$(或2) mm/m 之间］，这比常见的使用温度范围内的

热膨胀更小；

④ 由水分引发的膨胀大小涉及产品的化学成分及内部的结晶程度。在含钙的产品中其膨胀是非常低的，在产品中含有较高数量的无定形（非结晶）物质时，其湿膨胀量也是较高的。

因此，要抵抗这种类型膨胀的关键性因素是产品能够达到最大的烧成温度。通常较高的烧成温度可强化其结晶作用，能够显著地降低由于水分引发的膨胀（图55）。

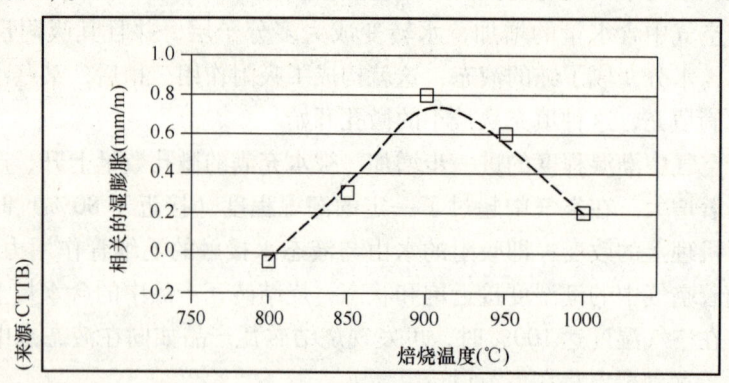

图55 由水分引发的典型膨胀与焙烧温度的关系

这种由于水分引发的膨胀可以解释为：产品中非晶相（无定形相）的自由化合价的作用从环境中吸收水分以及形成表面水合物而引发的结果。吸附的水分明显地减少了表面张力，释放出了内在的应力，从而使其产品出现膨胀。

由于水分引发的膨胀，如果不对其进行控制，也可能造成应力及裂纹。在法国，这种现象的控制是限定砖的最大膨胀值。另一方面，在其他国家，采用的解决方法是预留中间膨胀缝来限制砌体的长度。在英国，预留垂直伸缩缝的间距通常小于12m，从墙壁转延侧面到拐角的距离应当近似于上述尺寸的一半（也就是6m）。

在砌体上[39]发现的膨胀程度通常比在砖本身上观测到的膨胀低，这是因为在砖上的膨胀由铺砌砖时使用砂浆的收缩在相当大的程度上得到了补偿。

欧盟标准 EN 772-19 中规定，由于水分引发的膨胀的试验方法是在大气压力下的沸水中将烧结砖瓦产品浸泡24h，之后测定延长的结果。在一些国家的请求下，欧盟标准 EN 771-1 中对一些产品规定了这种类型膨胀的最大保证数值，例如带有水平孔的、长度大于400mm 的砖（砌块）。这些烧结砖（砌块）的湿膨胀必须小于0.6mm/m。

产品的制造者也能够采用各种措施来减小因水分引发的膨胀，如：

① 提高烧成温度，限制非晶相物质；
② 添加碳酸盐化合物（石灰石、白云石等），以便增大结晶相的比例；
③ 在交货之前，在足够潮湿的环境下存储产品，使其达到部分的预膨胀。

三、烧结砖瓦产品中水蒸气的扩散

烧结砖瓦产品是多孔结构的，空气和水蒸气能够很容易地渗透这些产品。

（一）烧结砖瓦产品中水蒸气的渗透性（Permeability of fired clay to water vapour）

如果烧结砖瓦产品只是简单地暴露在具有较低湿度或平均湿度（$RH < 80\%$）的空气中，其吸湿程度明显是低的，而且其微孔没有被水填充满。因为水蒸气能够通过砖本身的微孔而扩散。

于是，水蒸气的扩散特征就能够使用菲克定律（Fick's law）来描述：

公式 12： $$g = D_p \mathrm{grad} p$$

式中 g——水分的流量密度比 $[\mathrm{kg}/(\mathrm{m}^2 \cdot \mathrm{s})]$；

p——蒸汽中的水分含量程度，以水蒸气的压力表示（Pa）；

D_p——随蒸汽压力变化的水蒸气的渗透性 $[\mathrm{kg}/(\mathrm{m} \cdot \mathrm{s} \cdot \mathrm{Pa})]$；

grad——gradient，意为蒸汽压的变化率 $\mathrm{d}p/\mathrm{d}x$。

也能够以不同的术语来表示湿度梯度，而写出这一公式（如由体积或质量表示的湿度）。此时，其数值和 D 的单位也要作出相应的改变。

（二）水蒸气扩散的阻力系数（Coefficient of resistance to diffusion of water vapour）

已知水蒸气通过一给定厚度的平静空气（没有对流）层的扩散程度，因而可表示如下：

公式 13： $$g = \delta \mathrm{grad} p$$

与上一公式相似。

标准 DIN 52614 给出了在平静空气层 δ 中湿气的渗透性，例如：

$$\delta = 2.0 \times 10^{-7} \times T^{0.81}/p \quad [\mathrm{kg}/(\mathrm{m} \cdot \mathrm{s} \cdot \mathrm{Pa})]$$

式中 T——环境温度（K）；

p——环境压力（Pa）。

在 10℃ 及在大气压力下，可得到：

$$\delta = 1.9 \times 10^{-10} \quad [\mathrm{kg}/(\mathrm{m} \cdot \mathrm{s} \cdot \mathrm{Pa})]$$

要想将这种现象阐述得更清楚，就要在其关系上考虑相似性的问题。通常对于一给定建筑材料表现的水蒸气的渗透性是由引入相当于烧结砖瓦产品层的平静空气层 μ_D 数量的概念为特征。这种数量也被称为"水蒸气扩散的阻力系数"或为"水蒸气扩散的阻力因素"。

因此，在材料中水蒸气扩散就可描述如下：

公式 14： $\qquad g = \delta/\mu_D \mathrm{grad} p$

以及： $\qquad D_P = \delta/\mu_D$

标准 EN 12524、EN 1745、DIN 52615 中提供了某些数据，这些数据能够由在技术文献找到的其他数据来配齐。通常给出了材料两种状态（干燥和潮湿状态）下的数值。

表 50 中所表示的烧结砖瓦产品的数值没有必要是完全连贯的。然而，对密度变化范围宽的固体材料所给出的数据也不是非常实际的。因此对低密度的建筑砖（1600～1800kg/m³）应当使用低的数值，而对密度大的装饰砖和屋面瓦应使用高的数值。

加拿大的研究[40]给出了三种烧结实心砖与混凝土比较的、完全是实验性的结果（见表 51）。烧结砖不是吸湿性的材料，混凝土是吸湿的，因此对混凝土和高密度的烧结砖水蒸气渗透性程度进行了比较。另一方面，低密度的砖其渗透性程度更高些。

必须小心谨慎地对待表中所列数值，因为渗透性取决于错综复杂的微孔结构特性（孔隙率、尺寸、定向及分布）。当涉及带有狭窄形状孔洞的多孔砖时，就不能使用在烧结实心产品上测定的水蒸气扩散阻力系数，因为这些水蒸气扩散的阻力系数更低一些。所以对多孔砖来说，其水蒸气扩散阻力系数就必须进行测定或经过计算。

表 50 各种建筑材料中水蒸气的扩散

材　料		水蒸气扩散的阻力系数（干状态）	水蒸气扩散的阻力系数（湿状态）	计算的渗透性（干状态）[kg/(m·s·Pa)]
屋面瓦	2000kg/m³ EN 12524	40	30	4.75×10^{-12}
烧结砖瓦产品	1000～2400kg/m³ EN 12524	16	10	
烧结砖瓦产品	1000～1800kg/m³ EN 1245	10	5	
烧结砖瓦产品 装饰砖	1800～2400kg/m³ EN 1245	100	50	
砖 DIN	1600kg/m³	9.5	8	2×10^{-11}
不带装饰的砖	（RH 0%～60%）	17		1.1×10^{-11}

续表

材　料		水蒸气扩散的阻力系数（干状态）	水蒸气扩散的阻力系数（湿状态）	计算的渗透性（干状态）[kg/(m·s·Pa)]
不带装饰的砖	（RH 60% ~ 80%）			1.2×10^{-11}
不带装饰的砖	（RH 60% ~ 100%）		13	1.5×10^{-11}
石膏	900kg/m³	10	4	
混凝土 DIN	2250kg/m³	260	210	
混凝土	2200kg/m³	120	70	
混凝土	1800kg/m³	100	60	
石灰砂浆 DIN	1900kg/m³	19	18	
石灰砂浆 DIN	1400kg/m³	7.3	6.4	
空气		1	1	1.9×10^{-10}

表51　砖中水蒸气的扩散

材料		"砖2红色"	"砖3米黄色"	"砖4带纹理结构"	混凝土
密度　（kg/m³）		1935	1719	1821	2294
10℃时的导热系数 [W/(m·K)]		0.49	0.42	0.51	0.79
材料的吸湿量　（kg/kg）	RH = 50%	0.001	0.0012	0.0011	0.02
	RH = 70%	0.0006	0.0017	0.0006	0.024
	RH = 90%	0.0007	0.0016		0.03
水蒸气的渗透性 [kg/(m·s·Pa)]	RH = 10%	1.5×10^{-12}	7.1×10^{-12}	3.0×10^{-12}	1.23×10^{-12}
	RH = 50%	1.8×10^{-12}	8.1×10^{-12}	3.5×10^{-12}	1.75×10^{-12}
	RH = 80%	2.0×10^{-12}	9.0×10^{-12}	3.9×10^{-12}	2.30×10^{-12}
	RH = 90%	2.1×10^{-12}	9.3×10^{-12}	4.0×10^{-12}	2.50×10^{-12}
水扩散的阻力系数 RH = 10%（计算值）		105	23	54	108
初始吸水速率　[kg/(m²·s^{0.5})]		0.0268	0.0012	0.0322	0.0076
[kg/(m²·min^{0.5})]		0.21	0.009	0.25	0.06

（三）测定水蒸气渗透性的试验

使用灌有盐水溶液的小型玻璃容器，并保持容器内的湿度处于恒定的水平上。之后用烧结砖瓦产品的条状面将玻璃容器封闭，并将玻璃容器和烧结砖瓦产品一起放入可控温度和湿度的箱（室）中，在不同湿度等级下进行试验。按时测定容器失去或增加的质量。当失去或增加的质量随时间变成线性关系时，就测量到了扩散的流量。当然，测量的质量取决于在烧结砖瓦产品和容器之间的密封效果。该试验可以遵照欧盟标准 EN ISO 12572 中规定的程序进行。

第四节　有液态水时烧结砖瓦产品的含水性能

一、浸湿和完全渗透的自由饱和度

烧结砖瓦产品是一类主要由开放性多孔结构和少量的封闭性多孔结构的多孔性材料。开放性的多孔结构能够部分地由水完全填充。

如果烧结砖瓦产品在环境温度和大气压力下放入水中浸泡，随着浸泡的时间吸收水分达到一定的程度时，就被称为自由饱和程度。如果将这一自由饱和程度标准化，就可得到一比率（在自由饱和状态下吸入水的体积/总的微孔体积），称为饱和系数。饱和系数通常是相当低的。自由饱和程度比孔隙率低的原因是由于在浸透过程中微孔内截留了空气，而空气阻止了微孔被水完全填充满。饱和的程度根据产品的不同而在变化。堵塞在微孔中的空气在水中溶解得非常缓慢，要经过很长时间才能消失。

当用沸水在大气压力下浸泡时，就可得到更剧烈的浸透作用。在产品微孔中，压力是 1 个大气压，主要由 100℃ 的水蒸气和热气体构成微孔中的气体。在冷却过程中，微孔中冷却空气的剩余压力和水蒸气的凝结处于大大低于大气压力的状态下，因此水分的渗透就更容易。产品也能够在负压下、在环境温度或更高的温度下进行浸泡。

在真空条件下进行浸泡时，就能够得到完全的浸透：方法是首先将烧结砖瓦产品放置在容器中抽真空，以便完全排空微孔中的空气，之后，灌入水浸泡。

自由饱和程度和饱和系数这些概念在其后抗冻性一节还要更详细地讨论。

二、用水饱和的烧结砖瓦产品中水分的传递

（一）在饱和的烧结砖瓦产品中液态水的扩散

现在将要考察用水饱和材料的条件（环境）。除了结构上某些特殊部位（例如被水饱和的在基础中没有保护层的垫墙）之外，在建筑材料上通常出现这种情况仅是临时性的（例如大雨之后屋顶上的瓦、暴露墙体的顶端、浸泡在泛滥洪水中的砌体)。

当所有的材料被水分饱和之后,就没有必须引发水分移动的产品内部的毛细管力和外部的压力(如重力)。

总的来说,在饱和的烧结砖瓦产品中液态水的扩散服从达西定律(Darcy's law),达西定律是在带有层状流动的多孔性介质中给定一恒定的水流,这种流动取决于压力差、渗透性及液体的黏度。

公式 15：
$$U = k\Delta p/L$$

式中　U——流体的速度(在固定的壁之间,以米每秒计,因此就涉及了被测定体积的流动速率);

　　　Δp——压力差(Pa);

　　　L——多孔性材料的厚度(m);

　　　k——比例常数,称为渗透系数($m^3 \cdot s/kg$)。

考虑到密度,人们有时定义 $K_s = k\rho g$,K_s 是常规的饱和渗透性程度(m/s)。

k 和 K_s 随材料的不同而变化,也随流体的不同在变化。

为了获得与流体无关的性能,定义了 k',k' 即固有的达西渗透性,k' 完全取决于多孔性材料,而与流体无关：

$$k' = k\mu$$

式中　μ——流体的动力黏度[$kg/(m \cdot s)$]。

k' 的单位是 m^2。这种 MKS 单位非常大,因此人们有时使用更小的 CGS 单位,但是更接近实际数值的是达西(Darcy)单位(多孔介质渗透力单位),1 达西约等于 $10^{-12} m^2$。

由于在高温下水的黏度降低,因此水的流动速率更高。

使用了各种各样的方法来测定渗透性,这些方法中的大多数是为石油工业而开发的,但是经修订后也适合于建筑材料的渗透性测定。下面提到的法国屋面瓦渗透性的试验方法是一主要在饱和介质中的试验方法。

表 52 中给出了常规渗透性和固有渗透性的典型数据[41]。

表52　烧结砖瓦的渗透性

产　品	孔隙率	固有渗透性 $k'(m^2)$	常规渗透性 K_s(m/s)
砖 1	0.4	2.9×10^{-15}	3.2×10^{-8}
砖 2	0.3	3.4×10^{-16}	3.8×10^{-9}
各种屋面瓦			$2.5 \times 10^{-17} \sim 1.2 \times 10^{-15}$

（二）屋面瓦的渗透性

对某些产品，例如屋面瓦液态水的渗透性，必须进行细致的检查。

使用了各种各样的试验方法来评估屋面瓦的渗透性，采用不同的试验方法取决于样品的尺寸、静水力学的压力及要测定的参数。

在目前的欧盟标准（EN 539-1）中，提出了两种试验的程序，直到新的接替程序出台之前这两种程序都是可用的。

程序 1 相当于以前的法国和比利时标准。这是一种传统的渗透饱和扩散试验方法。在一屋面瓦上固定一小容器，并在容器中注入水。在 10cm 水的压力下（即注入水的高度为 10cm——译者注）测定通过瓦的水流速率常数。标准中称这一数值为不渗透性系数。测定持续两天。通过瓦的水保存在瓦的下面。因此，瓦的两个表面都暴露到了非常潮湿的条件下：即在一面有水，而在另一面空气相对湿度接近 $RH=100\%$；没有考虑蒸发现象而改变这种试验的结果。此时能容易地计算出渗透性系数：即固有的达西渗透性系数为 $7.5 \times 10^{-16} m^2$，相当于可接受的流动速率每天为 $0.5 cm^3/cm^2$（根据标准 EN 1304 的规定，为类别 1 瓦的最大不渗透性系数）。

因而，在屋面瓦上所测量到的渗透性数值在 $10^{-14} \sim 10^{-17} m^2$ 之间变化。

程序 2 相当于以前的德国标准。还是使用一容器，该容器的底由试验用的瓦构成，并在容器内注入高度为 6cm 的水。在此种情况下，测定瓦背面第一滴水落下的时间。第一滴水落下时是可看见的，或是使用水滴探测器（光学的或导电的探测器）。瓦的下面没有水，其环境空气的相对湿度等级为 60%。因此，这种试验方法的主要问题是水滴形成后的蒸发程度，如果所试验的屋面瓦不是非常容易渗透的，相应的蒸发程度会更高。如果蒸发速度比水在瓦中的扩散速度高，形成的水滴就不会落下。

这一标准的拥护者们指出，这种试验是快速的方法，水滴下落的时间间隔对房屋的居住者来说是一项有实际意义的数据。

从原理上讲，渗透流动速率和水滴下落时间是两种不同的现象。

① 程序 1 直接涉及在达西定律下的流动速率，测量建立在被水饱和的材料中液体扩散现象的基础上。

② 程序 2 涉及动力学概念，事实上这是由两个阶段组成的过程：

a. 在瓦中水达到饱和，因屋面瓦最初是干燥的（在不饱和介质中的扩散将在后面讨论）；

b. 水滴的形成，在瓦中的扩散流动速率和蒸发速率之间的差别形成了水滴。此时的扩散是在饱和状态下。

当渗透过程不是太慢时，由 CTTB 进行的研究表明了两种测量方法之间的实际关系。两种测量方法有着相当紧密的联系，因为屋面瓦达到饱和的时间比第一滴水形成的时间要短得多，特别是在干燥状态下。两种测量方法的确都涉及到渗透性，都服从于达西定律。

（三）渗透性和孔隙率

渗透性以非常复杂的方式与孔隙率和微孔的连通性连接在一起。已经提出了各种各样的模型及关系式，所有这些都取决于微孔的特性。

假设多孔层中是由一系列不连通的微孔组成，科采尼（Kozeny）和卡门（Carman）指出达西的固有渗透性 k' 能够表示如下：

公式 16：
$$k' = 1/(h_k \cdot a_g^2) \cdot \varepsilon^3/(1-\varepsilon)^2$$

式中 ε——孔隙率（%）；

h_k——科采尼（Kozeny's）常数，约等于 4.5；

a_g——微孔的比表面积（m^2/m^3）。

这一模型表明孔隙率（当总孔隙从 0.1 增加到 0.2 时，k' 要乘以 10）和微孔尺寸（由于比表面积的影响）有着相当大的影响。采用多孔材料碎片状态和以渗透理论为基础，最近的分析也表明孔隙率依然有很强烈的影响。

在生产坯体时，开放性外加剂的加入量就要有所限制，因为这在渗透性上有可能形成主要影响。同样地，烧结砖瓦产品孔隙率的小变化也会导致渗透性的显著变化。

三、水没有完全饱和的烧结砖瓦产品中水分的扩散

现在将要研究发生在吸湿吸附作用和完全饱和的材料之间的没有被水饱和的中间介质区域上水分的扩散。

事实上，这对铺砌后的建筑材料来说是一个非常重要的方面。当材料变得足够潮湿时（空气相对湿度超过 80%，或是短期暴露在雨中，水的渗漏），在介质没有被水分饱和的情况下，水分以液相的方式传递。

如果在干燥的砖上浇水，砖会被润湿。此时水就会遍布在砖上，并被微孔迅速地吸收。烧结砖瓦产品由于毛细管压力产生的虹吸作用而吸入水分。毛细管压力是由在微孔中水的小半径弯月面引发的，根据尤林定律（Jurin's law）有：

公式 17：
$$P = 2\sigma\cos\theta/r$$

式中 P——由弯月面引发的压力差；

σ——表面张力；

θ——接触角；

r——微孔半径。

由于烧结砖瓦产品微孔平均尺寸的影响，烧结砖瓦产品不是非常强的"吸湿性"材料，也就是不会从充满潮湿的空气中吸收太多的水分。另一方面，当材料没有被水饱和时，"毛细管"作用，也就是说毛细管的影响是非常强的。毛细管作用力在低湿度情况下是非常强的，当弯月面消失后在接近饱和的状态下，这种作用力就被抵消了。毛细管作用力在小微孔中是最强烈的。

虽然在大的微孔中其吸入力不是很强，但是所发生的大多数毛细管吸附是因为在大微孔中比较小的微孔中有很少的摩擦力。

弯月面存在的另一种结果是改变了蒸汽压力等级。液体润湿了多孔性的烧结砖瓦产品后，根据开尔文定律（Kelvin's law），其蒸汽压力等级就降低了。在半径为 r 的微孔中蒸汽的压力是 P，因而有：

公式18： $$\ln P/P_0 = 2\sigma_\lambda M_1/(r\rho RT)$$

式中　P——实际蒸汽压力；

　　P_0——没有弯月面时水的蒸汽压力；

　　σ_λ——液/固体界面能；

　　M_1——液体的原子量；

　　ρ——水的密度。

因此，在没有饱和材料中的水是逐步地及优先地集中在较小的微孔中。

（一）在没有饱和的烧结砖瓦产品中液态水的扩散

用一扩散方程式来描述这种水分的吸附还是有可能的，这一扩散方程式称为理查德定律（Richard's law），这一定律与菲克（Fick's）和达西（Darcy's）定律非常相似。该定律使用了毛细管传导系数为其特征，含水量不再是常数，但是这与材料中的含水量有着紧密的联系：

公式19： $$g = D_{w吸入}\mathrm{grad}W$$

式中　g——水分的流量密度 $[\mathrm{kg}/(\mathrm{m}^2 \cdot \mathrm{s})]$；

　$D_{w吸入}$——毛细管传导系数（在吸入状态下）（m^2/s，也就是扩散系数的量纲），随含水量而变化；

　　W——含水量（kg/m^3）。

由于 $D_{w吸入}$ 的量纲，某些作者将其称为不饱和介质中的等温含水扩散系数。

不饱和材料中水分的毛细管扩散系数能够使用扩散试验来测定，也就是在不同的时间测定润湿的样品中水分的分布[42]。也可由在接近饱和程度时测定初始吸水速率（见其后章节）对这一数值进行评估。

如前所述，在不饱和的介质中的这种扩散是变化的；这种扩散随含水量几乎呈指数规律而变化。图56给出了两个实验室在砖上所做的测量结果。图中接近指数变化的直线是添加的。

在热传递中，导热系数是一常数，在遍及整个产品中的温度梯度不是急剧升降的。而在由于毛细管作用的水分传递中，传导系数是可变的，其传导系数随含水量呈指数规律在变化。这就造成了几乎如一波面一样的渗透，形成了非常陡峭的水分（湿度）梯度。水分梯度如此突然地变化，正如颜色的变化一样，在其表面上通常是可见的，很容易从湿的区域上分辨出干燥的区域。另一方面，水分梯度陡峭的斜率使其测定更为困难。

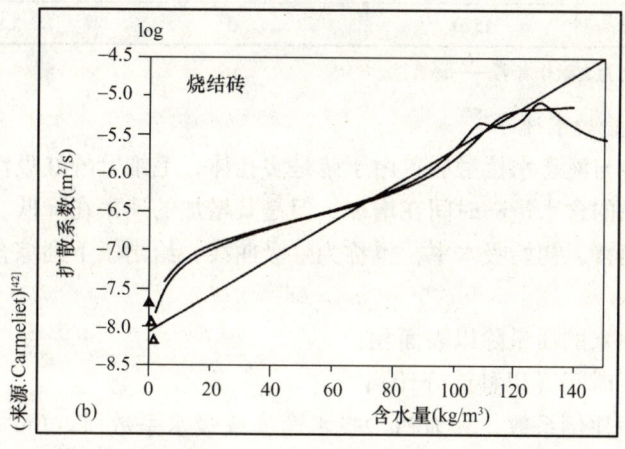

图56 两个不同实验室所做的砖中水分的毛细管扩散系数

在干燥期间，根据开尔文定律（Kelvin's law），产品中的水重新分布，并集中在较小的微孔内，在较小微孔中的水的干燥是很缓慢的。对于同样的含水量而言，干燥中的扩散更缓慢，这种特性可用第二个毛细管干传导系数 $D_{w干燥}$ 来描述，第二个毛细管干传导系数通常比第一个低 50%~100%。

某些 $D_{w吸入}$ 的实验数值表示在表 53 中[43,44]。

表 53 毛细管扩散系数（吸入）

材 料	密 度 (kg/m^3)	含水量 (kg/m^3)/(kg/m^3)	毛细管扩散系数 $D_{w吸入}$ (m^2/s)
砖（Krus）	1700	0 0.5 1	1.0×10^{-7} 1.0×10^{-6} 1.0×10^{-5}
砖（Holm）	1690	1（340 kg/m^3）	5.4×10^{-6}
砖 1（Brocken）	1630	0 0.5 1	3.2×10^{-9} 1.0×10^{-7} 1.0×10^{-5}

续表

材料	密度 (kg/m³)	含水量 (kg/m³)/(kg/m³)	毛细管扩散系数 $D_{w吸入}$ (m²/s)
砖2(Brocken)	1650	0	7.3×10^{-9}
		0.5	1.0×10^{-7}
		1	2.0×10^{-6}
模制砖(Hall)	1570	0	3.4×10^{-9}

注：未译出外文为文献作者名——译者注。

（二）初始吸水速率[45]

干燥的砖与液态水接触后，由于砖是多孔体，毛细管的虹吸作用就会吸收液态水。产品的含水量随时间在增加，但是其增加的速率在降低。对于一各向同性的材料而言，初始吸水率，也称为虹吸曲线，给出了下列综合的关系式：

公式20：
$$m_s = At^{0.5}$$

式中 m_s——水的质量除以表面积；

t——时间（以秒或分计）；

A——比例系数，称为初始吸水速率或吸水系数[kg/(m²·s⁰·⁵)]，是一MKSA单位，或是kg/(m²·min⁰·⁵)，为实际应用单位。

从技术的观点来讲，砖的初始吸水速率是重要的数据：因为这是正确地实施完成砌体接缝和粉刷层的重要因素。这些混合物在混合时都有一定的含水量。当它们与砖砌体接触时，在开始的数分钟内，部分来自砂浆或粉刷物料中的水由于毛细管作用被吸入到了砖砌体中，使砂浆或粉刷物料变干。传递水分的数量取决于砖的吸水程度，也与砂浆或粉刷物料的成分有关，还与施工现场的条件（温度、阳光及风力）有关。如果砂浆中石灰的含量较高，或使用保水性外加剂时，这种水分的传递就会受到更多的限制。因此，在夏季砂浆可以拌合得更湿一些，铺砌之前的砖要预先彻底地浸透。

A 的实际应用单位是 kg/(m²·min⁰·⁵)，但是对烧结砖瓦产品来说，标准 NF 772-11 第 8 节中给出的单位是 kg/(m·min)。然而，在这一特定的试验中，试验的持续时间是 1min，因此就能够以 kg/(m·min⁰·⁵) 这样的单位表示出同样的结果。要从这些结果转换成为 MKSA 单位，所有的数据都需要除以 $60^{0.5}$，也就是 7.75。

接近于饱和状态的毛细管扩散系数 $D_{w吸入}$ 已经表明，直接涉及 A 的数值，对于烧结砖瓦产品的初始吸水速率可依据下式计算：

公式21：
$$D_{w吸入}(饱和) = 3.8(A/w_t)^2$$

式中 A——初始吸水速率[kg/(m²·s⁰·⁵)]；

w_t——水分的最高值(kg/m^3);

$D_{w吸入}$(饱和)——接近于饱和状态下的水分扩散系数。

因而,A 值的测定是非常重要的:因为 A 值是一主要的技术试验项目,而且也决定着在不饱和烧结砖瓦产品中所有水分的传递。依据标准 EN 772-11 或标准 EN ISO 15148 测定 A 值。

(三) 干燥时间

在砖砌体铺砌之后,有时由于初始的混合水、雨水、冷凝水、泄漏的水等使砌体变湿。如果发生洪水泛滥,砌体就会变湿得更剧烈。砖与多孔材料及黏土能以同样的方式进行干燥。因为烧结砖瓦产品不是吸湿性的材料,与其他具有较小微孔的建筑材料相比较,砖或瓦的干燥时间是较短的。毛细管力可将液态水移动到表面,而且砖瓦的吸湿平衡含水量也是很低的。通常,湿的砖几天就干了,而混凝土砌块要耗时数月才能干燥。

湿的砖在干燥之后,也能恢复它们所有的初始性能。

同样地,烧结屋面瓦由于大雨使其吸水饱和,但能够很迅速地得到干燥,因此对冻/融循环的敏感性很小。为了使屋面瓦干燥容易,法国 DTU 技术推荐中要求屋面瓦的内部表面在所有时间内都要保持通风,以便在瓦的两面都能容易得到干燥。

第十五章 烧结砖瓦产品的力学性能及其他性能

第一节 力 学 性 能

现在来讨论烧结砖瓦产品的力学性能，同时也一起研究诸如成分、结构、孔隙率以及烧成温度的主要制造参数在这些性能上的影响。

一、弹性模量

弹性模量是以烧结砖瓦产品在应力下的弹性变形来表现其特征的。如果是各向同性的材料，下列两种参数足够确定其弹性特性：

① 在拉应力/压应力下的弹性模量 E（或杨氏模量；Young's modulus）；

② 泊松比 ν（Poisson's ratio），描述垂直于荷载的弹性变形。

在剪切期间开始起作用的刚性模量 G 涉及其他两个参数由下列关系式表示：

公式 22：
$$G = E/[2(1+\nu)]$$

（一）杨氏模量（Young's modulus）

原理上，杨氏模量与在压力和拉力下的模量之间没有太多的差别。表 54 给出了这些模量的实验数据，同时也给出了其他材料的比较数值。

在温度达到约 600℃ 时，弹性模量依然是稳定的。

表 54 烧结砖瓦产品的弹性模量

产品	密度（kg/m³）	弹性模量（GPa）	泊松模量
烟道砌块	2020	16	
水平孔多孔砖	1900	25	
垂直孔多孔砖	1480	7	
屋面瓦	2250	40.1	0.19
楼板砌块（EN P13-302）		>7 小于 12.5	
烧结黏土		3.5~21	
α 氧化铝	4000	400	0.23
堇青石	2520	120	

具有低孔隙率的各向同性的陶瓷体在拉应力下的弹性模量，随孔隙率[46]根据下列类型的等式在变化：

公式23： $$E = E_0(1 - b\varepsilon)$$

式中 ε——孔隙率；
E_0——没有孔隙的比模量；
b——系数，通常值为2~3。

有些作者对不是各向同性的多孔性材料也给出了下列关系式：

公式24： $$E = E_0(1 - \varepsilon^{0.66})S$$

式中 S——涉及微孔形状和方向的系数，对于球形微孔，该值等于1.2。

图57给出了弹性模量随孔隙率而变化的实例[47]。

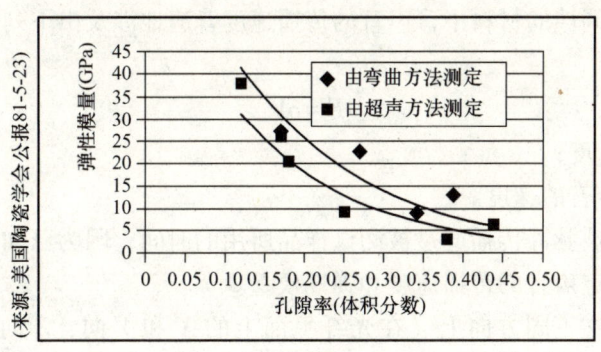

图57 弹性模量与孔隙率

（二）泊松比（Poisson's ratio）

对于烧结砖瓦产品的泊松比没有很多的测量数据。当材料完全不能被压缩时，其泊松比值是0.5（泊松比不能大于0.5）。在砖上测量到的泊松比数值在0.15~0.23之间变化，在陶瓷体上也发现有与此数值相似的情况。在有限的范围内泊松比随孔隙率而变化。对氧化铝来说，随孔隙率从0增加到25%时，其泊松比从0.23降低到0.19。

杨氏模量是在具有应力计量器的拉力机上测定，即在静态下测定其荷载，或是在试验试样上固定电阻应变仪来表示试样伸长的程度。

弹性模量也能使用超声波来测定（见后面的章节）。

（三）非各向同性材料的弹性模量

实际上，不是各向同性的材料以及它的特性上，应当具有9种非各向同性的弹性模量：3个杨氏模量、3个泊松比和3个剪切模量，三个方向的每一方向上都有。

事实上，挤出产生了特有的方向性，并导致了横向上的各向同性。所说的该种材料是正交各向异性的，并减少了弹性常数的数量成为5个（2个杨氏模量、2个泊松比和1个剪切模量）。对于密度为2011kg/m³的实物测量的一组数据如下：

$E_L = E_R = 20\text{GPa}$；$E_T = 5\text{GPa}$；

$\nu_{LT} = \nu_{RT} = 0.15$；$\nu_{LR} = 0.17$；

$G_{LT} = G_{RT} = 3\text{GPa}$。

所幸的是，对建筑物的静力学计算不要求有这样的复杂程度。另一方面，对于声学性能模型的计算可能需要考虑这种正交各向异性材料的深度细节。

二、声音的传播速度

在一各向同性的材料中，声音的传播速度普遍地涉及由下列公式计算的弹性模量 E：

公式25： $$E = \rho V^2$$

式中　ρ——密度；

　　　V——声音的速度。

测定超声波脉冲传播通过被测试样品所用的时间，因为已知被测样品的厚度，就能够测定声音的传播速度和弹性模量。

用超声波在不同方向上（在光纤平面上的 X 和 Y 向，Z 向垂直于光纤）测定声音的传播速度是一简单明了的方法。

表55给出了四种不同材料在三个方向上声音传播的速度。

观察在方向之间的各向异性可发现：沿着平行于光纤平面相应的两种声音传播速度通常要比垂直于该平面的速度高。

声音的传播速度和弹性模量一样，与孔隙率有关。

表55　烧结砖瓦产品中声音的传播速度

产品	烟道砌块	水平多孔砖	垂直多孔砖 A	垂直多孔砖 B
密度（kg/m³）	2020	1900	1510	1480
V_x（m/s）	3575	3333	3072	2209
V_y（m/s）	3525	3806	3250	2704
V_z（m/s）	1638	2723	1997	2194

三、滞弹性和内部摩擦

即使在低变形程度下，材料的性能也绝不是完全弹性的。在每一次的振动循环过程中，因为内部的摩擦而损失了一小部分能量。一旦最初的振动源终止

后,成为阻尼振动的一种性能,这就是滞弹性。对烧结砖瓦产品和砂浆来说,在两种主要情况下这种性能开始起作用:

(1)声音通过砌体的传播。对建筑结构来说有着多种共鸣频率,由于在墙和材料中的滞弹性阻尼损失控制着共鸣频率。

(2)在地震中,建筑物运动的阻尼与建筑物的滞弹性和材料的滞弹性有关。

这种滞弹性是以功耗系数为其特征的,功耗系数可能或是不可能依赖于频率。某些功耗系数的数值给出在表56中。

表56 某些材料的功耗系数

材 料	杨氏模量(GPa)	密度(kg/m^3)	功耗系数
钢 材	210	7280	0.00002~0.0003
玻 璃	60	2500	0.0006~0.003
混凝土	26	2300	0.004~0.008
砖	16	1900~2200	0.01~0.02
多孔混凝土	3.8	1300	0.015

四、抗压强度

陶瓷材料显示出一种"易碎的"特性。在压力下,随压应力的增加,初始出现弹性的变形。因为压力不是各向同性的,所以也会产生剪切力。之后,在产品中的某些位置就会达到破裂的临界条件,此时材料以脆性方式而破坏。对陶瓷材料而言,限定的标准通常是应力强度系数。产品结构中的缺陷总是影响着限定条件。因为在产品中总是有不同尺寸的缺陷存在,在最大应力强度下产品中最大缺陷位置上的试样首先破裂。这些缺陷通常有孔隙的大小,松脆的颗粒或杂质。因此,对完成的力学试验的结果来说,有一个统计学上的分布范围,通常是威布尔分布状态(Weibull distribution)。

抗压强度随烧结后的产品的几何形状、孔隙率及方向而变化。

表57中给出的某些数据包括以前法国标准 NF P 12-021-2F 中分类产品的数据。这些数值不能进行直接的比较,因为是在带有孔洞的砖上测定的。但是这些数据能够使用孔洞所占的空间比例来修正。带有50%孔洞砖的抗压强度是8MPa时,换算成多微孔体实体烧结砖瓦产品的抗压强度即约为16MPa。

表 57　抗压强度的实例

产　品	密度（kg/m³）	$\sigma_{抗压}$（MPa）
屋面瓦	2250	120～170
烧结黏土		4～200
砖	1500	20
LD 垂直多孔砖，按照 NF	<1000	4～40
HD 砖，按照 NF	>1000	12.5～40

抗压强度随烧结砖瓦产品的孔隙率或密度、烧结砖瓦产品的种类及烧成温度而变化。

抗压强度随密度的变化，常常使用下列类型的关系式来描述：

公式 26：
$$\sigma = \sigma_0 (\rho/\rho_0)^x$$

式中　σ_0 和 ρ_0——为抗压强度和与之相关联的密度；

x——大约等于 3。

图 58 表示了在垂直多孔砖（孔洞率 40%）上得到的抗压强度，并换算为实体烧结砖瓦产品的密度的函数。砖的抗压强度在 10～50MPa 之间变化。于是，实体烧结砖瓦产品的抗压强度比垂直多孔砖的高 1.67 倍，在其换算结果的限定范围内，也就是说在 17～83MPa 之内。

在相等的孔隙率情况下，抗压强度随石灰含量的增大而增加。

烧结产品在破坏时的最大延伸量非常低，约为 0.5%。

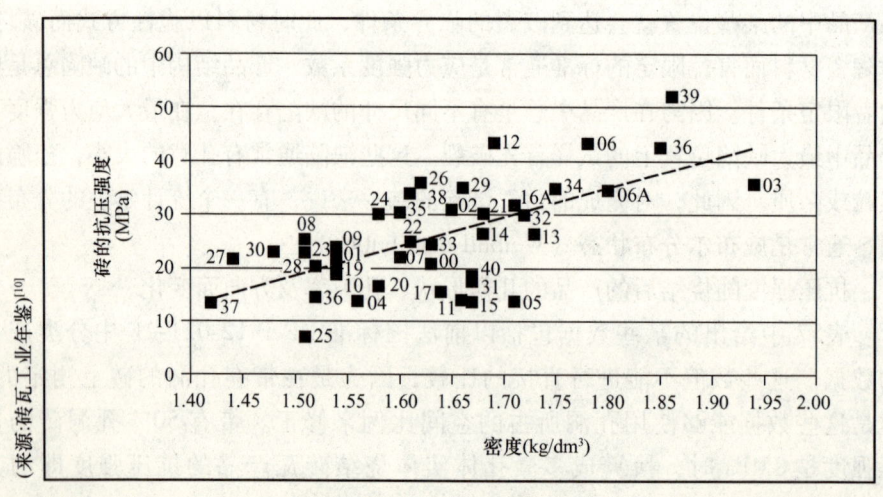

图 58　抗压强度与密度的关系

五、抗拉和抗弯强度

烧结砖瓦产品的抗拉强度比抗压强度低得多,所有的陶瓷和脆性材料都是如此。

在脆性材料上进行拉力试验是相当困难的,因为这包括了试验设备钳具非常精确的校准,以及在夹紧时钳具导致的应力集中。

通常进行的抗弯强度试验是很容易实施的。试验试样的外弧面处于拉力状态下,然而其内弧面是处于压力状态下。测量其破坏荷载及变形。可使用简单的方程式来评价在施加拉应力的外弧表面上的应力和应变。

如果抗弯试验是在三点上施加力,最大应力是在中部荷载点上,而且此处也是破坏的位置。

如果抗弯试验是在四个点上加力,在两个中间点上所施加的应力是均匀的。虽然如此,通常出现的破坏在两个接触点的其中一个点上,因为在这一接触点上产生了局部的应力集中。当试验样品在中间区域破坏时,中间区域潜在的缺陷数量就会大得多,因此在其数值上比三点加力的抗弯强度低。

抗弯强度根据烧结砖瓦产品的种类及它们的孔隙率而变化。某些烧结砖瓦产品的抗弯强度数值给出在表58中。

因为抗弯强度随孔隙率而变化,通常能应用下列公式:

公式27:
$$\sigma = \sigma_0 \exp(-b\varepsilon)$$

式中 σ_0——零孔隙率时的抵抗力;

ε——孔隙率;

b——常数,约为4。

表58 烧结砖瓦产品抗弯强度的实例

产 品	密度(kg/m³)	$\sigma_{弯曲}$(MPa)
屋面瓦	2250	30
烟道砌块	2000	6
砖	1875	8

最近日本的研究[48]提供了有关孔隙率、焙烧温度及初始颗粒尺寸对横向强度影响的详细迹象。该研究结果给出在图59和图60中。

自然地,抗弯强度随焙烧温度及孔隙率的降低而增加。

初始颗粒尺寸的影响更加令人感兴趣。在最初坯体中将最大颗粒尺寸从0.84mm减少到0.10mm时,其横向强度几乎成倍增加。由于使用干法制备原料,而不是半湿法,因此就产生了更细的颗粒,能够获得高得多的力学强度。

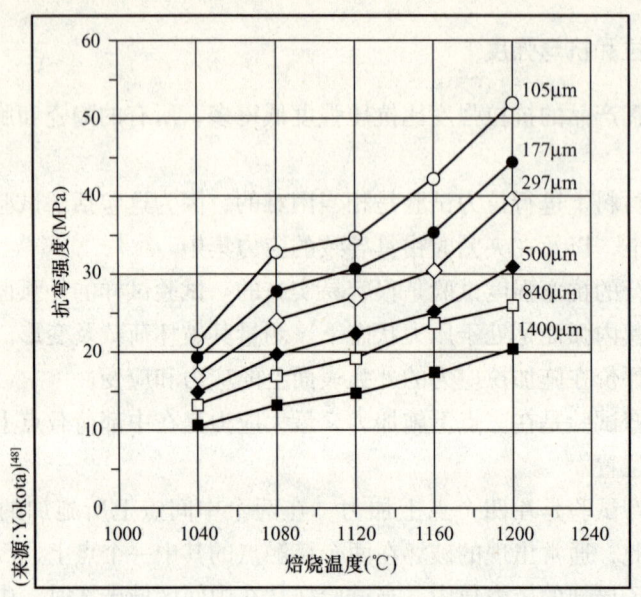

图 59　抗弯强度与焙烧温度和初始颗粒尺寸的关系

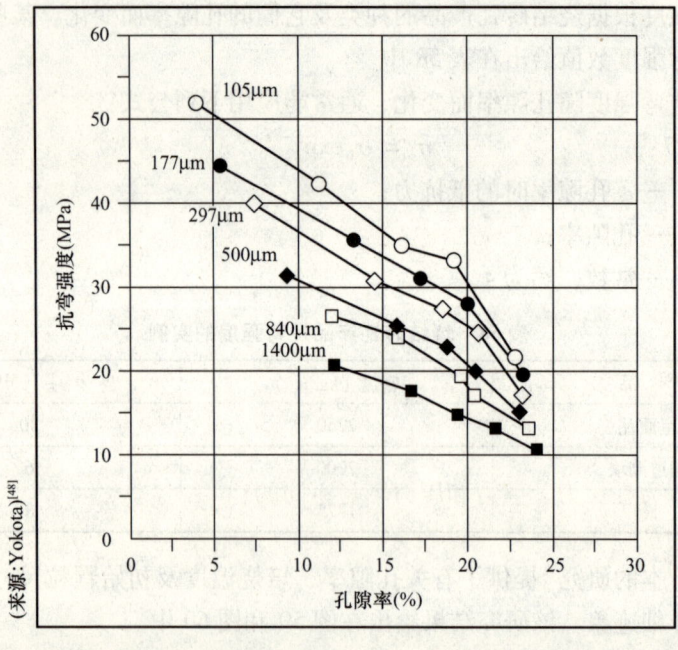

图 60　抗弯强度与孔隙率和初始颗粒尺寸的关系

抗拉强度随焙烧温度而变化，但是在 20～500℃ 之间却下降了 30%。抗拉强度随孔隙率呈散射状增加。

六、断裂的方式及硬度

(一) 韧性

烧结砖瓦产品是脆性材料。当产品中缺陷周围的裂纹顶端的应力强度系数超过了弹性变形值或断裂韧性时,产品就破坏了。弹性变形能数值以 $MPa \cdot m^{0.5}$ 表示。

这种性能可以由试验试样破坏的断口状况来评估,也可以由测定硬度的方法来确定。硬度的测定在压痕下的材料中产生了网状的裂纹,测量这些裂纹的长度,就能确定其韧性。

在烧结砖瓦产品上仅知道有很少的这种测定。对具有 $1500kg/m^3$ 密度的多孔体砖,其断裂韧性表现出的范围在 $0.3\sim0.5\ MPa\cdot m^{0.5}$ 之间[49]。另外类型的烧结砖瓦产品表现出 $0.8MPa\cdot m^{0.5}$ 的断裂韧性。

如参考文献[50]所示,密实氧化铝的断裂韧性约为 $3\sim5MPa\cdot m^{0.5}$,堇青石[37]的约为 $2MPa\cdot m^{0.5}$,氧化钠玻璃约为 $0.7MPa\cdot m^{0.5}$。

(二) 硬度

烧结砖瓦产品的维氏(Vickers)硬度取决于它的孔隙率,当孔隙率为 5% 时,其硬度等级约为 3GPa;当孔隙率为 35% 时,其硬度降低到约 0.5 GPa。

七、与砂浆的粘着力

砂浆与烧结砖瓦产品的粘着力是一个重要的技术性能,因为:

① 砌体的力学性能取决于砖和砂浆的粘结程度;

② 粉刷层必须粘结在砖墙上,而这种粘着力能够使粉刷层经受得起由于墙体上温度变化导致的应力;

③ 某些在湿砂浆底层上铺设的瓦(脊瓦和斜脊瓦)。

粘着力是一种复杂的特性:

① 粘着力取决于砖的类型、砂浆的性能及铺砌方法;

② 粘着力在拉力、剪力和压力下是不同的;

③ 初始粘结必须保持超过规定的时间,不管其水分、热应力、各种类型的荷载等。

一般而言,只要没有使用防水处理(硅酮树脂),并且能够控制在砂浆和砖之间的水分传递,如前所提及的,在烧结砖瓦产品上砂浆和粉刷材料的粘着力不会形成不可克服的问题。

根据欧盟标准 EN 1052-3 "剪切初始阻力的测定"的规定,测定在砖和砂浆之间的剪切粘结力就是测定三块粘结在一起的砖的剪切强度。两块外部的砖保持在适当的位置上，在中间的砖上施加力。

粉刷层的粘着力通常的测定方法是使用一拖拉力，将其从下部（墙体——译者注）表面上拉离。常将一钢块粘贴在粉刷层上，在垂直于墙体表面的方向上施加拉力将其拉离。

这些粘着力的试验似乎是简单的，但事实上要正确地完成这些试验是困难的，因为在试验试样上很难施加上纯的、均匀的剪切应力或拉应力。

欧盟砖标准 EN NF 771-1 要求产品的制造者就有关砖与砂浆的剪切粘附强度给出声明。这就能够使用上述方法进行测定，但是应当使用不同的砂浆进行试验。

为了更简便及减少成本起见，标准允许使用在表格中的数据（EN 998-2，附录 C），现将这一表复制在表 59 中。

表 59　砂浆接缝的剪切强度等级（EN 998-2，附录 C）

砂浆类别	剪切强度（MPa）
普通砂浆（G）及轻质砂浆（L）	0.15
薄灰缝砂浆（T）	0.30

八、光滑性和摩擦系数

某些产品（屋面瓦、铺路砌块（paving block）、铺地砖等），人要在上面行走，对使用者的安全来说，光滑性是一项主要性能指标。

必须保证屋顶铺设工人不能在屋面瓦上滑倒。滑动性与屋面斜度及含水程度紧密相联。虽说屋面瓦铺设工人是专门的职业人员，然而，在太陡的斜屋顶上必须配备有安全设施。通常，不施釉的瓦表面是相当粗糙的，并且不是因人们在其上行走而磨损或磨光了，所以对屋面瓦的光滑性没有标准化的要求。

对铺路砌块和铺地砖来说，涉及的情况就有相当大的差别，因为这些产品是专门为公共场所制造的、供人们在上面行走的产品。

能够测定烧结砖瓦产品的不同表面状态上的光滑性和摩擦系数：
① 新鲜产品；
② 磨损及磨光的产品；
③ 清洁和干燥的产品；
④ 湿的或污染的（油脂）产品。

对于铺路砌块（paving block）来说，要求有一定程度的不滑动特性。到现在为止，对所有室内地面产品没有统一的滑动性试验方法。相反，试验的主机可用于不同的材料，这取决于这些材料是否在实验室中应用或在现场应用；

是否包括了评估中人们的印象；是否是在新的、清洁的、磨损的、湿的、油污的或磨光的在产品表面上进行的，在静态或动态条件下，是滑动的运动或是模拟人走的运动；是水平铺设还是倾斜铺设等。

在普遍的试验方法缺乏的情况下，可以使用已经存在的摩擦摆锤试验方法。即由烧结铺路砌块（加之混凝土铺路砌块或天然铺路石材）所展示出的光滑性程度能够使用摩擦摆锤装置对其测量[51]。该设备（图61）在摆锤的端部固定一标准的橡胶垫，摆锤围绕着水平轴振荡。摆锤从一定高度释放，在与地板摩擦之后，测量摆锤的上升高度。摆锤与烧结砖瓦产品接触时所经受的减速程度与摩擦系数有关。低摩擦系数有低的摩擦损失，高的摩擦系数将导致显著的摩擦损失。这种试验是铺路砌块在湿状态下进行的试验。

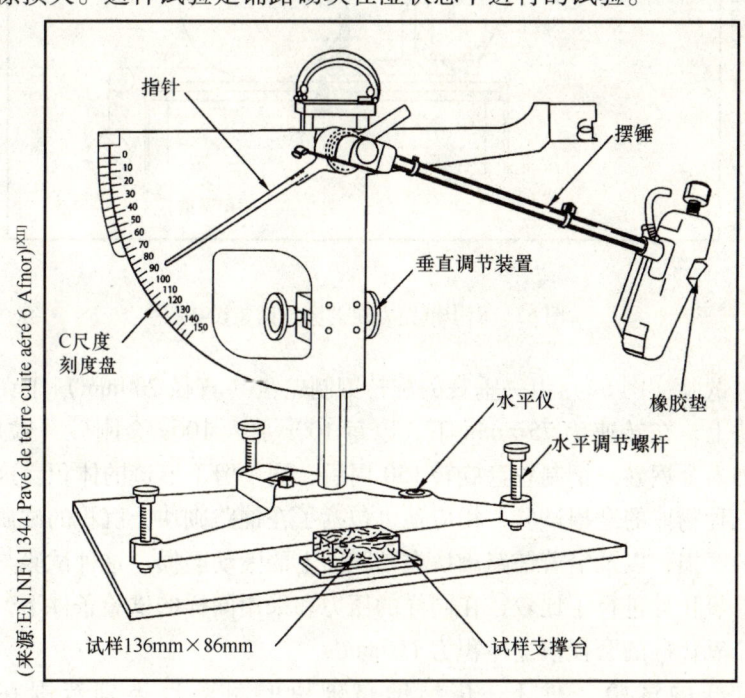

图61 用于铺路砌块的摩擦摆锤

在大多数情况下，由于烧结砖瓦产品的孔隙率而使其容易干燥，在湿的状态下可缩短干燥时间的长度，对水分有较少的约束力。此外，烧结砖瓦产品是相当粗糙的，烧结铺路砌块的使用通常不会带来包括光滑性在内的众多问题。

九、耐磨性

铺路砌块（paving block）和铺地砖必须要有耐磨性，要经受得住反复使用。

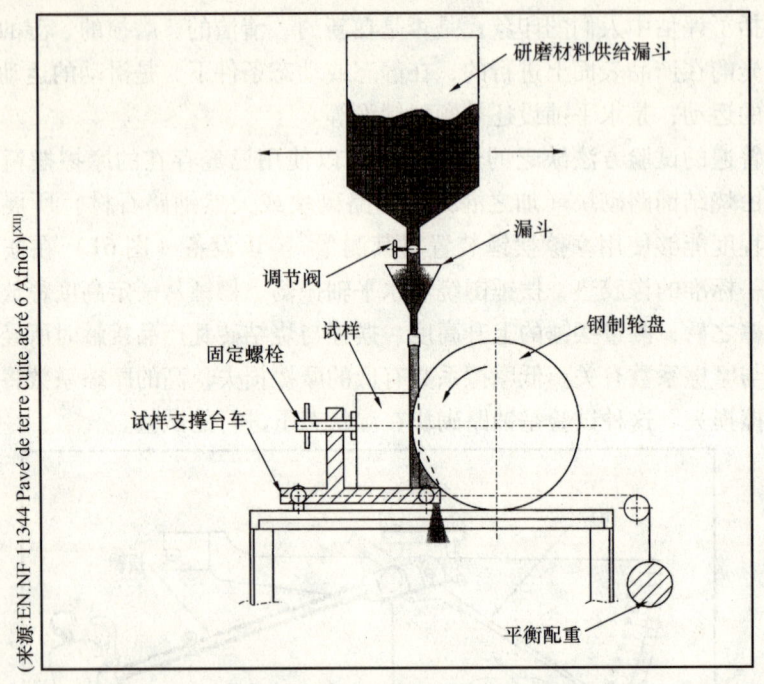

图62　用于铺路砌块的磨损试验设备

这种试验（图62）由一垂直的旋转钢制轮盘（直径200mm）压在垂直的铺路砌块上，在转速为75r/min下，以每100r加入100g金刚砂（粒度F80）的速率加入金钢砂，钢制轮盘旋转150周后，测量留下痕迹的体积。这是一种包括了三种物体的磨损试验，相应地也包括了在铺路砌块上沉积的硬质灰尘颗粒引起的磨损，以及沿着铺路砌块在踏踩面上的滚动磨损。这种试验与半透明的熔融二氧化硅进行了比较，在同样的压力和采用同样的试验条件下，半透明的熔融二氧化硅的磨损痕迹体积为116mm^3。

在同样的试验条件下，烧结铺路砌块的耐磨性类别范围在450～2100mm^{3}内。

第二节　耐　久　性

有各种各样的现象能够影响到烧结砖瓦产品的耐久性。这些涉及下列各个方面：抗冻性、抵抗腐蚀剂气体的能力，以及抵抗膨胀性盐类的能力。也会涉及抵抗砂浆中有害成分的某些信息。

一、抗冻性

与所有多孔体材料一样，烧结砖瓦产品对冰冻作用是敏感的。在出现冻害的产品上，可观察到：随着时间的过去会出现渐进式的片状剥落，而导致产品呈片状剥落、散裂、分层及裂纹。

（一）出现冻害的作用机理

水在接近固化时，其密度降低（表60），而体积却增加了9%。

如在一玻璃瓶子中装满水，塞紧瓶盖并放置在冰冻条件下，这一玻璃瓶子就会出现破坏的现象。

烧结砖瓦产品是具有大多数的敞开孔隙及少部分的封闭孔隙的多孔体材料。敞开孔隙能够部分地被水充满。

表60　不同状态下水的密度

水的不同状态	密度（kg/m^3）
液态水 4℃	1000
液态水 0℃	999.87
冰 0℃	917

如果在环境温度及大气压力下，将烧结砖瓦产品放入水中浸泡，随着时间的过去烧结砖瓦产品就会吸收水分达到一定的比率（吸入水分的体积/总的微孔体积），这一比率称为饱和系数。饱和系数通常比总的孔隙率小得多。

当烧结砖瓦产品没有被水饱和时，冻结时水就会占据没有被水填充的微孔空间。因此，在浸泡之后具有低的饱和指数，为烧结砖瓦产品提供了一个独有的、初始近似的抗冻性数据。为确保其抗冻性，有时认为这一饱和指数应当低于约75%。

另一方面，如果烧结砖瓦产品接近于饱和状态，冻结线就会在接近最冷的表面上产生，在冻结前就会排出多余的液态水。

如果冻结线推进得较慢，液态水就会通过微孔从冻结线处流走。如果冻结线推进得很快，液态水就不能通过微孔流动。如果冻结线推进得足够快，在水中就会造成过压带，这取决于微孔的尺寸、长度及其分布。这样就更强烈地迫使水进入小微孔，因而，也就在烧结砖瓦产品内部建立了压力，并且导致了材料出现弹性膨胀。

非常清楚的是：如果烧结砖瓦产品暴露在冻/融循环条件下，比同样类型的放置在水容器中的烧结砖瓦产品，在相等的时间长度内会吸收更多的水分。其吸水饱和的程度随每一冻/融循环而增加（国内的试验数据也证明了这种结论——译者注)。

这一发现对用有机硅树脂处理的屋面瓦来说特别重要。如果屋面瓦仅仅暴露在浸泡环境下,其吸水量及饱和系数依然是低的。另一方面,如果在冻/融循环的情况下,其吸水率及饱和系数会显著增大。

这种产品内部压力的过度增加,连同较小的微孔尺寸一起考虑,及与之相关联的毛细管现象,导致了水的冻结温度的下降,如在室外的0℃下降到在陶瓷体中的-3 ~ -4℃。在瓦中,0℃的水不能结冰,其结冰温度要低几度。

如果水的饱和系数更高一些,并且冻结线推进得甚至更快,所产生的变形和应力就不再是弹性的,为了适应这些应力的释放,烧结砖瓦产品在一定的点上就可能出现裂纹。此时这种危害依然是有限的,因为在微孔中压力下降得非常迅速。虽然如此,这些小范围内的危害在其后的循环中就会变得更大。

因此,为了寻找出烧结砖瓦产品与冻害共存的要求条件,必须注意到:

①用水饱和的烧结砖瓦产品。对屋面瓦而言,这种饱和仅存在于高度地暴露在水中之后(雨水、融雪),在中间没有干燥的情况下,接着出现了某些冻/融的循环过程。清水墙装饰砖或多或少的要暴露在雨中,分为严重暴露[如建筑物顶部雕塑像的底座、封顶墙、女儿墙(胸墙)、墙的基础等],中等程度的暴露(在悬挑屋檐下的墙、内衬墙等)。在严重暴露情况下,清水墙装饰砖有时可能达到饱和。

②对被水饱和的瓦及存在冰冻情况下,必须在足够低的温度下有足够次数的冻/融循环。图63表示了法国易遭受冰冻的区域地图,图中包括了每年观测的温度达到0℃时间的次数。冻/融循环的次数比每年的36次(除山区外)要低,两倍的循环次数不是重要的。在-4℃下的循环次数也是较低的。

③如果结合考虑上述两种要求,明显的是每年临界循环次数(当瓦被饱和时发现)要低得多。例如,在里摩日(Limoges,法中西部城市),每年仅发现少许临界循环次数(例如5次),然而其冰冻循环次数接近于30次。

限制水从结冰线处流走的重要一点是微孔的尺寸。相同程度下的孔隙率,具有细小尺寸微孔的烧结砖瓦产品构件表现出水压阻力的增大,而面临着更大的内在压力。这种情况对冰冻更敏感。因而,在抗冻性与微孔尺寸之间通常能够建立关系:

①麦基(Maage)[52]的研究认为:直径大于3μm的微孔,而且这类微孔占有高比例的烧结砖瓦产品具有很好的抗冻性;

②本特鲁普(Bentrup)[53]以相似的方式描述了具有良好抗冻性的烧结砖瓦产品,其平均微孔直径必须大于1μm,而在CTTB的阿尔本魁(Albenque)却推荐的微孔直径为2μm;

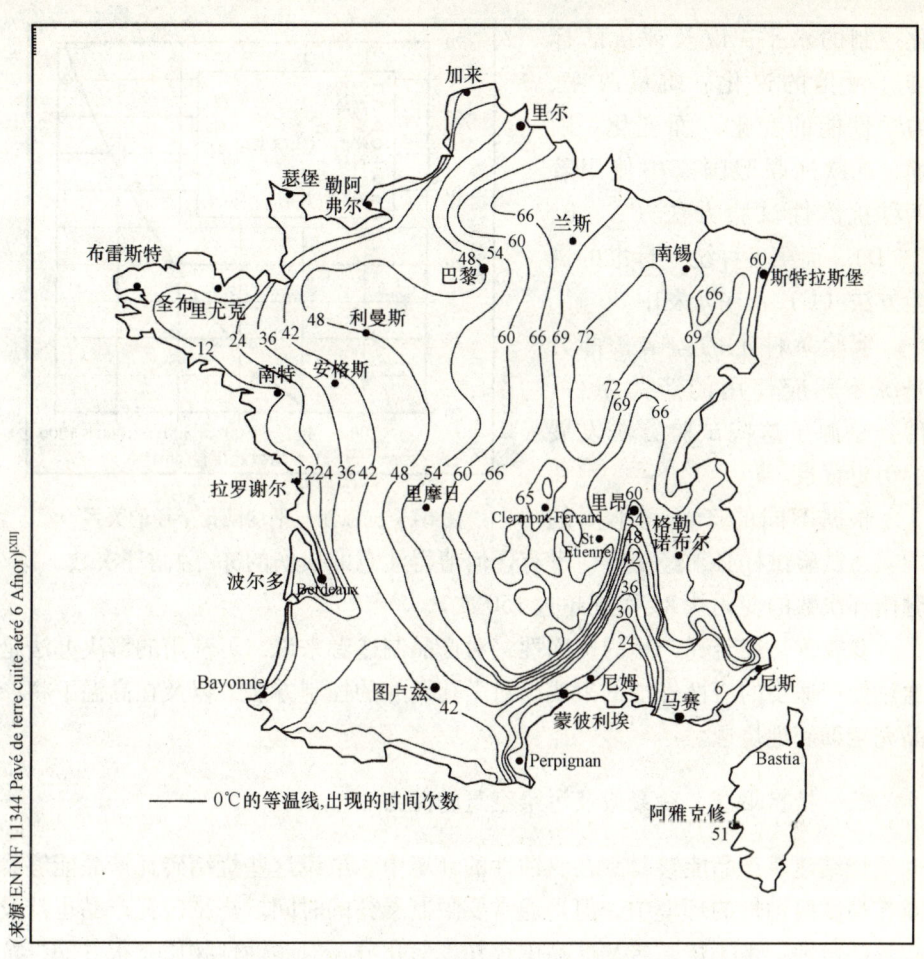

图 63 表示冻/融循环次数的法国地图

③最近的出版物[54]发表了在平均微孔半径和抗冻循环次数之间建立的关系式。在含铁的黏土中，作者使用各种外加剂做成了具有不同微孔尺寸的试样，并在上述两个参数之间建立了清楚的相互关系式。进行的试验中表明，要经受得住 70 次冻/融循环，对平均微孔直径的要求是大于 $2.4\mu m$（图 64）。

（二）抗冻性试验

根据不同的产品及特定气候的国家，已经开发出了不同的抗冻性试验方法。其基本原理是完全相似的：即烧结砖瓦产品试样用水浸透，并经受一定次数的冻/融循环。在试验结束后，检查试验试样的状态。冻/融循环试验使用的极端温度通常是 $+20\sim-15$℃。

另一方面，在更详细的程度上讲，抗冻性试验随饱和的方法（沉浸、喷雾、使用真空）、面对的冻结条件（定向或不定向）、温度的变化速率、自动化控制的水平，以及评价的标准（可见的退化、质量改变、力学性能的变化）而变化。因而，在欧洲联盟国家中使用着四种抗冻性试验方法（A、B、C、D），而第五种统一标准的试验方法（E）正在开发中。

实验条件上的差异，部分是源于相应使用的产品条件，部分是源于这些试验方法发展的历史背景。

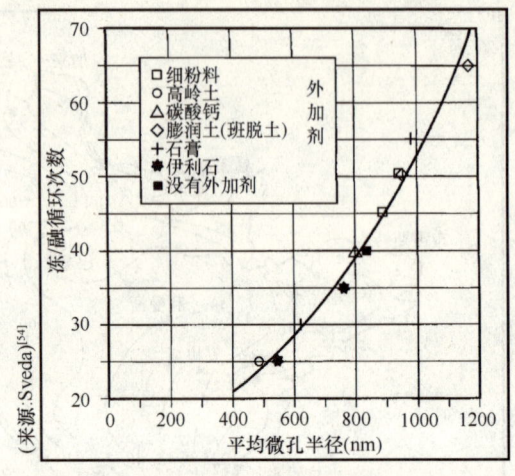

图64　抗冻性与平均微孔半径的关系

根据不同的产品和不同的国家，试验试样必须经受得住没有任何值得注意的损伤的冻/融循环次数，冻/融循环次数的变化从 25 次到超过 150 次。

要改善烧结砖瓦产品的抗冻性，对产品制造者来说，可利用的解决办法是通过使用适当的瘠性外加剂来找出对微孔尺寸的控制方法，以及在高温下将产品完全彻底地烧透。

二、抵抗烟气、冷凝酸及污染空气的能力

烧结建筑产品能够暴露在腐蚀性的环境中。虽说这些烧结砖瓦产品能够暴露在高度腐蚀性的环境中，但是通常要限制暴露的时间。烧结砖瓦产品也涉及空气的侵蚀。由于烧结砖瓦产品中存在二氧化硅，对腐蚀性物质有很好的抵抗能力。然而，因烧结砖瓦产品的混合物中含有碱金属、碱土金属和铁，在酸性介质中就会遭受到更迅速的侵蚀。

化学工业中使用于室外的某些铺路砌块必须要经受得住外溢酸性物质的侵蚀。对这种性能的试验是：首先将产品磨成粉末（500～800μm），在沸腾的硫酸溶液（10%）和硝酸溶液（10%）的混合溶液中浸泡 1h。然后测量损失的质量，损失的质量必须小于 7%[55]。

用于烟囱的烧结烟道砌块也必须经受得起烟气中冷凝酸的侵蚀。对这种产品的试验是在 100℃的硫酸溶液（70%）中沉浸（完全浸入）6h。被硫酸侵蚀的质量必须小于初始质量的 2% 或 5%，这取决于烟道砌块的使用温度。

烧结砖瓦产品能够很好地抵抗空气污染物的腐蚀。烧结砖瓦产品性能的退化是由于酸雨的化学侵蚀，酸雨是由氮氧化物和硫氧化物造成的。这些酸性介质比上述那些物质对烧结砖瓦产品的侵蚀作用要小得多，随烧结砖瓦产品暴露

的时间越久，这种侵蚀作用就越慢。

三、抵抗膨胀性盐类物质的能力

与其他多孔体建筑材料一样，烧结砖瓦产品中存在的盐类物质会以各种方式形成危害。

盐类物质首要的影响是使烧结砖瓦产品中固有的含水量增加，这种现象在吸附等温线上可以看到。含水量增加，产品的导热系数增大。NaCl 的吸湿性最大，因而增大了黏滞性和表面张力。此外，这些烧结砖瓦产品中的盐类物质能够长期地保持水分，因为要干燥这些盐类溶液需要更低的空气湿度。

而且，这些盐类物质能够形成泛霜。

最终，这些可溶解的盐类物质在材料的内部沉淀时，能以隐秘的泛霜形式使建筑材料受到破坏。能够导致危害的盐类物质[56]是硫酸盐（Na_2SO_4、$CaSO_4$、$MgSO_4$ 等）、氯化物（$NaCl$、$CaCl_2$）、碳酸盐（Na_2CO_3、K_2CO_3、$CaCO_3$，等）及硝酸盐[$Mg(NO_3)_2$、$Ca(NO_3)_2$ 等]。当这些盐类物质造成危害后，可观察到裂纹、分层、爆皮（起泡）、粉末的形成等现象。这类破坏作用的机理至今还没有得到完全清楚的认识。

对这种危害最初的解释是与易膨胀的可溶性盐在水化或脱水的循环过程中由于膨胀或收缩产生的应力有关。这种应力取决于干燥的形式及在内部局部脱水的蒸发区域上盐的聚集。在重新水化时，由于比容增大而造成了水化的应力。表 61 非常概略地给出了某些盐类物质水化时引发的膨胀程度。

表 61　某些盐类物质水化时的膨胀

盐	干密度（kg/dm^3）	盐的水合物	湿密度（kg/dm^3）	膨胀率（%）
$CaSO_4$	2.96	$CaSO_4 \cdot 2H_2O$	2.32	27
$CaCO_3$	2.70	$CaCO_3 \cdot 6H_2O$	1.77	52
$CaCl_2$	2.15	$CaCl_2 \cdot 6H_2O$	1.71	26
$MgSO_4$	2.66	$MgSO_4 \cdot 7H_2O$	1.68	58

另外一种解释是，当盐类物质在小的微孔中结晶时，出现了类似于毛细管压力一样的结晶压力，而导致了破坏。由于微孔的直径和压力，盐类物质达到平衡的程度比在外部微孔中的要高。

与其他多孔体建筑材料比较，烧结砖瓦产品有更明显的优点：

（1）砖的微孔尺寸相当大，因压力与微孔直径成反比。

（2）烧结砖瓦产品中没有硝酸盐和碳酸盐，因在焙烧中这些盐被分解而消失了。这些盐仅出现在随渗入墙壁的潮气将其带入到砌体中的情况下，这种情况可由铺设防潮层的方法予以避免。

（3）对氯化物而言，完全有必要确保将其存在的可能性减少到最小化（对墙体进行保护，防备海水的喷溅；避免与黑冰接触，防止盐的蔓延；中止上升的潮湿气体；对所用海砂进行洗涤）。

（4）硫酸盐在泛霜一节早已讨论过了。对泛霜的控制也应当是对膨胀盐类引发的问题的控制。砖的标准中要求对活性的盐类物质含量要给出声明，其中也包括镁含量。硫酸镁确实能导致隐秘性的泛霜，对烧结砖瓦产品造成危害。

四、砂浆和粉刷层中硫酸盐的侵蚀

的确应当论及砂浆和粉刷层中硫酸盐的腐蚀作用。这种类型的腐蚀作用不直接涉及砖，但是与砂浆有相当大的关系。因为砖能在影响砂浆接缝的破坏机理上起作用，所以砖的制造者必须熟悉这一内容。

幸运的是，这种类型的化学反应非常稀少，而且发展过程非常缓慢。

砌体砂浆中硫酸盐的影响是由波特兰（Portland）水泥成分之一的可溶活性硫酸盐与铝酸三钙（C_3A）反应而引起的，该反应形成了硫铝酸钙（钙矾石）。该反应发生后，砂浆的性能变坏了，就会碎裂和破坏。这种反应仅出现在有足够含量 C_3A 的情况下，也就是在正常使用波特兰水泥的情况下。这种危害能够使用"抗硫酸盐水泥"（sulphate–resistant cement）将其显著地降低，这种水泥中对 C_3A 的含量有所限制。

这些可溶性的硫酸盐有着不同的来源，包括砖本身在内。

砖中含有较高的自由的活性硫酸盐时，同时只有大量的水在较长的时期内通过砌体（较大程度的雨水渗漏；在没有防潮层的情况下，大量渗入墙壁的潮气的侵入），才会出现硫酸盐的破坏作用。因此，根据抗冻性给出的定义，这种情况仅发现在严重暴露下的砌体上。

为了避免这种危险，必须尽可能小心地保护砌体，以防达到饱和状态。水泥含量较高的砂浆，即使水泥中含有较高的 C_3A，在限制水分渗漏的情况下也能够使用。

上述方法不能奏效时，对所使用的砖必须要控制活性的可溶性盐类物质的含量（类别 S1 或 S2）。

要求声明活性的可溶性盐含量的要求旨在确保特定场合下的使用，而且要保证砖、砂浆或粉刷层的性能没有退化。

第三节 光学性能

辐射光的吸收和散射的光学性能取决于材料及材料的表面状态、辐射的波长和吸收或散射的角度。

对于有吸收能力的物体（黑体或灰体），在同样波长的情况下，其吸收系数等于辐射系数。

对烧结砖瓦产品而言，或从实际应用的观点讲，有三种主要的性能：

（1）对太阳光辐射的吸收。这是具有低波长的辐射（可见光和紫外线，相当于太阳表面的温度为6000℃）。对太阳光辐射的吸收程度根据烧结砖瓦产品的种类而变化。所有不能吸收的光是被反射了，并给出了烧结砖瓦产品本身的颜色。如果吸收的程度高，其颜色就是暗色的，否则，就是浅色的。在阳光下，这种吸收在加热屋顶或墙壁上也起着作用。某些测量到的吸收结果表示在表62中。

表62 烧结砖瓦产品对太阳光辐射的吸收

材料	太阳光辐射的吸收率（%）
黑褐色屋面瓦	0.75
红色装饰砖	0.54
奶油色表面的砖	0.40

（2）烧结砖瓦产品在环境温度下的辐射系数和吸收系数，相应的热交换是在空心砖内部或是来自热的屋顶或墙体辐射的再次发射。在接近环境温度下，辐射的波长发射出相应的热辐射，而且这种热辐射是在较低的红外线光谱之内。无论烧结砖瓦产品的颜色及成分是怎样的，环境温度下的辐射系数（也有吸收系数）大约是0.9。这种辐射系数取决于产品表面的导电能力，该导电能力通常是非常低的。

（3）窑炉中高温（红外线和红色）情况下辐射交换的吸收和辐射系数，即燃烧气体与被烧结坯体之间的热交换。

第四节 防火性能

在建筑中使用产品的防火性能包括两个补充方面，即与火的反应及对火灾的抵抗能力。

一、与火的反应

与火的反应是评价材料的可燃性及该种材料对火灾扩散起作用的倾向性。

这就涉及了陶瓷体的性能。

烧结砖瓦产品不会燃烧，也不会散发出任何气体。在火灾发生过程中，烧结砖瓦产品不会引发烟雾，更不会熔化，也不会产生火星。因此，烧结砖瓦产品是非常适合于防火墙的材料。因为在焙烧过程中它们就早已暴露到火中了。

根据与火的反应，欧盟规范中阐述了欧盟的分类：A1、A2、B、C、D、E、F 七个类别。烧结砖瓦产品总是被划归于最不可燃烧的类别中。欧洲规范中将所有烧结材料及产品归结为 A1 类，碳含量低于 1% 时，一般地说是指在氧化条件下焙烧的产品，不需要通过试验作出任何确认。

二、对火灾的抵抗能力

建筑结构抵抗火灾的能力是指能在给定的时间周期内仍然保持建筑物功能的能力。这就涉及产品及结构暴露到火灾中的状态。这包括墙对火灾的抵抗及屋顶外部火的蔓延。该问题将在砖和屋面瓦产品的章节中详细讨论。

第五节 电学性能

建筑材料的电学性能是指有关电磁波（高压输电线、无线电、电视、移动电话等）的穿透能力。原理上讲，烧结砖瓦产品是一种非导电的绝缘体。然而，烧结砖瓦产品的电阻率在很大程度上随它的孔隙率、成分、温度、水分含量以及盐类物质和氧化铁的存在而变化。

作为比较的基础，瓷器的电阻率在环境温度下是 $4 \sim 7 \times 10^{16} \Omega \cdot cm$，它的电介质强度是 $15 \sim 30 kV/mm$，它的介电常数小于 10。烧结砖瓦产品的这些性能是较低的，因为它们的坯体不是像瓷器那样纯。

在高频率范围内（$100 \sim 1000 MHz$），可观察到其吸收和共振根据频率在变化，但是烧结砖瓦产品通常不是非常有效的电磁体（可轻微地吸收）。

第六节 有益健康的性能及对环境的影响性能

烧结砖瓦产品对在建设现场工作期间的建筑工人、在整个服务寿命期内的使用者，以及在建筑结构拆毁时或在作为废料的材料再利用的处理过程中，都不会造成特殊的健康问题。

一、烧结砖瓦产品对施工人员有益的健康性能

此处所涉及的人们主要是职业建筑工人和自己动手做（DIY，即自己给自

己盖房子的人——译者注))的消费者。

烧结砖瓦产品的使用者可能希望用锯或磨的方法给出烧结砖瓦产品最终期望的形状,因而就可能产生灰尘。在工厂产品制造过程中产生的灰尘和石英对职工的影响问题早已考察过了。

非常清楚,该段是针对使用者而言。对使用者也要寻找避免制造大量灰尘的方法以及避免通过呼吸进入体内。如此说来,人们更喜欢采用不会产生太多灰尘的技术,或是趋向于制造出大颗粒的灰尘(超过肺泡性灰尘)。当切割烧结砖瓦产品时,操作者必须戴防尘面具、防护眼罩和耳套。当切割砖时更可取的方法是用鳄式锯来取代圆盘切割机。无论何时,都必须采用湿切割。作为一种预防措施,操作切割的工人必须与不会产生任何灰尘的工作岗位上的工人交替轮换进行切割操作。切割操作必须在通风良好的条件下进行,并且总是保持在逆风方向上进行切割成型。

烧结砖瓦产品能够用手工方法处理,而不会产生任何皮肤炎症或皮肤疾病的危险。另一方面,操作时必须戴手套,因为烧结砖瓦产品可能是粗糙的(瓦)或是由于切割钢丝留下了毛刺(砖)。同样地,在物体可能降落的情况下,所有涉及的人员都应当穿安全鞋。

二、烧结砖瓦产品在铺砌之后的卫生和健康性能

烧结砖瓦产品在有关健康和卫生方面有着非常令人感兴趣的性能。

(1)在铺砌之后,烧结砖瓦产品不会散发出任何可挥发性的有机化合物,并且没有气味。按照标准 ENV13419-1 的规定,使用气体色层分析法对有关烧结砖瓦产品可挥发性物质进行的所有研究都给出了否定的结果[57],并根据使用方法的精度直到能被最终确认。

(2)烧结砖瓦产品不会散发出任何悬浮在空气中的、能够被人吸入的矿物纤维或植物纤维。

(3)烧结砖瓦产品是由天然材料制造的,因此不含任何有毒的产品,例如杀真菌剂或杀虫剂。

(4)从生物学的观点上讲,烧结砖瓦产品是非常清洁的产品,因为是在高温下烧结而形成了最终的状态。

(5)烧结砖瓦产品不会增进有害微生物体的发展。首先,在铺砌之后仍保持着相当干燥的状态,因为烧结砖瓦产品不是吸湿性的材料。将烧结砖瓦产品暴露到潮湿环境下,如果没有被有机材料污染,试验就表明:在烧结砖瓦产品上就没有霉菌生长[58]。

(6)烧结砖瓦产品的放射性程度与当地所用原材料一致。涉及烧结砖瓦

产品的放射性试验已经由 CTTB 完成了。通过检查镭-226、钍-232 及钾-40 的存在，对 37 种烧结砖瓦产品进行了 γ 射线放射性的测定[59]。测定的结果给出在表 63 中，该表中也给出了 20 个欧洲国家在建筑材料另外的研究过程中获得的结果。

表 63　烧结砖瓦产品的放射性

项目	226镭-（Bq/kg）			232钍-（Bq/kg）			40钾-（Bq/kg）		
	最小	最大	平均	最小	最大	平均	最小	最大	平均
法国	29	108	52	25	110	52	326	1324	749
欧洲	10	200	50	12	200	50	100	2000	670

烧结建筑产品的放射性非常接近于其他建筑材料的平均值。所发现的变化是随各种原材料及瘠性物质的自然放射性而变化。

关于氡，当镭-226 的放射性剂量少于 100 Bq/kg 时，其放射的比率不超过 200 Bq/kg 每立方米的限定（DGS 和 DGUHC 卫生当局通告，n°99/46，颁布日期：1999 年 1 月 29 日）。所分析的 37 种产品中的 36 例都是这种情况。对于剩余的一种产品，其放射性受到限制，应当特别注明由颗粒尺寸而决定的放射程度。此处，所做的产品试验是用粉末的形式，而不是用固体产品的形式。

三、在废料处理中心对烧结砖瓦产品的处理

在欧洲，2000 年由建筑业所产生的废料估计达到了 18000 万 t。法国在 1999 年就产生了 3100 万 t 的建筑废料，其中包括 150 万 t 的陶瓷和烧结砖瓦产品及 1150 万 t 混合的惰性产品。

无论何时，只要可能，废料就要重新利用；否则，废料就要送往废料处理中心。在这些废料处理中心，废料由雨水洗涤，在某些情况下废料被放在水中洗涤。必须注意的危害是：要避免能被水溶解的可溶盐，防止污染了附近的地下水。

在各种类型的废料处理中心，废料的储存取决于废料的性能、危险状态以及废料的可溶解性，废料的隔离和控制的程度随之变化，因此其处理成本也随之变化。在其中可做出下列区别：

① 有危险产品的储存中心（站）；
② 无危险产品的储存中心（包括家庭生活废料）；
③ 惰性产品的储存中心。

根据储存中心所储存产品的类别，有时要求进行废料浸出物的测定试验。

根据欧洲委员会在 2002 年 12 月 10 日所作出的决定，不需要预先的试验，

烧结砖瓦产品废料被归类为惰性废料。因此，烧结砖瓦产品废料能够放置在惰性废料的储存中心，没有必要进一步地检查。这种类型的废料储存中心，其限制性最小，代价最低廉。

粉刷层的质量比含量达到5%时，通常可作为建筑废料接收，可允许进入惰性废料的储存中心。

此外，烧结砖瓦产品废料没有必要放置在废料处理中心。因为烧结砖瓦产品废料是惰性的，能够直接磨碎或破碎来重新使用，例如用于轻便车道路、排水池（泄水道）或用于混凝土的集料。

第十六章　产品的标准化、标记及证明书

在前面的各章中，已经讨论过烧结砖瓦产品的制造工艺过程以及一般的产品性能。

在下列各章中，将会涉及在市场上可用到的各种产品。

在本书范围内，主要内容是集中面对制造者们遇到的问题方面，在建筑结构中各种烧结砖瓦产品的用途方面仅作简要的讨论。另一方面，下列的讨论集中在能确保所制造的产品符合于规范和标准的要求，才能够将生产的产品投放到市场。

本书中考察的主要烧结砖瓦产品有：砖、屋面瓦、铺路砌块（原文为砌块 blocks，实际应为较大块体的砖——译者注）、烟道砌块以及铺地砖。

对在建筑中使用这些产品的消费者而言，为了确保产品的质量，探索了各种平行的保证产品质量的途径，如：

（1）可通过规章制度强制性地规定产品的质量等级。在与各种专业组织机构商议之后，行政管理当局就有了他们自己所希望的质量等级定义。任何制造者的产品不符合质量标准时，要受到行政管理当局和反欺诈检查人员的检查及控制，这种行为可被起诉到法庭。这种程序是适用于某些规范（热工规范）以及在后面将看到的 CE 标记规范。

（2）可由标准定义的产品主要特征性能来规定产品的质量等级。标准是在标准委员会的召集下，根据产品制造者、产品的使用者和行政当局之间的联合协定而制定的。然后，制造者要声明他的产品符合标准的规定，而不需要任何来自第三方的检查。因此，就必须信任制造者的声明以及接受制造者的形象。

（3）可由提供自愿的证明书来担保产品的质量等级。由外界的独立组织机构例如阿夫挠（Afnor）鉴定机构、必挠（Benor）、伊挠（Aenor）、可冒（Kemo）、ÜA 等机构，联合产品的制造者和使用者，共同制定一套用于产品质量标记的详细技术说明书。技术说明书涉及的规定是以产品的标准为基础，产品标准必须预先给出有关规定，但是产品标准可包括不同的规定或是在涉及某些方面时有更详细的技术说明。技术说明标记由行政管理负责人认可。产品制造厂家要自动地对他们自己的产品作出判定，要确保他们的产品将是符合标记规定内容要求的，由外界第三方技术检查组织对标记规定的内容进行检查，

以便证实所生产的产品的确符合技术说明书的规定（见后述）。

第一节 欧盟的产品标准

用于烧结砖瓦产品的标准在许多国家中已经实际存在了许多年。这些标准规定的主要产品的技术性能促进了在产品生产者和消费者之间的契约关系。产品的生产者可以决定他们的产品是否能保证达到这些标准的要求。如果生产者声明他的产品符合这些标准的规定，那么生产者就必须继续保证这种符合标准的生产状态的延续，以避免欺骗消费者；虽然如此，生产者依然是没有义务要遵循这些标准的规定。产品标准被说成是"自愿的"。

加之"传统"产品要遵从标准的要求，在不同国家中也有涉及"新"产品的审批程序，其中包括了对特定的每一个国家专有的技术认可机构［例如在法国的 CSTB 的阿维斯（Avis）技术认可机构，在英国的 BBA 的建筑技术认可机构］。产品标准有较大的地域性。

欧盟标准体系的实施执行改变了这些传统的做法。欧盟标准的落实使欧洲国家之间建筑使用的产品交换更容易进行，欧盟的指导方针，如建筑产品指令（CPD）[60]中，对欧共体的市场推举出了一种"新方法"，要求在不同的成员国中执行统一的标准体系。欧洲联盟委员会委托欧洲联盟标准化委员会（CEN）来承担准备起草这些标准的任务。这些标准是由技术委员会（TCs）负责起草的，例如 TC 125 为砌体标准、TC 128 为屋面标准，技术委员会下分成为不同的工作小组（WGs），每一个工作小组负责起草一个标准。

一、产品标准和欧盟建筑准则

欧盟标准的制定相当迅速，被称为"新方法"的标准，该标准中无疑地在许多方面不同于那些传统的标准，如：

（1）定义了三种类型的标准：即产品标准、试验标准和用于结构上的建筑准则（被称为"欧洲准则"，"Eurocodes"），然而，新标准中这些不同的观点常常与先前的国家级标准混淆在一起。新的欧盟标准的目标是使用同样的方法能够试验测定不同的材料，既然这是符合逻辑的，那么对不同的材料而言，就有着同样的质量等级和应用着同样的规范。实际上，在产品的标准中还常常提出有试验的程序（例如欧盟标准 EN NF771-1 中的吸水率试验）。

（2）这类产品标准是"公开性的"：不再由标准强制性地规定产品的特征性能等级，而是由产品的制造者作出声明，产品的制造者可以提出在他的工厂生产控制系统框架内能够保证的任何产品性能数据。虽然如此，标准中也规定有对消费者安全负责的临界值。由于这些公开性的标准规定，消费者的选择不再受到一个特定国家中标准强制性规定的产品性能数值的束缚，消费者可以自由地选择他真正想要的具有特征性能的产品。

（3）这些标准，特别是欧盟建筑准则，是以"性能为基础的"，或者是建立在产品性能声明的基础上，也就是说，标准化的目的是以能够达到的性能为方向。在另一方面，涉及消费者使用的是自由选择产品方法，选择时要达到使用的性能要求。每一个产品制造者可以获得的产品性能正如他看到的能够适合于使用的性能一样。

（4）CPD（欧盟建筑产品指令——译者注）要求欧洲产品标准中要考虑到消费者的建筑结构中的"基本要求"，如：

①产品的强度和稳定性；
②在发生火灾情况下的安全性；
③健康、卫生、环保；
④使用的安全性；
⑤对噪声的防护性能；
⑥节约能源和保温隔热性能。

在欧洲联盟委员会委托给 CEN（欧盟标准化委员会——译者注）制定这些标准的权力中，说明了怎样将这些"基本"要求，以特征性能的形式转化成为每一种产品标准，这些特征性能被称为"强制性"的产品特征性能。

（5）新的欧盟产品标准被称为"协调标准"，这些标准由两个部分组成：一个是经过协商同意的产品特征性能的声明、自愿遵从的部分；另一个是对规定的"强制性"的产品特征性能必须遵照执行的部分。该标准中所提出的产品强制性特征性能等级是在合并了不同欧洲国家中各种规范的要求之后，而形成的欧盟规范所规定的。每一种标准中所涉及的"强制性"产品特征性能以标准的附录形式汇集在一起，被称为"附录 ZA"。因此，满足附录 ZA 所有要求的每一种产品都能够满足在不同的欧洲国家中有效、安全、健康以及环保的规范要求。因此，产品就能够从一个国家容易地流通到另一个国家，并且也促进了行政管理当局的控制工作，这种方法给出了一种标识，称为"CE 标记"，这一内容在下一节讨论。

因而，这些协调标准中部分内容是强制性的。产品制造者们必须遵守附录 ZA 的规定。对这些"强制性"的产品特征性能要求，所制造的产品必须满足标准中的规定。对自愿声明的部分，也要符合标准中其余部分的规定，产品制造者无论想要声明什么都能够进行声明。虽然如此，制造者所声明的产品性能数据必须保证长期有效，并且要由工厂生产控制系统来证实。

经过多年的发展之后，用于建筑产品的协调标准现今正经历着批准的过程。自从 2004 年以来，用于烧结铺路砌块、砖、屋面瓦以及某些烟囱烟道砌块的协调标准已经公开发布，这些标准将取代各种相同意义上的国家级标准。

欧盟建筑准则 6 "砌体"和 8 "有地震倾向地区的建筑结构"已经公开发布，这些法规中的要求必须要与所涉及的不同产品的标准相一致。

二、国家级的附录

在每个欧洲国家中欧盟建筑准则的应用是在伴随着国家级附录的公开发布实施的条件下，而国家级附录的启动要引入各种参数，特别是每一个国家专门使用的安全参数。因为从 2006 年年底起，这一步骤就进入实施阶段了，而在这一方面的进展速度则根据所涉及的国家在变化。

在这种快速变化的时期写这一技术书籍时要得到充分的、最新的资料是困难的，因此，奉劝读者们要系统地参阅这些不同标准的最新文本。

这些协调标准的引入也带来了一些与不同国家在调整标准的发展前景上（防火安全性、地震以及热工规程）的其他组成部分以及与其他建筑标准（涉及铺砌和安装的标准，例如在法国的 DTU 技术推荐）一致性（各标准之间的协调统一性——译者注）方面的问题。

第二节 产品的标记

如上所见，CE 标记表示了在某种程度上产品是以协调标准的附录 ZA 中列举的强制性特征性能为基础而制造的，产品的生产得益于具有认定等级要求的工厂生产控制系统（是指前面提到的工厂生产控制系统的认证——译者注）。

所有投放到市场上的建筑产品都必须具有这种产品标记。原则上讲，这种产品标记最重要的是涉及了行政管理当局的检查和控制。虽然如此，这种产品标记也引起了渴望发现更多的有关产品的强制性能的最终使用者的兴趣。然而，这种标记不是一种关于产品质量好坏的象征，因为使用中控制的主要产品性能不可能完全包含在附录 ZA 中，还有在市场上的所有产品都必须具有 CE 标记。

用于产品的 CE 标记是以欧盟的协调标准为基础的。在欧洲联盟国家中或是在 EFTA（欧洲自由贸易地区——译者注），用于烧结砖瓦产品的 CE 标记已经成为投放市场的产品必须强制执行的方式，因为烧结砖瓦产品的协调标准已得到批准。CE 标记涉及下列烧结砖瓦产品：

①屋面瓦和屋面瓦附件；

②砌墙砖（建筑墙体以及隔墙）；

③装饰砖；

④用于烟囱的烟道砌块；

⑤铺路砖（包括用砖铺砌的路面，Pavers）；

⑥铺地砖（是指不上釉的用于铺设室内地面的砖，一般较薄——译者注，Floortiles）。

用于楼板砌块的欧盟标准正在制定中，将会很快发布实施。

对那些没有被标准覆盖的产品，因为这些产品研制出的时间太近，或由于受到专利保护的产品，能够由产品制造者向欧盟技术认可机构（ETA）申请。欧盟技术认可机构与欧盟组织的技术批准机构（EOTA）是平行发展的机构。欧盟技术认可机构 ETA 也有能够授予 CE 标记的权力。

另一方面，如果没有欧盟的协调标准或是没有得到欧盟技术认可的产品，通常不可能有 CE 标记。例如对屋顶来说，这就涉及了所有不受约束的装饰产品，如：中脊上的装饰产品、风向标产品、中楣装饰条、瓦的飞檐等。对砌体而言，也涉及了纸板或烧结板条产品，以及特殊形状的产品，如：花园围墙的盖顶砖、用于过梁下侧的预应力产品（如与烧结过梁砌块和预应力小梁组合而成的窗门过梁——译者注）、用于辊轴式百叶窗的遮阳产品（如烧结的遮阳板条——译者注）等。

一旦获得了符合要求的证明书，就可在产品上做出 CE 标记。要获得这种符合要求的证明书，就要进行下列一些确定的连续准备工作：

（1）由产品制造者陈述以及实施的工厂生产控制（FPC）系统。工厂的生产计划早已在生产控制一章中讨论过。

（2）完成确定数量的、被称为"类型试验"的最初试验，以便能够选择那些标准中要求的、涉及声明需要的产品特征性能数据，并且检查生产的产品的确是达到了标准的基本要求。

（3）符合要求的证明书的评估涉及了要寻求于独立的、被认可的、被称为"通报团体（NB；Notified Body）"的外部组织机构，由这一"通报团体（主体）"来落实和检查上述的准备工作。这些"通报团体（主体）"的组织机构是由他们各自所在的国家行政管理当局批准的，但是这些组织机构也能够在欧洲联盟中所有的国家里进行业务活动，在这些国家他们的证明书是有效的。

在评估生产工厂的适应性（国内概念上的达标——译者注）上则取决于通报团体的介入程度，有六类不同适应性评估体系的证书，其编号为1、1+、2、2+、3、4。欧洲联盟根据这些现有产品的风险以及假劣的程度已经选定了应用于各种产品的适应性评估体系，如对所有涉及安全性的产品要求通报团体大范围地介入。对很少有重要性的产品要求通报团体仅是非常有限地介入，甚至根本不介入。

对烧结砖瓦产品，适应性证明书的等级和各种评估体系的要求总结在表 64 中，该表中也表示了根据产品类别，可能引入标记制度时间的年限。

表 64　烧结砖瓦产品适应性评估体系的证明书

适应性等级	体系 2 +	体系 3	体系 4
初始试验	由产品制造者承担	由公认的实验室承担	由产品制造者承担
工厂生产控制	由产品制造者实施，由 NB 最初批准和定期地进行检查	由产品制造者实施，不检验，NB 不检查	由产品制造者实施，不检验，NB 不检查
用烧结材料制造的产品	类别 1 的砖（2006）；烟囱烟道砌块	含铅 Pb 或含镉 Cd 的上釉屋面瓦（2004）	类别 2 的砖（2006），屋面瓦（2007），铺路砖（2004），空心砖（2004），烟囱端饰产品（2004）

当涉及适应性证明书的正式手续已经完成之后，达到了所需要的等级，产品的制造者就可直接地声明他的产品和生产线达到了适应性要求，并可直接地填写产品以及生产线适应性的证明书。

之后，产品制造者必须连同标准化的标签一起在产品上添加 CE 标记，标准化的标签特征是包括了确定数量的强制性条款信息，例如：生产的单位、生产的日期、生产的数量、通报团体、产品的样式、"强制性"特征性能的数值等。

CE 标签的实例给出在图 65 中。

必须注意到在标签上表示的某些特征性能数值，这些数据是精确的和有用的。另一方面，约定的其他项目是近似的，因为这些项目是来自目录的或者是没有接近真实情况的评估方法。

CE 标记的监督是由国家级的行政管理当局管理的。在法国，CE 标记的监督是由海关部门（DGDDI）、反欺诈检查机构（DGCCRF），也可由 DRIRE 地区性的技术部门、工业部门的代理

（来源:EN.NF 11344 Pavé de terre cuite aéré 6 Afnor）[12]

```
           CE

任何有限公司，邮政信箱21,B-1050
              02
      01234-CPD-00234

           EN 771-1(欧盟砖标准号)
类别I, LD, 长.宽.高mm 烧结砌体构件
抗压强度：                平均××N/mm²
(⊥坐浆面)，××N/mm²(⊥顶面)(类别 I)
尺寸稳定性：   水分移动性：……………NPD
粘结强度：   固定值：…………××(N/mm²)
活性可溶盐含量：………………NPD(SO)
对火的反应：   欧洲等级：……………A1
吸水率：……………………………××%
水蒸气扩散系数：…………………×××
直接空气传播声音的隔音系数：
表观密度：…………………××(D1)kg/m³
构造形成：   ………………………如附图示
当量导热系数：…………………××W/(m·K)
抵抗冻-融循环的耐久性：………………F2
危险性物质：………………………见下说明
```

图 65　CE 标签实例，LD 砖

机构以及 OPJ 警察侦探部门执行，对任何一个执行部门来说，也可能委托经批准的各种其他代理机构来执行。

这些代理机构能够进行检查以及起草报告。这种类型的检查是在所有的制造或生产现场，连同所有的包装、储存以及出售的房屋上进行的检查。这些代理机构可以封存产品、查封生产厂家、中止生产，以及命令撤销合同或甚至于罢免生产厂家。

第三节　质量担保书和自愿的产品质量标记

许多产品的制造者们做出了相当大的努力生产着高质量的产品。对特别突出的产品质量，如前文所述，通过自愿的产品质量标记的证明书已经得到发展。标记的持有者能够将这种标记放置在他们的产品上。

所使用的这些质量标记都涉及标准。通过对生产过程的控制以及对产品的检验，产品的制造者承担着要确保产品与标准的一致性以及要通过外部的组织机构的检验和证实产品的确是符合标准规定的责任。

这件事情现在看来有些复杂化，因为：标记是建立在包括产品标准要求的"标记准则"的基础上，自愿的产品质量标记也有更进一步的要求，如在标准中没有涵盖的要求或是更严格的要求。在这些自愿的产品质量标记中所提出的更进一步的要求涉及了与实际使用标准的一致性，依次也涉及了每个国家的砌筑方法（在法国，瓦是在挂瓦条上铺设的；在荷兰则有环境方面的要求等）。人们也能发现涉及检查的细节（应当检查什么？哪些样品？多长时间进行检查？应当怎样处理与标准的不一致性？等等）。标记体系是由"标记秘书处"（"mark Secretariat"）组织的，试验是由"标记实验室"进行的，标记的通常管理是由包括制造者、使用者和行政管理负责人代表的"标记委员会"执行的。由标记的持有人发放标记。

这种标记被称为自愿的，是因为产品的制造者能够遵照实施或不能。最初，这些标记是国家级别的，而现在则必须对承担着遵照相应要求责任的所有产品制造者开放。

自愿的产品质量标记是 CE 标记的补充。在 CE 标记中表明的部分，在自愿的标记中必须不能被重复。自愿的产品质量标记仅能够表示的是：如果要求等级比 CE 标记要求更严格的部分。

在欧盟国家中对烧结砖瓦产品使用的自愿的产品质量标记在标签上的实例是 NF、必挠（Benor）、伊挠（Aenor）、可冒（Kemo）、Din、CSTB 等，其中的每一种标签都有着它们自己的特殊式样。

第十七章 "LD"烧结砖

对使用而言，所生产的砖（或砌块——译者注）只是作为砌体的小单元构件。

在欧洲联盟国家中必须遵照新的欧盟标准 EN NF 771-1 来制造烧结砖，这已成为了强制性的标准，并取代了一些老的国家标准。

欧洲联盟标准组织想制定出一个简单的标准，以便涵盖在砌体中使用的所有烧结砖产品：如带饰面的砌体或带粉刷层的砌体；承重结构的砌体或不承重的砌体；外墙和隔墙或里衬墙。

依照产品的复杂性和需求的观点，该新的欧盟标准在两种类型的砖之间作出了区分：

① "HD"砖；

② "LD"砖。

这种区别是基于两种标准：

①产品的表观密度（低密度 $<1000\text{kg/m}^3$；高密度 $>1000\text{kg/m}^3$）；

②砌筑之后的保护形式：砌筑之后有防雨层或是暴露在雨中。

根据这些标准进行的分类表示在表 65 中。

表 65　HD 砖和 LD 砖的定义

表观密度	有防护无暴露	无防护，装饰砖
$<1000\text{kg/m}^3$	LD	HD
$>1000\text{kg/m}^3$	HD	HD

必须仔细对待现行标准中使用的专门术语，因为使用的 HD（高密度）和 LD（低密度）术语易造成混淆，原因是表观密度仅为作出区别的判别准则之一。实际上有两个判定的标准（表观密度和防护形式），事实上表观密度标准比与之相联系的防护标准的重要性要低（也就是说砖的使用场所和方法对砖的分类更重要——译者注）。

该标准中根据产品的几何构造也定义了四类产品类别，即：产品的体积和孔洞的方向，以及墙体的厚度。产品的制造者必须标示出产品的组别。在欧洲联盟国家使用的这些产品组别是为了按照组别来选择不同的设计值。

此外，该标准也采用了两种砌体构件的类别，即类别 1 和类别 2，这取决于对工厂的信任度水平，也就是说，工厂生产控制的类型以及是否按统计方法表示出了抗压强度。制造者也必须标示声明出所造产品（砖）的类别。

类别 1 的砖代表着有高的信任度，即这些工厂是经过了 2 + 综合评估系统的评估，也就是说，这些工厂的生产控制系统在最初就必须得到确认，并由通报团体定期复查控制。此外，抗压强度也必须以统计的值标示出。根据这一标准，"类别 1 的砖所标示的抗压强度，不能达到该强度值的概率不能超过 5%，因为所标示的抗压强度值可使用平均值来测定。"类别 2 的砖也必须有工厂生产的控制系统，但是不需要进行申报复查，其抗压强度也不需要用统计方法做出标示。

在欧洲联盟国家使用的这些产品类别是为了在结构计算中根据砖的不同类别来选择安全系数，例如类别 1 的砖就能使用较低的安全系数，在理论上讲，其结构也更轻。事实上，机械强度的问题在独立住宅中不是主要的，针对欧洲共同体建筑的大市场，其机械强度仅在整体的住宅建筑和公共建筑中有重要作用。

第一节 LD 砖的定义

LD 砖要防护水的渗漏，并且其表观密度小于 1000 kg/m^3。这类产品有着较高的孔洞率，通常是较轻的烧结固体产品。在欧盟新的烧结砖标准中给出的某些 LD 砖的实例见图 66。

总的来说，LD 砖包括所有的墙或结构用砖，而不是用作装饰的砖。下面将对这类砖用作建筑构件方面给出一些评论。

一、顺砌和丁砌

在墙上用砖的主要位置之间作出了区分：
（1）丁砌，是当砖的顶面朝着墙面的砌筑；
（2）顺砌，是当砖的条面（长边）朝着墙面的砌筑。

LD 砖，因为块体大，通常是顺砌。而 HD 砖，因为块体较小，常常在墙上是丁砌的。

二、水平孔和垂直孔多孔

带有水平孔的砖是典型的孔洞水平方向放置的建筑砖。因此其孔洞相对要大些，并且定位在水平方向。产品内的垂直壁是承受荷载的，而水平方向的肋不承受任何机械荷载。砂浆铺设在砖的上部侧面上，孔洞呈水平方向砌筑。

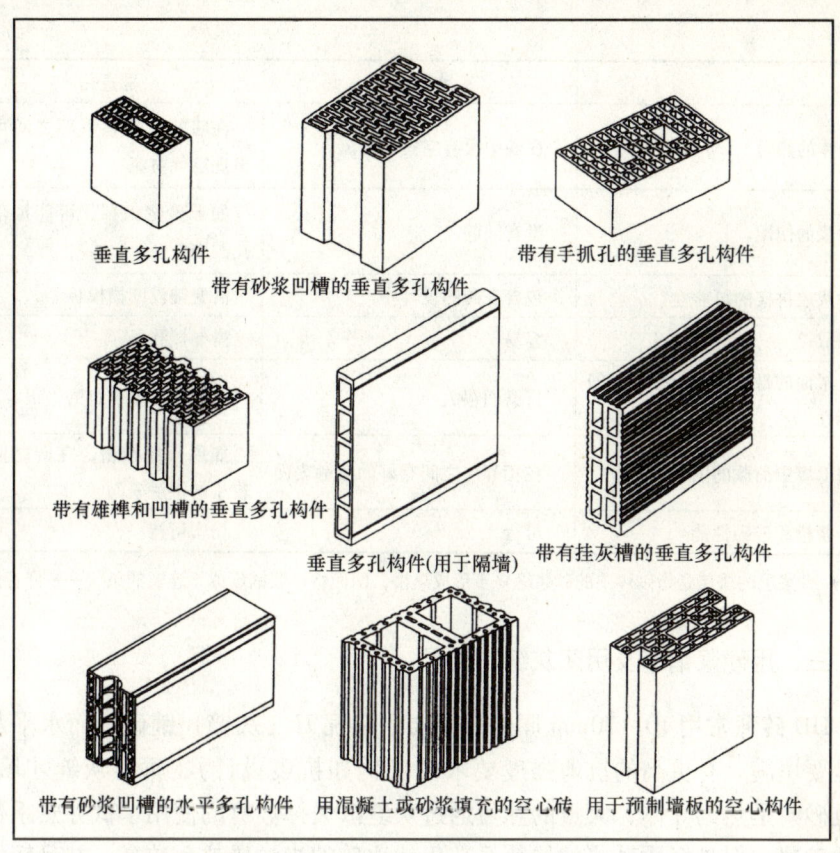

图 66　LD 砖的实例（EN 771.1 烧结砖）

（来源：EN. NF771.1 Briques de terre cuite Afnor）[12]

当砖内部肋壁的数量增多时，其孔洞就会变小，因此就有可能将孔洞在垂直方向上砌筑，也就是说孔洞是垂直的，因为在小的孔洞上砂浆不会落入孔洞中。这就形成了垂直多孔砖的应用，在孔洞的整个截面上都能承受荷载。由于在挤出中的各向异性，在孔洞面上改善了砖的抗压强度，增大了孔洞截面上的承载能力，提高了产品的性能。鉴于此，烧结产品就能做成有更多的孔洞，而同时可弥补在机械强度上的降低。上述两类产品的相对优势在表 66 中给出了比较。

表 66　孔洞的定位方向及结果比较

	水平孔	垂直孔
抗压强度	较低	较高
抗剪强度	高	取决于孔洞的设计
热阻	取决于烧结的产品及孔洞的数量	取决于烧结的产品及孔洞的数量

续表

	水平孔	垂直孔
墙体的热阻	在墙中没有空气的对流	在墙的上部和下部之间可能出现空气对流
砂浆的使用	没有问题	如果砂浆太稀,可能掉落入孔洞中
砂浆层拼接的可能性*	包含在砖的设计中	需要铺设凹槽模板
抓取	容易	需要抓孔
坐浆面的打磨及薄灰缝连接的可能性	打磨面很大	仅有孔洞壁的打磨,很容易
降低墙中荷载的因素	在相邻层之间有好的接触表面	如果灰缝较薄,在砖之间有较小的接触表面
砂浆槽和连锁性能	可行	切实可行

* 砂浆层的拼接是指砌体中的砂浆缝易于形成热桥,因而将砂浆铺设成不连通的条状——译者译)。

三、用砂浆铺砌及用薄灰缝连接层

HD 砖通常用 10~20mm 厚的砂浆层,用瓦刀(灰铲)铺砌,而水平灰缝总是要填满。有更高的抗剪强度要求时(例如抗震设计),垂直灰缝才填满。标准砂浆是热的导体,大量的热可通过灰缝散失掉。有的使用了低导热系数的轻质砂浆,但是轻质砂浆的导热系数仍然比砖的当量导热系数高,并且轻质砂浆也降低了灰缝的抗剪强度。

也有一些砖能够由薄的灰缝方式(大约 1mm 厚)来砌筑,可以用辊式铺浆器铺设砂浆。这样通过灰缝的热损失就非常有限了。这种类型的铺砌要求砖要有高度精确的几何尺寸(在砖高度方向上约 ±0.3mm),因为不再有可能通过灰缝的厚度来调节砖在高度上出现的变化。通过传统的干燥和焙烧过程要想直接得到如此精确的尺寸是非常困难的,因此焙烧之后的砖必须经过打磨。此外,这些可用薄灰缝铺砌的砖在砌筑时比用传统的砂浆铺砌得更快。当然,薄灰缝铺砌要用专用砂浆(即国内所说的胶浆——译者注)。

四、榫舌和凹槽连接及砂浆槽

某些砖因在垂直接缝处设置了榫舌和凹槽而具有连锁的特征,当竖向灰缝的砂浆不饱满时,也能改善竖向灰缝的防水性能、隔热保温性能及隔音性能。

某些其他类型的砖在其顶面上设置有垂直的凹槽,被称为砂浆槽。这种简单的方式,对抗震建筑来说,砌筑时用灰铲(瓦刀)将砂浆填充到这种孔洞中后，就得到了垂直方向上质量相当好的竖向力学连接。

五、砂浆层的拼接

水平方向的砂浆层是连续的，并覆盖了砖的整个横向宽度。要减少通过砂浆层（灰缝）的热损失，可将砂浆层做成数个平行的条状，使砂浆层成为不连续的，这样就可减少通过砂浆层的热损失，但是这种方法增加了墙体中的机械应力。这种方法称为"砂浆层的拼接"。如果在砖的承重表面上设置凹槽，该种砂浆层的拼接就能通过砖体本身的设计来实现；或使用一可沿墙体滑动的凹槽模板铺设砂浆，砌砖工人就能够铺设出多条平行的砂浆带。

六、操作抓孔

带有水平孔洞的砖，不管其尺寸和质量如何，操作中都是很容易的，砌砖工人能够将他们的手指插入砖的孔洞中，因为水平孔砖的孔洞较大些。

垂直多孔砖的孔洞要小得多，要想容易地抓取砖，有效的方法就是设置抓孔。

七、承重外墙和填充外墙

在欧洲联盟国家使用 LD 砖有各种各样的建筑方法。

承重墙体，也就是由墙体直接承受楼板的荷载。这种类型的墙体多见于中欧国家。墙体建造迅速，而且墙体相对是匀质的，但是需要有较好的砌筑技艺、高质量的产品及熟练的砌砖工人。

在地中海周围，常可发现另外一类墙体，即所做的建筑结构是由承重的混凝土梁和柱组成的框架来承受楼板的荷载。砖仅用来填充其间的空间。这些填充性墙体是砌筑在每层楼柱子之间的楼板上。对砖的质量和砌砖工人的技能要求不高，这对建筑物的稳定性没有任何影响。然而，这些墙体的质量通常较低，如具有较低的保温隔热性能，因为有不同的热膨胀系数，在混凝土和砖的结合处可能会出现裂缝；建筑物具有较低的刚度，因为在混凝土柱和填充砖之间其结构不可能全部固化在一起。特别是当为了节约投资而减少了柱中的钢筋时，其抗震能力也是低的。

八、不同类型的砖

在市场上存在着不同厚度和规格的烧结砖产品。

（一）用于传统墙体的砖

墙体的最小厚度由要建造的墙体的长细比（长度直径比）来确定。对于承重墙体而言，就必须考虑在墙体上的荷载，因为这类荷载通常是偏心的。在法国，承重墙体的最小厚度是15cm，但是大多数使用的厚度是20cm。最普遍的砖具有的横截面为20cm×20cm，其孔洞为水平方向。

用传统的 LD 砖建造的墙体必须有保温隔热措施。

保温隔热层也可做在内墙面上（内保温）。即保温隔热复合材料黏贴在内墙面上，并用石膏板覆盖。这种方法是便宜的，但是引发了数种问题：有若干热桥存在，内部材料没有热惰性，在保温隔热材料后面的冷墙体上会出现冷凝的危险，仅由一薄的粉刷层防护着砖等。在法国，内保温隔热层的做法是非常普遍的。

保温隔热层做在外墙面上（外保温）有许多优势，如对砖有着高度的防护，没有热桥现象，内部材料有高度的热惰性，但是外保温隔热层的做法成本较高。在德国、瑞士等国家，外保温的做法很普遍。

在这种类型的墙体中，砖组成了墙体的结构，在墙体的保温隔热性能上砖也提供了某些有限的作用。

（二）用于墙体保温隔热的砖

砖本身也能提供墙体足够的保温隔热性能。在这种情况下，其墙体较厚些（30cm，37cm及50cm厚）。这类产品有其商品名称，例如"波罗通"（Poroton）、"蒙瑙米"（Monomur）、"瑟缪艾色拉"（Thermoarcilla）等，其孔洞通常是垂直方向的。在先前的标准中，这类产品被称为空心砌块。该类产品发展的趋势是朝着不断改善其保温隔热性能，并使其最佳化的方向发展。为了减少通过砂浆缝的热损失，就必须对砂浆缝有所限制，因而导致了该类产品的块体较大、较重。事实上，单个块体的最大质量被限制在一个工人砌筑时能够用双手搬动的水平上。人工砌筑时单块最大质量在15~20kg（西欧各国说法不一，如德国人工砌筑时的单块最大质量限定为25kg——译者注）；也有使用吊车来砌筑的较大块体的产品，因为块体太重而使用吊车。

（三）隔墙砖

使用较薄的砖来建造室内隔墙或内衬墙。这些砖的厚度范围在3.5~11cm。这类砖可用石灰和水泥砂浆来砌筑，但是也常使用熟石膏浆体来砌筑，以便凝固得更快些。在法国，这类产品被称为"泥水匠"的砖。因为这类产品薄并有着低的面密度，但其尺寸常常是较大的。这类产品的发展趋势是朝着砌筑简单化的方向发展，如更大的块体、用薄灰缝砌筑、不用砂浆的干铺砌等。

（四）用混凝土填充的砖

在有高度隔声要求的地方使用，即用现有的砖（空心砖）当作混凝土墙的模板，在孔洞内灌注混凝土。因此将此类产品称为混凝土或砂浆填充的砖。

（五）配件

砖是一个大家族，每种类型的砖都有其与之相关的配件，以便使砌筑容易并确保其性能的连续性。用于保温隔热目的的砖有大量的配件，如用于楼板边缘的衬砖、过梁砖、拐角砖，用于门和窗户的凹槽砖，以及用于混凝土梁柱的模板砖等。

第二节　热阻的最佳化

在砖的设计中就有可能使其热阻最佳化，设计中必须考虑给定的孔洞率及相应的、所期望的机械强度。

热传递是通过在材料中的传导、在空气中的传导和对流，以及辐射而发生的。所希望的是将这些热传递最小化。在标准 EN 1745 中给出了最简单类型砖的热阻值表。

使热传递达到最小化的方法有：

（1）烧结产品的最佳化。这一可能性在烧结产品的导热系数一章已做了讨论。烧结产品的导热系数能够由改变其成分及降低其密度来减小。然而，这种方法由于力学性能的降低而受到限制。实际上，要想将烧结产品的真密度减少到 $1400 kg/m^3$ 以下是有困难的。此外，尽管在热传递主要以传导方式出现的简单的砖上降低密度对导热系数有直接的影响，但在有孔洞的砖上不是如此有效，因为在传导的热损失已经有显著降低时，而由于辐射造成的热损失通常已经达到了同样的水平（即传导热损失减少，而辐射热损失增加——译者注）。

（2）在产品的孔洞中避免空气的对流。原理上，如果砖内的孔洞尺寸小于 1cm，孔洞内空气的自由对流就停止了。必须采取小心的措施以避免在墙中由于通过砌体的孔洞而造成了强制性的综合循环。墙上的所有孔洞（电源插座、通过墙的管线等）都要谨慎地堵塞住，以避免任何可能出现的循环。

（3）增加在产品孔洞平行于结构墙体平面之间的中间肋壁的数量（即增加与墙面平行的孔洞数量——译者注）。砖内部这些与墙面平行的肋壁有两种作用：一是起着对热辐射的屏蔽作用；二是当砖内不同壁之间的交错连接时，延长了热传导的路径。增加中间肋壁的数量而不改变孔洞率的大小，因此这些肋壁就要做得薄一些，目前的技术水平能够达到这种要求。当前的产品在 30cm 厚（指墙厚——译者注）的截面上有 20~30 排中间肋壁。

（4）垂直于墙体平面及平行于热流方向上的肋壁的连接截面最小化，这包括砖的外部、内部及中间的肋壁在内，要折算其数量和相应的厚度。在平行于墙体平面的方向上的孔洞形状就这样被大大地拉平了。但是这种方法也受到墙体声学性能的限制，因为这些孔洞很容易产生共鸣。

（5）砖内部孔洞的截面形状（长方形、菱形、六边形等）的影响。六边形孔在墙的厚度方向上有着良好的刚度，也有着很好的隔音效果，但是这种孔形在热流的方向上其中间肋壁有着相当大的表面积，因此从传热的观点上讲，不是理想的形状。设计上菱形与长方形孔的交替排列可使热流的路径达到最大化。人们甚至能够想象出其他更复杂的扁平孔形，也包括更复杂的基本图形的镶嵌孔形（即孔中套孔——译者注）。

（6）坐浆面打磨的砖。由于砂浆的保温隔热性能差，因此打磨的砖使用了薄灰缝连接（为了减少通过灰缝的热损失——译者注）。

（7）在垂直灰缝没有被填充的情况下（实际上，烧结保温隔热砌块的垂直连接缝采用连锁结构，一般情况下不加砂浆——译者注），加大砖的高/宽比也能够相对减少砂浆的用量（砖的高度增大，减少灰缝——译者注）。

目前普遍使用的产品其热阻值根据产品的不同而在变化，当产品的厚度为 $30 \sim 50 cm$ 时，其变化范围在 $2 \sim 3.5 m^2 \cdot K/W$ 之间。

第三节 热 惰 性

在稳定的温度环境下，很少对墙体进行保温隔热处理，而砖是重质墙体材料，能够提供有用的热惰性指标：

（1）在冬季，不管在环境温度上有何变化，砖都有很好的稳定温度的能力，而且在短时间内就能存储太阳能；

（2）在夏季，在炎热的天气下，砖的热惰性可消除其峰值温度。

由于砖的热惰性，热进入砖体后热波动有了衰减，并产生了相移动。这种衰减和相移动取决于波动的频率，其波动的频率范围：当热的程度有变化时可能是几分钟，也可能是白天到夜晚循环的一天，也可能是持续数天的炎热天气。从标准 EN ISO 13786 "用于建筑构件的热性能等级——热动力学特性"的规定，就能计算墙体的热动力学数据。

在法国标准 RT 2000 热规范中，以各种方式来考虑热惰性：

（1）根据楼板和垂直墙体的类型，简单确定热惰性的类别。质量较低的楼板和砖墙建筑被归类于重质热惰性类别。

（2）在热惰性数值的基础上进行简单的计算。这是对上述方法的改进，其热惰性类别的确定涉及墙和楼板的表面积以及它们的表面热惰性 $[kJ/(m^2 \cdot K)]$，而且这些数值是分摊到墙及楼板上。

(3) 使用详细的房屋形状及材料的数据进行详细计算。

法国标准 RT 2005 中规定，要求做出全部的计算。

第四节　含水量的最佳化

建筑砖必须能够传递水分，能够使水蒸气通过砖体扩散而得到干燥，但是要限制液态水的渗漏（雨水、冷凝水等）。用与热特性相似的方法，烧结产品的性能和孔洞的几何形状能够帮助人们找到解决含水量的最佳方法。用热性能最佳化的方法来解决烧结产品的最佳含水量是可能的，虽然至今还没有明显的结论。

正如所见，带有外粉刷的建筑砖可起到部分防护水分的作用，因为砖没有暴露在大风雨中，但是粉刷层并不能阻挡建筑砖仍要吸收少部分水分。

在冬季，暴露的砖有另外一种水分传递的形式。除了由于加热产生的横向热梯度之外，还有一暖流使潮湿的蒸汽通过墙（更冷）从内部向外部转移。因此在墙上某些冷的区域，其相对湿度就有可能达到非常高的程度。当温度低于露点温度时，在砖上就会出现冷凝水。由 CTTB 和 CSTB 所做的水分传递的计算表明，在实际环境下使用"蒙瑙米"（Monomur）砖（砌块——译者注）绝不会出现任何冷凝水。

在另一种情况下，砖外部的粉刷层随使用时间的推移可能会出现裂缝。这种现象出现后，下雨时必须不能让水进入墙体中。

防水性试验可在有粉刷层的砖墙片上进行，在墙片粉刷层上做出数条刮痕，深度达到砖的表面，以模拟粉刷层的裂缝。然后，让这一带粉刷层的墙片暴露在流动的水和轻微过压的环境下（模拟风压）。在这种状态下持续 24h 后，检查墙片内表面上是否有可见的水分，同时也要测量进入墙片水的质量。通常，水渗透砖的程度被限制到第一排孔洞处；水不能直接渗透通过墙体，若有的话，也只是在墙脚处发现有非常少量的水。此时，墙片的吸水性就非常高了。

需提及的是在其他条件下，烧结砖暴露在液态水下的状况：

(1) 建立在地面下的砖墙。与土地接触的砖墙必须有一外部防护层。法国 DTU 技术规范要求，在基础墙上使用防护层的类型根据所涉及的使用范围而变化：有通风空间的情况下，出现水分的斑点是允许的，但是在居住范围内是不允许的。

(2) 没有防潮层时渗入墙壁的潮气。这种情况存在于较老的建筑物中，但是在有防潮层的新建筑中不允许出现。

第五节　力学性能的最佳化

砖的力学性能的最佳化包括数个方面：

（1）砖的垂直抗压强度的最佳化。这包括烧结质量很好的产品在内，孔洞率要有所限制，以及要有一好的设计，包括在受力方向上要有足够的增强措施。抗压强度取决于砖（砌块）的几何形状，特别是产品的高/宽比。

（2）对用于抗震建筑的一些砖来说，也要求侧面水平抗压强度要经受得起由地震引发的剪切应力。

（3）砖的设计必须符合隔声的要求。这一问题将在下节讨论。

（4）用于砌墙的砖。是指在砖与砖之间其荷载必须要以有效的方式进行传递，在其接触点上没有过载，特别是用薄灰缝连接的基础砖或是在连接截面之间有宽的间隙时。因此，在砖的强度和墙可接受的荷载之间就有了一缩减系数。实际上，这一缩减系数也要考虑在外墙上放置的楼板的偏心荷载，以及由于这种偏心荷载而导致的扭矩。也要考虑墙的长细比（墙的高度与宽度比）系数。法国的建筑标准中规定，单片墙的长细比不允许超过20。

表67给出了各种不同长细比和材料构成的具有偏心荷载外墙的缩减系数。如表中所示，一种用于外墙的C40水平孔空心砖，在墙的长细比为15的情况下，绝不能承受比40巴（bar）/10 = 4巴大的荷载（永久性荷载加上临时性的偶然荷载）。

表67　外承重墙上的荷载缩减系数（偏心荷载）

砖的类型	长细比<15	长细比18	长细比20
多孔砌块、磨面砌块或多孔砖	9	10.8	12
水平孔空心砖，有连续铺砌的表面	10	12	13.3
水平孔空心砖，拼接砂浆缝	11	13.2	14.6

承重内墙的缩减系数较低，因其荷载在中心部位。

欧盟建筑准则6中采取了不同方法来计算建筑物的力学强度：

（1）计算砌体上所施加的力时，要考虑所有的因素，不但要考虑在正常工作条件下的力，还要考虑在极端情况下出现的力。这些计算包括涉及的使用环境下的安全系数。在实际使用中，有复杂的计算方法，也有更简单的计算方法，特别是对小型建筑用简单的计算方法。

（2）将计算得到的这些力（荷载）与墙的力学性能进行比较，然后根据砖和砂浆的力学性能对砌体的抗压强度 f_k（MPa）进行评估，按照下列公式进行计算：

公式 28： $f_k = K \cdot f_b \cdot x \cdot f_m \cdot y$

式中　f_b——砖的平均标准强度（MPa）；

　　　f_m——砂浆的强度（MPa）；

　　x、y——系数。

欧盟建筑准则 6 中给出了不同的 K 值，x 和 y 则取决于使用的条件。举例来说，$K=0.4$，$x=0.7$，$y=0.3$ 时是适用于普通砂浆或轻质砂浆的。

除了上述这些，欧盟建筑准则 6 中也给出了如何评估墙的剪切强度及横向强度的方法。

第六节　声学性能的最佳化

砖建筑的声学性能包含着复杂的现象，这同样要涉及砖本身，而且要考虑到许多外部的参数。因此，要评估砖建筑的声学性能，要求懂得所涉及的建筑物及使用的建筑方法的全部知识，以便能作出全面的评价。

法国调整后的规范（新的声学规范，2000 年 1 月 1 日）对隔声提出了要求。例如，关于住宅的隔声：

（1）冲击声音（声音传播 <58dB）；

（2）空气传播的室内噪声（在主要房间与相邻的两个房屋之间声音的衰减 >53dB（即隔声 >53dB——译者注）；

（3）空气传播的室外噪声（声音的衰减大于 30dB）。

部分声能可通过砖墙，一小部分也能沿着墙的侧面传播，或是沿着建筑物的其他构件（楼板、天花板、内隔墙等）传播，或是通过细裂缝或裂隙传播。

因而，要达到材料特定的性能，砌筑的质量非常重要。在隔声方面必须遵从一些基本原理，以避免砌体声学性能毫无必要的变坏现象。

所以，从相邻的墙体或楼板上内隔墙的封闭隔离就很重要，例如用有弹性的密封条封闭。

另外，至关紧要的一点是墙体的气密性。墙体必须是紧密相连的，没有任何可让声能穿过的孔洞或裂缝。粉刷墙体比裸露墙体的隔声性能要好得多，特别是垂直灰缝没有被完全充满的情况下。

对集体住宅来说，隔声是其主要问题。由 CTTB 制定的小册子中[61]，按照法国建筑规范给出了包括砖在内的各种建筑在不同情况下解决隔声的方案，也给出了集体住宅和临街住宅的隔声处理方案。这些不同的处理方案是建立在对使用的各种类型的墙的声学性能的计算和所进行的测定的基础上，这种测定和计算也涉及了墙体特定的几何形状以及所使用的不同类型的砖。

一、冲击声音的传播

由试验的方法来测定冲击声音的传播，该试验用一标准的敲击设备在试验的墙体上进行标准的撞击，然后在墙的对面测定声音等级，逐次测定每一倍频程。此后这些冲击声音等级被归结到一标称的加权声音等级 L_{nw}。L_{nw} 越低，对冲击声音的隔离越好。

冲击声音的传播主要由单位面积质量、抗弯刚度和阻尼所决定。

对均匀的重质墙体（单位面积的质量 $m > 150 \text{kg/m}^2$）而言，标称的加权冲击声压等级 L_{nw} 如下：

$$L_{nw} = 164 - 35 \log m \text{ (dB)}$$

式中 m——墙体单位面积的质量（kg/m^2）。

二、空气传播噪声的衰减

对空气传播噪声衰减的评价，其试验用的墙放置在两个实验室之间，一个实验室为噪声发生器，而另一个实验室为接收器，逐次测定每一频率下的声音衰减 R（标准 EN ISO 717-1）。测定获得的曲线实例表示在图 67 中。

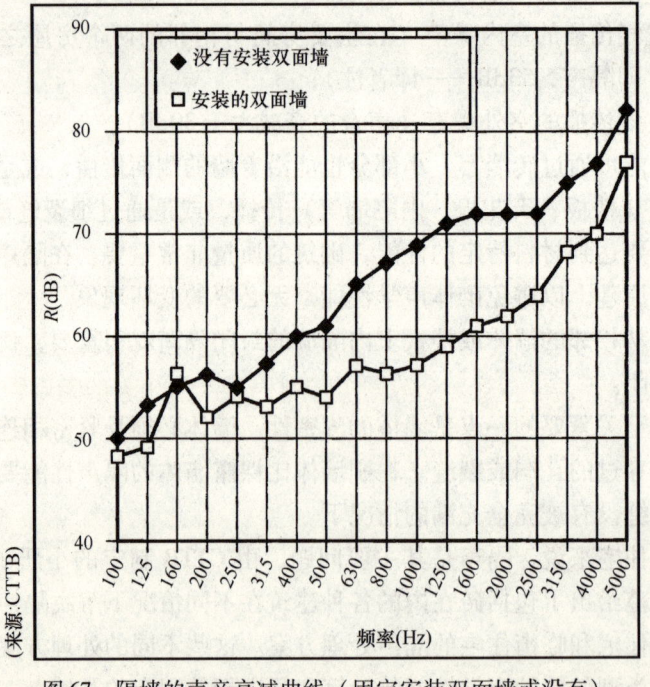

（来源：CTTB）

图 67 隔墙的声音衰减曲线（固定安装双面墙或没有）

这一曲线能够由单一的加权方法归结出整个的声音衰减指数 R_w（dB）。每一墙体、楼板或天花板都可以由这一指数来描述其隔声性能，并能容易地在各种墙体、楼板或天花板之间进行比较。

在空气中有噪声传播的情况下，测定其衰减状态时，所获得的 R_w 值越高，其隔声效果就越好。

对实心的、均匀的、厚的墙体来说，其传播声音的衰减也取决于单位面积的质量、墙的刚度及阻尼。

实心墙体的声音衰减曲线 R 是与之相关声音频率的函数，通常包括 4 个连续的范围，如随着频率的增加：

（1）在低频范围内，该曲线遵循理论上的"质量定律"：

公式 29： $$R = 10 \log \left[(\pi f m / \rho_0 c_0)^2 \right]$$

或 $$R = 20 \log (mf) - 42$$

式中 f——相关声音的频率；

m——墙体单位面积的质量（kg/m²）；

ρ_0，c_0——空气的密度及与之相关的声音速度。

当频率每增加一个倍频程或墙的表面密度加倍时，声音的扩散增加 6dB。因此，高音调的声音比低音调的声音更容易被削弱。同样地，用灰泥抹墙或粉刷就能改善墙体的隔声性能，其一因为不再有声音的泄露；其二因为墙的表面密度增高了。

（2）当移动一接近于墙体的临界频率 f_c 的声音到墙面时，其结构中的墙体就会像薄膜一样振动。这一频率是：

公式 30： $$f_c = (c_0/2\pi) \sqrt{(m/B)}$$

式中，$B = Eh^3/12(1-v^2)$（各向同性墙体的抗弯刚度），E 和 v 是当量模数，h 是墙的厚度。

重质砖墙有着相当低的共振频率（125～250Hz）。当与之相关的噪声的频率与墙体的共振频率一样时，与"质量定律"比较，在其扩散上就有一种衰减。这就是"重合带"，有一个或两个倍频程宽（当相关的噪声频率与共振频率接近时，就有一个衰减有限的带（重合带）。这一个带包含有给定的频率宽度。在音乐中，倍频程是在一个音乐基调与另外一个基调之间的间隔，具有一半或双倍的音调频率。如果低音调的界限是 50Hz，高音调的界限是 100Hz，其间的间隔就是一个倍频程）。

（3）上述这种频率，会达到其扩散再次随频率而增加（每个倍频程约 9dB）的区间。墙体的阻尼效果起着主要作用并限制着共振。阻尼效果涉及墙体所使用的结构方法（砂浆连接或薄灰缝连接；有或没有垂直连接灰缝），以及材料本身（砖和砂浆）。材料的性能通过本身的功耗因素而起作用，具有低玻化程度及低弹性模量的材料其功耗因素无疑要更高一些（烧结砖有此特性——译者注）。

（4）最后，在高频率情况下其扩散很少随频率迅速增加，因为在厚的墙体中剪切波达到了较高的程度。

对于用空心构件，例如空心砖建造的墙体，由于某些附加的现象，能够进一步减少声音的扩散：

①墙体（砖）通常不是各向同性的，而是各向异性的，因此在这样的情况下有两个膜共振频率（在墙体平面的两个方向上），其重合带要宽得多。

②在墙的厚度方向上通常其刚度较低，这则通过墙体造成了压力波；这种压力波在高频率（400~500Hz）范围内活跃，其结果在该区间有较低的阻尼比率。空心砖中与外壁垂直的肋条会增加横向的刚度，但是会降低其热阻。

因此，对空心砖墙声音扩散程度的计算还是近乎准确的。考虑到匀质砖砌体的加权声音衰减指数 R_w，与墙体单位面积的质量之间有一经验关系式：

公式 31： $R_w = 35.9 \log(m) - 33.2$ （dB）

这一经验公式适用于单位质量 m 大于 $100 kg/m^2$ 的单层实心墙体。同时也适用于厚度小于 240mm 及表观密度高于 $900 kg/m^3$ 的多孔砖墙体，但是规定墙体上所有的裂缝、孔洞和气孔都要适当地密封。该经验公式不能用于保温隔热的砖（砌块）墙。

对匀质的墙体构件而言，涉及空气中传播噪声的衰减和冲击声音的传递也有一关系式，对每一个倍频程频带有：

公式 32： $R + L_n = 43 + 30 \log f$

在文献资料中有许多声音衰减的平行测量结果可以利用。其典型的数据给出在表 68 中[62]。

表68　烧结砖墙体的空气传播声音的加权衰减指数

墙 体 构 造	R_w (C; Ctr)	单位面积质量（kg/m^2）
多孔砌块 6.5cm × 22cm × 22cm	57 (−1; −4)	305
多孔砌块 6.5cm × 22cm × 22cm + 聚苯乙烯复合层 + 粉刷层 10 + 80，1 面	59 (−2; −4)	316
空心砖，20cm × 20cm × 50cm，12 个孔，一个面粉刷砂浆	48 (0; −2)	190
空心砖，20cm × 20cm，一面石膏板 10，另一面复合层 10 + 80	69 (−2; −7)	205
隔墙砖 5cm，两面均用轻质砂浆粉刷，连续墙	33 (−1; −1)	60

续表

墙 体 构 造	R_w (C; Ctr)	单位面积质量 (kg/m²)
隔墙砖 5cm,两面均用轻质砂浆粉刷,不连续墙 Talmisol	35 (0; −1)	60
隔墙砖 (5cm + 7cm),矿棉 + 隔墙砖 3.5cm,两面均粉刷,不连续墙 Talmisol	67 (−2; −5)	95

欧洲联盟国家的烧结砖瓦产品 CE 标记中规定,必须给出在空气中直接传播声音的隔声程度。正如所见,从原理上讲,隔声是墙体的性能,而不是单一的砖的。所幸的是:欧盟烧结砖瓦产品标记中对声学特性的要求给出了明确的陈述,目前限定在提供表观密度、给出砖的详细形状及单位面积的质量,没有要求提供声音衰减指数。

第七节 烧结产品墙体的防火性能

如前所述,烧结砖暴露在火灾下的特性包括两个不同的方面:

(1)烧结砖对火的反应(它们的易燃性)不需要测定,因为烧结砖已经被归类为 A_1 "不燃性材料",也不需要试验。因为烧结砖不能燃烧,也不能以任何方式着火。烧结砖瓦产品对火的反应已经在第十五章中详细讨论过了。

(2)烧结材料墙体对火的阻隔,也就是处于火灾状态下,有在给定的时间期限内能够维持它们的功能的能力。

已经开发出了用于墙体暴露到火灾情况下的欧盟标准化试验方法[EN 1363-1,第一部分(2000)]。将试验的墙体放置在压力荷载下(在砖是用于承重墙的情况下)或没有压力荷载(不承受任何荷载的隔墙)。在墙的前面放置一炉子,让墙体暴露在标准的热流状态下。有四项评判的标准:

(1)隔热性能 I(没有暴露在火流下墙面的温度上升到 140℃ 的时间)。

(2)着火整体性 E [热气体通过的时间,能在墙的冷端(另一面)点燃一块棉花]。

(3)承重能力 R,即整体结构的持续性,这涉及墙体的稳定性。墙体的稳定性在很大程度上取决于施加的荷载。

(4)隔离标准 M,即承受水平振动的能力。这是在欧盟标准 EN 1363,部分 2(2000)中规定的一个附加标准项。

法国标准规定了获得这些数据的最小周期,然而这取决于建筑的类型。表 69 表示了某些研究报告中在荷载下对各种产品所做试验的结果。结果表明,烧结砖(砌块)产品墙体有非常好的防火性能。

表 69　砖墙的防火性能

墙的类型（线荷载 kN/m）	隔热性能 I (h)	着火后的完整性 E (h)	承重能力 R (h)	PV 参照标准
多孔砌块 20cm×20cm×57cm，（130kN/m），没有粉刷层	>6	>6	>6	CTICM 99-U-135
多孔砌块 20cm×20cm×57cm，（130kN/m），两面粉刷，厚1cm	>6	>6	>6	CTICM 99-U-158
多孔砌块 22cm×22cm×6cm，（200kN/m），没有粉刷层	>6	>6	>6	CTICM 99-U-505
水平孔隔墙砖，20cm×20cm（50kN/m），两面粉刷	1	1	1	CSTB RS 01-102

对有相等截面的砖来说，垂直孔砖所承受荷载的能力比水平孔的要好，因为以前所有类型的墙中，砖是承重的。

最近，已经模拟出了这种墙体的试验及墙体性能退化的模型[63]。

第八节　标准和相关试验所包含的特性

欧洲联盟标准 EN 771-1（2003年4月）要求要作出关于产品的各种性能及这些性能试验的声明。这些要求及注释列于下面，但是必须参照当前应用的官方文件，因为该话题还没有完全地固定下来。

(1) 几何尺寸的测定，包括产品尺寸平均值的公差（T_1，T_1+，T_2，T_2+，T_m）和变化的范围（R_1，R_1+，R_2，R_2+）。T_1 和 T_2 相应是标准规定的公差，T_m 相应是由制造者声明的完全自由的公差。公差 + 相应是涉及砖的高度更严格的公差。然而，这些公差要求对于打磨的砖（坐浆面的打磨）来说通常是不够的，而且 T_m 是对这些砖选择了非常严格的公差要求。另外，法国标准中提出了对产品角度的精确性和表面平直度的限制，并且也提出了关于某些类别的砖测量公差的某些方面更进一步的详细要求，例如 T_m。最后，该标准也介绍了关于表面质量、裂纹及石灰爆裂的要求。

(2) 产品外部壁（壳）和内部肋（壁）的厚度。

(3) 孔洞率（%），根据标准 EN 772-16 和 EN 772-3（孔洞空间的百分比）的规定测量上述的数据后计算。

(4) 表观干密度和绝对干密度及其公差（D_1，D_2 及 D_m）。依照标准 EN772-13 的规定进行测定。

（5）按照类别（1或2）及组群（从1到4）的要求测定平均抗压强度。根据砖的类别，所声明的强度是不同的。法国的标准提出了强度的分类，对垂直孔的砖强度从 4 MPa 到 40MPa（RC40~400），对水平孔的砖的强度从 2.8 MPa 到 8 MPa（RC28~80）。按照标准 EN 772-1 对抗压强度进行测定。在该标准中重要的一点是在压力机平台上砖的受压表面的准备。这些受压表面必须是非常平的。否则，在砖和受压表面之间某些点的接触可能造成过大的应力，而导致砖的破裂。相对应面的平行度的重要性很小，因为在压力机上使用的球窝连接座能够补偿这种不平行度。非常好的平面度增大了测量的阻力，并且减少了结果的离差。

由法国补充标准许可的用热塑性硫化塑料处理试样表面，如果底部模具是所要求的几何尺寸，在原理上能够得到很好的表面平整度。从破坏荷载和截面面积可得到抗压强度。

也可以通过计算来获得"标准化"的抗压强度。要得到这种标准化的数值，首先就必须考虑其矫正系数，该矫正系数取决于砖的形状（高度和宽度）。矫正系数从 0.65 可变化到 1.55。另外一个矫正系数涉及试验前砖所处的环境条件。产品的制造者可以声明平均的标准化抗压强度 f_b。

（6）热工性能：当计算热阻等级时，EN 标准要求按照标准 EN 1745 计算。法国标准也准许使用来自 RT 2005 热规程的 ThK 准则。很少测量砖的热阻，因为砖的几何尺寸要测量其热阻很困难。然而，能够测量以往建起的墙的热阻，当墙处在不同的温度条件下时，在墙的任一面测定通过墙的热流量。

通常将测量和计算结合在一起进行，即测量烧结产品的导热系数，使用软件按有限单元方法来计算墙体的热阻。

（7）耐久性，以抗冻性为其特征；如果设计用途包括了完全防护水的泄漏措施，就不考虑抗冻性指标（F0）。如果仅是有限的防护，在有这种要求的国家中，就必须对抗冻性进行评估。法国的标准要求要对抗冻性特征进行评估，因为法国认为在施加防护性的粉刷层之前，砖可能会暴露到水中及结冰环境下。

（8）活性的可溶盐类物质，分为三种类别：S_0，S_1，S_2。如果打算将砖用于具有很好防护水分的场合，欧盟标准没有对此作出特别的要求。可依照标准 EN 772-5 来测定烧结产品中活性的可溶盐类物质的等级。

（9）吸水率：欧盟标准中对此没有要求，而法国标准考虑到铺砌砂浆或粉刷材料的使用要求，因此要求由毛细管作用方法来测定产品的初始吸水速率。

（10）湿状态下的水分移动或湿膨胀，如有个别国家要求砖的长度大于

400mm 时，则按照标准 EN 772-19 对烧结产品的湿膨胀进行测定。

（11）与火的反应，烧结产品归类为 A_1，没有任何要求要做试验。

（12）水蒸气的渗透性：这种特性能够被测量（EN 772-19）。也能参照 EN 1745 中的表格得到该数据。但是，该表不是很有用的，因为对水蒸气扩散的阻力系数仅给出了两个数据，而砖的绝对密度在 1400～2400kg/m³ 之间变化。

（13）砖与砂浆的粘结强度：对建筑中使用的砖来说，砖与砂浆的粘结强度等级必须以剪切强度的形式给出声明，无疑地，根据定义这是属于类别 1 的产品。事实上，在 CE 标记中对类别 2 的砖也发现有这种特征要求。这种性能使用剪切试验（EN 1052-3）就有可能测量到，但是标准中没有规定砂浆的类型。这也能够使用砂浆标准 EN 998-2 中的表格，该内容早已在前面的章节中讨论过了。

（14）危险性物质：标准中涉及的是砖内可能含有的危险性物质。然而，标准中没有给出任何有关的"危险性物质"的确切含义或怎样测定这些"危险性物质"。虽然如此，标准中也陈述到："这一通告仅供当必要时使用及以适当的形式使用。"因此，对常规的砖来说就没有什么要声明的了。

（15）对空气中直接传播的噪声的隔离（隔声）：砖墙隔声的复杂性在上述章节中已经考察过了。标准中没有要求对任何真实衰减数据作出规定，仅仅规定了每单位面积上的质量及构造形式。

除了这些必须声明的不同特性外，标准中还描述了产品的标记和一致性的评价，这些早在前面的章节中论述过了。

第九节　LD 砖铺砌的国家规范和欧盟建筑准则

在某些国家，根据他们相应的国家规范，使用 LD 砖建造砌体结构以弥补欧洲联盟规定中的不足。

在法国，LD 砖是根据标准 EN P 10-202-1 来铺砌，也称为可用于砌体 20.1 的 DTU 技术推荐。LD 砖用来建造隔墙或里衬墙是根据标准 P10-204-1～5 或是 DTU 20.13/25.13 的规定来铺砌。砖的铺砌也必须与一些其他标准或规范相一致，例如用于抗震建筑的 NF P06-014 规程，还有可适用于独立住宅的 PS-MI 规程。关于铺砌技术方法的描述也可在早先发表的 CTTB 书籍中找到。

当相应的国家标准附录被批准后，也将有可能按照欧盟建筑准则使用这些砖来建造砌体（欧盟建筑准则 6，EN 1996），欧盟建筑准则分为数个部分：

（1）部分 1-1：用于带有或不带有钢筋混凝土结构的共同规程；

(2) 部分1-2：用于火灾中性能计算的一般规程；
(3) 部分2：设计，材料的选择及砌体的铺砌；
(4) 部分3：计算的简化方法。

也必须考虑某些补充性的欧盟建筑准则：
(1) 欧盟建筑准则0，prEN 1990：结构设计的基础；
(2) 欧盟建筑准则1，prEN 1991：结构中的应力；
(3) 欧盟建筑准则8，prEN 1998：结构的抗震设计。

第十八章　"HD"烧结砖

"HD"砖包括：

①用于不防护水分渗漏的外部砌体的所有的砖，无论它们的密度是怎样的；

②具有高的表观干密度（>1000kg/m³）的砖，用来保护砌体。

标准中给出的 HD 砖的实例如图 68 所示。

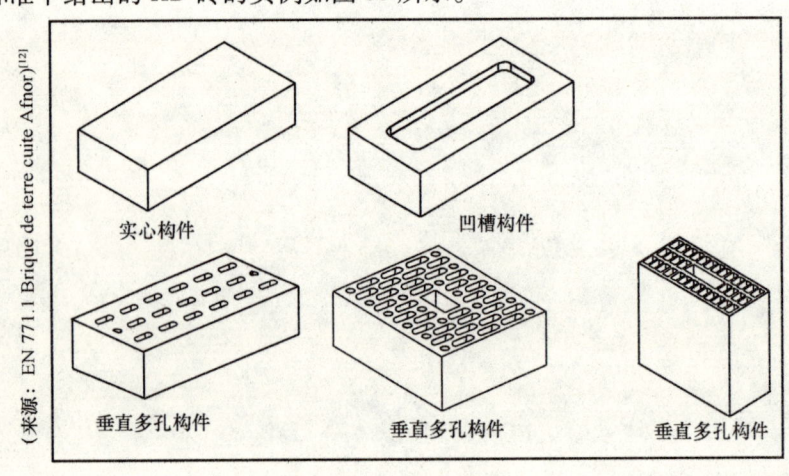

图 68　HD 砖的实例

HD 砖通常可见到，因为美学方面的原因，通常其尺寸较小。这种类型的砖用一只手铺砌，而另一只手拿着灰铲（瓦刀）协助铺砌。因此这类砖比结构砖（LD 砖）要轻得多。HD 砖有各种类型的产品：

① 传统的实心砖有着矩形的平行六面体形状，常见的尺寸为 6cm×10.5cm×22cm，其质量在 1.8~2.5kg 之间变化。常用来建造承重墙体，如用两砖并排砌筑，可得到最终厚度为 22cm 的墙体。这一厚度的墙体考虑到了内部砂浆缝的厚度（2×10.5cm+1cm=22cm）。

② 带有空心或"凹槽"的砖。这些凹槽可在压制砖（也有软泥砖——译者注）上看到，设置凹槽是为了砖坯容易从模具中脱出。这种类型的砖通常铺砌时空心面（凹槽面）朝下，以便容易正确地摊铺砂浆。

③ 垂直多孔砖。这些孔改善了干燥和焙烧的性能，同时也减少了所需的原材料的数量；此外也增加了砖的保温隔热性能。

④ 垂直多孔砌块（为以前的名称，因为"砌块"一词目前不再使用了）。这类产品较宽（20cm×20cm×6cm），能够使用单一产品正好砌筑出整墙的厚度，而不是两层并砌。这类产品的铺砌必须非常小心，因为所有的连接缝必须有好的质量，以避免雨水的渗漏，反之，用两块砖并排砌筑，能够得到好的结果，砌筑也不必小心谨慎。

第一节　不同类型的墙体

一、单片（实体）墙

在法国，大多数墙体是实体（单片）的（用实心砖砌筑的22cm厚，及用较大的垂直多孔砖砌筑的20cm厚），带有内部保温隔热层。砌体规范（DTU用于砌体的技术建议）在用于带有保温隔热层墙体的各种建筑方法之间给出了区别（类型Ⅰ、Ⅱa、Ⅱb、Ⅲ、Ⅳ）。这些墙体以不同的方式装配有内保温隔热材料，如保温隔热材料放置墙内侧，在墙和保温隔热材料之间设有或没有空气层，以避免砖内表面上潮湿的气体通过保温隔热材料的另一面渗出，这取决于保温隔热材料的可湿性。因此，用装饰砖建造的墙体有类型Ⅱa、Ⅱb或类型Ⅲ。在DTU中陈述了这些能够使用的不同类型墙体的条件。

二、空心墙（夹心墙）

使用这些HD砖也有可能建造出双层墙或称空心墙（夹心墙）的结构。这种技术被广泛地使用在比利时、英国、德国北部及斯堪的纳维亚半岛（瑞典、挪威、丹麦、冰岛的泛称）地区。双层墙由外部的一层HD装饰砖墙（最小厚度10cm）和一层承重的砖墙（最小厚度15cm）或混凝土（最小厚度10cm）组成，在里外两层墙体之间有一保温隔热材料层及空气空间层。使用正交的砖来固定里外两层墙的结构。现今，外层墙普遍是由放置在内墙表面不同点上的连接件与内墙结构连接。这种类型的墙体更昂贵，但是它有许多优点：完全是防水的，并提供了程度更好的隔音、保温隔热及热惰性。

第二节　美化建筑物的外表

使用HD砖来美化建筑物的外貌，通常可发现这类产品有许多不同的颜色，具有各种各样的外表及表面装饰。

有由机械挤出或挤出后再次整形的机械制造的装饰砖，这类砖在尺寸和形状上是非常规则的；也有被称为"手工模制"的砖，在可见的表面结构上显示出了更大的多样性。

也有在老式的霍夫曼窑中制造的砖，移动的焙烧在其颜色和形状上产生了许多变化，因为在焙烧温度和气氛上比隧道窑中发现的有更宽的变化。

人们可在产品目录中选择这些类别的砖，或有时在产品陈列室中选择，在产品陈列室也可能建造了一小段墙，这些能够使建筑师或建筑商得到最终建筑物外貌的一个概念。

这类产品有大量的不同颜色，其范围从黄色到红色及黑色，也有许多中间色调。表面装饰方法也有很宽的变化（光滑面的、粗糙面的、砂面的、纹理结构的等）。

在生产期间，产品的颜色和外表装饰通常都是小心地控制着。虽然如此，从一垛产品到另一垛产品也可能有某些轻微的变化。因此，对一装饰面墙体而言，可用的方法是同时安排发运所需的所有的产品包装垛，砌筑墙时同时使用数个产品包装垛中的砖。

最终墙体的装饰外表取决于砖，也与砂浆缝或"勾缝"有关，因砂浆缝要占到可见表面面积的20%（有的文献称为25%——译者注）。砂浆连结缝的外观取决于所选择的砂浆，以及它的颜色和砂浆缝的处理。必须进行勾缝，以确保砂浆缝是光滑和规矩的。

通过组合的方式能够获得各种各样的美化效果：

（1）颜色的选择和砖的外表装饰；

（2）勾缝的类型（普通砂浆缝、薄层灰缝、彩色砂浆缝等）和形状（平灰缝、直角凹进灰缝、曲线凹进灰缝等）；

（3）不同颜色的使用，对需要装饰的墙面，可使用色彩带的方法进行多色彩装饰，在门和窗户周围进行装饰等；

（4）使用其他材料；

（5）砌砖时的凸出或凹进；

（6）使用不同的砌筑形式。

一、砌筑的形式或连结方式

为了达到要求强度的目的及为了创造一种装饰效果，按一定的方式对砖砌体的外观进行布置被称为连结的方式。建造墙体时，可使用砖相互地铺砌做成许多不同的形式；丁砖的数量增加时也能铺砌：

（1）在大多数普通的连结方式中，砖是顺砖砌筑的，在各层之间使用一半砖使垂直砂浆缝呈交错排列（普通的或是顺砖连结方式）。

（2）四分之一连结方式，在这种方式中垂直砂浆缝仅偏移在砖长度的四分之一（或三分之一）处。这种连结方式产生了一种视觉上的效果，即顺砖在 55°~75°的角度上似乎形成了倾斜的线条，这取决于所使用砖的长度与高度比及选择的水平搭接长度。

（3）英国式连结方式，各层间交替使用顺砖和丁砖。

（4）荷兰式连结方式，在每一层中交替使用顺砖和丁砖。这样，在砌体的表面上相互各层间似乎虚构出了一系列的小十字架。

（5）花园墙的连结方式：在每层中使用三个顺砖加一个丁砖。

（6）殖民地的连结方式：每砌三层顺砖后砌一层丁砖。

（7）松散的连结方式：顺砖铺砌在其他顺砖之上，并与其他顺砖呈直线垂直。

（8）法国、苏格兰、美国的不规则连结方式，如不规则拱形、人字形、交织砌法等。

这些不同的砌筑形式形成了适合建筑师口味的众多效果。

二、薄灰缝连结的砌体

在最近几年中，也已经看到了砌体有朝着薄灰缝连结方向发展的趋势。能够看到的典型实例是在布鲁塞尔（比利时首都）的黑塞尔（Herzel）露天大型运动场。这与使用经打磨的 LD 砖的薄灰缝连结砌体有相当大的差别。HD 砖不是经过表面整修的砖，因此该类砖在厚度上有变化，不能使用所推荐的 LD 砖非常薄的灰缝连结方式来砌筑。因此 HD 砖砌筑的连结灰缝厚度约在 3~5mm，而不是传统的 10~12mm 厚的连结灰缝。有时使用泵铺设这类灰浆，远胜于使用灰铲铺设。使用薄灰缝连结的墙体外表有了相当大的变化，因为灰缝凹进去了，不再是可见的灰缝。在是空心墙（夹心墙）的情况下，也没有必要去填充垂直连结灰缝，因为少量渗入的水分能够在墙的底部被排除，墙体能够恢复原有的状态。也可以使用连锁灰缝的方式来砌筑砖。

第三节 装饰砖的脏污

随时间的延续，墙面就会有脏污。虽然只是做了很少的试验性工作来研究这种变脏的现象，但是已经非常好地知晓了烧结装饰砖建造的墙面比用水硬性材料粉刷的墙面脏污要少，因此烧结装饰砖建造的墙有着长得多的使用寿命。

含在空气中的微粒主要由雨水和风而被截留、携带及固定在装饰墙的表面上。脏污的程度根据大气污染的程度、墙面暴露在雨中的程度、主导风向、墙面的粗糙程度及所使用的材料而变化。

雨和湿气在墙的脏污上起着双重的作用:雨水可携带灰尘,而湿气有助于固定灰尘。另一方面,大雨却能够冲刷掉灰尘。

灰尘在墙面上的固定有数种机理起着作用:

(1) 机械固定:由于重力作用微粒沉积在粗糙的墙体表面上;

(2) 毛细管粘附:正如所知,由于湿气而产生的粘着;

(3) 在灰尘和墙面之间的静电吸引。

与其他粉刷墙面比较,装饰砖表面更光滑一些,对灰尘有更好的隔离作用。虽然烧结装饰砖是多孔性的,但不是吸湿性的,而且有较好的热惰性,因此表面干燥得更快。其意思就是说,在较短时期内烧结装饰砖截留的灰尘很少。下雨时,砖墙吸附雨水,但是在大多数情况下,其吸附水分没有达到饱和状态。在雨停了之后,吸附的水分会再次蒸发。所以雨水主要流动的流量受到限制,其残余流动由于灰缝而展开了。

由于这些原因,烧结装饰砖无疑地会保持着更清洁的表面。

第四节 标准和相关试验所涉及的特征性能

欧盟标准 EN 771-1 中已经对 LD 砖规定了许多特征性能。涉及 HD 砖的不同特征性能将讨论如下:

(1) 相对于平均值（T1、T2、Tm）的尺寸和公差以及范围（R1、R1 +、R2、R2 +）,对高度有更严格的控制,不再有公差（T + 或是 R +）,因为 HD 砖没有打磨（对坐浆面的打磨——译者注）。

(2) 表观干密度和绝对干密度以及表观干密度和绝对干密度的公差（D1、D2 和 Dm）。

(3) 根据产品类别 1 或 2 的不同以及产品组别（1 或 2）的不同,选择不同的平均抗压强度。

(4) 在 NF 标准中规定的强度等级范围为 12.5 ~ 40MPa（RC120 ~ RC400）。

(5) 热工性能:当计算建筑物的热阻时,在 EN 标准中要求符合标准 EN 1745 的规定。法国的规范也批准了在 RT 2005 中提出的 ThK 准则的应用。

(6) 耐久性,由抗冻性表示其耐久性的特征。在此处,根据设计的用途将砖分为三个级别:

①F_0,被动的暴露（没有实验的要求）;

②F_1,中等程度的暴露;

③F_2，严重的暴露。

然而，因为还没有开发出与欧盟试验方法相联结的试验方法，目前每个欧洲联盟国家仍然使用着他们自有的试验方法。

因此，对暴露的 HD 砖，法国使用的冷冻试验中包括一个冷冻台。将砖用水饱和之后，放置在冷冻台上，之后根据模拟冻/融循环的方向而改变温度。在法国，遭受到严重暴露的 HD 砖必须是 F_2 级，其意思就是指这种级别的 HD 砖必须经受得住冷冻台试验的 25 次冻/融循环。

对没有暴露的 HD 砖，在不改变冷冻构件冻/融方向的情况下也必须进行冷冻试验，此处再次强调：实验的样品也必须经受得住 25 次冻/融循环。

当正在制定中的标准 EN 772-22 被批准时，欧洲联盟国家的冷冻试验将会在冷冻构件的第 6 面上以墙面的形式进行试验。冻/融循环将会是交替进行的。但实验条件还没有最后完全地定下来，因为：

（1）活性可溶盐类物质的等级被分为 3 个类别：S_0、S_1 和 S_2。如果正确地做到了砖的防水，在 EN 标准中没有强制性的要求。

（2）吸水率：该标准中有新的要求，使用在室外的构件以及使用在防潮层中的砖必须声明其吸水率的等级，也必须声明初始吸水速率。

（3）湿膨胀：是否要求有这种指标则取决于不同的国家。在有要求的情况下，无论什么长度的产品都要对其湿膨胀进行测定。

（4）对火的反应：通常是在氧化环境下焙烧的砖，如果在砖中的含碳量 <1%，砖的防火性能类别为 A1 等级，没有任何试验要求。

（5）水蒸气的渗透性：能够测量这种特征性能，或是参照标准 EN 1745 中的表格给出这一数据。

（6）粘结力：对用于建筑结构的砖，在砖和砂浆之间的粘结力必须以剪切强度的形式给出声明。

（7）在欧盟的标准中没有包括 HD 砖的外观。然而，在欧盟标准的附录 B6 中，推荐到："装饰砖的外观以及对外观的评价应当是购买合同的目标。可根据砖的设计用途的变化来供应砖"。因此可取的方法是要小心谨慎地考察裂纹的深度和长度、沿着棱角和顶点位置上的损坏、砂砾颗粒或石灰的颗粒。

使用于 LD 砖的大多数试验方法也能够应用于 HD 砖。其中的主要不同点如下：

①以产品抗冻性的形式表示的耐久性，这已在上文中讨论过了；

②通常根据标准 EN 772-7 测定产品的吸水率，而初始吸水速率则在标准 EN 772-11 中给出了规定。

第五节　HD 砖的铺砌规范和欧盟建筑准则

在法国，HD 砖的铺砌规则与上述谈到的 LD 砖的铺砌规则是同样的。关于法国的铺砌方法的推荐建议也已经在提到的 CTTB 书籍中给出了总结，在另外的文献[64]中也能发现更明确的规则。在最新的书籍[65]中给出了某些对英国市场有用的建议。

第十九章　烧结屋面瓦

屋顶有各种各样的形式：

（1）平屋顶。平屋顶施工很复杂，并且相关的防水耐久性能也较差，但是平屋顶使室内可利用空间达到了最大化。

（2）斜屋顶。斜屋顶除了其美观的外貌外，还有屋顶处理方法简单，而且有能确保持久的防水性的优点。

所以，大多数独立住宅建筑具有斜屋顶；而建立在市区内的集体住宅建筑，其设计需求受到最大的限制以及要求最小的投资，因此通常具有平屋顶。

斜屋顶能够由大型构件组成，或是由小型不连续的构件组成：

①由大型构件组成的屋顶轻而且防水性能非常好，但是它们总是不能很好地经受住温度的变化，温度变化的结果形成了很高程度的膨胀，常常由于疲劳而导致了损坏。大型构件有大的表面面积从而使其对疾风很敏感。而且，外力（风和雪产生了相当大的荷载）总是不能允许屋顶桁架按屋顶质量成比例地减轻（即屋顶质量减轻，而支持屋顶的三角形桁架不能减轻——译者注）。

②由小型不连续构件组成的屋顶较重一些，而且需要有陡峭的坡度，但是这种斜屋顶更耐久，以及从美学观点看令人更愉快。

在由小构件建造的屋顶所使用的材料中，与混凝土瓦、石板瓦、沥青屋面板、木质屋面板及石材屋面构件比，烧结屋面瓦的形状是最显著的。

下面将描述不同类型的烧结屋面瓦。

第一节　平瓦（Plain tiles）

扁平的平瓦是由扁平的烧结产品构成的构件，在背面带有一个或两个凸起的瓦钉，以便使其能固定在适当的位置上，在其顶部有一个或两个钉孔（图69）。这类瓦的大多数沿着它们的长度方向带有轻微的弧形，从头到尾显示出了优雅清洁的外观。

这类瓦出现于公元11世纪的比利时和法国北部。在其形状上通常是矩形的，但是某些样式在其下部边沿是圆形的(外圆角瓦)或切割成斜角的(箭头形瓦)。

具有特殊形状或者拱形（弧形）的瓦能够用于特定的结构：

（1）用于圆形塔屋顶的锥形塔瓦；

(2) 在长度上在一定范围内可任意变化的可变尺寸的瓦,为了仿造古老瓦的种类。

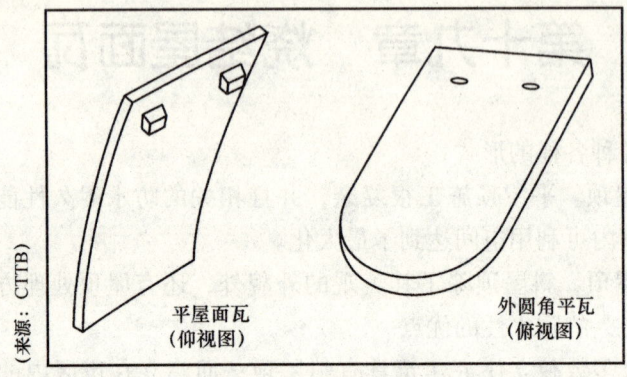

图69 平瓦的实例

瓦的尺寸随所在的国家而变化。在法国销售的最普遍的规格之一是17cm×27cm的瓦。在英国,普遍的尺寸为16.5cm×26.5cm,这一尺寸是以1477年由国王爱德华兹四世(Edwards Ⅳ)制定的标准化尺寸为基础的。在法国西南部使用着大尺寸的瓦(20cm×30cm),而其他地区仅在集体住宅建筑中使用大尺寸的瓦(27cm×35cm,31cm×40cm)。

扁平的瓦通常铺设在平行于屋脊的钉牢的板条上。扁平瓦的铺设是从屋脊到屋檐交叠式地铺设,搭接的长度约为瓦长度的2/3,在瓦的侧边,比照相邻的各排用半个瓦的宽度压接,以确保在所有边沿上都能防水。因此,在屋顶的每一点,通常就有三个瓦重叠的厚度,瓦的有效表面利用率约为33%。此外,扁平瓦铺设的屋顶的坡度必须是陡峭的,以确实保证屋顶的防水性能;与建筑物的横截面比较,瓦的总表面面积显著地增大了。

在表70中总结了平瓦的某些特征。

表70 平瓦的典型特征

长度	(cm)	23~43
宽度	(cm)	13~26
厚度	(mm)	9~16
每片瓦的质量	(kg)	0.9~1.8
每平方米的数量		26~80
有效利用面积的百分比	(%)	约33
每平方米的质量	(kg)	65~75
产品的价格	(欧元/m²)	25~45
铺设的最小坡度	(°)	39
铺设新瓦的价格	(欧元/m²)	38~55

表中所示价格是由法国瓦的制造商提供的，不是所必须的实际市场价格。在"铺设新瓦的价格"项下精确地包含着什么内容，没有用任何真实准确的事例来定义。必须将这些数据看作只是用于大概比较的目的。

扁平瓦在法国的诺曼底（Normandy）、法兰西-孔德（Franche-Comté）、法国中部、阿尔萨斯（Alsace）地区是普遍应用的。

第二节 阴阳面弧形瓦（仰俯瓦）

阴阳面弧形瓦，是一类略带锥形的弧形烧结屋面构件，在法国、意大利和西班牙已经使用了非常长的时间。这种形状的瓦能适应于用同样的产品来铺设屋面下部流水的通道（阴面瓦）和在两个相邻的两排瓦连接缝之上的遮盖（阳面瓦）。这类瓦有着不同的名称：如阴阳面弧形瓦（over and under tiles）、仰俯瓦（pan and cover tiles）、桶形瓦（barrel tiles）、传教瓦（mission tiles）、僧侣和尼姑瓦（monk and nun tiles）等。

这类瓦是从希腊和罗马的弧形瓦发展而来的，当时在底下的阴面瓦带有平的底面称为"特久拉"（Tegulae），在上部半圆形的阳面瓦称为"克纳利"（Canali）。

仰俯瓦铺设在一连续的平面上，或在垂直于屋脊的椽之间铺设，或在平行于屋脊的板条上铺设（图70）。在这种情况下，使用在底瓦下部一端带有一个或两个瓦钉的瓦，以便使其钩在板条上。

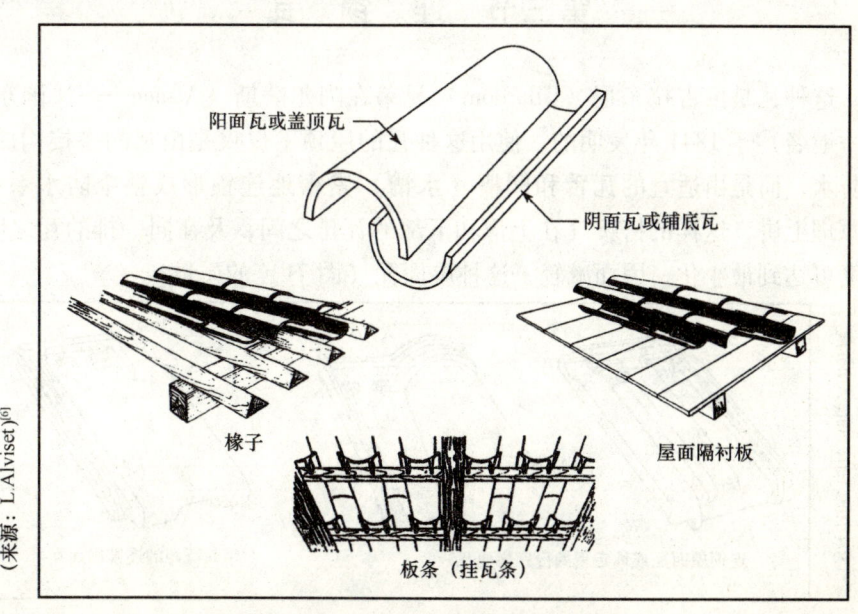

图70 带有支撑的阴阳面弧形瓦示意图

连接的瓦也存在着要防止盖瓦从底瓦上滑落的问题。

也有带轻微弧形的仰俯瓦,以及带有更大曲率的瓦(桶形瓦)。这些瓦以各种长度被使用着。

最小的搭接长度取决于使用的场合及屋顶的坡度,其搭接尺寸在12~17cm之间变化。这类瓦某些典型的特性表示在表71中。

表71 阴阳面弧形瓦的性能

长度	(cm)	25~60
宽度(大边)	(cm)	16~22
宽度(窄边)	(cm)	14~17
厚度	(mm)	10~12
单块瓦的质量	(kg)	1.3~2.8
每平方米的数量(阴瓦+阳瓦)		20~40
有效使用面积的百分比	(%)	约50%
每平方米质量	(kg)	40~60
产品价格	(欧元/m^2)	13~15
铺设新瓦的价格	(欧元/m^2)	30~40

这类瓦用于具有平缓坡度的屋顶,其应用最普遍的地区主要发现在法国的南部[莱茵河流域(Rhône valley)、地中海盆地]及西南部[宛迪(Vendée)、查仁特(Charente)、阿奎泰纳(Aquitaine)],还有在西班牙和意大利。

第三节 连 锁 瓦

这种瓦是由吉拉东尼(Gilardoni)兄弟在阿尔萨斯(Alsace——法国东北部—地名)于1841年发明的。使用这种瓦的屋顶不仅仅是由瓦的搭接构成屋面防水,而是由适宜的瓦舌和凹槽(水槽)紧密地连锁形成整个防水系统。从原理上讲,这样的搭接(在上部和下部的瓦排之间,及在同一排的瓦之间)长度可达到最小化,因而减轻了这种屋面瓦(图71)的质量。

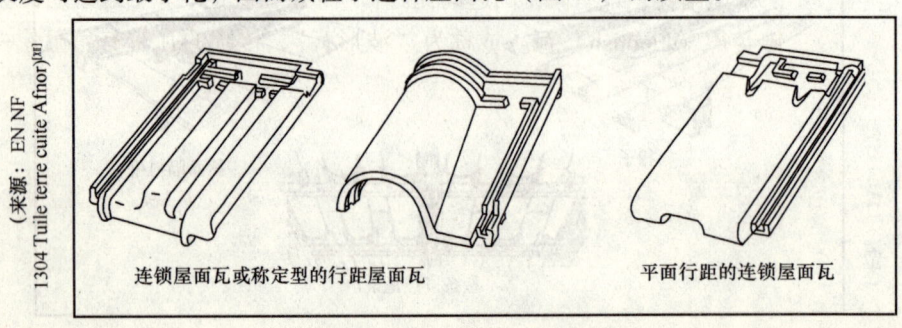

(来源:EN NF 1304 Tuile terre cuite Afnor)[JB]

连锁屋面瓦或称定型的行距屋面瓦　　　　平面行距的连锁屋面瓦

图71 连锁屋面瓦实例

这类瓦有两种连锁系统，一种是在同一排中两个瓦之间长度方向上（边沿连锁）；另一种是在连续层列中的瓦之间横向上（头部连锁）。连锁系统可以是单一的、双层的或多层的（带有一道或多道凹槽）。

这些瓦要求有非常平的铺设表面及要求制造得相当精确，以便能够容易地连锁在一起。

行距，或暴露的长度，即在瓦铺设后可见的部分，也就是从下一层向上的瓦不被覆盖的部分。行距也是固定板条之间的间隙长度。

被称为开放型行距的瓦没有横向连锁系统。因此这种瓦要求有较大的搭接长度，但是铺设起来更容易。所以开放型行距瓦的行距是可变的。由于这种瓦的灵活性，因而非常适合于修缮使用。

这些瓦可以有平面的或定型的行距。

使用了数种术语来精确地描述这类瓦：

（1）"大规格尺寸"的瓦（每平方米最多15块瓦）或"小规格尺寸"的瓦（每平方米大于15块瓦）。

（2）明显的曲线瓦和轻微的曲线瓦。明显的曲线瓦有着更多的"法国南方"风貌，并且其机械强度也更高。

（3）罗马型瓦，是明显的带有一平底面的曲线瓦，看起来像仰俯瓦，但是有连锁的凹槽。不管其名称如何，它们也属于连锁瓦。

（4）双曲罗马型瓦，类似于罗马瓦，但是带有一曲线形底面。

（5）带有平面行距的连锁瓦。

（6）棱条瓦，即带有中部凸起的、与瓦连接的棱条。

（7）槽形瓦，像棱条瓦，但是在中部棱条边沿处的槽带有倒圆角。

（8）凸棱瓦，带有更坚固的、明显的棱条。

（9）菱形瓦，在行距上带有菱形。

（10）阶梯状瓦，在纵长方向上将行距分成两部分。

（11）防暴风雨瓦，带有两个凸起的瓦钉和一个固定孔的、单一连锁的瓦。

（12）佛兰德（Flemish）瓦，或称为"波形瓦"，传统的瓦带有稍微像一拉平了的S形横截面，铺设在屋顶上给出了"波浪形"和"槽形"的外貌。过去这种瓦没有使用连锁，但是现今已被做成了带连锁的现代形式。

"小规格尺寸"的连锁瓦所具有的特征见表72。

小规格尺寸的瓦通常要比大尺寸的瓦稍微贵一些，这也考虑到了铺设的成本，但是这类瓦的外貌更传统些。这类瓦也能更好地适应复杂的、不规则屋顶形状的铺设。

"大规格尺寸"连锁瓦的特征性能给出在表73中。

表72　小规格尺寸连锁瓦的性能

长度	(cm)	27~33
宽度	(cm)	20~25
行距	(cm)	24~28
厚度	(mm)	12~14
单块瓦的质量	(kg)	1.8~2.1
每平方米的数量		15~25
有效使用面积的百分比	(%)	约60
每平方米的质量	(kg)	40~55
产品价格	(欧元/m^2)	13~17

连锁瓦的铺设使用"间断"连接（从一层列到下一层列，用半个瓦的宽度使瓦列偏移）或使用成直线的连接（从一层列到下一层列，瓦是精确地叠压在一起）。带有开放型行距的瓦必须用间断连接方式铺设。瓦是铺设在木质板条上或金属角条（角钢）上。

表73　大规格尺寸连锁瓦的性能

长度	(cm)	40~50
宽度	(cm)	25~35
可见部分长度	(cm)	33~38
厚度	(mm)	12~14
单块瓦的质量	(kg)	2.8~5.3
每平方米的数量		7~15
有效使用面积的百分比	(%)	约70
每平方米的质量	(kg)	37~45
产品价格	(欧元/m^2)	10~12
铺设新瓦的价格	(欧元/m^2)	19~28

此外，在瓦产品的"家族"中，有通常标准范围内的瓦，也有一定数量的配件及附件，以使瓦的铺设更容易和更快捷，同时也为了瓦屋顶是完全防水的，尤其是在屋顶的特定位置上，如：

（1）屋脊和斜脊瓦；

（2）脊瓦下面铺设的衬瓦；

（3）檐口配件瓦及在檐口瓦下的衬瓦；

（4）山墙或山墙檐口瓦及独立山墙的斜角瓦；

（5）用于行列偏移和交错接缝的半瓦及一个半瓦；

（6）管线环口瓦，带有一圆柱形孔洞的瓦，能够穿过管子，铺设导线或安放信号灯；

(7) 通风瓦；

(8) 装饰屋面构件（包括各种动物、植物、花卉等的造型——译者注）。

第四节 屋面瓦的性能

在屋顶上铺设的瓦必须具备多种性能：

(1) 不渗透性，涉及烧结产品的性能在有关章节中已经详细地考察过了。在标准中，瓦的不渗透性被分为两种类别：

类别1，按照试验程序1，不渗透性系数 $<0.5 cm^3/cm^2$；

类别2，按照同样的试验程序，不渗透性系数 $<0.8 cm^3/cm^2$。

(2) 铺设的难易程度，这涉及产品制造的可重复性、尺寸容许公差、规则性、垂直度和平整度（翘曲、扭曲或呈弧形的瓦、尺寸变化大的瓦要使其连锁是困难的），要同时考虑瓦的尺寸和质量，必须限定在确保铺设屋顶工人容易操作。适当配件的存在和使用也可使铺设工作容易，还能改善最终铺设效果的可靠性。

(3) 低成本，屋顶的成本包括瓦的成本、其他材料的成本（板条、吊钩和压板、钉子、钢板条、椽子衬板、防水板、屋面衬垫材料、屋顶排水沟、砂浆、粘合剂和密封剂等），还有铺设的劳动力成本（屋顶桁架的制作、钉板条、特定点的处理、瓦的铺设等）。

(4) 瓦的力学性能，其力学性能要保证屋顶上铺设工人的工作需要及以后的修理中没有损坏。这些性能的特征是瓦的横向抗弯强度，横向抗弯强度取决于瓦烧结后的性能及瓦的几何形状，特别是瓦的惯性力矩。由石灰质黏土制造的较陡的曲线瓦总是有着较高的抗弯强度。根据瓦的类型，标准规定了最小抗弯强度的强制性指标，这与瓦和试验条件之间的荷载传递有关（EN 538 规定，施加荷载点的定位通常是在瓦的瓦爪与下缘之间距离的 2/3 处）。由于平瓦的搭接程度较高，因此对平瓦的抗弯强度要求较低。此外，用平瓦铺设的屋顶坡度对屋顶铺设工人来说，要在上面行走通常是太陡了。

标准中对瓦的弯曲强度要求见表74。

表74 各类瓦的最小弯曲强度

瓦的类型	最小弯曲荷载（NF EN 1304）（N）
平瓦	600
罗马瓦	1000
平面连锁瓦	900
棱条连锁瓦	1200

(5) 美学方面：屋顶的表面在建筑物的可见表面中占有较大的比例，特别是独立住宅的屋顶占有一半建筑的表面。对住宅而言，一个完美的屋顶是其装饰美的主要来源。除了瓦的类型和尺寸给出了美学上的样式外，还有瓦的颜色和表面样式。能够发现许多具有同样色调的不同颜色或是含有数种不同色调的颜色，如：黄色、粉红色、红色、褐色、赭色、灰色、黑色、蓝色、绿色等，在最终产品上能以各种形式表现出，如：天然色彩面、化妆土装饰面、砂裹面、上釉面、彩饰面、烟熏面、火焰侵蚀痕迹面、风蚀面等。制造商由于创造出新的颜色、新的装饰及新的样式而开发出了许多具有美学外貌的瓦［例如，在表面上以各种各样的小结晶体为特色的依莫利斯（Imerys）钻石瓦］，以及新的形状［例如特利亚尔（Terreal）Z形瓦，具有菱形的外貌］。当从一现实距离观察瓦时，不应当只陈列瓦的缺陷，贬低瓦的美学质量。因此，标准中规定某些瓦的表面外貌特征不能认为是缺陷，如：在坯体上的褶皱、刮擦痕迹、由于运输中摩擦的斑点和痕迹、细裂纹、分层、色调上轻微的差别、泛霜等。另一方面，破损、破裂或掉了瓦爪的情况是不能接受的。

(6) 没有危险物质的释放。

(7) 下雨时的防水性，涉及的漏洞可能会出现在屋顶上瓦的连接处及搭接处。防水性取决于瓦本身，也取决于屋顶及所使用的场所，这将在后面的章节中讨论。

(8) 抗风能力，取决于瓦本身，也取决于屋顶及所使用的场所，这将在后面的章节中讨论。

(9) 耐久性和抗冻性，将在后面的章节中讨论。

(10) 防火性能，也将在后面的章节中讨论。

第五节　屋面瓦的标准和质量

屋面瓦是根据标准 EN 1304 "用于不连续铺设的烧结屋面瓦产品定义和技术说明"制造的。这是在欧洲联盟所有国家中都接受的一个现有的欧盟标准，也是最近获得批准的"协调"标准（2005年初）。

因此，屋面瓦的 CE 标记可能在 2006 年开始实施，而在 2007 年屋面瓦的 CE 标记则为强制性的。屋面瓦的质量证明书等级将要求为等级 4，这完全是以产品制造者的声明为基础的。

屋面瓦产品标准所涉及的某些试验标准为：

(1) EN 538 "抗弯曲破坏荷载测定"；

(2) EN 539-1 "物理性能测定 1）抗渗性试验"，这种试验包括已经讨论过的两种实验方法，该试验方法正在等待着标准化；

（3）EN 539-2"物理性能测定2）抗冻性试验"，这种试验提出了有选择性的五种试验方法，其中包括了将来唯一的欧盟标准冻/融试验方法（方法 E）；

（4）EN 1024"不连续铺设的烧结屋面瓦几何特性的确定"。

在法国，除了标准的要求外，还有一种"NF 烧结屋面瓦"，在法国的屋面瓦中占有非常高的比例，是一种担保生产质量的自愿质量标记体系的屋面瓦。这种质量标记包括了一套标记的准则，在这些准则中可发现确定数量的、比标准 EN 1304 中的要求更严格的技术说明。某些屋面瓦也已经涉及了在 CSTB 技术机构的正式批准（带有连锁系统的仰俯瓦或适应于在低斜度或非常低的斜度屋面上铺设的瓦）。在低斜度屋面上铺设瓦的程序是按照技术推荐的方法实施的，该技术推荐包括在由 CSTB 制定的一套技术说明书中。

在欧洲市场上也有其他的标记批准机构，如：在荷兰的 KOMO、在比利时的 BENOR、在西班牙的 AENOR。这些机构也对监测到的产品的质量，连同更进一步的性能进行担保，大多数是涉及国家层面的铺设技术说明。

此外，还必须指出的是：某些产品制造者对他们的产品作出了长期担保（例如在欧洲为 30 年，而在美国则达到了 75 年），除了包括施工工程在内的担保 10 年之外，在法国，要求建筑物的建造者和产品的供应者提供合法的担保。

第六节 铺 设 方 法

在法国，这些屋面瓦产品铺设的技术发展水平，在各种用于屋顶铺设的 DTU 技术推荐中给出了详细的陈述，如：

（1）NF P 31-202（参照 DTU 40.21）"带有连锁或凹槽系统的曲线形烧结瓦屋面"（1997 年 10 月）以及修正文件 A1（2001 年 9 月）和修正文件 A2（2003 年 8 月）；

（2）NF P 31-203（参照 DTU 40.211）"带有连锁或凹槽以及平面行距的烧结瓦屋面"（1996 年 9 月以及 1999 年 1 月的修正文件 A1 和 2001 年 9 月的修正文件 A2）；

（3）NF P 31-201（参照 DTU 40.22）"烧结阴阳瓦屋面"（1990 年 4 月以及 1996 年 10 月的修正文件 A1、1999 年 1 月的修正文件 A2、2001 年 9 月的修正文件 A3）；

（4）NF P 31-204（参照 DTU 40.23）"烧结平瓦屋面"（1996 年 9 月以及 2001 年 9 月的修正文件 A1）。

在英国，屋面瓦的铺设是按照现行的英国标准规范进行的，应特别提到的规范是：

（1）BS-5534 石板瓦和瓦屋面；

（2）BS-8000 施工现场的工作质量；

（3）BS-5250 通风和冷凝作用的控制；

（4）BS-6399-2 风载。

第七节 抗风能力

刮大风期间，屋面瓦会遭受到相当大的外力。

一、过压和虹吸

非常强的风引起了屋顶周围以及在屋顶空间中压力的变化。在迎风面上引起了过压现象，特别是在屋顶的边棱处（山墙、屋脊、屋檐），在下风向可观察到虹吸现象，下风向处有大量的涡流现象。在屋顶的空间中也观察到了中等程度的压力，这取决于屋顶的透气程度以及通过建筑物漏入的空气量。

屋顶周围以及在屋顶空间中这些压力的变化与多种因素有关，如：

（1）室外空地上的风速（平均风速和阵风速度）。

（2）地理位置以及暴露到的场所（靠近丘陵、山谷、高大建筑物等）。在欧洲联盟国家中通常限定了刮风区域。在法国的大都市中，给出了四个刮风区域和界定了三种类型的场所（有防护的、正常的、暴露的）。预先界定的每一个刮风区域以及所处场所，根据现有的 65/99 雪和风载规范，工程项目中必须考虑到最大的风速，在建筑物的设计上也要一起考虑到风的过压以及出现虹吸的程度。由标准化委员会正在进行的一项工作是在不久的将来更新欧盟建筑准则1——风载部分中的风力分布图。

（3）与屋顶有关的风的方向：如垂直于屋脊、平行于屋脊，或在两者之间的风向（呈一定程度倾斜的风向——译者注）。

（4）建筑物的尺寸：如建筑物的宽度、屋脊的高度以及屋顶斜度的尺寸。风要运动绕过一个巨大的障碍物时会更困难，并且在通过这样的障碍物处有更高的过压。

（5）屋顶的形状及其复杂性（1个倾斜面、2个倾斜面、老虎窗、天窗、屋顶排水沟等），各种屋顶截面的斜度。

（6）瓦屋顶上空气的渗透性，如屋顶上有没有瓦的下垫层、有没有通风，在屋顶空间中有没有生活的区域，屋顶是否进行保温隔热处理等。

（7）迎风面或下风面在屋顶上的准确位置，接近中心或是靠近屋脊，接近山墙以及靠近屋檐，同时也要考虑到屋顶上能引起局部涡流的烟囱和其他构件的存在与否。

表 75 中表示了风的滞止压力与风速的关系，这种关系能够在设计阶段确定出近似的理论压力等级。该表中也包括了某些实际观察到的风力数值，在法国的雪载和风载规范 NV 99 中给出了各地区的风载范围。

表 75　滞止压力和风速

风速 （km/h）	风速 （m/s）	正常的滞止压力 （Pa）	注　释
72	20.0	260	—
100	27.8	502	—
103	28.6	500	法国最大的风区 1
113	31.3	637	法国最大的风区 2
126	35.0	750	法国最大的风区 3
129	35.8	—	1990 年，巴黎
137	38.0	—	1987 年，雷恩市（法国西北部）
138	38.3	839	法国最大的风区 4
148	41.7	1081	1999 年 12 月 27 日，里摩日市（法国中西部）
150	41.7	1081	—
169	46.9	1350	1999 年 12 月 26 日，巴黎
180	50	1533	—

作为一种实例，表 76 表示了用于覆盖层的、在设计阶段使用的这些准则中给出的某些风压以及出现虹吸的程度。这些数据是按不同的刮风区域、不同的场所、位置（中心/边棱）以及在建筑物上的开口（门窗、天窗、烟囱等——译者注）等给出了这些风压或虹吸的数据。

在原理上讲，有斜坡的屋顶，其经受的风载也更低，其风载随倾斜的角度而变化。能穿透屋顶的荷载也更低。

表 76　在固定的屋面瓦覆盖层情况下所考虑的风压和虹吸

建筑物		风区 1 正常位置	风区 1 暴露位置	风区 2 正常位置	风区 2 暴露位置	风区 3 正常位置	风区 3 暴露位置	风区 4 正常位置	风区 4 暴露位置
封闭	压力	510	680	610	790	760	950	910	1100
封闭	一般的虹吸	-370	-500	-450	-580	-550	-550	-700	-800

续表

建筑物		风区1 正常位置	风区1 暴露位置	风区2 正常位置	风区2 暴露位置	风区3 正常位置	风区3 暴露位置	风区4 正常位置	风区4 暴露位置
封闭	边棱处的虹吸	-600	-810	-720	-940	-900	-1130	-1080	-1300
敞开	压力	600	810	720	940	900	1130	1080	1300
敞开	一般的虹吸	-600	-810	-720	-940	-900	-1130	-1080	-1300
敞开	边棱处的虹吸	-830	-1120	-1000	-1300	-2250	-1550	-1490	-1790

注：对小于10m的建筑物有效。

二、屋面瓦在大风中被吹走时所包含的作用机理

对在大风和暴风雨期间屋面瓦损坏程度的研究以及风洞试验研究已经表明：如果屋面瓦的固定系统经受不住大风和暴风雨的侵袭，在山墙、屋脊以及屋檐上的瓦，连同屋顶上的附件就能被风刮走。

另一方面，屋顶下没有垫层时，在更接近屋顶中心部位处于迎风面上的瓦没有被吹走，这是因为由于风施加的过压将瓦保持在适当的位置上；而在下风面一侧屋顶上的瓦被吹走了。在垂直于屋脊上的风速达到62m/s时，迎风面一侧已经测量到的过压水平达到了660Pa（也就是25%的滞止压力），在下风面一侧的虹吸水平达到了-300～-350Pa。这种虹吸作用在每平方米的屋顶上施加了350N的上举力，这一上举力接近于屋顶的质量。如果屋面瓦没有被固定在适当的位置上，确实要被吹走。

然而，在下风向一侧屋顶中心部位上的瓦没有立即被吹走。正好相反，人们首先注意到的是瓦以层列的方式被局部地抬起，之后又下落到原处，如此反复若干次，在离开板条之前屋面瓦以板条为轴旋转（有震动击打声）。在用连锁瓦的屋面上，连锁瓦的一边可自由地抬起，而其他边则由连锁的凹槽牵制住了。因此，连锁瓦在被吹走之前，因连锁瓦在板条上更好的连接方式以及要离开连锁的凹槽的确要经过许多次被抬起和落下的循环。当屋面上有瓦被吹走时，形成的孔洞立刻能够平衡外部与屋顶空间内的压力（即屋面里外的压力——译者注），其余的瓦就不会被风带走以及不会滑落下屋面。当第一块瓦被吹走之后，就会引起这种"阀门效应（整流效应）"，该整流效应担当着保护整个瓦屋面的作用。这就是为什么1999年末在罗塔德（Lotard）暴风雨期间观察到的瓦屋顶表面没有受到大面积损坏的原因，与瓦屋顶相反，由大型构

件覆盖的屋顶损坏严重。

能够限制在疾风中移动的屋面瓦特性如下：

（1）瓦的质量，但是从经济的观点上讲，将瓦做得太重并不是非常有益的。

（2）固定屋面瓦所使用的方法以及固定构件之间的距离。对于屋面瓦的固定，最普遍使用的方式是钉子、平钢带、夹子、钩子、金属丝、砂浆和胶粘剂。并不是所有这些方法都用于所有的屋面瓦铺设上，仅仰俯瓦是由粘结或是砂浆来固定的；平瓦也用同样的方法固定，根本就不考虑金属丝、平钢带或夹子。所有的脊瓦都能够使用砂浆固定，或者使用干法的机械方式固定。

在瓦头的位置上将瓦钉住的方式不能很好地抵御风吹，这是因为钉子不能防止瓦被抬起。随着被抬起瓦的下落，瓦就可能遭到破坏。在底部固定的瓦能够更好地抵御风吹。用平钢带和金属丝固定的瓦也能够很好地将瓦保持在适当的位置上。

如果瓦的固定件设置得更靠近一些，通常可增加抵抗疾风的能力。非常清楚的是，山墙上的瓦以及屋檐瓦或脊瓦，最容易遭受到风力的破坏。

法国 TDU 技术推荐中提出的准则是所有在山墙上、屋檐上的瓦以及脊瓦都必须固定。在屋面中心区域上的瓦，固定件之间的距离则根据瓦的类型、屋顶坡度（<1m/m，>1.75m/m）、建筑物所处位置（暴露的、正常的、有防护的）以及风区（NV 65 中的Ⅰ、Ⅱ或Ⅲ类区）而确定。

在屋面中心区域上的瓦，固定件之间的距离目前的范围是：对连锁瓦从"没有固定"到"一块瓦固定 5 处"；对平瓦从"没有固定"到"一块瓦固定 6 处"。对某些情况而言，将来这些固定件之间的距离或许会缩小。对阴阳瓦来说，因为没有连锁的效应，所以铺设的瓦既可不固定，或全部都固定。

（3）屋顶对空气的渗透性是很重要的，因为空气的可渗透性限制了虹吸和过压的影响。这种屋顶的可渗透性涉及了铺设之后的瓦对空气的渗透性，也涉及通风瓦的存在与否、在屋面下的垫衬、瓦下面的夹衬板以及屋顶保温隔热层。如果生活区域已经设置在了屋顶的空间中（是指山墙包围的区域——译者注），可交换空气的体积就会低得多。在屋面下垫层的使用减少了可怀疑的交换空气体积，因而看来可改善抵抗疾风的能力。屋顶通风措施的使用能够增大空气的渗透性。

（4）具有空气动力学特征外形的瓦，在迎风面区域内对它们抵抗风的能力无疑地有着确定性的影响。通风瓦在一定程度上对风是敏感的，因而，每个通风瓦都应当单独地全部固定在合适的位置上。成钝角的瓦鼻无疑地构成了更好的瓦的轮廓。在另一方面，在下风向区域上，瓦的轮廓没有如此多的影响。

(5) 瓦爪（瓦头下部上的挂钩——译者注）的设计。瓦爪在怎样能稳固地将瓦保持在板条上以及在抵抗瓦的旋转上，也起着一定的作用。

三、试验

能够在风洞中试验瓦屋面抵抗疾风的能力。人们可以记录下瓦离开时的方式以及测定瓦开始松动时的速度，还可记录下最终瓦被吹走时的风速。人们也可以测定瓦屋面的多孔结构。该试验必须在相对于屋顶的各个角度上使用不同方向的风进行试验，试验的屋顶也必须是实际尺寸的。这些试验涉及具有宽大空气流的高速风洞的使用。因此这种试验是非常昂贵的，仅可能在非常少的情况下进行这种试验。

CEN（欧洲联盟标准化委员会）工作小组已经开发出了用于测定瓦抵抗从屋面脱离的试验方法（EN 14437）。的确，某些欧洲国家（例如英国、荷兰）要求计算屋面瓦抵抗风力的正当理由。举例说来，设计者计算屋面瓦被风抬起的力时，例如使用在法国 NV 65 规范中列举的数据，之后确定屋面抵抗风的能力。在试验的屋顶上以实际施工中的方式（固定件的类型和固定件之间的距离）来固定瓦，16 块相邻接的瓦被连接在一起，用绳索吊在垂直于屋顶的平面上，随后由拉紧绳索使其升高。随着瓦升高的距离可以测定在力上的变化，直到破坏出现（实际上，该工作小组已经界定了 6 种失效的模式，包括固定件、板条或瓦的破坏）。

当然，这种试验能够评估固定件抵抗变形的能力。在另一方面，这种试验不能很好地适应于那些在屋顶当瓦被风吹走时实际发生的状况，如：瓦的振动、增大了屋面的渗透性、忽视了在屋面下垫层的影响，以及减小了瓦被抬起时出现虹吸作用的程度、忽视了"阀门效应"、风对瓦的冲击等。这种试验不能测定屋面实际抵抗风的能力，但是更适合于测定固定件的抵抗能力。

第八节　下雨天的防水性能

在讨论了瓦抵抗大风的能力之后，我们转向讨论瓦屋面在雨和风的联合作用下的防水性。

一、雨和风的联合作用

首先，在欧洲必须注意到的事实是：人们很少能观察到同时出现疾风和大雨的情况。在图 72 中，给出了法国气象站已经收集到确定数量的风速以及相应的降雨量。该图中也表示了其极端范围，但是没有考虑降雨的频率。

当风速超过 25m/s 时，就不再是雨的影响了。在这样的风速下，无论如何其滞止压力达到了 400Pa，也就是 40mm 水柱。因此，风能够迫使相当大量的水进入到瓦的连锁系统中。从而，进入到瓦的连锁系统中的水实际上是经受到两种风力的作用：在瓦鼻处局部的风，该处的风导致压力的局部升高；在屋顶空间中和外部空间之间出现了压力差，该压力差是由屋顶周围的综合气流引发的。

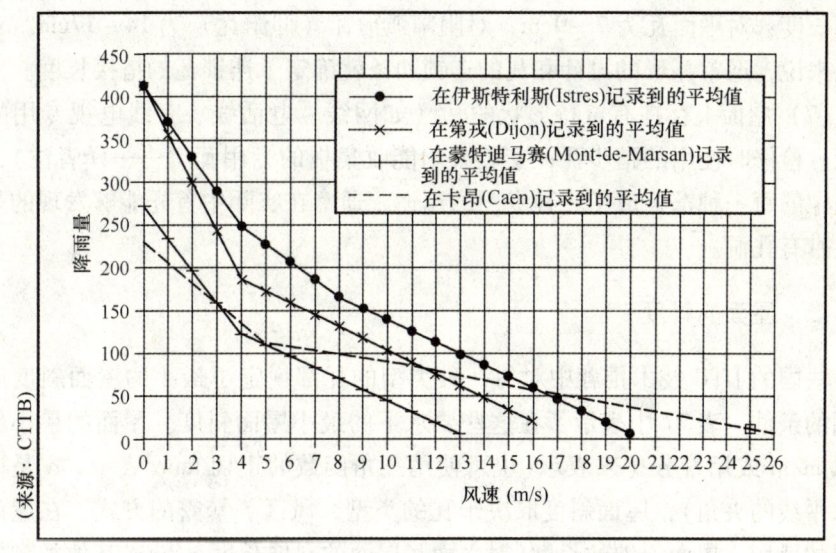

图 72　在法国风和雨的联合作用

瓦屋面的防水性取决于各种因素，如：

（1）气候环境（降雨量、风速以及方向）。在屋顶铺设的 DTU 中应用的被称为"风和雨联合作用地图"中将法国分成为 3 个地理区域。这 3 个地理区域与在 NV "雪和风准则"中使用的 4 个风区不同。

（2）由直接环境引发的局部风和雨的环境。

（3）建筑物的一般外形，它的尺寸以及屋顶斜坡的长度，如：使用的椽子越长，就有越多的水要排走。

（4）相对于屋面的风向。风的压力大小取决于风向，撞击在屋面上水的数量也随风向而在变化，雨水从屋面上流下的不同方式也与风的方向有关。如果没有风，雨水根据屋面的斜度，在垂直于屋脊的方向上流下。当有交叉的风时，在屋面上的雨水由于在风力的驱动下以及在重力的作用下呈斜线式沿着屋面的斜坡流下。

（5）屋顶的斜度：陡峭的屋面斜度可使雨水更迅速地流走，并且留下的静止水膜更薄；陡峭的屋面斜度也限制了交叉风对雨水流走的影响；陡峭的屋面斜度也避免了流动的雨水漫过瓦面上较低的凸沿,以及限制了雨水灌入瓦侧面上的连锁凹槽中。

此外,在给定的滞止压力下,当是陡峭的屋面的斜度时,瓦之间的搭接长度必须更小些。

(6) 瓦本身:如类型、连锁凹槽的设计形式和数量、制造的精确程度、呈直线式铺设还是错列的接头、搭接的长度。在法国由 DTU 规定的瓦的最小搭接长度:对平面瓦为 7~9cm;对阴阳弧形瓦(仰俯瓦)为 14~17cm。对连锁瓦来说,通常瓦形的设计和瓦的连锁肋条就确定了连锁瓦的搭接长度。

(7) 屋面上存在有奇特形状的瓦(如网线、电话线、有线电视专用的带孔瓦;检修时使用的踏步瓦;安装太阳能收集板的专用瓦等——译者注),这些瓦中的每一种都构成了一种专门的用途,通常在实际中首先能够发现的是在瓦上带有孔洞。

二、屋面的斜度

法国的 DTU 技术推荐中对每一种类型的瓦都规定了最小的屋面斜度以及使用的条件。表 77 中表示了在这些要求下的最小屋面斜度。屋面的最小斜度是以 m/m 或用百分比来表示(也可使用三角函数的正切 $\tan\alpha$ 表示,α 是屋面与水平线的夹角),屋面斜度取决于瓦的类型、风区、暴露的方式、在屋面下垫层的使用、屋面斜坡的长度(对平面瓦屋面的斜坡长度 <8m;其他类型的瓦屋面的斜坡长度 <12m)。某些样式的瓦,如果获得了铺设在低斜度的屋面上或铺设在非常低的斜度屋面上的技术批准后,可以不受这些规定数值的限制。

表 77　用于确定类型瓦的最小屋面斜度　　　　　m/m

瓦的类型	使用场所	地区 1 无衬垫	地区 1 有衬垫	地区 2 无衬垫	地区 2 有衬垫	地区 3 无衬垫	地区 3 有衬垫
平面瓦,斜坡长度 <8m	保护	0.7	0.6	0.7	0.6	0.9	0.8
	正常	0.8	0.7	0.9	0.9	1.1	0.95
	暴露	1	0.85	1.1	0.95	1.25	1.1
罗马瓦,斜坡长度 <12m	保护	0.24		0.27		0.3	
	正常	0.27		0.3		0.33	
	暴露	0.3		0.33		0.35	
平面连锁瓦,斜坡长度 <12m	保护	0.45	0.4	0.5	0.45	0.55	0.45
	正常	0.50	0.45	0.55	0.45	0.65	0.55
	暴露	0.65	0.55	0.75	0.65	0.85	0.75

续表

瓦的类型	使用场所	地区1 无衬垫	地区1 有衬垫	地区2 无衬垫	地区2 有衬垫	地区3 无衬垫	地区3 有衬垫
棱纹连锁瓦，斜坡长度<12m	保护	0.35	0.3	0.35	0.3	0.5	0.45
	正常	0.4	0.35	0.5	0.45	0.6	0.5
	暴露	0.6	0.5	0.7	0.6	0.8	0.7
棱纹连锁瓦（批准为低斜坡模式），长度9.5~12m	保护	0.2	0.23	0.3	0.26	0.35	0.3
	正常	0.32	0.27	0.35	0.3	0.4	0.34
	暴露	0.42	0.36	0.45	0.39	0.5	0.43

注：敞开或封闭的建筑物；3个地理区域，3种暴露的方式，带有或没有屋面下衬垫层。

这些数据是以经验为基础的，因此不可能显示出所期望的相关性，尽管有众多的修订版本。

三、连锁肋条的防水性

连锁瓦凹槽形成的防水性问题是不同的，这取决于瓦的构造，以及面对于屋面的风速和风向。

（一）没有风时的防水性能

没有风时，在法国也能有非常大的降雨（降雨量达到了每小时400mm）。

表78中给出了某些初始的计算结果，对在法国能够观察到的降雨量，在理论的基础上使用曼宁（Manning）公式已经做出了雨水在露天屋面上流动的计算，计算了关于屋面上雨水层的厚度以及雨水在屋面上的流动速度，就法国的屋面而论，应是没有任何凸起物的平滑的屋顶表面。如果在特殊场合使用这一公式，在没有经过验证的情况下，这些比较理论性的结果仅能当作给出的数量等级来使用（仅能当作参考数据来使用——译者注）。

表78 降雨量和计算的屋面上水层的厚度

降雨量 (mm/h)	降雨量 [L/(s·m²)]	在屋面斜坡区域上(10m长的平面)水流动的速率 [L/(s·m²)]	在屋檐处水的流动速度 (s/m)	在屋檐处水层的厚度 (mm)
400	0.11	1.1	0.59	1.7
200	0.055	0.55	0.43	1.2
100	0.028	0.28	0.33	0.75
50	0.0139	0.14	0.28	0.5

注：假定：屋面斜度为0.3；曼宁系数为0.014。

没有风时，无论使用的瓦是平面的、阴阳相扣的或是连锁形式的，在防水性上，以及雨水流动进入檐槽（排水沟）方面都表现出了没有任何问题。雨水没有上升到瓦之间的搭接处或没有灌入到连锁的凹槽中。

（二）风垂直于屋脊时的防水性能

正在刮风时，风在屋顶周围就形成了过压以及虹吸系统，正如在上文中陈述的一样。

在最典型的情况下，也就是在风垂直于屋脊的情况下，瓦的搭接处以及横向上瓦的连锁肋条处，垂直于屋脊的风对其防水性能来说是重要的。在迎风面一侧，屋面上流动的雨水受到了牵制，因为此时的屋面所处位置正逆对着风向，雨水流动的速度减小，而在屋面上的水层厚度增大。如果风的速度更进一步地上升，在屋面上就会形成水的微波，某些水就能够向上移动，特别是以小水滴的形式向上移动。

在迎风面一侧，在瓦的搭接处由于风产生的过压将雨水向上推。在下风面一侧，雨水被推动离开瓦的搭接处。

两种类型的屋顶泄漏之间通常有下列的区别：

①被称为溢流式泄漏的泄漏，例如当连锁瓦的凹槽被水充满时的泄漏。在连锁瓦任一侧的连锁凹槽上，在压力差的作用下就会出现某些雨水的溢流。对于瓦之间小的间隙，润湿力也能介入到这种类型的泄漏中。特别是在低斜度的屋顶上容易发生这种类型的泄漏。双重的连锁凹槽对这种类型的泄漏没有任何作用；在另一方面，双重的连锁凹槽在增加搭接面积上是有用的，因为风仅能够引起某一有限的水柱高度。

②被称为弹道式泄漏的泄漏，例如当连锁瓦的凹槽没有被雨水完全充满时的泄漏。瓦与瓦之间的气流能够携带水滴，水滴连同气流一起穿过连锁瓦的凹槽。这些泄漏常常发现在纵向和横向连锁凹槽的交叉点上。要减少这种类型的泄漏，就必须减少空气流；因而，双重连锁凹槽的优点就体现了出来。

为了减少连锁凹槽的占用空间，横向上的连锁凹槽通常是呈水平的。瓦上部的凹槽是连续的，而在瓦下部的凹槽上带有孔，以便排出进入凹槽中的任何雨水。

（三）有侧向风时的防水性能

风向不是垂直于屋脊时，屋面防水的情况会更复杂，因为此时的风有一个侧面上的分量（组成）。当雨水从屋面上流下时由于风力将水推向一侧。雨水沿着瓦面上凸起的曲线积聚，并朝着纵向上的连锁凹槽流动。雨水能够充满连锁凹槽而造成溢流。

在平面连锁瓦上发现对侧向风有更高程度的敏感性，因为平面连锁瓦上的凹槽低于瓦表面上的平面，这种形式的凹槽更容易被雨水充满。

对错列接头排列的瓦来说，雨水可恰当地分布到每一排瓦上。在三块瓦的交汇连接处最合适的是有三块瓦的厚度重叠在一起，即下边一排上有两块瓦，而上边一排有一块瓦是搁置在下边两块瓦之上。这种形式的设计相对是容易的。

对呈直线排列的瓦来说，每一块瓦上都有着小的排水通道，可将雨水分散沿着每一列中搭接的瓦流下，避免了在屋面下部区域上所有水都集中在连锁凹槽中的现象，因此常常是很有益处的。

对这些类型的瓦，通常会有四块瓦相遇在一起的地方，因要避免所有的泄漏，对这一部分的设计是困难的。

使用波浪式凸纹对保护连锁凹槽是非常有益的，这种波浪式凸纹能够减少在连锁凹槽处狭缝内的压力。

能够提高连锁凹槽使其超过瓦表面的水平面，以便改善雨水的排泄。如果瓦的表面在长度方向上是水平的、赤裸的，连锁凹槽低于瓦的表面时，则更容易形成连锁凹槽的溢流。

为了提高瓦的防水性能，更可取的方法是在瓦上的连锁凹槽要尽可能地做到精确的定位。

然而，屋面铺设工人更喜欢宽的连锁凹槽，因为较宽的连锁凹槽有更大的灵活性，能够调节瓦的排列以及能更容易地进行铺设。

此外，如果瓦的表面不是完全的水平面时，以及瓦的尺寸有变化时，瓦上的连锁凹槽就必须要具有较大的调节空隙。

涉及瓦的精确度时，标准要求对瓦的尺寸、行距长度、扭曲以及弯度进行测量。瓦的尺寸和行距长度必须在 ±2% 的范围内（即误差范围是 ±2%——译者注）是可再现的（除仰俯瓦的宽度外），平瓦和连锁瓦的扭曲以及弯度误差必须精确到 1.5% 或 2% 之内，这取决于瓦的长度是否大于 300mm。

四、关于屋面防水性能的试验

瓦屋面的防水性能是在能够复制风和雨的自然条件的整套装置中进行试验。由风机提供风源，由喷水喷嘴模拟雨，一套在被试验屋面上部的喷水喷嘴模拟屋面上部的下雨过程。CEN WG（欧洲联盟标准化委员会工作小组）目前正在制定着欧洲联盟的屋面防水性能试验方法。

瓦屋面的防水性能试验有着不同类型的装置，如：

（1）在试验的屋面上安装有气流运动的风洞。被试验的屋面必须是仅处于气流的横截面部分的位置上，当屋面的坡度改变时以保持试验的条件不变。

这种试验包括大型的空气流和能够被试验的、有限尺寸的屋面。通常说来，仅有少数瓦能够进行这种类型的试验。在另一方面，该试验中能够容易地改变被试验屋面的斜度以及由转动被试验屋面可容易地改变风的方向。

（2）试验屋面平行于风的方向的风洞。这种风洞被认为是真实模拟了屋面周围边界层中风的作用；此时的风不再是垂直于屋面的，而是与屋面平行。该试验中的风是均匀的以及是容易调节的。对试验中模拟的降雨控制更困难些，因为当雨降下时风就带走了它，因而当每一次改变风速时就必须改变喷嘴的安装以及改变喷嘴的位置。这在模拟小雨和强风时的试验中成了特别困难的问题。当模拟大雨时，模拟的喷水的喷嘴在屋面斜坡上部的喷水成为主要的，喷水的均匀性就不是重要的了。使用这种类型的风洞试验，能够容易地改变屋面的斜度。在另一方面，使用这种类型的风洞试验是为了得到局部的侧面风向，相对于被试验屋面来说要改变其风向更困难。

也有其他数种类型的风洞，如：

（1）敞开回路的风洞，试验时风和水仅通过一次（指不循环利用——译者注）。这种类型的风洞试验更简单，但是噪声大。

（2）闭合回路的风洞，试验时流动的空气可再循环到风机中。这种类型的风洞试验不是很嘈杂，因为是完全封闭的系统，但是这种类型的风洞试验中发热迅速并形成水的积聚。在大多数情况下，这种风洞必须连续地引入一定数量的新鲜空气来更新一定比例的风。

第九节　耐久性、抗冻性和通风

屋面瓦的抗冻性和冻融试验在第十五章耐久性中已经详细地讨论过了。这里作为一种提示是适当的，需指出的是冻融循环过程必须是在温度降低到约 $-4℃$ 或更低的温度环境下进行冷冻，随后融化恢复到原来的温度，在冻融试验中瓦是用水饱和的。

从屋面瓦的主要材料因素来考虑，耐久性好的瓦具有：低的孔隙率、自由饱和的程度小于75%、具有较大微孔直径的孔隙，以及具有低的润湿性。

从屋面铺设补充的观点上讲，最重要的是限制在冬季期间瓦被水饱和之后持续时间的周期，这也能够限制冻害出现的危险。特别重要的是对瓦在下部的通风空间上要进行正确的通风，因为这能够使瓦在上下两个表面上得到干燥。

在瓦下部通风空间中的空气不是静止的，这部分空气由于外部的风引起最初的运动。之后，这部分空气可以向上、向下运动或部分侧向地运动，这与外部的风向有关。

没有风时，在瓦下部通风空间中的空气由于在外内部空气和在通风空间中空气的温度差而引起运动，因在瓦下部通风空间中的空气能够由太阳加热或由来自房间内泄漏损失的热来加热。引起这部分空气上升运动的速度与里外温度差、通风空间宽度的平方成正比，同时也是屋面坡度的递增函数。举例说来，在屋面瓦下部 4cm 宽的通风空间上有 1℃ 的温差，屋面坡度为 40° 时，所产生的向上运动的空气速度每秒可达 0.1m[66]。实际上，对暴露到弱太阳光下的屋顶斜面，人们经常测定到的温差为 1~2℃；暴露到更强的太阳光下的屋顶斜面的温差大于 3℃。可以这样认为：在瓦下部通风空间上空气的流动速度能够在每秒 0.1~0.3m 之间变化。

第十节　屋面瓦和雪

在丘陵地区，位于雪下边的瓦易遭受到一些不寻常现象的影响，如：

（1）在白天融化的雪水从屋面上流下，而在夜间又再一次结冰，因而被水饱和的瓦经受着许多次的冻/融循环过程。

（2）瓦屋面上均匀地分布着雪荷载或是局部的有大雪荷载，例如在下风向的屋檐瓦上。

（3）由于雪和冰的突然移动会抬起或拉动瓦，而使瓦从屋面上滑落。

（4）倒流现象：由于冰堵塞了来自瓦的连锁凹槽以及来自排水槽的正常流出水路，融化的雪水能够逐步形成进一步的堵塞，而使融化的雪水在瓦之间向上移动。更普遍的现象是，有沿着屋檐形成冰坝的可能性，形成的冰坝将引起融化的雪水向上倒流，也可引起建筑物的损坏。

法国的海拔高度在 900~1500m 之间，对在山区气候条件下使用的瓦来说，可取的方法是使用抗冻性能非常好的瓦。特别是在 NF 瓦标记框架内有一种新型瓦的等级，被称为"具有山区气候选择性的瓦"，这种瓦具有特殊的性能，要进行更严格的抗冻性试验，以及对冻融之后的瓦所保持的机械强度的确认。

根据由 CSTB[67] 发表的指南和由 FFTB/CTTB[68] 发布的专业性文件，山区使用的屋面瓦必须按照所要求的精确方式进行铺设。这些要求包括：

（1）必须使用被称为冷屋面（cold roof）的、通风的双重屋面原理；

（2）有更高的最小斜度（对带有凸纹的连锁凹槽瓦：40%；对带有长度方向平面行距的瓦：50%；对平瓦：100%）；

（3）板条（挂瓦条——译者注）更大；

（4）屋面上所有的瓦，甚至那些在屋面中心区域上的瓦，都要固定；

(5) 屋面下使用垫衬材料，以防止冰坝的形成；

(6) 如果有良好使用习惯的地区准则或当地规范中有这样的要求，在屋面上可安装雪的防护装置或雪的抑制系统（挡雪横木）。这些雪的防护装置可以保护人或财产不受到积聚雪的突然下落事故的伤害，同时也限制了在排水槽上的荷载。

瓦屋面能够允许某些干落雪（粉末状雪）通过覆盖层。如果粉末状的雪是由风携带时，有少部分的雪粒就能通过瓦的覆盖层。但这仅是偶然发生的情况，不是主要问题，因为在这种环境下雪的融化以及水的蒸发都很迅速。在那些频繁出现这种现象的地区，就必须要在屋面下铺设一隔垫层。在法国的山区气候地带的所有环境下，都强制性地要求在屋面下必须铺设隔垫层。

第十一节　瓦的防火性能

烧结屋面瓦有着良好的防火性能。这种良好的防火性能过去以及现在仍然都是非常重要的。对这种原因的解释就是为什么在欧洲城市中采用屋面瓦一直持续了最近的数个世纪，然而，烧结屋面瓦比其他盖屋顶的材料（指稻草、茅草、芦苇、棕榈等）更昂贵。

正如前文所见，烧结屋面瓦的防火性能包括下列两个方面：

(1) 对火的反应：这种性能在前文中讨论过了。烧结屋面瓦是不会燃烧的陶质物体，烧结屋面瓦在防火性能上被归类为 A1 等级，不需要做任何验证试验。

(2) 对火灾的抵抗能力：外部的火不应当通过屋顶在建筑物中传播。来自外部邻近建筑物（另外的建筑——译者注）的火灾延伸到建筑物本身（现指的建筑物——译者注）屋面上的火存在的风险能够由试验来评估。先前开发的标准（ENV 1187）由三个部分组成，该标准是分别在德国、斯堪的纳维亚地区（北欧地区，包括挪威、瑞典、丹麦、冰岛等）和法国流行的三种试验方法的基础上建立的。这三种试验方法有着一个共同的目的，但是也有着值得注意的差别，如：火的不同来源、是否刮风、附加的辐射源对邻近建筑物着火影响的模拟。此外，该标准文件没有公布发行，不是因为整个标准系统，而是由于已经开发出的标准 ENV 1187 所使用的分类系统是以另外的先前标准为基础的（先前标准 prEN 13501-5 建筑产品防火分类，部分 5，来自外部火灾暴露到屋面试验使用的数据分类）。分类的准则是火的传播性、火的穿透性、在试验火焰撤回之后燃烧的时间等，根据不同的方法而有着不同的结果。防火级别最好的是 B_{roof} 级别。

通过试验明确了烧结屋面瓦的使用权限，烧结屋面瓦可满足外部防火性能B_{roof}级别（所有试验方法都证明的）的要求，不需要进行任何试验，在该决定性文件中也给出了令人满意的解释。

第十二节　屋面瓦和植物的生长

在建筑物屋面上有时可观察到生长的植物：这种现象常常是起因于黑色的霉菌和真菌类、呈灰色或黄色的青苔、绿色藻类以及呈黑绿色的苔藓类物质层。这类植物的生长对气候上的变化有非常强的抵抗能力，能够经受得起长期的干燥环境、能够暴露在阳光下或是暴露在非常冷的天气环境下，而不会被毁坏[69]。

因为风带来了种子和营养剂，或者是通过能够吸收来自空气中氮和二氧化碳的细菌发展而来的，这类植物的生长是约定好的、迟早要出现的现象。在有陡峭斜度的屋面上，这类植物的生长是非常有限的。这类植物的生长发展取决于气候条件。潮湿的气候以及暴露到潮湿环境下可促使它们的发育生长（如在阴影下的斜屋面上、位于北面的斜屋面上、大树或是邻近的其他建筑物投射下的阴影、普遍潮湿的气候环境）。如果空气是潮湿的（$RH>80\%$），更准确的说法是如果湿度和温度有某种程度上被称为等值线上的结合时，这种类型植物的发育生长也能够出现在惰性物质的表面上。例如，如果空气湿度等级超过85%，在环境温度为10℃时就观察到了这类植物的萌芽，但是在25℃时，空气湿度为80%就足够能观察到这类植物的萌芽了。这类植物的生长发育过程也服从着同样的规律。因此，长期温和的、潮湿的天气可增强这类植物的生长发育。

环境污染似乎也是加剧这类植物生长发育的一个因素。

屋顶材料的表面性态也起着一定的作用。铜屋面上决不会出现这类植物的生长，因为形成的铜盐是杀真菌剂物质。而在另一方面，在所有陶质材料表面上都发现了这类植物的生长。粗糙的表面可使这类植物更容易地将它们自己的种子附着在材料表面上发芽，并且有助于这类植物抵抗雨水将它们冲刷掉。具有精细表面的屋面瓦，特别是上釉瓦，都有非常光滑的表面，因此对这类植物有更小的敏感性（即不利于这类植物的附着和生长——译者注）。然而，在某些暴露的场所，已经在珐琅质瓦上注意到了这类植物的生长，甚至在玻璃质瓦上也有出现。此外，具有可存储水分的高表面孔隙率材料，为这些微生物的发育生长提供了有利的条件。烧结屋面瓦的毛细管作用以及容易干燥的特性有着很重要的作用，这正如有通风空间存在的作用一样。干燥迅速的烧结瓦比其他类型的瓦对这类植物的生长应当有更少的敏感性。

也已经注意到了由硅酮树脂处理过的防水瓦比那些没有处理的、同样类型的瓦能够更好地抵抗这类植物的生长。

作为预防性措施，已经做出了使用生物杀灭剂来处理瓦的努力。直到目前为止，生物杀灭剂所产生的残余影响没有足够长期的观察，还不能使这种解决方式进入商业上的运作。也已经做出了改变屋面瓦表面样式的努力，以便改变瓦表面的润湿性能和水的流动（忘忧树效应，Lotus effect）。对锐钛矿 TiO_2 的光化学作用也已经进行了试验（国内有的将这种方法称为光触媒技术——译者注）。

也已经做了在瓦上固定一小块铜的研究，但是其作用依然是局部的，其作用的几何延伸范围也是有限的。

这些微生物对烧结砖瓦本身的性能没有直接的影响，也不从瓦内吸取它们生存需要的营养。然而，这些微生物显示出某些青苔能够隐藏草酸，草酸能够攻击屋面瓦物体的成分。另外，由于这些微生物限制了蒸发也能导致在屋面瓦中含水量的增加，因而也就导致了冷害出现的敏感性。

在另一方面，这些种类的微生物生长对建筑美学方面来说是可以或是不可以欣赏的景象。此外，来自这些植物的残骸能够堵塞连锁凹槽以及在排水槽的末端形成堵塞。因此，良好的习惯做法准则和法国的 DTU 技术推荐中都要求要定期地清理屋面和排水槽。

这样的清理工作可以使用在适度压力下的软管冲水方式进行，也可以使用刷洗的方法。

也可以使用商品化的苔藓杀死剂，这些杀死苔藓的药剂通常都含有季铵，季铵一般的分子式是带有 R=C 或是 C_2H_5 的 NR_4，这种成分也可作为漂白剂来使用。在所有情况下，使用这种苔藓杀死剂时，都必须按照供应者的安全使用说明方法来使用。在使用了苔藓杀死剂之后，常常需要用机械的方法移走死去的植物，因为在某些情况下，这些死去的苔藓将会继续粘附在屋面上。

第二十章 其他不同性能的烧结产品

除砖瓦是生产量巨大的主要产品外，还有一定数量的其他补充性产品。

第一节 墙体包覆装饰产品

放置在建筑物墙体和框架结构建筑外部的保温隔热材料使用量的增多，已经导致烧结砖瓦产品的制造商们开发出了能够保护所使用的特定保温隔热材料的覆盖构件及外部的覆盖层产品。在可利用的烧结砖瓦产品的基础上，市场上有数种可解决保护保温隔热材料的方案。

一、用装饰砖做包覆装饰保护层

用实心砖或多孔砖建造的外墙体，这种墙体通常 9~11cm 厚，在内侧是一附加的承重结构墙（即夹心墙结构——译者注）。

这些外墙构件能够放置在每一高度的楼层上，或是铺砌处于正面墙体前面的大基础上，可超过三层楼的最大高度。

实际上，空心墙（夹心墙）的构造方式已经在第十八章 HD 砖中讨论过了。

二、用瓦做包覆装饰保护层

传统的瓦由钉子钉在板条上或钩在板条上来固定，板条依次固定在由椽子组成的垂直框架上，椽子是保持垂直承重的结构，它由适合于结构性能的扣件固定在墙上（锚固在墙上凸出的托架上、栓塞等）。

三、烧结装饰挂板

这类产品（国内有的称为陶板——译者注）是从用瓦做的包覆装饰层发展而来的。某些制造商已经开发出形成了各种参数的专门产品（构件的几何形状、外观的美学特征、连接系统、与专门类型的保温隔热材料的结合），这些能够给使用者提供一个解决面临问题的较宽的选择范围。

已经开发出的不同尺寸的特殊构件，其长度达 150cm，这类产品有单层的，也有双层的，并带有能改善防水性能的连锁凹槽。

有各种连接系统能够用来将挂板固定在建筑的框架上。例如，在适当位置固定纵向支柱，将挂板插入。挂板也能够用拉杆固定在适当的位置上。这些固定系统与所使用的保温隔热材料的类型是相适应的。

因为这种构件较大，所以通常使用在大型建筑物的正面。

图73表示了两种典型类型的挂板的横截面（单层和双层）及其连接系统（带有或没有保温隔热层）。

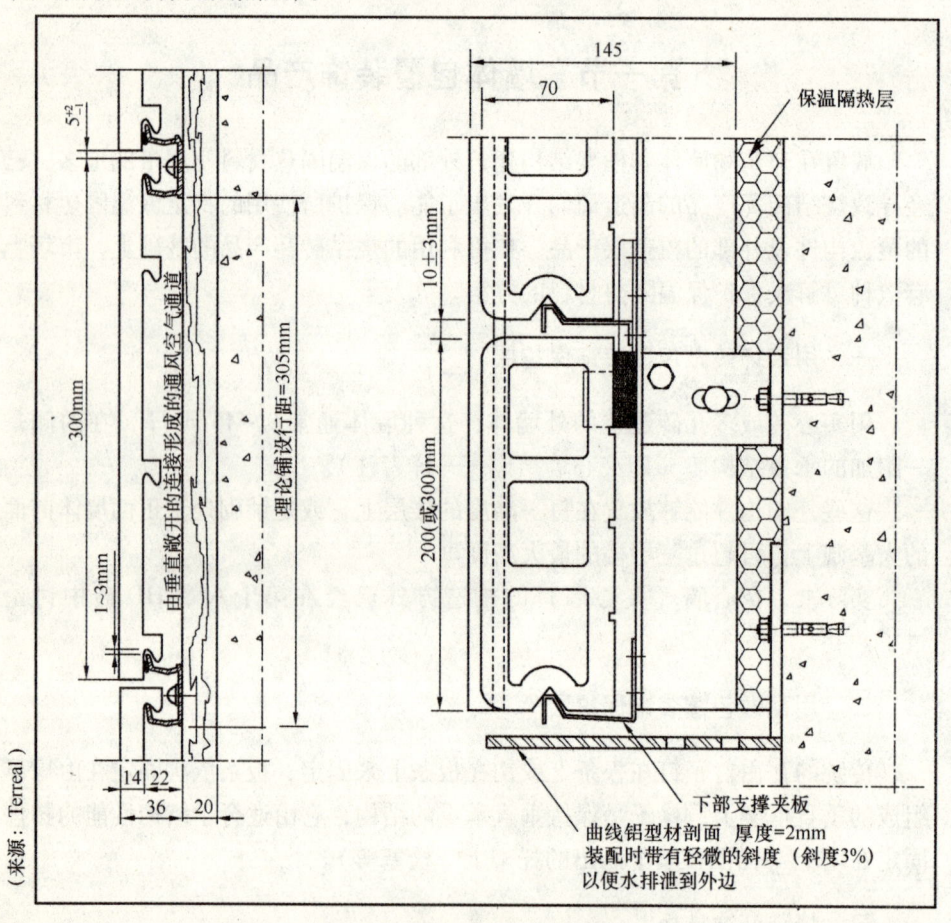

图73 两种典型的挂板装配图（单层和双层）

第二节 烟囱用的烟道砌块

烟道砌块是用来建造烟囱的烧结产品构件。这种产品主要在法国和意大利使用。在法国，烟道砌块每年的销售量约50000t。但其市场目前出现困难，原因为：

(1) 烟囱的数量已经降低了（电加热发展，燃气锅炉增多，从正面墙体排出燃烧气体，而不需要烟囱）；

(2) 设有烟囱时，也面临与其他材料的竞争，特别是与金属烟囱的竞争。

虽然如此，住宅建筑中仍有烟囱的存在，为使用能源的种类及能源成本的变化提供了很大的灵活性。有了烟囱就能从一种类型的加热能源容易地变换到另一种。此外，事实上燃烧气体从屋顶上排出，远胜于从正面墙体上排出。因为从屋顶上排出提高了安全性，有益于人体健康及有了更美的建筑外貌，但是所有国家的权威人士总是考虑不到这些。因为有各种类型的锅炉、暖气炉和壁炉，也有各种类型的烟道砌块。

这样可在装配用于集中采暖的高额定功率和用于独立住宅采暖的低额定功率之间作出区分。

可见，这取决于所使用的燃料：

(1) 燃气锅炉，在低温下排出清洁的燃烧气体。这些锅炉是有冷凝的类型。冷凝则取决于排出燃气的温度及烟囱周围的隔热，排出的气体可能会在烟囱中冷却及冷凝。在这种情况下，烟道砌块是处于潮湿环境下运行，冷凝物有轻微的腐蚀性。

(2) 燃油锅炉，燃烧气体可能含有少量的烟尘。燃油中可能含有不确定量的硫（<0.2%），因而其腐蚀性也随之变化。

(3) 燃烧木材、煤及泥煤的敞开式壁炉。此处可能有相当多的烟尘沉降。燃烧气体是腐蚀性的，如果烟囱不是定期清扫，也会有烟囱着火的危险存在。

(4) 燃烧木材的封闭式壁炉，由于这种壁炉提高了燃烧的效率，很有可能在较高温度下产生了燃烧的气体。

烧结的烟道砌块通常使用在带有敞开式及封闭式壁炉的独立住宅。烟道砌块必须遵从标准 EN 1443 "烟囱的常规要求" 及专门标准 EN 1086 "用于烟囱的单壁烧结烟道砌块" 的一般规定。该标准中包含了产品的详细技术说明及试验方法。

根据标准规定，烧结烟道砌块分为不同的类别，这取决于：

(1) 使用的温度：200℃、300℃、400℃或600℃；

(2) 使用的环境(干燥的燃烧气体，没有冷凝；或潮湿的燃烧气体，有冷凝)；

(3) 阻力或没有烟囱里着火；

(4) 操作压力，烟道砌块总是在负压运行的，但是根据在部分真空下的气密性，将烟道砌块分为两类：N_1 和 N_2 区别对待；

(5) 抵抗腐蚀的能力，烧结烟道砌块自然地被归类为类别3，因对腐蚀有高的抵抗能力，能够用于有最大腐蚀性的燃烧气体的情况下。

一、形状和横截面

烧结烟道砌块被制造成外部横截面为正方形或是长方形的。在某些地区也发现有圆形的横截面。内孔横截面是正方形、长方形或圆形。

烧结烟道砌块能被制造成带有实心的外壁或垂直孔洞的多孔外壁。外壁的厚度范围是 3～5cm，超过此数据即为空心外壁烟道砌块。在烟道砌块的端面上有倒角，或是切成直的。

由制造商公布出烟道砌块的长度多为：烟道砌块的外壁是 3cm 厚时，通常的长度是 33cm（每米 3 块）或 50cm（每米 2 块）。其实心外壁或空心外壁厚 5cm 时，因为较重，烟道砌块的长度为 25cm（每米 4 块）或 33cm（每米 3 块）。该烟道砌块如图 74 所示。

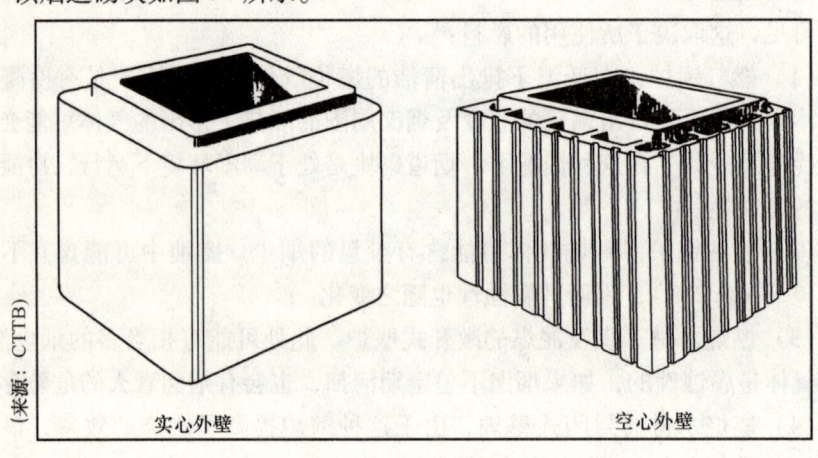

图 74　烟道砌块实例

在有冷凝物质情况下使用时，烟道砌块的内壁上通常是施釉的。

除垂直的烟道砌块之外，也有改变方向的特殊烟道砌块构件（补充烟道砌块），以及用于连接的、横截面变化的烟道砌块构件，还有用于烟囱清扫的观测盖板。

也有包括技术上认可的、带有保温隔热功能的烟道砌块，如：

（1）带有内部保温隔热层的烟道砌块。将不燃烧的及不亲水的岩棉板材切割成一定尺寸，插入烟道砌块的垂直外壁上的孔洞中，外表仍是完整的烟道砌块。

（2）带有固定在外部保温隔热层的烟道砌块。用 30～40mm 厚的岩棉制成的隔热外套在适当位置粘贴并用刚性扣件固定在烟道砌块周围。在工厂中，加上一电镀的金属格栅以保护保温隔热层，并在外部做约 4mm 厚的水泥粉刷层。这类烟道砌块比上述的烟道砌块有着更高的保温隔热性能。

二、性能及试验

烟道砌块标准规定了某些确定数量的试验，如：

（1）几何形状的检查：包括高度、角度、垂直度、正方度和承重表面的平整度、保温隔热层的厚度。

（2）抗压强度。直立的截面上必须能够承受10MPa压力。其附件也必须能够承受给定的荷载，这取决于烟道砌块的用途（从25kN到100kN）。

（3）吸水率。

（4）表观密度。

（5）耐酸性（100℃的硫酸，6h，质量损失<2%或5%）。

（6）抵抗火的性能。该试验模拟烟囱的实际使用条件。这种试验过程包括超过1h的加温时间，之后，在恒定的温度下保持4h。为了确保安全，这种试验是在比声明的使用温度更高的温度（从50℃到高于400℃的温度）下进行的。测量被试验烟道砌块外部的最终温度，当确定来自整个燃烧材料的火到烟道的最小距离时要考虑到烟道砌块外部能够达到的最终温度。

（7）热冲击性能试验。这种试验模拟突然着火的环境条件。该试验是在两块装配好的烟道砌块上进行的。根据上述抵抗火的性能试验方法，这种试验包括非常快的升温（从2.5min到10min内）使其达到使用的温度，之后，在该温度下保持30min。在这一试验之后，通常要测定烟道砌块的气密性。

（8）烟囱着火试验。这种试验是在有包括抵抗烟囱着火质量要求的烟道砌块上进行的。试验温度在10min上升超过1000℃，维持该温度30min。之后测量烟道砌块外部表面上达到的最大温度，并检查烟道砌块在气体渗透性上出现有什么样的变化。烟道砌块最终的结构状态不做检查。实际上，这种试验是在具有抵抗烟囱着火性能的烟道砌块上施加的热冲击试验。

（9）气密性的试验（渗透性试验）。烟道砌块的气密性在热冲击试验之前以及在之后都要进行测定。热冲击试验之前的气体渗透性，在40Pa的压力差下必须每平方米小于0.002m^3/s。在热冲击试验之后，标准给出的试验压力以及渗透性的最大等级则取决于烟道砌块的气密性等级（表79）。

表79 烟道砌块的渗透性

等级	试验压力（Pa）	最大渗透速度 $10^{-3}m^3/(s\cdot m^2)$
N_1	40	2
N_2	20	3

（10）水蒸气的渗透性试验。对在潮湿环境下使用的烟道砌块，就包括一个

水和水蒸气的渗透性试验。试验中让湿空气直接流动通过烟道砌块的内部(饱和湿空气,50℃,每秒1m的流速)。水和水蒸气的渗透性必须小于$2g/(m^2 \cdot h)$。

(11) 抵抗清扫的能力。将已经历了热冲击试验的烟道砌块,使用烟囱清扫刷对其摩擦(100次摩擦运动)。摩擦之后的质量损失必须小于$30g/m^2$。

此外,也必须声明烟道砌块在200℃时的热阻。在该温度下没有根据试验测定的热阻值时,也能够通过计算得出该热阻值。

标准中也解释了怎样评价烟道砌块合格性能的方法。

在不久的将来烟道砌块将实施CE标记系统,该系统对烟道砌块质量控制的证明书是2+等级。

在法国,对烟道砌块有自愿声明质量标记系统。

三、烟道砌块的装配

在法国,烟道砌块的装配必须符合DTU 24.1(NF P 51-201)中规定的有关条款。

当烟道砌块有连锁的凹槽时,雄榫(中间的凸起插入部分——译者注)结构必须面朝下插入装配,以避免任何冷凝水流出到烟道砌块的外表面上。

烟道砌块最小的内部横截面要求如下:

(1) 对敞开的壁炉:$400cm^2$;

(2) 对封闭的壁炉:对用煤或油燃烧的装置为$250 cm^2$;对使用独立烟囱排放来自气体燃烧装置的燃烧产物时,这一横截面可以缩小。

在给定应用场所的情况下,可以使用与实际情况相适应质量的烟道砌块或使用比实际要求更高质量的烟道砌块。

四、烟道砌块的配件

与烟囱相配合的附件,常常有烧结的烟囱顶管(烟囱帽子)或是能够在烟囱顶部铺砌的端饰构件。这些烟囱的端饰构件必须要满足标准EN 13502以及CE标记的质量证明书等级4的规定要求。这些烟囱的端饰构件必须通过冻融试验。

第三节 楼板和楼板砌块

建筑中的楼板通常由一系列平行的、在工厂预制的钢筋混凝土或预应力钢筋混凝土楼板梁及在梁之间填充的楼板砌块组成的(图75)。

整体楼板是由现场浇灌的混凝土带条结合混凝土楼板梁和楼板砌块而形成,现场浇灌的混凝土带条既是受压面又是混凝土楼板梁和楼板砌块之间的简单揳紧填充物。烧结楼板砌块所具有的一些优点超过了其他与之竞争的产品。

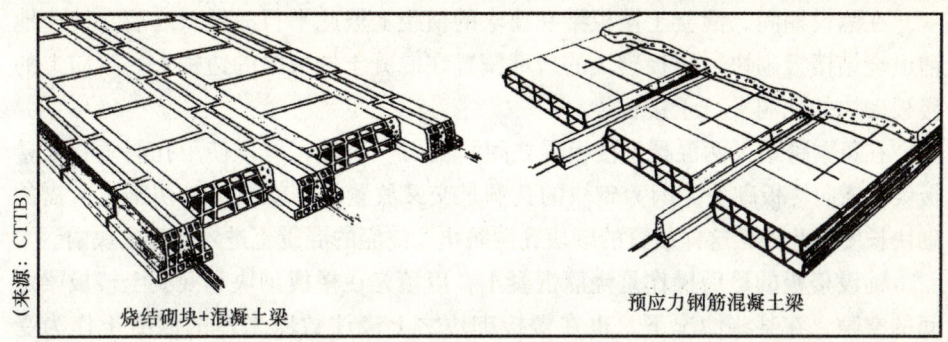

图 75 用混凝土楼板梁和楼板砌块制作的楼板

与混凝土比较，烧结楼板砌块具有增强了力学性能的再现性，由于质量轻（举例来说，是 14kg 与 21kg 的比较）而容易铺设，由于楼板有较低的自重，其干燥的表面使粉刷层的粘附力增强，与砖墙的性能一致。

与膨胀聚苯乙烯比较，烧结楼板砌块热惰性好，在火灾发生时是安全的，强度高，在现场铺设期间的安全性好及有很好的外观。

烧结楼板砌块具有非常大的市场，特别是在西班牙（500 万 t/a）和意大利（2005 年为 350 万 t）。由于其他材料的强烈竞争，例如与混凝土楼板砌块及上述的各种塑料楼板砌块（膨胀聚苯乙烯）的强烈竞争，烧结楼板砌块在法国的市场有显著的收缩。

在工厂中预制的混凝土楼板梁，其钢筋能够形成一网格，下部钢筋埋入混凝土中（图 76）。也可以使用预应力钢筋混凝土楼板梁，特别是用于大跨度或较大荷载的建筑。

这些不同类型的混凝土楼板梁在其下边可以贴上烧结砖板条，甚至也可以有烧结的空心砌块外罩，用来限制在粉刷天花板时出现变色痕迹的危险（在混凝土楼板梁和烧结楼板砌块之间的颜色变化）。

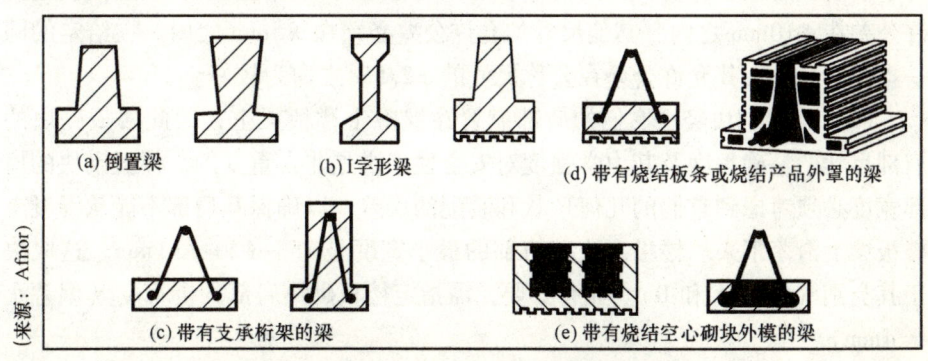

图 76 用于烧结楼板砌块的混凝土楼板梁

在铺设期间，混凝土楼板梁在要求的横距上彼此平行放置。之后，接连地铺设烧结楼板砌块，楼板砌块的肩部搁置在混凝土楼板梁的边棱上。纵向上的楼板砌块的孔洞平行于楼板梁。

在每一跨距（两混凝土楼板梁之间）的每一末端，可以使用孔洞垂直于楼板梁的横向楼板砌块。因为砌块的孔洞是交叉放置的，就很容易切割出所需的砌块长度。此外，这样放置的砌块孔洞防止了浇灌的混凝土进入楼板砌块内。

铺设楼板的最后操作是浇灌混凝土，以填充在楼板砌块和混凝土楼板梁之间的空隙。在某些情况下，也在楼板砌块之上浇注数厘米厚的混凝土作为受压面。

在楼板上铺设楼板砌块是根据先前的欧洲标准规范 ENV 13670-1 混凝土结构实施规范部分1：一般规则进行，或是根据各国的规范进行。

在各种带有预制的混凝土楼板梁的楼板系统中使用的烧结楼板砌块，将必须满足欧洲标准 EN 15037-1 和 EN 15037-3 的要求，该标准在 2006 年年底前还处于调查阶段。标准 EN 15037-1 涉及一般的用混凝土楼板梁和楼板砌块的楼板，而标准 EN 15037-3 则明确地涉及烧结楼板砌块。

可使用的各种烧结楼板砌块有：

（1）非承重的楼板砌块（非承重楼板砌块 NR），只是简单用来当作模板（填充），在楼板的力学强度上不起任何作用。某些砌块是完全暴露的。

（2）半承重楼板砌块（半承重砌块 SR），将荷载传递到混凝土楼板梁上，起部分受力作用（图77）。

（3）承重楼板砌块（承重砌块 R），在一定情况下，楼板砌块的上部表面担当着受压板的作用（图77）。

楼板砌块的主要性能陈述如下：

（1）楼板砌块的几何形状和尺寸必须与混凝土楼板梁的几何形状相适应。为了使砌块的铺设容易，其几何形状必须是稳定的，其宽度、长度及高度的允许公差在 ±10mm 之内，其他尺寸的允许公差必须在 ±5mm 之内。在给定的同一批次产品中，其允许公差在公称尺寸的 ±2.5% 之内为较好。

（2）楼板砌块经由它们的肩部搁置在混凝土楼板梁上，因此楼板砌块的肩部尺寸的精确程度及其力学强度对安全性来讲是非常重要的。楼板砌块的肩部宽度必须考虑到它们的几何形状和装配的误差，以确保其肩部不能从混凝土楼板梁上滑落下来。楼板砌块其肩部的最小宽度是 15～(20±3)mm，这取决于其类别（类别 A 和 B）。如有必要，需指定楼板砌块肩部的挺直度（偏差小于4mm）。

（3）SR 和 R 型楼板砌块的顶部要承受机械荷载，因而必须要有一定的厚

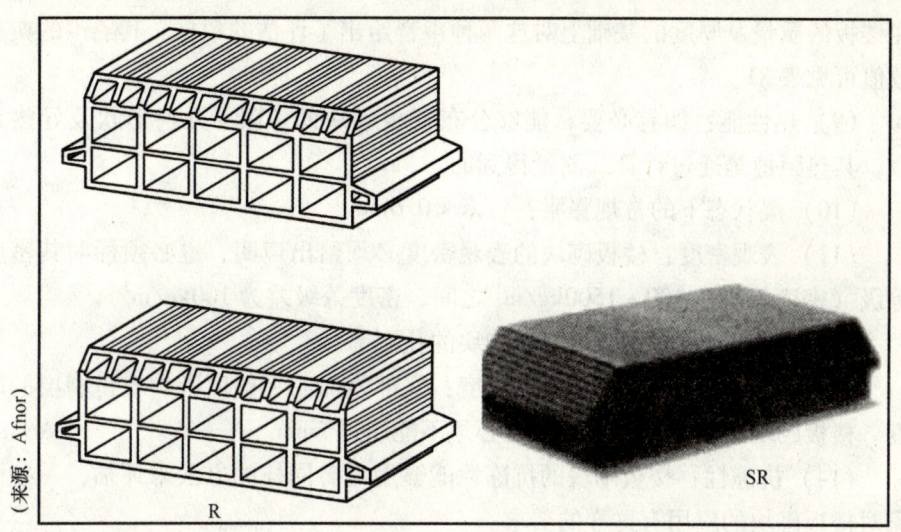

图 77　楼板砌块实例（R：承重楼板砌块；SR：半承重楼板砌块）

度［30mm（A）或 50mm（B）］。

（4）外观质量：表面上必须没有可见的裂纹或剥落。

（5）临界冲击荷载和抗弯荷载：楼板砌块的冲击和抗弯试验中的破坏荷载必须满足表 80 中要求的最小值。制造商可标明较高的数值。

表 80　楼板砌块的最小抗冲击荷载和抗弯荷载

产品的类型	抗冲击和抗弯荷载（5% 分位点）（kN）
非承重楼板砌块（NR）	1.5
半承重楼板砌块（SR）	2.0
承重楼板砌块（R）	2.5

（6）纵向抗压强度：对 SR 和 R 类型的楼板砌块来说，如果要考虑楼板的计算时，所试验的及制造商所声明的楼板砌块纵向抗压强度要高于 20MPa。

（7）防火能力及火灾中的反应：烧结楼板砌块不是可燃性物质（反应类别 A_1，不需要任何试验）。对用楼板砌块制作的相应的楼板的防火能力，可用试验的方法来重新讨论、计算或检验。欧洲标准 EN 15037-1 的附录 K 陈述了这一简化的计算程序及给出了一图表数值：由楼板砌块组成的楼板的防火时间为 30min。

（8）声学性能：如有必要，楼板砌块对冲击声和室外噪声的隔声程度能在测定的基础上给出声明、计算或评估。欧洲标准 EN 15037-1 的附录 L 中，在楼板的质量及厚度的基础上对这两种声音给出了评估的数据。其隔声的典型数值可见表81。

(9) 热性能：如有必要，能够公布楼板砌块的热阻、几何形状及导热系数。其热阻值是通过计算或测量得到的。

(10) 湿状态下的常规膨胀：每米<0.6mm。

(11) 表观密度：楼板砌块的表观密度必须给出声明，也必须标明其密度等级（密度等级在400~1500kg/m³之间，密度等级差为100kg/m³）。

(12) 孔洞率：必须给出楼板砌块的孔洞率。

(13) 楼板砌块底部表面的平整度：底部表面的平整度影响着粉刷层的厚度。楼板砌块底部表面的不平整度必须不能超过5mm。

(14) 抗冻性：楼板砌块的抗冻性能够用对砖同样的方法来评估，一些国家对楼板砌块的应用有这样的要求。

两种类型的楼板所具有的性能的实例给出在表81中。

因为楼板砌块在结构的安全性上起着作用，用于涉及 CE 标识一致性保证的制度是2+，这包括了由通报团体对规定型式的检验及工厂生产控制的检查。现有三种不同的 CE 标识方法，因而就有三套要求的数据和标签，这取决于该产品是否有销售的价值，而不控制其用途，或是作为楼板的一部分。

表81 由混凝土楼板梁和楼板砌块组成的楼板的典型性能

结构的类型	SR型楼板砌块厚18cm + 混凝土面层3cm	R型楼板砌块厚21cm， 没有混凝土面层
质量（kg/m²）	290	260
混凝土的数量（L/m²）	50	30
平均导热系数 [W/(m·K)]	0.61	0.58
R_w（冲击声）(dB)	55	53
$L_{n,w}$（室外噪声）(dB)	50	51

第四节 墙地面覆盖构件

在用于墙地面的覆盖烧结构件中存在有各种各样的形状及不同的表面样式。某些构件具有表面涂层（如泥釉、瓷釉等）。

一、墙地砖

这类产品是小型的烧结黏土构件，其厚度范围在5~35mm，产品的尺寸变化极其大。这类产品主要使用在室内。

一般说来,烧结地砖与烧结砖瓦的生产方式是同样的。某些制造者偶尔使用含有细黏土和传统助熔剂(玻璃粉、硼酸盐等)的复杂坯体配料。在原料制备期间必须使其达到非常细的程度,因为所看到的地砖都靠得很紧。坯体的制造是挤出成一连续的泥条,之后由钢丝切坯机或由切割模具切割成一定的长度,这取决于所选择的产品形状(六边形、细长条形、三叶草形、秤盘形等)。如有必要,切下来的坯体可以整形(使之平直)。对较长的地砖构件来说,有时是成对挤出的,在烧成之后将其劈开。另一方面,这类产品的焙烧可能也与砖瓦的焙烧方式不同,如:通常使用间歇式的单室窑而不是连续式的隧道窑。某些制造者使用木材焙烧的窑,而得到了非常有趣的火焰侵蚀痕迹的效果。

烧结地砖可施加釉面(在法国仅占总产量的5%)或不上釉。

烧结地板砖和铺地砖(floortiles and pawing tiles)的主要性能是标准化的。常规标准 EN 14411 "烧结地板砖和铺地砖——定义、分类、性能和标识"中,提出将商品质量的地板砖归类为"最高级"。一方面根据所使用的生产方法分类,如:①挤出;②半干压;③其他工艺方法(这些处于应用标准领域之外)。另一方面则根据吸水率分类(4个类别:<3%;3%~6%之间;6%~10%之间;>10%)。

大多数烧结地板砖是挤出成型的,它们的孔隙率接近10%。因此,标准中将这类产品归类到 AⅡb 类(孔隙率在6%~10%之间)和 AⅢ类(孔隙率>10%)。

标准中涉及的"最高级"产品,是为了在两类产品质量之间作出进一步的区别:即"合格的"与"高精确度的"。

标准中一些强制性的要求,则取决于产品精确的用途(室内、室外、地板或墙面)。举例说来:如对 AⅡb 类中的"合格"产品,使用在室外铺地面的要求总结如下:

(1)尺寸精确度(长和宽±2%,即<±4mm;厚度±10%);棱边的垂直度(±1%);斜度(±1%);平直度(±1.5%)。

(2)表面质量(95%的产品没有任何可见的缺陷)。

(3)物理性能:吸水率取决于产品类别;横向强度(>900N 及 σ > 17.5MPa);抵抗深度磨损的能力(<649mm³);热膨胀系数;抵抗热冲击的能力;湿膨胀;抗裂能力(如果是施釉的);抗冻性;摩擦系数和耐滑性;抵抗冲击荷载能力;颜色的均匀性。

(4)化学性能:产品的抗污能力;抵抗家庭化学产品的能力;耐酸碱能力(浓的和淡的);没有铅和镉的扩散。

到现在为止,在法国对地板砖的抗滑性能没有任何要求。与其他类别的产品及所涉及的主要抗压强度和抵抗磨损的质量指标比较,其强制性的要求是有差别的。

烧结地板砖受 CE 标记系统支配。使用这一系统是为了保证统一性,该系统通常使用最简单的形式(等级 4),没有任何外来通报团体的干涉。然而,含铅和镉的上釉地板砖以及使用在天花板上的地板砖,必须遵从保证等级 3 的要求。

强制性的性能数据表示在标记标签中,这根据用途而变化(室内地板、室外地面、墙、天花板)。表 82 中以表格形式表示了这些需要标识的内容。

表82 墙地砖需要标识的强制性特性

标识内容	室内地板	室外地面	内墙和天花板	外墙和天花板
对火的反应	A_1 无需试验	A_1 无需试验	A_1 无需试验	A_1 无需试验
危险物质的释放(Pb、Cd)	可能	可能	可能	可能
破坏强度	是	是	是,是否在天花板上使用	是,是否会因脱落引发危险
粘结剂和砂浆的粘着力*	无要求	无要求	是,是否会因脱落引发危险	是,是否会因脱落引发危险
易滑性	是	是	不	不
耐久性 冻/融	不	是	不	是

* 这一特性不是产品标准中要求的部分。

在法国,其分类系统包括了地板砖和地板覆盖物的使用条件,被称为 UPEC 分类法,这一分类法已经由 CSTB 制定出,根据它们的用途能够容易地在地板砖之间作出选择[70]。对地板覆盖物的特征要求是在特定类型的范围的铺设,有四项判别标准:

U:抗磨损能力,包括由于在地板覆盖物上行走的影响 [分为 1~5 类(5 是抵抗严重磨损环境的最高状态),有进一步增加 S 的可能性];

P:抗贯穿能力,包括有关家具的机械影响,如在家具下的腿及小滑轮(分为 1~4 类);

E:水和冰冻的影响(分为 0~3 级);

C:涉及的化学物质及产品污染的影响,例如在某些范围所发现的(分为 0~3 级)。

用于某些范围的 UPEC 分类法实例[71]表示在表 83 中。

表 83　用于某些范围的 UPEC 分类法

使用范围	抗磨损 U	抗贯穿力 P	环境影响 E	化学物质影响 C
私人住宅厨房	3	2	2	2
盥洗室（浴室）	2	2	2	1
客厅（起居室）	2S	2	1	0
阳台和凉廊	3	2	3	2
大面积的商铺	4	4	3	2

对地板砖分类的叙述有可能反映出各种使用范围的类别，因此，如类别为 U3P2E2C2 的砖，或更高级别，能够使用的范围要求是 U3P2E2C2 地板的覆盖，例如独立住宅的厨房。

所有的陶瓷地板砖至少有 P2E3C0 的分类。

因此某些烧结黏土质地板砖有 UPEC 分类。

传统的地板砖铺设方法是在砂浆层上铺设，而砂浆层铺在一合适的底层表面上，该铺设方法陈述在法国 DTU，NE DTU 52.1（NF 61-202）中。

然而，墙地砖更普遍地使用粘结剂进行铺设[72]。

烧结的黏土质墙地砖的最大尺寸被限制在 $231cm^2$。对有轻度吸附（$a > 0.7$）的高级暗色墙砖，铺设的高度应当保持在小于 6m 的范围内，并要使用特定的粘结剂。除此之外，对地板砖的使用也有同样的限制。

权威认可的铺设体系仅是用宽灰缝来铺设，灰缝的宽度（3～11mm）取决于构件的尺寸及所要求的美学效果。在灰缝灌浆后，所有多余的灰浆必须用橡胶扫帚清扫，任何滴漏的灰浆必须用软木料（没有丹宁酸）的锯末清理干净。

在铺设之后也可能出现泛霜。泛霜应在灰缝干燥及硬化后清除。

用天然黏土烧结的地板砖必须经过表面处理，以防止污染物质进入微孔（油脂、食糖等），因为这种污染使其后来的清理很困难。传统的解决方法是在产品表面上擦亚麻子油，亚麻子油进入微孔，在与空气接触过程中亚麻子油硬化。现在使用着各种各样的商业上可利用的产品，如液态硅酮蜡的应用，分别地涂上液态硅酮蜡直到砖被饱和。

二、小型烧结板或砖板条

在墙面体的饰面层上也使用有薄型的烧结黏土质构件。这类产品的厚度不大于 2.5cm，其他可见表面的尺寸大约与实心的或多孔的装饰砖的尺寸相同。

因此，当不可能使用装饰砖建造墙时（因技术或经济方面的原因），使用这类产品来模仿装饰砖建造的墙。

这类板条在铺贴面上开有槽或锯齿状纹以改善其粘结性能。

这类产品能够使用在室内或室外作为最终墙体的覆盖层，并给出了墙体最后的外貌。这类产品的附件有角条、半块等。

事实上，这些产品类似于墙地砖，其主要差别在于这些产品通常是由制砖者制造的，作为一类装饰砖的替代品，而不是由墙地砖生产者制造的。因此，这类产品通常是挤出成型及在两块相连的状态下焙烧，在制造过程的末端在它们的长度方向上劈开（国内称为劈离砖——译者注），所以在干燥和焙烧过程中产品的形状与装饰砖的形状没有太大的差别。

这类产品的主要市场在法国，年销售量约为18000t（550000m^2/年）。

因这类产品主要是在法国应用，作为墙体饰面使用的烧结黏土质板条的特性，是法国标准 NF P 13-37 "墙面覆盖层使用的烧结黏土质板条"的唯一目标。标准中技术说明包括：

(1) 美学方面：没有裂纹、麻点或大的剥落，没有泛霜；

(2) 尺寸公差：尺寸（长度和宽度±3%，厚度±2mm），平整度（<1%），棱边的垂直度（<1%）；

(3) 物理化学性能：湿膨胀（每米<0.6mm），薄片试验样品（<10mm）的横向强度（>200N），在冷板上的抗冻性（25次循环；即单面抗冻试验）。

这类产品没有专门的欧洲标准，也没有 CE 标识。

在室外铺贴这类板条时使用水泥基砂浆作为粘结材料，在室内铺贴时通常使用无水泥的粘结剂作为粘结材料。这类板条产品也能贴在模制混凝土墙或粉刷层上，提高墙的防水性能，因为板条产品不能单独地提供防水性能。双重连接是必要的（底层表面和板条）。板条之间的连接缝（约10mm）是用传统的勾缝砂浆填充的。

三、铺路砌块和铺路材料

烧结的黏土质铺路砌块（paving blocks）可以是实心的或是多孔的构件（原著中使用了"砌块"一词，其实质与国内概念上的铺路砖是一样的——译者注）。铺路砌块可用于私人或公共设施，通常用于室外，其使用范围包括人行道、步行街、自行车道、轻便车辆或重型货车的路面铺设。交通负荷可以是临时的或是密集的。

这些砌块形状可以是方形的或长方形的，带有或没有倒边和定距的销键。为了美学方面的原因或为了改善连锁性能，也可以做成更复杂的形状。这类产品的厚度至少在 30~40mm，这取决于它们的使用方式（在路基上或在刚性的底层表面上）。

由于历史的原因，根据不同国家其市场变化范围很大，在比利时、荷兰、卢森堡三个国家及在英国有着相当大的市场，然而，在法国这类产品的市场较小。

铺路砌块的性能在欧洲标准 EN 1344"烧结黏土质铺路砌块——技术说明试验方法"中有详细规定。所要求的主要性能涉及下列方面：

（1）尺寸：厚度至少为 30~40mm，长度/厚度比率 <6。

（2）几何公差。

（3）抗冻性：抗冻性对在室外应用的产品是非常重要的性能。因为铺路砌块是埋在地面中的，能够容易地被水分饱和。抗冻性试验是在墙片的一个方向上（一大面上——译者注）进行冷冻试验，要求的循环次数为 100 次。道路上使用的防止结冰的盐类，对铺路砌块的抗冻性不能有任何较大的影响。

（4）横向破坏压力，有三个等级：80N/mm、30N/mm 及"不需声明的"。

（5）抗磨损能力，有三个等级：$2100mm^3$、$1100mm^3$、$450mm^3$。

（6）抗滑性，有四个可能的等级，这取决于摩擦摆锤试验的结果。标准规定的抗滑性要正常地保持在铺设后的铺路砌块的整个使用寿命周期，条件是正常地清扫，没有被磨光。

（7）火灾中的特性，铺路砌块与火的反应被归类为 A_1，不需要试验，铺路砌块用来铺设屋顶（屋顶保温隔热层——译者注）时，要遵照室外使用涉及的火灾特性的要求。

（8）有益健康性，无石棉或甲醛。

（9）导热性，如有必要，可根据标准 EN 1745 进行评估。

（10）抗酸能力，如有必要，试验。

对铺路砌块而言，CE 标记是强制性的，统一性的保证等级为 4

根据上述的性能，标准给出了详细的需进行的规定型式的检验。

标准也提出了要建立起工厂生产控制的指标及备用的证明文件。这样就包括了原材料、制造工艺、标准化序列，在控制值上对漂移的结果要采取动作，还有最终产品的试验：包括在尺寸和横向破坏荷载上的常规试验，型式检验必须重复，至少一年一次。

在若干个国家中使用的铺路砌块，有着非官方的质量保证体系。

正如所见，铺路砌块的用途有非常宽的变化范围，因此铺设方法必须适应于相应的用途。铺路砌块能够用砂浆铺砌（刚性层状铺砌）或在砂层上铺设，或是在稳定的砂基上铺设。

用砂浆的层状铺砌法是普遍使用的方法，尽管对逐个事件起源的调查中这种铺砌方法引发出了各种问题，如：膨胀缝、底层的裂缝延伸到了上部、可移动性、排水、在砂浆上中期和长期的粘结能力等。因此，它被限制在具有轻度交通量的使用范围内。

在砂层上的灵活铺设是可靠的方法，甚至在具有中等程度的交通强度范围内使用也是可接受的。

第五节 其他装饰构件

长期以来，烧结砖瓦总是被用来作为装饰的目的。

必须在由项目经理普遍使用的材料（实心砖、砖板条、多孔砖或砌块）所附加上的装饰和使用具有专门的设计、材料、形状或颜色的特定产品所做出的装饰之间作出区分。这些装饰构件包括：

（1）破碎瓦片（bats）装饰构件（用破碎瓦片装饰的墙体表）；

（2）用于墙体覆盖层的各种形状的构件（三叶草形、毛石面砌体、菱形、鼓轮形状、箭头形等）；

（3）各种类型的修道院（Claustra）用铺地花格砖及砌筑围墙的花格砖装饰构件；

（4）屋顶装饰构件。

所有这些产品，都是用各种类型的黏土制造的，在制造过程中做出专门处理，以确定其形状、表面状态，以及自然的色彩。

对于能铺砌形成墙体结构部分的构件用砂浆铺砌（砖、破碎的瓦片、修道院使用的花格砖），对于覆盖性构件可用砂浆或粘结剂。

考虑到在这类构件中所发现的性能和形状有很宽的范围，因此参考制造者关于铺砌的说明很有必要。

涉及相对易碎的构件——如修道院使用的花格砖砌的墙的特殊情况时，要合理地避免建造的墙体结构不能高于平均高度（2.5m）的结构，在此情况下，就不需要采取专门的防范措施（钢筋混凝土柱及拉杆）为这类花格砖墙提供坚固的框架。

要避免修道院使用的花格砖墙构件受压，合理的方法是在花格砖墙结构的顶部和结构框架之间留出1cm的空间。然后，将花格砖的棱边构造埋入在框架的垂直截面上留出的凹槽中，确保其稳定性，槽内剩余的空间用柔性材料填塞。

第六节 特长砖（称为层高条板砖）

由于改善了制造工艺及降低了在干燥及焙烧中的变形程度，人们能够制造出带有垂直多孔的层高空心砖（2.5m 高、0.5m 宽）。用保持在设备框架之内的处理设备来铺设这种产品的速度很快，如通常在建筑现场所见到的。这类产品的市场大多数在工业和农业建筑上。也有的将这类产品用于住宅建筑的第一层内。在农业建筑中，这类材料的热工性能可带来进一步的益处，因而通常被使用在对热控制有关键的重要性的农业建筑中（例如，猪圈）。

第七节 膨胀黏土陶粒

膨胀黏土陶粒是用轻质黏土，在具有发泡系统的回转窑中将黏土物体经快速焙烧而得到的一种陶瓷材料。生产的条件是允许有黑心的肿胀。这种材料的标准为 NE P 18-309 "在回转窑中制造的用于制作混凝土的膨胀黏土和页岩集料"。

这些产品用来制造轻质的、保温隔热混凝土，轻质水泥砌块，以及作为松散的保温隔热填充材料。

在园艺种植中也使用这类产品，可使土壤变轻。

第二十一章 结 论

这本在烧结砖瓦产品制造及其产品性能的书到这里就要结束了，我们能够推断这些材料的将来，也可以用合理的乐观主义态度来展望这些材料的将来：

（1）消费者表现出对主要用烧结砖瓦产品建造的独立住宅日益增加的偏爱。不管其限制（特别是建筑用地的短缺等）如何，在欧洲，独立住宅的市场很可能会出现进一步的增长，至少在最近几年的过程中如此。

（2）烧结（黏土）砖瓦产品能够满足众多的功能（静力的、热工的、含水的、声学的、美学的等），以及这些产品能够提供有效的、经济的建筑解决方案。例如，新的保温隔热要求用烧结砖瓦产品毫无疑问完全能满足，新的产品也能使大多数功能组合在一起。

（3）烧结砖瓦产品与日益增长的环境保护要求非常一致。烧结砖瓦产品是符合可持续发展要求的。这是一类健康的材料，在消费者中有良好的印象。该类产品的生产不是普遍地造成有关使用资源的主要问题。

（4）在许多欧洲国家，烧结砖瓦产品的质量是很著名的，而且由技术市场的公开及新的欧洲标准进一步激发了技术的进步。

（5）从美学观点上讲，现在的烧结（黏土）屋面瓦提供了一个非常宽的选择范围，是一类能够适应于所有审美情趣的令人愉快的产品。烧结屋面瓦提高了建筑的舒适性，使它们成为了屋面材料的领导者。

（6）用于正面墙体的装饰砖也开发出了新的途径，其发展的程度随不同国家而变化。

（7）建筑砖的制造者们已开发出了新的产品。在有些国家中所制造的砖，市场占有程度仍保持稳定。在其他国家中，自从 20 世纪末其市场就趋于倒退。现在砖的市场正在积极地恢复其市场份额。

涉及产品的大量技术问题及相应的铺砌和工艺问题都已经解决了。

虽然如此，烧结砖瓦行业仍面临新的挑战。因为在过去这些材料的制造商就已经能够适应各种不同情况和环境及逐渐得到发展，有更好的多种原因相信，烧结砖瓦行业能够再一次地回想起他们的战略目标，坚守在科学技术的风口浪尖上，并将会继续满足消费者未来的需求。

与产品的类型无关，涉及烧结砖瓦行业主要的努力方向将是减少能源消耗及减少温室气体的排放程度，尤其是 CO_2 的排放量。主要的长期挑战目标是在2050年，整个地球上CO_2的排放量要缩减三分之二。

从长期观点来讲，对烧结砖瓦行业将来最大的影响或许是广泛使用基于生物燃料的能源，直接使用或通过间接的燃料来使用，以及对氢能源的使用。

在短期内，每一种产品也面临着它们本身发展的特殊挑战：

（1）用于斜屋顶材料的瓦在市场上保持着"居高临下"的位置，瓦被用于新建筑，房屋修缮的一半要用瓦。屋面瓦将来的市场会增长，包括将会拓展更广泛的市场，如在小型的集体住宅中或在公共服务建筑中使用瓦，或在屋顶的修缮中使用瓦。因此，屋面瓦制造者将会找到新型的设计以及会使屋面材料带有更宽范围的美学特征。然而，要改善瓦的质量，必须提高烧结温度，并使用单独的支撑（匣钵——译者注）。但是现在的生产（不是季节性生产）已经导致操作条件有着频繁的变化。这些改进措施不应当成为过度能源消耗的起因，因为瓦的制造者在继续改善质量的过程中将会在更大的程度上考虑能源的问题。

（2）外墙砖，一些公司将结构和产品热工性能相结合，已成功地开发出了具有综合保温隔热性能的砖。大量的技术改进正在进行中，以满足市场增长的需要，如：遵照新的热规范对热阻的改善，其热阻值甚至于超过了热规范的规定，也考虑到一些新的情况例如在舒适性上热惰性的影响，墙体渗透的空气对能量消耗的影响，铺灰器的应用，薄灰缝连接代替砂浆的宽灰缝，通过改变设计观念而使隔声达到最佳化，更好地宣传产品健康特性的知识等。

（3）隔墙砖，隔墙砖正面临着越来越多的类似产品的竞争。正在进行中的工作是开发出容易使用的、安装简单及经济的新产品，以及要展示出隔墙砖的竞争优势（例如，高的热惰性指标、对水分的抵抗能力、表面样式等）。

（4）烟道砌块，由于电加热和具有墙面类型烟道的燃气锅炉的使用，不再需要烟囱，使烟道砌块面临着困难的市场环境。然而，非常清楚的是用烟囱在屋顶的高度上排放燃烧气体，增大了燃烧气体的稀释程度，对居住者来说有更健康的环境，还有在有腐蚀性燃烧气体存在的情况下，烟道砌块产品所固有的特性比那些竞争的产品有更长的使用寿命，所以烟道砌块应当维持着稳定的市场份额。

（5）装饰砖，装饰砖的形象正在迅速地变化。根据在某些欧洲国家的发展趋势看，装饰砖的制造者们正在进一步地开发着产品的美学外表特性。产品的颜色和表面装饰的范围将进一步得到扩展。与墙面粉刷层比较，装饰砖清水墙最显著的就是耐久性极好。由于装饰砖是部分多孔的材料，对大多数雨水有很好的调节性能。现在必须稳定，甚至减少这类墙的建造成本。要这样做时，必须开发出新的砌筑方法（粘结剂、预制等）。非常有必要对各种类型的墙体的选择和使用确保有更深的了解，在目前暴露出的困难程度的情况下，提出双层墙（夹心墙）的解决方案。

　　各种各样的产品面临的技术挑战的分析表明：这一行业决不能停留在原有的殊荣上。制造者想进一步改善所做的产品，以便消费者选用。这些制造者们需要有高度技能的工程师及技术团队来研究和解决面临的难题，而且要确保这种技术团队能够生存及研究能够维持下去。这种研究工作从开始到任务的实施都是很容易提出的课题。

附　录

附录1　本书中涉及的矿物术语

Albite，钠长石，钠的长石矿物之一，$6SiO_2 \cdot Al_2O_3 \cdot Na_2O$，斜长石族；

Alumina，氧化铝，Al_2O_3，有着不同的结构；

Amphibole，闪石，双链的链状结构硅酸盐的一族，羟基化物和铁镁矿物的组成，$8SiO_2 \cdot 7R''O \cdot H_2O$，$R'' = Mg$、$Fe$，常见的岩石；

Anhydrite，硬石膏（无水石膏），硫酸钙，$CaSO_4$；

Anorthite，钙长石，含钙长石之一，网状硅酸盐，$CaO \cdot Al_2O_3 \cdot 2SiO_2$；

Anorthose，歪长石，含钾和钠的长石，$(Na,K)Si_3AlO_8$；

Asbestos，石棉，纤维状的镁、钙以及铁的水化硅酸盐；

Attapulgite，绿坡缕石，含有镁的纤维状黏土矿物（象征性的名称为活性黏土，paligorskite）；

Beldellite，贝得石，一种类型的蒙脱石，为层状硅酸盐；

Bentonite，斑脱土（火山灰分解成的一种黏土），蒙脱石族的黏土，层状硅酸盐；

Biotite，黑云母，ct-co-ct系的常见黏土矿物；

Bravaisite，布拉维土，含高岭石-伊利石的黏土，层状硅酸盐；

Brucite，氢氧镁石，氢氧化镁，$Mg(OH)_2$，组成绿泥石的叶间层；

Calcite，方解石，$CaCO_3$，碳酸钙的形式（斜方六面体的）之一；

Chalcedony，玉髓，一种类型的含纤维状微晶石英；

Chlorite，绿泥石，层状硅酸盐，带有三层型结构的以及层中空间上带有$Mg(OH)_2$的黏土矿物；

Cordierite，堇青石，环硅酸盐，$5SiO_2 \cdot 2Al_2O_3 \cdot 2MgO$，具有低的热膨胀性能；

Corundum，刚玉，α-Al_2O_3，氧化铝的一种形式；

Cristobalite，方石英，二氧化硅SiO_2的结晶形式（立方晶系）之一；

Cyclosilicate，环硅酸盐，SiO_4-四面体以环的形式形成的硅酸盐；

Dickite，地开石，类似于高岭石的黏土矿物；

Diopside，透辉石，链状硅酸盐，辉石 $2SiO_2 \cdot CaO \cdot MgO$ 之一；

Dolomite，白云石，$CaMg(CO_3)_2$，Ca 和 Mg 的混合型碳酸盐；

Ettringite，钙矾石，硫铝酸钙，$Al_2O_3 \cdot 3CaO \cdot 3CaSO_4 \cdot 30H_2O$，在砂浆中发现；

Fayalite，铁橄榄石，铁的硅酸盐，$Fe_2[SiO_4]$；

Feldspars，长石，网状硅酸盐，含钾、钠或含钙的硅-铝酸盐，在许多火成岩中是基本矿物；

Fire clay，耐火黏土石，适合用于耐火目的的黏土，由无序的高岭石组成；

Fluorite，萤石，CaF_2，氟化钙；

Gehlenite，钙黄长石，群岛状硅酸盐（有限硅氧集团），由三部分氧化物 Ca/Al/Si 组成的，$2CaO \cdot Al_2O_3 \cdot SiO_2$；

Gibbsite，三水铝石，氢氧化铝 $Al(OH)_3$，形成黏土矿物的八面体层；

Glauconite，海绿石，含铁的伊利石，黏土矿物，层状硅酸盐；

Goethite，针铁矿，$FeO(OH)$，氢氧化铁，铁锈；

Granite，花岗岩，很常见的火成岩，其主要成分是石英、碱性长石以及斜长石；

Gypsum，石膏，水化硫酸钙，$CaSO_4 \cdot 2H_2O$；

Haematite，赤铁矿，氧化铁的最高氧化形式，$\alpha\text{-}Fe_2O_3$；

Halloysite，多水高岭石（叙永石、埃洛石），层状硅酸盐；

Illite，伊利石，层状硅酸盐，由三个片状结构组成一层，遇水不膨胀，非常类似于云母，近似的分子式：$K_{0.8}Al_2(Al_{0.8}Si_{3.2})O_{10}(OH)_2$；

Inosilicate，链状硅酸盐，以链状和丝带装聚合的硅酸盐；

Kaolinite，高岭石，层状硅酸盐，$2SiO_2 \cdot Al_2O_3 \cdot 2H_2O$，由两个片状结构组成一层，遇水不膨胀；

K—feldspar，钾长石，含有钾的长石，例如微斜长石和正长石；

Limestone，石灰石，以碳酸钙为基础的沉积岩石，$CaCO_3$；

Magnesia，镁氧，氧化镁，MgO；

Magnetite，磁铁矿，Fe_3O_4，氧化铁之一；

Marcasite，白铁矿，硫酸铁之一，FeS_2（斜方晶系的）；

Mica，云母，由三个片状结构组成一层的层状硅酸盐之一；

Microcline，微斜长石，含钾的三斜长石，$6SiO_2 \cdot Al_2O_3 \cdot K_2O$；

Montmorillonnite，蒙脱石，层状硅酸盐，碟状液晶分子的，膨胀性黏土矿物；

Mullite，莫来石，混合型的硅/铝氧化物，$2SiO_2 \cdot 3Al_2O_3$；

Muscovite，白云母，含钾的云母，$6SiO_2 \cdot 3Al_2O_3 \cdot K_2O \cdot 2H_2O$；

Nacrite，珍珠陶土，类似于高岭石的层状硅酸盐；

Opal，蛋白石，非结晶的二氧化硅形式之一；

Orthoclase，正长石，含钾长石，$6SiO_2 \cdot Al_2O_3 \cdot K_2O$，微斜长石的另外一种结构；

Paligorakite，绿坡缕石，含有镁的纤维状黏土矿物（象征性的名称为活性黏土，Attapulgite）；

Paragonite，钠云母，带有钠的云母，与带有钾的白云母相似的云母；

Phyllosilicate，层状硅酸盐，层状结构形式的硅酸盐；

Plagioclase，斜长石，钠长石（Na）和钙长石（Ca）溶解之后的长石；

Pyrite，黄铁矿，硫化铁的形式之一，FeS_2（立方晶系）；

Pyrophylite，叶蜡石，层状硅酸盐之一，由三个片状结构组成一层；

Pyroxene，辉石，以单个的铁镁链形成的链状硅酸盐；

Quartz，石英，一种二氧化硅 SiO_2 的结晶形式（六角形的）；

Quicklime，生石灰，CaO；

Saponite，皂石，层状硅酸盐之一；

Sepiolite，海泡石，条带形式的链状硅酸盐；

Serpentine，蛇纹石，二层结构的层状硅酸盐，类似于高岭石，但是以镁为基础；

Silica，二氧化硅，氧化硅，SiO_2，能够结晶化（石英……）或是无定形结构；

Sillimanite，硅线石，混合氧化物，$SiO_2 \cdot Al_2O_3$；

Smectite，蒙脱石，层状硅酸盐，具有三层结构的黏土矿物，遇水膨胀，近似的分子式为：$Ca_{0.17}(Al、Mg、Fe)_2(Si、Al)_4O_{10}(OH)_2 \cdot nH_2O$，其中包括 Ca 蒙脱石和 Na 蒙脱石；

Sorosilicate，群岛状硅酸盐（有限硅氧集团），二硅酸盐，在两个四面体之间共用一个氧原子；

Spinel，尖晶石，具有 XY_2O_4 的一族矿物，例如尖晶石 $MgAl_2O_4$，铬铁矿 $FeCr_2O_4$；

Talc，滑石，以镁为基础的三个片状结构组成一层的层状硅酸盐，类似于叶蜡石 $4SiO_2 \cdot 3MgO \cdot H_2O$；

Tectosilicate，网状硅酸盐，由四面体 SiO_4（对石英）或是 $(SiAl)O_4$（对长石）组成的框架结构的硅酸盐；

Tridymite，鳞石英，二氧化硅的一种结晶形式（三方晶系）；
Vermiculite，蛭石，层状硅酸盐，膨胀性黏土矿物；
Wollastonite，硅灰石，混合的硅/钙氧化物，$SiO_2 \cdot CaO$。

附录2 天然气的详细性能

项目		天然气 北海	天然气 俄罗斯	GDF 气体，类型 B 或 H
成分				
CO_2	（%）	1.27	0.1	
N_2	（%）	1.03	0.86	
CH_4	（%）	86.9	98.2	
C_2H_6	（%）	8.2	0.55	
C_3H_8	（%）	2	0.19	
特征性能数值				
高位热能	（kW·h/m³）	12	11.06	B：9.5~10.5 H：10.7~12.8
低位热能	（kW·h/m³）	10.9	10.48	
低位热能	（kW·h/kg）	47.3	51.7	
密度	（kg/m³）	0.83	0.73	
完全燃烧所需空气量	（m³/m³）	10.45	9.54	
需氧量	（m³/m³）	2.19	2	
烟气				
体积（湿的）	（m³/m³）	11.29	10.34	
其中 H_2O 占	（%）	17.8	18.2	
其中 CO_2 占	（%）	10	9.7	
其中 N_2 占	（%）	72	72	
体积（干的）	（m³/m³）	9.18	8.5	
露点	（℃）	58.8	59.6	
烟气焓	（kW·h/m³）	1.06	1.07	
其他性能				
理论火焰温度	（℃）	1900	1215	
点火温度（使用空气）	（℃）	640	640	640
火焰速度	（m/s）	0.43	0.43	0.43
燃烧极限	（%）	4~15.8	4.3~16.2	4.3~16.2

附录3 各种燃料的综合性能

燃料	低位发热量（GJ/kg）	CO_2 扩散系数（$kgCO_2/GJ$）	产生的湿烟气量（没有过量空气）（m^3/kg）	潜在的污染物排放
天然气	45~51	57	13.7	无
液化石油气（LPG）	47	64	12.7	无
柴油	42	75	—	硫<2%
燃料油 n° 2	40	78	11.5	如果脱硫时含硫量1%，否则含硫达3%~5%
锅炉用煤	26	95	8.1	硫，灰分
石油焦炭	32	96	—	含硫2%~6%，低灰分含量
泥煤（含30%水）	15.6	—	—	
动物骨粉	18~36	91		臭味
沼气（生物气）	14~25	75*		臭味
废旧塑料和轮胎，泡沫聚苯乙烯	23~26 27	75		可挥发性有机物质（VOC）
家庭生活废料（高度的易变性）	9	109		可挥发性有机物质（VOC）
木材废料（干的）（高度的易变性） 锯末 木质磺酸盐 造纸残渣	8~15 11 10 15	92		可挥发性有机物质（VOCs）；灰分
油母页岩	9.4	—	—	硫，灰分
钢厂高炉煤气	9.2	183	—	CO
氢	102	0		无

* 所声明的扩散系数与实际形成的 CO_2 数量是一致的。然而，当计算排放量的控制值时，对可再生的沼气（生物气）取0数值。

附录4 单位换算表

	SI 单位	US 单位
能量	1 th（热量 = 1Mcal）	1.16kW·h
	1kW·h	3600kJ
	1 J	9.478×10^{-4} Btu（英制热单位 = 252卡）
	1 J	0.737ft·lb（英尺·磅）
	1cal（卡）	3.9657×10^{-3} Btu
	1kW·h	3.412×10^{3} Btu
功率	1kW	3.412×10^{3} Btu/h（小时）
	1kW	0.948Btu/s（秒）
	1W	0.737ft·lbm·s（英尺·磅米·秒）
质量	1kg	2.2046 lb（磅）
长度	1m	39.37inches（英寸）
	1m	3.281ft.（英尺）
体积	$1m^3$	264.2gal（加仑）（US）
压力/应力	1 Pa	1.45×10^{-4} psi（磅/平方英寸）
	1bar（巴）	14.5psi（磅/平方英寸）
	1MPa	145psi（磅/平方英寸）
密度	$1kg/m^3$	$0.062lb/ft^3$（磅/立方英尺）
动态黏滞度	$1 Ns/m^2$	0.0209lb/ft·h（磅/英尺·小时）
导热系数	1W/(m·K)	0.5778bBtu/(h·ft·°F)
热函（焓）	$1MJ/m^3$	$27.03Btu/ft^3$
	1kJ/kg	0.43bBtu/lb
比热	1kJ/(kg·℃)	0.239Btu/(lb.°F)
扩散系数	$1m^2/s$	$3.87 \times 10^4 ft^2/h$（平方英尺/小时）
热传递系数	$W/(m^2·K)$	$0.176Btu/ft^2°F$
质量传递系数	$1kg/(m^2·s)$	$0.0205lbm/(ft^2 s)$
热流量	$1W/m^2$	$0.317Btu\ h\ ft^2$
含水量	$1kg/m^3$	$0.0624lb/ft^3$（磅/立方英尺）
初始吸水率系数	$1kg/(m^2·s^{0.5})$	$0.00142lb/(m^2·s^{0.5})$
动黏度	$1m^2/s$	$1550m^2/s$
质量流动速率	1kg/h	0.0367lb/min（磅/分钟）
液体迁移系数	$1m^2/s$	$10.764ft^2/s$

附录5 用于类别1砖—HD构件CE标记的工厂生产控制——FPC系统的实例

通报团体工作小组已经制定出了描述工厂生产控制系统（FPC）应当由什么内容组成的推荐文件[73]。这一推荐文件中包括了试验和测量设备、生产和控制设备的检查、原材料和生产工艺过程的监测，以及最终产品、标记和堆垛包装的检查（共5个表）。

表1 试验和测量设备的检查

项　目	检查的目的	方法/程序	由产品制造者检查的频次
强度试验设备	校正机能和精度	使用专用设备仪器标定校准，根据国家标定校准要求来校正	安装时，重新安装时，进行大修之后，至少每两年检查一次
称重、尺寸、温度和水分测量设备	校正机能和精度	使用专用设备仪器标定校准，根据国家标定校准要求来校正	至少每两年检查一次

表2 生产和控制设备的检查

项　目	检查的目的	方法/程序	由产品制造者检查的频次
生产机械	校正操作	检查机能	正如在FPC文件所给出的，在适当的间隔时间内检查
如果相关联，工艺过程控制装置	制造者规定精度的控制	使用专用设备仪器标定校准，根据国家标定校准要求来校正	安装时，重新安装时，正如在FPC文件所给出的，在适当的间隔时间内检查

表3 原材料和生产工艺过程的检查

项　目	检查的目的	方法/程序	由产品制造者检查的频次
来自自己开采的原材料（黏土材料），如果相关时	为开采合适的原材料作出证明	原材料物理性能，矿物或化学成分的分析	开采之前，在原材料开采面出现可见的变化时
	遵守开采的规划方案	直观的视觉检查	开采期间的日常检查
所有的原材料不是自己开采的，如果相关时	确定发送来的原材料都是来自正确的供应者，其质量都是可靠的	发运票据和送来的原料的检查，确认原材料供应者提供的试验结果	正如在FPC文件所给出的，在适当的间隔时间内检查

续表

项　目	检查的目的	方法/程序	由产品制造者检查的频次
原材料的储存	要避免由其他材料引发的污染	直观的视觉检查，或使用其他适当的检查程序	正如在 FPC 文件所给出的，在适当的间隔时间内检查
原材料组成的比例	测定原材料成分的质量或体积，检查配合比的一致性	由适当的检查程序进行确认	日常检查，正如在 FPC 文件所给出的，在适当的间隔时间内检查
破碎及混合	测定颗粒尺寸减小的比率来检查破碎的均匀性，控制正确的混合料配合比（均匀性）	使用试验筛或是滑动的测径器，视觉检查以及其他合适的检查程序	正如在 FPC 文件所给出的，在适当的间隔时间内检查
成型和整修	检查与所声明的生产条件的一致性，以及生坯体的要求	由适当的程序控制混合料的成型	正如在 FPC 文件所给出的，在适当的间隔时间内检查
干燥	检查与干燥条件的一致性	由合适的测量装置来控制	正如在 FPC 文件所给出的，在适当的间隔时间内检查
焙烧	检查与焙烧条件的一致性	在窑炉的不同部位上测量焙烧的温度，或使用固定的、合适的测量装置	正如在 FPC 文件所给出的，在适当的间隔时间内检查

表4　最终产品质量的检查

项　目	检查的目的	方法/程序	由产品制造者检查的频次
尺寸	检查与声明的尺寸的一致性，根据 NE771-1 测定允许的尺寸偏差	EN772-16	在每一次产品更换时以及每一周 3 个构件的检查，或根据 FPC 文件中的规定检查
构造形式	孔洞形状 孔洞率	直观的视觉检查 EN772-3	在每一次产品更换时，根据 FPC 文件中的规定检查在适当的间隔时间内进行 3 个构件的检查
总的干密度	测定与声明的总干密度的一致性，根据 NE771-1 测定允许的偏差	EN772-13	在每一次产品更换时以及每一周 3 个构件的检查，或根据 FPC 文件中的规定检查
抗压强度	测定与声明的抗压强度的一致性	EN772-1	对于体积小于 $4000 cm^3$ 的构件，在每次产品有重大的改变时；或是每 $1000 m^3$ 构件至少检查 3 个构件；或按月检查；或根据 FPC 文件中的规定检查。对所有其他构件，在每次产品有重大的改变时检查；或是每 $4000 m^3$ 构件至少检查 3 个构件；或按月检查；或根据 FPC 文件中的规定检查

续表

项 目	检查的目的	方法/程序	由产品制造者检查的频次
抵抗冻/融循环性能	根据EN771-1的产品分类检查与声明的抵抗冻/融循环性能的一致性	根据已使用构件的地方提供有效的参照	根据FPC文件中的规定在适当的间隔时间内进行检查
活性可溶性盐类物质含量	符合于所声明的分类要求	EN772-5	根据FPC文件中的规定在适当的间隔时间内进行检查
热阻或导热系数	符合于声明的数值	EN1745	每年一次
粘结强度	符合于声明的数值	EN1052-3	每年一次或根据FPC文件中的规定在适当的间隔时间内进行检查
吸水率（防潮层构件）	符合于声明的数值	EN771-1 附件C，EN772-7用于防潮层的构件	每年一次或根据FPC文件中的规定在适当的间隔时间内进行检查
对火的反应	符合于声明的数值	EN13501-1	每5年一次

表5　产品标记和产品包装垛的控制

项 目	检查的目的	方法/程序	由产品制造者检查的频次
产品（或包装等）标记	为了产品的识别，检查产品（或包装及其他）的标记与EN771-1要求的一致性，包括可追溯性	直观的视觉检查	日常检查或是在每次产品改变之后检查
产品包装垛的控制	检查不符合要求的、分别存储的包装或是重新进行产品分类	直观的视觉检查	如在FPC文件中的规定

附录6 一般参考文献

[I] C. A. Jouenne, Traité de céramiques et matériaux minéraux, 2^{e}édit., édit. Septima, Paris, (1990)

[II] W. Bender, F. Händle, Brick and tile making, Bauverlag Gmbh, Wiesbaden (1982)

[III] R. W. Grimshaw, Chemistry and physics of clays, E. Benn ltd., 4°edit., London (1971)

[IV] J. Warren, Conservation of Brick, Butterworths Heinemann, Oxford (1999)

[V] J. Sigg, Les produits de terre cuite, édit. Septima, Paris (1992)

[VI] L. Alviset, Matériaux de terre cuite, Techniques de l'ingénieur, C 905 (1987)

[VII] The BDA guide to successful brickwork, 2nd edit., Brick development association (2000) ISBN 0-340-75899-6

[VIII] E. Facincani, Tecnologia ceramica i laterizi, Gruppo Editoriale Faenza Editrice (3e edit) (2001) ISBN 88-8138-093-5

[IX] R. Köenig, Ceramic drying, a reference book by Novokeram, Krumbach (1998)

[X] Ziegel Industrie Jahrbuch, Zl annual, Bauverlag BV GmbH

[XI] Ziegel industrie, Brick and Tile International, a paper of Bauverlag BV GmbH

[XII] French standard NF and European standard EN-NF (AFNOR)

[XIII] L'industria dei Laterizi, Andil Roma

[XIV] W. D. Kingery, Introduction to Ceramics (1976)

[XV] J. Stalford, Principles of Ceramics Processing (1994)

[XVI] W. Bender, Vom Zielgott zum Industrieelektroniker, Bundesverband des Deutschen Ziegelindustrie e. V. (2004) 3-9807595-1-2

[XVII] G. Peirs, La brique, fabrication et traditions constructives, Eyrolles, (2005), ISBN 2-212-11212-2

[XVIII] J. W. R Campbell, W. Pryce, Brick, a world of history, Thames and Hudson (2003) ISBN 0-500-34195-8

[XIX] M. Kornmann, Matériaux de construction en terre cuite, fabrication et propriétés, Septima, Paris, (2005) ISBN 2-904845-32-1

[XX]　J. Benbow, J. Bridgwater, Paste flow and extrusion, Clarendon press, Oxford (1993)

[XXI]　Ph. Boch, Propriétés et applications des céramiques, Hermés, Paris (2001)

[XXII]　G. Edgell, Testing of ceramics in construction, Whittles Publish. Ltd, Caithness (2005)

[XXIII]　CTTB, Tuiles et briques de terre cuite, caractéristiques et mise en oeuvre, Le Moniteur, Paris (1998)

[XXIV]　M. Sahimi, Flow and transport in Porous media and fractured rocks, VCH Verlag, weinheim (1995)

附录7 特殊参考文献

1 M. Kornmann and CTTB, Matériaux de construction en terre cuite, fabrication et propriétés, Ed. Septima, Paris (2005) ISBN 2-904845-32-1
2 Herodotus, The Enquiry, Book 1, 179
3 CTTB, Tuiles et briques de terre cuite, caractéristiques, mise en œuvre et solutions pour le bâtiment, le Moniteur, Paris (1998)
4 A. Foucault, JF. Raoult, Dictionnaire de géologie, Masson (3°edit.)(1988)
5 W. D. Nesse, Introduction to mineralogy, Oxford Uni. Press (2000)
6 J. Thorez, L'argile, minéral pluriel, Bull. Soc. Roy. Sci., Liège, vol 72, 1 (2003)19-70
7 B. Fabbri, M. Dondi, La produzione del laterizio in Italia, Faenza edit. (1995)
8 M. Dondi, P. Principi, et alii, Thermal conductivity of bricks produced with Italian clays, Ind. Lat (2000) 65, p. 309
9 Quoted in U. Stark, Granulometric characterisation of clays, Zl Annual Yearbook (2000), 34-40
10 J. Sigg, Les produits de terre cuite, éditions Septima, Paris (1991)
11 E. Tombacz, M. Szekeres, Surface charge heterogeneity in aqueous suspension in comparison with montmorillonite, Applied Clay Science (2006) doi: 10.1016/j. clay
12 M. A. Mojid, H. Cho, Estimating the fully developed diffuse double layer thickness, Applied Clay techn. 33 (2006)278-286
13 E. Gippini, Contribution à l'étude des propriétés de moulage des argiles et des mélanges optimaux, L'lndustrie Ceramique, 619 (1969) 423-435
14 G. Walach, P. Winter, Geophysical prospecting for brickmaking materials, ZI Annual Yearbook, (2000), 26-33
15 W. Bender, Clay roofing tile presses for flat tiles and tile accessories, Z1(1998)
16 A. A. J. Ketelaars, Drying malleable media, kinetics, shrinkage and stresses, thesis TU Eindhoven (1992)
17 F. Augier, W.-J. Coumans, A. Hugget, E.-F. Kaasschieter, On the risk of cracking in dry claying, Chem. Eng. J 86, (2002), 133-138
18 H Ratzenberger, A. Epner, General correlations between the constituents of clay-base materials and their drying and firing properties, Zl-Jahrbuch 2006,

Bauverlag, 97-139

19 K. Junge, Energy demand for the production of bricks and tiles, Zl, 4(2002) 16-24

20 P. Rabuel, Factors influençant le séchage, training CTTB

21 M. Albenque, Les cahiers de la terre cuite n°2 (September 1974)

22 B. Fabri, M. Dondi, Caratteristiche e diffetti del laterizio, Faenz edit. (1995)

23 BAT Reference, Ceramic industry, EU (2006)

24 D de Ligny, A. Navrotsky, Energetics of kaolin polymorphs, American Mineralogist, 85, (1999) 506-516

25 FFTB/CTTB data

26 H. Tixier, Les fours tunnels, lectures ENSCI Limoges

27 H. Tixier, Les défauts de cuisson, lectures ENSCI Limoges

28 M. Seger, in Traité de céramique C. A. Jouenne, edition Septima (1990)

29 L. Balavoine, R. Cristancho, J. Yvon, Maîtrise de la couleur et de l'àspect des produits de terre cuite, L' lndustrie céramique & verrière, (2003), 986, 16

30 N. Pauls, Tests on the lime blowing effect of dolomite and magnesium carbonate, Zl Annual, (2002) 67-77

31 C. Bardin, Les éclatements de grains de chaux, training CTTB

32 N. Pauls, U. Telljohan, Reduction of drier scumming by influencing drying conditions, Zl annual(2000), 86-109

33 L. Pliskin, La fabrication du ciment(1993), Eyrolles edit.

34 C. Bardin, Les efflorescences, training CTTB(1977)

35 M. Sveda, Elimination of the reduction core in the clay roofing tile body, Zl 8 (2001)34-43

36 P. Lambert, J. Le Collen, P. Perrin, Les émissions gazeuses dans le secteur de la terre cuite, Journée des procédés céramiques, Limoges(2000)

37 D. A. Brosnan, J. -P. Sanders, Air pollution for brick making materials and additives, Zl Annual Yearbook(2002)123-131

38 D. Hauck, M. Ruppik, S. Hörnschemeyer, F. Richter, Increasing the ceramic body strength and reduction of the thermal conductivity by raw material specific measures, Zl Annual Yearbook(2000), 54-77

39 M. Rossbach, M. Greiff, Moisture expansion of brick masonry, Zl (2000) 140-152

40　H. Künzel, Simultaneous heat and moisture transport in building components, Fraunhofer Institut für Bauphysik, IRB Verlag(1995)

41　K. Kumaran, J. Lockey, N. Normandin, Report NRC-CNRC Task3 of MEWS, Hygrothermal properties of several building materials(March 2002), 3-35

42　J. Carmeliet, H. Hens and alii, Determination of the liquid water diffusivity from transient moisture transfer experiments, J. of thermal env. and building science 27, 4, 277(2004)

43　M. Krus, A. Holm, Simple method to approximate the liquid transfer coefficient describing the absorption and drying, 5th symposium Building physics in the Nordic Countries, Göteborg, August 24-26(1999)241-248

44　M. Krus, Feuchtetransport und Speicherkoefficient poröser mineralischer Baustoffe, Theorische Grundlagen und neue Messtechniken, Universität Stuggart (1995)

45　C. Hall, W. D. Hoff, Water transport in brick, stone and concrete, (2002) Spon Press (London and New York)

46　H. S. Kim, T. Guifang, J. -Y. Kim, Clayware mechanical properties porosity dependent, American ceram. Bull. , 81, (2002)5, 20-25

47　M. Asmani, C. Kermel, A. Leriche, M. Ourak, Influence of porosity on Young's modulus and Poisson ratio in alumina ceramic, J. Eur. Ceram. Soc. , 21(2001), 1080-1086

48　K. Yokota, T. Yamasaki, T. Nakato, Y. Kondo, Effects of coarse grain sizes on mechanical strength of roof tile body, J. Ceramic soc. Japan 107(1999)(7) 678-681

49　D. Hauck and al. , Increasing the ceramic body strength, Zl annual(2000)

50　M. A. Camerucci, G. Urretavizcaya, T. Cavalieri, Mechanical behaviour of cordierite and cordierite-mullite materials by the indentation techniques, J. Eur. Ceram. Soc, 21(2001)1195

51　Appendix, F, standard EN NF 1344 Pavé de terre cuite, test de glissance

52　M. Maage, Frost resistance and pore size distribution in bricks, Mat. and Struct. (Rilem)17(101)(1984)345-350

53　L. Franke, H. Bentrup, Beurteilung der Frostwiderstandsfähigkeit von Ziegeln, Zl(1993)7-9

54　M. Sveda, Effect of water absorption on frost resistance of clay roofing tiles, Brit. Ceram. Trans 102, (2003), 43-45

55 Annexe G Méthode de détermination de la résistance aux acides, EN 1344 pavé de terre cuite

56 L. A. Rijniers, Huinink H. -P, Kopinga K. , Salt crystallization in porous materials and its implication for stone decay, Euromat (2003), symposium P2, EPFL Lausanne

57 C. Lestournelle, Symposium CSTB Santé et environnement, La brique pionnière, CSTB symposium, 28 September 2000

58 S. Déoux, Analyser la qualité santé du Monomur: quelle méthode ?, Symposium CSTB Santé et environnement, La brique pionnière, 28 September 2000

59 V. Borg, Radioactivité naturelle des produits de terre cuite, technical note CTTB

60 Building products directive (89/106/CEE) (December 1988)

61 Constructions en brique et acoustique, réponses à la réglementation (CTTB 2000)

62 V. Borg, M. Villot, Constructions en brique et acoustique, réponses à la réglementation, Acoustique et technique 23, (2001) 34

63 J. -B. Colliat, Modélisation de la dégradation des structures en matériaux à comportement fragile par couplage thermo-mécanique, ENS Cachan (19 Dec. 2003)

64 FFTB, CTTB, Maçonneries et revêtements de murs et sols en terre cuite apparente, Editeb

65 The BDA guide to successful brickwork, BDA, Arnold pub. , CSTB (2000)

66 K. Seiffert, Richtig belüftete Flachdächer ohne Feuchtluftproblem, Bauverlag (1978)

67 Guide des couvertures en climat de montagne, cahier 2267.1, issue 292 Sept. 1988

68 CTTB, Prescriptions pour la mise en oeuvre de tuiles terre cuite en climat de montagne (2002)

69 C. Bardin, Le problème du verdissement des couvertures de bâtiment, CTTB (1998)

70 Classement UPEC, revêtements de sol céramiques Cahiers du CSTB 2898 and 2899 (1996)

71 Cahier du CSTB 3243

72 Revêtements muraux en carreaux céramiques collés, CPTE, Cahier du CSTB 3266(2000)

73 Guidance for the Group of Notified Bodies for the Construction Products Directive 89/106/EEC, NB-CPD/SG 10-05/031 rev 2(March 2006)

附录8 技术术语的索引（中英文对照）

—A—

Abrasion，磨损

Absolute humidity，绝对湿度

Absorption，吸附作用；吸收

Absorption isotherm，吸附等温线

Absorption of solar radiation，太阳辐射的吸收

Accessories，附件；配件

Acid condensate，酸冷凝物

Acoustic，有关声音的；声学的

Active soluble salt，活性可溶性盐（类物质）

Additives，添加剂；添加物

Adherence to mortar，砂浆的粘着力

Adsorption，吸附（作用）；表面吸收（附着）

Aerodynamic profile，空气动力特性

Aesthetic aspect，美学外观；审美样式

Ageing，陈化

Agglomerates，附聚物；凝聚物；团块

Air tightness，气密性

Airborne noise reduction，空气传播噪声的衰减

Albite，钠长石

Alkaline oxides，碱性氧化物

Alumina，氧化铝

Alveolar dust，肺泡灰尘

Amorphous phase，无定形相；非晶相

Analysis of clays，黏土矿物的分析

Anatase，锐钛矿

Anelasticity，滞弹性；非弹性体

Anisotropy，各向异性

Anorthite，钙长石

Anorthose，奥长石（oligoclase；anorthoclase）

Annual declaration of emissions of pollutant，年度污染物排放声明报告
Apparent density，表观密度；视密度
Appendix ZA，附录 ZA
Archaeological remains，考古学遗址（迹）
Argillite，泥质板岩；硅质黏土岩
Attacks by sulphates，硫酸盐侵袭
Atterberg limits，阿特博格极限
Auger，螺旋绞刀；搅龙

—B—

Ball mill，球磨机
Barium carbonate，碳酸钡
Beidellite，贝得石
Bending strength，抗折强度；弯曲强度
Bentonite，膨润土；斑脱土（火山灰分解成的一种黏土）
Best Available Techniques（BAT），最好的可利用技术
Bigot curve，比高特曲线
Bingham，宾汉姆体
Bingham viscosity，宾汉姆黏度
Biomass，生物；生物燃料
Black core，黑心（产品）
Blocks with vertical perforations，垂直多孔砌块
Bond pattern，砌筑连接方式
Bond strength，结合强度
Bonding，连接；粘结料（剂）
BREF，最好的可利用技术的参考文献（BAT REFerence）
Bricks for concrete infill，用混凝土填充的砖（砌块）
Bucket excavator，多斗挖掘机
Bulldozer，推土机
Burner，燃烧器；喷嘴

—C—

Calcium alumino-silicate，硅铝酸钙
Calcium sulphate，硫酸钙

Calcium sulpho-aluminate，硫铝酸钙

Calorimetry，热量测定

Capillary suction conductibility coefficient，毛细管吸入传导系数

Capillary drying conductibility coefficient，毛细管干传导系数

Capillary flow，毛细管流动

Capillary pressure，毛细管压力

Capillary suction，毛细管吸入

Car，窑车

Carbon，碳

Carbon dioxide，二氧化碳

Carbon monoxide，一氧化碳

Casagrande diagram，卡萨格兰德（Casagrande）黏土质土壤分类图

Casing，内衬套（砖机）；隧道窑外部金属板包覆层（铠装）

Categories，种类；类别

Cavity wall，夹心墙；空心墙

CE marking，CE 标记

Certificate of conformity，符合标准的证明书

Chamber dryer，室式干燥室

Chamotte，熟料（= grog）

Chemical analysis，化学分析

C. O. D Chemical oxygen demand，化学需氧量（C. O. D）

Chimney fire，烟囱着火

Chlorine，氯

Chroma，色度

Cladding product，墙体包覆装饰产品

Clamp（kiln），围窑（每烧一次，就要建一次）

Classified installation，分类装置

Claustra，修道院

Clay body，坯体原材料

Clay deposits，黏土沉积物

Clay formation，黏土的形成

Clay shrinkage during drying，干燥期间原材料的收缩

Clayey rock，黏土质岩石

Clays，黏土

Co sheet，Co 层（八面体层）

Coefficient of resistance to diffusion of water vapour，水蒸气扩散的阻力系数

Cogeneration，热电联合

Coincidence zone，重合带

Colour，颜色

Compatibility with mortar，与砂浆的兼容性

Complete imbibition，完全浸透

Compressive strength，抗压强度

Concrete aggregate，混凝土集料

Concrete floor beam，混凝土楼板梁

Condensation，冷凝

Construction products directive，建筑产品指令

Continuous tunnel dryer，连续隧道干燥室

Control laboratory，质量控制实验室

Convection，对流

Conveyor，皮带输送机

Cristobalite，方石英

Critical cycle，临界循坏（指抗冻融性能）

Crypto-efflorescence，隐秘性的泛霜

Crystallization pressure，结晶压力

Crystallographic structure，结晶结构

Ct sheet，四面体层（Ct 层）

Cutter，切坯机

Cutting wheel，切割轮式机械

—D—

Damp air，潮湿空气；湿气

Damp proof course，防潮层

Dacy permeability，达西渗透性

Declaration，声明

Delta，三角洲

Density，密度

Desorption，解吸附作用；解吸（作用）

319

Dew point,露点

Diatomite,硅藻土

Dickite,地开石

Die,机口模具

Dielectric insulator,非导电绝缘体

Diffusion of liquid water,液态水的扩散

Diffusion of liquid water in saturated fired clay,在饱和的烧结砖瓦产品中液态水的扩散

Diffusion of vapour,水蒸气的扩散

Diffusivity,扩散系数

Dilatometry,(热)膨胀仪

Dimension,尺寸

Dispersant,分散剂

Double firing,两次焙烧

Double walls,双层墙;空心墙(夹心墙)

Downdraught kiln,倒焰窑

Drainage,排水区域

Draining water,排水

Dry preparation,干制备

Dry temperature,干球温度

Dryer,干燥室

Drying,干燥

Drying crack,干燥裂纹

Drying cycle,干燥周期

Drying sensitivity,干燥敏感性

Dutch bond,荷兰式砌砖方式(= Flemish bond)

Durability,耐久性

Dust,灰尘

Dynamic thermal characteristics,热动力学特性

—E—

Earthquake,地震

Eave tile,屋檐瓦(檐口瓦)

Efflorescence,泛霜;风化

Electric properties，电学性能

Electrical consumption，电耗

Electrical resistivity，电阻率

Electrostatic double layer，双电层

Emission limits，排放限度

Emissivity，辐射系数

Enamel，珐琅

Engobe，化妆土

Environmental properties，环境影响性能

Equivalent thermal conductivity，当量导热系数

Essential requirement，基本要求

Ettringite，钙钒石（=calcium sulpho-aluminate）

Euro class，欧盟分类（防火标准分类）

Euro code，欧盟建筑准则

European regulation，欧洲规范

European social agreement，欧洲同盟协约

European Technical Approval (ETA)，欧盟技术认可机构（ETA）

Evaporation enthalpy，蒸发焓

Excess of air，过量空气；过剩空气

Expanded clay，膨胀黏土陶粒

Expanded polystyrene，泡沫聚苯乙烯

Expansion due to moisture，水分引发的膨胀

Expansion of salt on hydration，盐类物质水化时的膨胀

Extraction equipment，开采设备

Extruder，挤出机

—F—

Factor of resistance to diffusion of water vapour，水蒸气扩散的阻力系数

Factory production control，工厂生产控制

Fan，风机

Fast dryer，快速干燥室

Fast firing，快速焙烧

Fat clay，肥（富积）黏土

Feldspar，长石

Fibering，光纤

Fibre，纤维；纤维质

Filter，过滤器

Fire，火；火灾；着火

Fire (reaction to)，与火的反应

Fire (resistance to)，抵抗火灾的能力

Fired clay façade，烧结装饰挂板

Firing，焙烧

Firing defect，焙烧缺陷

Firing reaction，焙烧反应

Firing zone，焙烧带

Flocculation，絮凝（作用）；凝聚（作用）

Floor and wall tile，墙地砖

Floor block，楼板砌块

Flue block，烟道砌块

Fluorine，氟

Fracture mechanics，断裂力学

Fracture toughness，断裂韧性

Free crystalline silica，游离的结晶二氧化硅

Free moisture，自由水分

Free saturation，自由饱和度

Freezing/thawing，冻/融

Friction coefficient，摩擦系数

Frog，凹槽砖

Frost resistance，抗冻性

Fuel，燃料

Fungicide，杀真菌剂

—G—

Gable，山墙

Gas tightness，气密性

Geological era，地质时代

Glauconite，海绿石

Glaze，釉；釉料

Grain size,颗粒尺寸

Grain of lime,石灰的颗粒

Gravimetry,质量分析法

Greenhouse gas (GHG) emission quota,温室气体(GHG)的排放定额

Grinding,打磨;研磨

Grip hole,(手)抓孔

Grog,熟料

Gypsum,石膏

—H—

H setter,H-形匣钵(窑具)

Haematite,赤铁矿

Halloysite,多水高岭石(叙永石;埃洛石)

Hammer mill,锤式粉碎机

Hand moulded brick,手工模制砖

Hand moulded brick machine,手工模制砖设备

Handling,处理;转运;装卸

Hardness,硬度

Harmonized standard,协调标准

HD brick,HD砖(高密度)

Header,丁砌(砖的顶面朝着墙面的砌筑方式)

Health,健康

Heat extraction,抽出的热

Heat pump,热泵

Heavy metal,重金属

Helmholtz layer,赫尔姆霍茨层

Hexagon,六角形;六边形

High frequencies,高频率

High precision brick,高精度砖(经打磨的)

Hoffmann kiln,霍夫曼窑(轮窑)

Horizontal cavity,水平孔(砖)

House of card,卡片式房屋堆积形式(黏土颗粒)

Hue,色调

Hydrolysis,水解(作用)

Hydrous diffusivity, 含水的扩散系数
Hygiene, 卫生
Hygroscopic moisture, 吸湿（吸着）水分
Hygroscopic sorption, 吸湿吸附（作用）

— I —

Illite, 伊利石
Imbibition, 吸入（水分）
Impact sound insulation (transmission), 冲击声隔离（传播）
Impact study (sound pressure), 冲击声研究（冲击声压力）
Impermeability, 不渗透性
Industrial dryer, 工业干燥室
Inert waste, 惰性废料
Infrared spectrometry, 红外线光谱测定法
Insecticide, 杀虫剂
Integrated Pollution Prevention and Control (IPPC), 综合污染物预防和控制 (IPPC) 指令
Inter-layer space, 内层空间
Inter-stratified, 内部层间（结构）
Interlocking tile, 连锁屋面瓦
Interstitial pore water, 微孔隙水
Intrinsic permeability, 固有渗透性
Ionic strength, 离子强度
Iron oxides, 氧化铁
Isoelectric point, 等电离点
IT control system, IT（信息）控制系统

— J —

Jet burner, 喷射燃烧器

— K —

Kaolinite, 高岭石
Kieseguhr, 硅藻土
Kinetic of drying, 干燥动力学

— L —

Lamination，分层

Layer，层（状）

LD brick，LD 砖

Lean clay，瘠性原材料（黏土）

Lichen，青苔（地衣；苔藓）

Lignosulphonate，木质磺酸盐

Lime，石灰

Lime blowing，石灰爆裂

Lime staining，石灰染色

Lime-trapping bag filter，石灰捕集袋式过滤器

Limestone，石灰石

Limestone grit，石灰石颗粒

Limit of exposure (silica)，暴露限制（二氧化硅）

Liquid limit，液限（原材料）

Liquid phase，液相

Load-bearing，承重

Loam，亚黏土

Long brick，层高条板砖

Longitudinal，纵向的

Loss factor，功耗因素

Lotus effect，忘忧树效能

Lower heat value，低位热值

Lozenge，菱形

— M —

Magnesia，镁氧；氧化镁

Mandatory characteristic，强制性特性（性能）

Manganese dioxide，二氧化锰

Masonry with thin bed joints，薄灰缝连接砌体

Mass law，质量定律

Measuring thermal conductivity，测定导热系数

Mechanical digger，挖掘机

Mechanical treatment，机械处理

Metakaolin，偏高岭土

Methane，甲烷；沼气

Mica，云母

Microcline，微斜长石

Mineralogy of clays，原材料矿物学

Mixer，搅拌机

Modeling of drying，干燥的模拟（模型）

Modulus of elasticity，弹性模量

Moisture and useful conductivity，水分和有效导热系数

Moisture movement，水分运动（移动）

Mollier diagram，莫利尔湿空气图

Monolithic wall，单片（实体）墙

Montmorillonite，蒙脱石（微晶高岭土；胶岭石）

Mortar bed，砂浆层

Mortar pocket，砂浆槽

Moss，苔藓（地衣）

Mould，模具

Mound，护堤

Muscovite，白云母

— N —

Nacrite，珍珠陶土

National appendices，国家标准附录

National quota allocation plan，国家定额分配计划（温室气体排放）

Natural gas，天然气

New approach，新方法（产品标准）

Niesper and Winkler diagram，尼斯珀尔和温克勒尔三角图

Nitrogen oxides，氮氧化物

Noise，噪声

Nontronite，绿脱石

Normalized impact sound pressure level，标称的冲击声压等级

Notified Body，通报团体（主体）

Number of layers of calm air，平静空气层数量

— O —

Octahedral sheet，八面体层
Open porosity，敞开孔隙率
Opening substance，瘠性物质
Operating condition，操作环境（条件）
Optical properties，光学性能
Over and under tile，仰俯瓦（阴阳瓦）
Overburden，覆盖层
Overpressure，过压

— P —

Packaging，包装（材料）
Packing density，堆积密度
Pallet，货盘（托盘）
Paragonite，钠云母
Particle size，颗粒尺寸
Particle size distribution，颗粒尺寸分布
Partition brick，隔墙砖
Paver，铺路砖
Pendular mill，（离心）摆式磨机
Perched dryer，静态（＝static）干燥室
Perlite，珍珠岩
Permanent round kiln，永久性的圆形窑
Permeability，渗透性
Permeability and porosity，渗透性和孔隙率
Permeability of roof tile，屋面瓦的渗透性
Petroleum coke，石油焦炭
pH，pH 值（表示氢离子活度的）
Phase diagram，相图
Phosphate，磷酸盐
Photo-active layer，光活性覆盖层（光触媒）
Physical characteristics，物理性能（特性）
Pile of plates，盘式堆积（粒子凝聚）

Plagioclase，斜长石（岩）
Plain tile，平瓦
Planetary ball mill，行星式球磨机
Plaster mould，石膏模具
Plastic limit，塑限
Plasticity，可塑性
Plasticity index，可塑性指数
Plasticity test，可塑性试验
Pointing，勾缝（砂浆缝）
Poisson ratio，泊松比
Polluted atmosphere，污染的空气
Pore forming agent，微孔形成剂
Porosimetre，孔隙率计
Porosity，孔隙率
Press，压力机（瓦）
Pressure and suction，风压和虹吸
Primary era，原生地质时代
Product group，产品类别
Production figure，生产状态
Pyrophyllite，叶蜡石

— Q —

Quality voluntary mark，自愿的质量标记
Quarry，采矿场
Quarter bond，四分之一连接（砌筑）方式
Quartz，石英
Quartz point，石英（温度）转变点
Quaternary era，第四纪时代
Quenching，急冷（区，带）
Quicklime，生石灰

— R —

Radioactivity，放射性
Radon，氡（气）

Rain fall，降雨（量）
Rain penetration，雨水渗透
Reduction factor，缩减系数（荷载）
Refractory ceramic fibre，耐火陶瓷纤维
Regulation，规范；条例
Relative humidity，相对湿度
Rendering，粉刷（层）
Resilience，弹性变形能
Resistance to abrasion，耐磨性
Resistance to expansive salts，抵抗膨胀性盐类物质的能力
Resistance to fumes，抵抗烟气侵蚀的能力
Resistance to wind，对风的抵抗能力
Resistant floor block，承重楼板砌块
Resonance frequency，共鸣频率
Revolving press，回转式压力机
Richards' law，理查德定律
Ridge，屋脊
Rising damp，渗入墙壁的潮气
Robot，机器人
Roller kiln，辊道窑
Roof decoration，屋顶装饰构件
Roof pitch，屋顶斜度
Roof tile，屋面瓦
Run off water，流泻水（采矿场）

— S —

Safety，安全（设备）
Salubrity，有益健康性
Sand，砂子
Sand seal，砂封（槽）
Saponite，皂石
Saturation vapour pressure，饱和蒸汽压
Saw dust，锯末

Scrubber，气体洗涤器
Seal，密封
Secondary era，中生代
Seepage，渗滤（漏）
Semi-wt preparation，半湿法制备
Sensor，传感器
Separation criterion，隔离标准（防火）
Serpentine，蛇纹岩
Shape of the grains，颗粒形状
Shear wave，剪切波
Shearing bond，剪切粘结力
Shed dryer，架棚式干燥室
Shrink film，收缩薄膜（包装）
Shrinkage，收缩
SiC，碳化硅
Side wind，侧向风
Silica，二氧化硅
Siliconate，硅氧酸盐
Silicone-treated tile，有机硅树脂处理的屋面瓦
Siliconing，硅树脂浸渍处理
Silicosis，硅肺病
Siloxane，硅氧烷
Silt，粉沙
Single firing，单独焙烧
Size，尺寸
Size of pores，微孔尺寸
Slenderness ratio，长细比（长度直径比）
Slip，泥釉
Slippage along the wall，沿壁的滑移（泥料流动）
Slipperiness，光滑性
Sloping roof，斜屋顶
Smectite，蒙脱石
Sodium carbonate，碳酸钠
Sodium silicate，硅酸钠

Soft mud brick machine，软泥砖制造设备

Soiling，脏污（物质）

Solar radiation，太阳辐射

Solid brick，实心砖

Solidification，冻结（固结）（solidification front，冻结线、面）

Soluble salt，可溶性盐

Sorting，分类

Souring，酸化

Specific energy，比能（单位体积消耗的能量）

Specific heat，比热

Specific surface，比表面

Speed of sound，声速

Split，劈离（砖）

Split joint，砂浆层的拼接

Stacking，堆垛

Standard，标准

Stacking bricks，堆垛砖

Static dryers，静态干燥室（室式干燥室）

Steam processing，蒸汽处理

Steel mould，钢模

Stockpile，堆垛（原材料垛）

Stone removal，除石

Storey high brick，层高条板砖

Stress intensity factor，应力强度系数

Stretcher bond，顺砌（连接）

Substitutions，置换；取代

Sulphate，硫酸盐

Sulphate attack，硫酸盐侵袭

Sulphide，硫化物

Sulphur dioxide，二氧化硫

Surfacing，表面处理

Sustainable development，可持续发展

— T —

Talc，滑石
Tensile strength，抗拉强度
Tertiary era，第三纪（系）
Test of abrasion，磨损试验
Tetrahedral sheet，四面体层
Texture，纹理；结构
Thermal conductivity，导热系数
Thermal diffusivity，热扩散系数
Thermal expansion，热膨胀
Thermal inertia，热惰性
Thermal insulation，保温隔热
Thermal losses，热损失
Thermal resistance，热阻（力）
Thermal shock test，热冲击试验
Thermal wave，热波
Thermocalorimetric analysis，差热分析
Thermodilatometric analysis，热膨胀分析
Thermogravimetric analysis，热失重分析
Thin bed，薄砂浆缝
Thixotropy，触变性
Tile cladding，瓦的包覆装饰层
Tiles and plant growth，屋面瓦和植物的生长
Tiles and snow，屋面瓦和雪（载）
Titanium oxide，氧化钛
Tongues and grooves，榫舌和凹槽
Topsoil，上层土；表层土
Total thermal energy consumption，总热能消耗
Toughness，韧性
Transport，运输；输送；搬运
Tricalcium aluminate，铝酸三钙
Tridymite，鳞石英
Tunnel kiln，隧道窑

Type test,型式检验

— U —

U setter,U-形匣钵（窑具）
Ultra sound,超声（波）
Unbound water,非结合水
Unstacking,卸窑车（处）
UPEC classification,UPEC 分类法
Uplifting,抬起（风的虹吸力）
Useful conductivity,有效导热系数

— V —

Vacuum,真空
Vaporisation heat,蒸发（潜）热；汽化热
Vapour diffusion,蒸汽扩散
Ventilation,通风
Verge tile,山墙檐口瓦
Vermiculite,蛭石
Vertical kiln,立窑
Vertical perforation,垂直（多）孔
Viscosity,黏度
Volatile organic compound（VOC），可挥发性有机化合物
Voluntary,自愿的（声明）

— W —

Waste,废料；废品
Water in clay,原材料中的水
Water in fired clay,烧结砖瓦产品中的水
Water seal,水密封（隧道窑）
Waterproofness,防水性
Weathering,风化（作用）；大气侵蚀
Web,（空心砖的）肋（壁）
Weibull,威布尔（分布）
Weighted sound reduction index,加权声音衰减指数

Wet temperature，湿球温度
Wetting，润湿；浸湿
Wind tunnel，风洞
Wire cutter，钢丝切坯机
Wood bark，树木树皮

— XYZ —

X-ray sedigraph，X-射线光谱能量分布图
Young's modulus，杨氏模量
Zeta potential，Z（泽塔）电位（胶体溶液中带电离子的双电层产生的电动势）

附录 9　插 图 目 录

图 1　烧结砖瓦产品的制造工艺过程

图 2　四面体层（ct 层）

图 3　八面体层（co 层）

图 4　根据环境条件形成的黏土矿物

图 5　黏土矿物的图像

图 6　高岭石的结构

图 7　伊利石的结构

图 8　尼斯珀尔和温克勒尔三角图

图 9　最大堆积密度的颗粒分布

图 10　描述不同坯体的全部颗粒尺寸分布

图 11　双电层理论中高岭石颗粒的理论图像

图 12　黏土粒子以盘式堆积或是以卡片式房屋形式的凝聚

图 13　pH 值和盐类物质对高岭石泥浆黏度的影响

图 14　卡萨格兰德（Casagrande）黏土质土壤分类图

图 15　在不同模型下材料的变形

图 16　黏土质坯体颗粒尺寸分布的实例

图 17　湿式轮碾机

图 18　水平（卧式）对辊机

图 19　陈化库设施

图 20　挤出机示意图

图 21　挤出机中压力的变化

图 22　用于制造空心产品的机口模具示意图

图 23　八边形的回转式压力机示意图

图 24　空气的干球温度和湿球温度

图 25　莫利尔（Mollier）湿空气图

图 26　原材料的平衡含水量与空气相对湿度的关系

图 27　在不同温度下黏土条板的干燥速度

图 28　干燥过程中坯体结构的变化

图 29　干燥期间坯体的体积变化

图 30　干燥曲线：坯体随含水量变化出现的收缩(3 种不同坯体 A、B、C)

图 31　比高特曲线

图 32　随空气温度而变化的最小干燥焓
图 33　室式干燥室断面
图 34　连续式隧道干燥室（俯视图）
图 35　带有可移动支架的快速干燥室（侧视图）
图 36　石灰质原材料中结晶相的转化过程
图 37　孔隙率度量曲线和焙烧温度
图 38　氧化铝/二氧化硅系统
图 39　石灰/二氧化硅系统
图 40　石灰/二氧化硅/氧化铝系统
图 41　二氧化硅/氧化铁系统
图 42　二氧化硅/氧化钠系统
图 43　氧化铝/二氧化硅/氧化钠系统
图 44　不同类型黏土矿物的热膨胀曲线
图 45　不同黏土矿物的热失重曲线
图 46　不同黏土矿物的差热分析曲线
图 47　带窑车的隧道窑横截面图
图 48　传统隧道窑中的热量示意图
图 49　新型隧道窑的加热简图
图 50　石灰/氧化铁比率及产品的颜色
图 51　干燥期间的干燥速度和泛霜
图 52　各种性能的坯体原材料的焙烧温度与残留的硫酸盐含量
图 53　石灰石颗粒过滤器
图 54　建筑材料的吸附等温线（吸湿吸附曲线）
图 55　由水分引发的典型膨胀与焙烧温度的关系
图 56　两个不同实验室所做的砖中水分的毛细管扩散系数
图 57　弹性模量与孔隙率
图 58　抗压强度与密度的关系
图 59　抗弯强度与焙烧温度和初始颗粒尺寸的关系
图 60　抗弯强度与孔隙率和初始颗粒尺寸的关系
图 61　用于铺路砌块的摩擦摆锤
图 62　用于铺路砌块的磨损试验设备
图 63　表示冻/融循环次数的法国地图
图 64　抗冻性与平均微孔半径的关系
图 65　CE 标签实例，LD 砖

图 66　LD 砖的实例（EN 771.1 烧结砖）
图 67　隔墙的声音衰减曲线（固定安装双面墙或没有）
图 68　HD 砖的实例
图 69　平瓦的实例
图 70　带有支撑的阴阳面弧形瓦示意图
图 71　连锁屋面瓦实例
图 72　在法国风和雨的联合作用
图 73　两种典型的挂板装配图（单层和双层）
图 74　烟道砌块实例
图 75　用混凝土楼板梁和楼板砌块制作的楼板
图 76　用于烧结楼板砌块的混凝土楼板梁
图 77　楼板砌块实例（R：承重楼板砌块；SR：半承重楼板砌块）

附录 10 表 格 目 录

- 表 1　欧洲烧结砖瓦生产形势（2003 年）（根据 TBE 的统计）
- 表 2　西欧年人均对烧结砖的消耗数量
- 表 3　西欧各国每套新建住宅消耗砖的数据
- 表 4　欧洲对烧结砖瓦产品的消耗（欧洲 15 国）
- 表 5　世界上烧结砖瓦工业有限的数据
- 表 6　不同黏土矿物之间的比较
- 表 7　两种常见的黏土矿物和普遍的黏土沉积物的化学成分
- 表 8　涉及法国烧结砖瓦原材料的某些数据
- 表 9　意大利制造烧结砖中所使用的原材料性能
- 表 10　烧结砖瓦坯体中各种矿物成分的影响
- 表 11　根据颗粒尺寸对颗粒的分类
- 表 12　法国黏土原材料的颗粒尺寸分析
- 表 13　最大堆积密度的颗粒等级和比例
- 表 14　瘠性材料对坯体和产品性能的影响
- 表 15　原材料中不同类型的水
- 表 16　不同矿物在等电离点时的 pH 值
- 表 17　某些黏土矿物和原材料的塑限、液限及可塑性指数
- 表 18　规定的排出废水的标准值
- 表 19　各种类型的制备设备
- 表 20　典型挤出机的特性
- 表 21　典型的回转式压力机的性能
- 表 22　用于干燥计算所必需的坯体参数
- 表 23　用于判别坯体干燥敏感性的不同准则
- 表 24　随温度而变化的水的黏度和扩散
- 表 25　干燥缺陷（坯体中预先存在的原因）
- 表 26　干燥缺陷（与干燥过程有关联的缺陷）
- 表 27　焙烧期间非石灰质原材料中黏土矿物的反应
- 表 28　焙烧之后意大利成品砖的矿物成分和其他性能
- 表 29　隧道窑的运转数据
- 表 30　德国砖瓦工业隧道窑的单位热能消耗
- 表 31　在德国及欧盟国家烧结砖瓦工厂中总的单位热能消耗（2004 年）

表 32　法国在烧结砖瓦工业中使用的化石类燃料的分类（2001 年）

表 33　主要的焙烧缺陷

表 34　 意大利烧结砖瓦产品的颜色（285 种产品）

表 35　用于化妆土的着色剂以及典型的加入量

表 36　锌釉的组成（质量比）

表 37　钙化合物的密度和溶解度

表 38　产生泛霜的各种硫酸盐

表 39　主要类型的泛霜物质以及可能的解决方法

表 40　活性可溶性盐类物质含量的类别

表 41　不同的欧洲国家对暴露的二氧化硅灰尘的限制数值

表 42　在陶瓷工业 BREF 中提出的污染物排放量限制指标

表 43　法国对重金属扩散的限制指标

表 44　某些致密陶瓷产品的密度

表 45　各种烧结砖瓦产品的表观密度及相应的孔隙率等级

表 46　烧结砖瓦产品机械性能的各向异性

表 47　陶瓷材料的线性热膨胀值

表 48　某些材料导热系数的等级

表 49　某些烧结砖瓦产品热扩散系数的范例

表 50　各种建筑材料中水蒸气的扩散

表 51　砖中水蒸气的扩散

表 52　烧结砖瓦的渗透性

表 53　毛细管扩散系数（吸入）

表 54　烧结砖瓦产品的弹性模量

表 55　烧结砖瓦产品中声音的传播速度

表 56　某些材料的功耗系数

表 57　抗压强度的实例

表 58　烧结砖瓦产品抗弯强度的实例

表 59　砂浆接缝的剪切强度等级（EN 998-2，附录 C）

表 60　不同状态下水的密度

表 61　某些盐类物质水化时的膨胀

表 62　烧结砖瓦产品对太阳光辐射的吸收

表 63　烧结砖瓦产品的放射性

表 64　烧结砖瓦产品适应性评估体系的证明书

表 65　HD 砖和 LD 砖的定义

表66　孔洞的定位方向及结果比较
表67　外承重墙上的荷载缩减系数（偏心荷载）
表68　烧结砖墙体的空气传播声音的加权衰减指数
表69　砖墙的防火性能
表70　平瓦的典型特征
表71　阴阳面弧形瓦的性能
表72　小规格尺寸连锁瓦的性能
表73　大规格尺寸连锁瓦的性能
表74　各类瓦的最小弯曲强度
表75　滞止压力和风速
表76　在固定的屋面瓦覆盖层情况下所考虑的风压和虹吸
表77　用于确定类型瓦的最小屋面斜度
表78　降雨量和计算的屋面上水层的厚度
表79　烟道砌块的渗透性
表80　楼板砌块的最小抗冲击荷载和抗弯荷载
表81　由混凝土楼板梁和楼板砌块组成的楼板的典型性能
表82　墙地砖需要标识的强制性特性
表83　用于某些范围的 UPEC 分类法

附录11　公式的列表

公式1：$CaCO_3 \rightleftharpoons CaO + CO_2(气体)$

公式2：$\Delta m / \Delta t = a/L \times \Delta T$

公式3：$a = 30 W^{0.5}$

公式4：$P = 2\sigma/r$

公式5：$CaCO_3 \rightleftharpoons CaO + CO_2(气体)$

公式6：$\Delta T(t) = \Delta T_0 \exp^{[-Kl(1-Qc/Q'c')]}$

公式7：$CaO + SiO_2 \rightleftharpoons CaO \cdot SiO_2 + H_2O$

公式8：$BaCO_3 + CaSO_4 \cdot 2H_2O \rightleftharpoons BaSO_4 + CaCO_3 + 2H_2O$

公式9：$Fe_2O_3 + C \rightleftharpoons 2FeO + CO$

公式10：$\varepsilon_t = 1 - \dfrac{\rho_a}{\rho_s}$

公式11：$\Phi = \lambda \ S \ dT/dx$

公式12：$g = D_p \ \text{grad} \ p$

公式13：$g = \delta \text{grad} \ p$

公式14：$g = \delta/\mu_D \text{grad} \ p$

公式15：$U = k \ \Delta p/L$

公式16：$k' = 1/(h_k \cdot a_g^2) \cdot \varepsilon^3/(1-\varepsilon)^2$

公式17：$P = 2\sigma \ \cos\theta/r$

公式18：$\ln P/P_0 = 2\sigma_\lambda M_1/(r\rho RT)$

公式19：$g = D_{w吸入} \text{grad} \ W$

公式20：$m_s = A \ t^{0.5}$

公式21：$D_{w吸入}(饱和) = 3.8(A/w_1)^2$

公式22：$G = E/[2(1+\nu)]$

公式23：$E = E_0(1 - b\varepsilon)$

公式24：$E = E_0(1 - \varepsilon^{0.66})S$

公式25：$E = \rho \ V^2$

公式26：$\sigma = \sigma_0 (\rho/\rho_0)^x$

公式27：$\sigma = \sigma_0 \exp^{(-b\varepsilon)}$

公式28：$f_k = K \cdot f_b \cdot x \cdot f_m \cdot y$

公式29：$R = 10 \log [(\pi f m/\rho_0 \ c_0)^2]$

公式30：$f_c = (c_0/2\pi)\sqrt{(m/B)}$

公式31：$R_w = 35.9 \log(m) - 33.2 \text{(dB)}$

公式32：$R + L_n = 43 + 30 \log f$

附录12　书中插入照片的列表

照片1：不同类型的装饰砖构件

照片2：不同类型的垂直多孔砌墙砖（砌块）

照片3：打磨坐浆面的保温隔热砖（砌块；"Monomur"）

照片4：用于烟囱的烟道砌块

照片5：砖条、地砖及角砖

照片6：平瓦

照片7：仰俯瓦（阴阳瓦）

照片8：连锁瓦

照片9：高岭石的扫描电子显微镜显微照片（×5400）。图中白色线条相应的长度为$1\mu m$。六角形的片状结构是明显可见的。

照片10：高岭石的扫描电子显微镜显微照片（×13000）

照片11：靠近采矿场的烧结砖瓦产品工厂

照片12：从陈化库中取出坯体原材料

照片13：轮碾机。两个碾轮在偏置的轨迹上旋转

照片14：对辊机。坯体原材料从上部喂入，在两个辊子之间被碾练

照片15：固定在挤出机机头上的机口模具

照片16：挤出机。在照片上部右边一角能够看到供料机、水平的润湿搅拌机；在照片中部可看到真空室；在照片下部一角可看到挤出机的泥缸。

照片17：在使用中的挤出机。挤出的泥条用来制造屋面瓦的毛坯，泥条在垂直的方向上挤出，之后在移动中转换成为水平位置

照片18：在平瓦上施加化妆土的工作站。瓦坯通过一个封闭的箱体，在箱体中喷施上化妆土（泥釉）

照片19：瓦的生产，瓦坯在湿状态下进入干燥室之前的码垛

照片20：瓦坯在干燥室中的码垛

照片21：带有循环风机的连续干燥室的内部结构

照片22：室式干燥室。在左边将坯体装入室式干燥室；在右边由卷帘铁门隔离的干燥室进口

照片23：在干燥室的出口处，于焙烧之前由机器人将干燥后的瓦坯码放在H-形匣钵中

照片24：在隧道窑窑车上码放装有干燥后瓦坯的匣钵码垛

照片25：带有窑车位置和温度分布曲线的隧道窑监视菜单的显示器

照片 26：在输送机上的 Monomur 砖。（砌块）坯体
照片 27：从上部看的隧道窑窑顶，在窑顶上安装的燃烧器
照片 28：烧制屋面瓦的隧道窑出口
照片 29：烧制砖的隧道窑出口
照片 30：烧制屋面瓦的辊道窑出口
照片 31：使用自动化设备从窑车上卸出砖垛
照片 32：机器人将成品瓦打成小捆
照片 33：机器人将小捆的成品瓦码放在货（托）盘上
照片 34：在货盘垛上进行捆扎操作之后，货盘在包装线上的移动
照片 35：均热处理工作站（热缩塑料包裹——译者注）
照片 36：装有成品瓦的货盘从链条输送机上取下，储存准备发运
照片 37：在 CTTB 的 Moby Dick，用于屋面瓦防水性能试验的风洞。从被试验的瓦顶下向上看的视图
照片 38：砖上的泛霜
照片 39：成品上的石灰点

书中插入的产品、设备以及生产线照片

照片1：不同类型的装饰砖构件

照片2：不同类型的垂直多孔砌墙砖（砌块）
注：照片1和2来自CTTB。

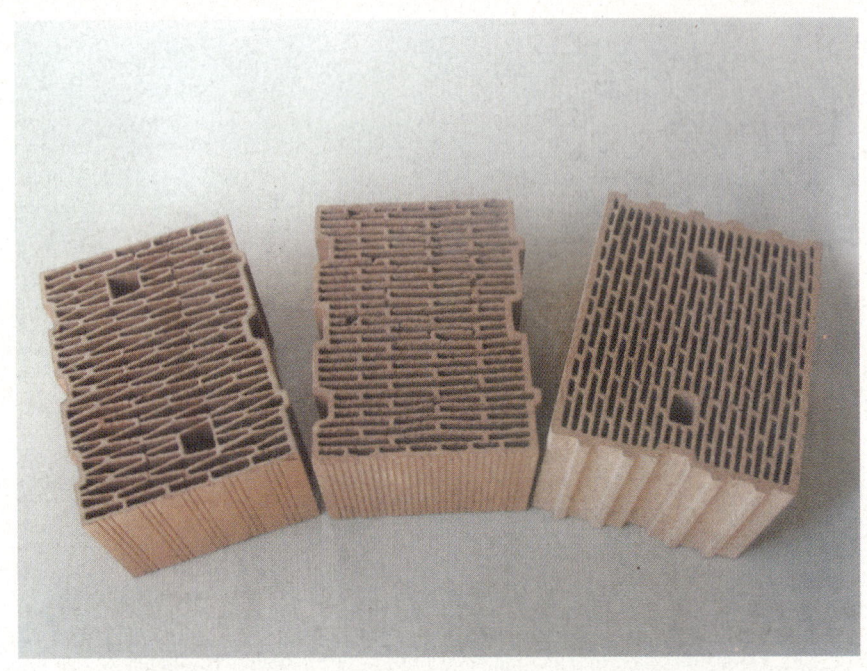

照片3：打磨坐浆面的保温隔热砖（砌块；"Monomur"）

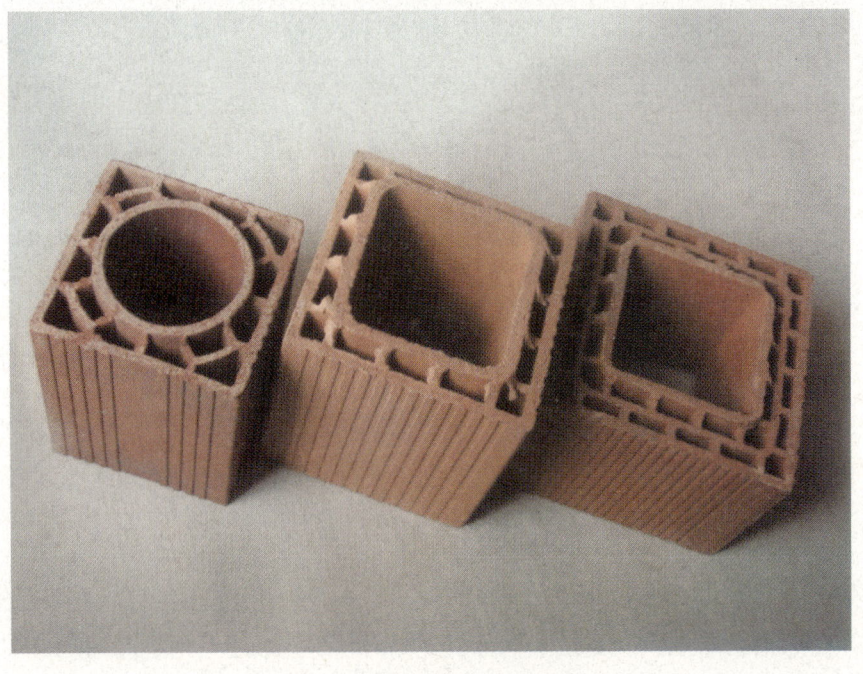

照片4：用于烟囱的烟道砌块
注：照片3和4来自CTTB。

附 录

照片5：砖条、地砖及角砖

照片6：平瓦
注：照片5和6来自CTTB。

照片7：仰俯瓦（阴阳瓦）

照片8：连锁瓦
注：照片7和8来自CTTB。

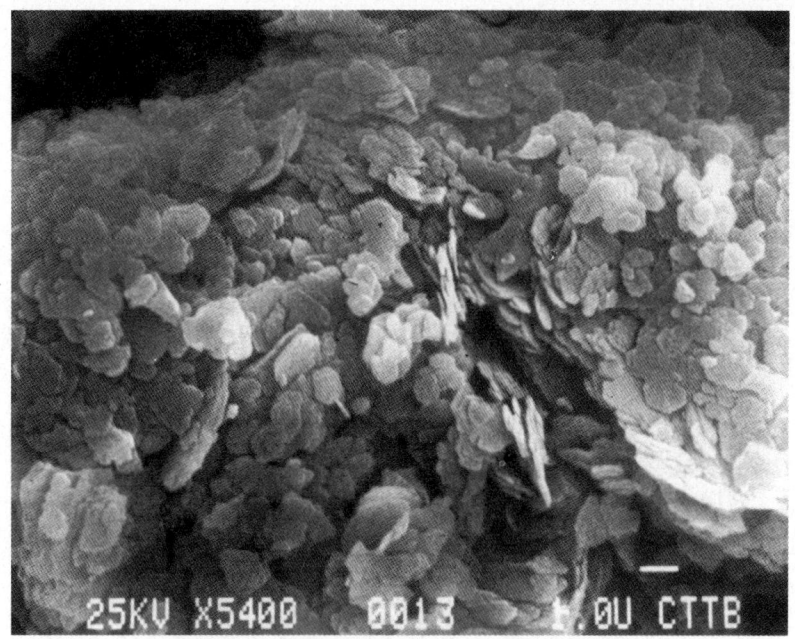

照片9：高岭石的扫描电子显微镜显微照片（×5400）。图中白色线条相应的长度为1μm。六角形的片状结构是明显可见的。

照片10：高岭石的扫描电子显微镜显微照片（×13000）

注：照片9和10来自CTTB（T. Volland）。

照片11：靠近采矿场的烧结砖瓦产品工厂

照片12：从陈化库中取出坯体原材料

照片13：轮碾机。两个碾轮在偏置的轨迹上旋转

照片14：对辊机。坯体原材料从上部喂入，在两个辊子之间被碾练

注：照片11来自Koramic（Lantenne）；照片12来自Lusoceram（GB）；照片13来自Ceric；照片14来自Walser（Ceric）。

附　录

照片 15：固定在挤出机机头上的机口模具

照片 16：挤出机。在照片上部右边一角能够看到
供料机、水平的润湿搅拌机；在照片中部可看到
真空室；在照片下部一角可看到挤出机的泥缸

注：照片 15 来自 BMI；照片 16 来自 Rieter（Ceric）。

照片17：在使用中的挤出机。挤出的泥条用来制造屋面瓦的毛坯，泥条在垂直的方向上挤出，之后在移动中转换成为水平位置

照片18：在平瓦上施加化妆土的工作站。瓦坯通过一个封闭的箱体，在箱体中喷施上化妆土（泥釉）

照片19：瓦的生产，瓦坯在湿状态下进入干燥室之前的码垛

注：照片17和18来自Imerys toiture（St Germer）；
照片19来自Créaton AG。

附 录

照片20：瓦坯在干燥室中的码垛

照片21：带有循环风机的连续干燥室的内部结构
注：照片20来自 doc. FFTB；
　　照片21来自 doc. Ceric。

353

照片22：室式干燥室。在左边将坯体装入室式干燥室；在右边由卷帘铁门隔离的干燥室进口

照片23：在干燥室的出口处，于焙烧之前由机器人将干燥后的瓦坯码放在 H-形匣钵中

注：照片22来自 doc. Ceric；
照片23来自 Créaton AG。

照片 24：在隧道窑窑车上码放装有干燥后瓦坯的匣钵码垛

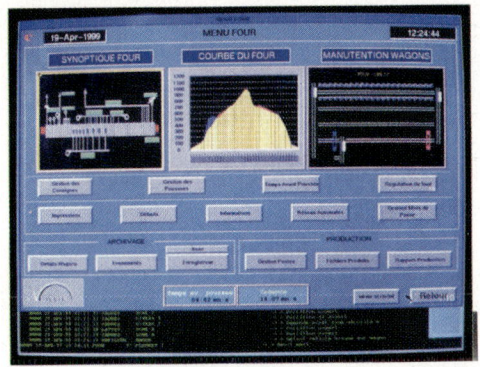

照片 25：带有窑车位置和温度分布曲线的隧道窑监视菜单的显示器

照片 26：在输送机上的 Monomur 砖（砌块）坯体

注：照片 24 来自 doc. FFTB；照片 25 来自 doc. Ceric；照片 26 来自 Juwo。

照片27：从上部看的隧道窑窑顶，在窑顶上安装的燃烧器

照片28：烧制屋面瓦的隧道窑出口

照片29：烧制砖的隧道窑出口

注：照片27来自doc. Ceric；照片28来自doc. FFTB；照片29来自FBM（Dunarobba）。

照片30：烧制屋面瓦的辊道窑出口

照片31：使用自动化设备从窑车上卸出砖垛

照片32：机器人将成品瓦打成小捆

注：照片30来自 Burton GmbH；
照片31来自 Bati Chaouia；照片32来自 doc. CTTB。

照片33：机器人将小捆的成品瓦码放在货（托）盘上

照片34：在货盘垛上进行捆扎操作之后，
货盘在包装线上的移动

注：照片33来自 Imerys toiture（St Germer）；
照片34来自 Bauhütte Leitl-Werke GmbH。

附 录

照片35：均热处理工作站（热缩塑料包裹——译者注）

照片36：装有成品瓦的货盘从链条输送机上取下，储存准备发运

注：照片35和36来自Terreal（Bavent）。

照片37：在 CTTB 的 Moby Dick，用于屋面瓦防水性能试验的风洞。从被试验的瓦顶下向上看的视图

照片38：砖上的泛霜

照片39：成品上的石灰点

注：照片37~39来自 CTTB。

CTMNC

CTMNC is an organisation which supplies technical services on a contractual basis to the heavy clay and to the natural rock industries.

Our benefits:
- Top level teams, customer oriented
- Up to date equipment
- Compliance with european quality standards

Large expertise at your disposal in the roof tile and brick division
- Tests on clays mixtures, heavy clay processes and products
- Optimisation of the production process
- Development of new improved products (bricks and roof tiles)
- Roofs and brickworks design
- Improvement of environmental conditions of plants and quarries
- Training of plant operators, technicians and engineers
- Quality: metrology, quality labeling of products, CE marking

CTMNC, Technical Center for the natural building materials, roof tile and brick division

General Management, 17 rue Letellier, 75017 Paris FRANCE
Tel: + 33 1 44 37 07 10 – Fax: + 33 1 44 37 07 20
Administrative and technical services
200 av. du Gal de Gaulle, 92140 Clamart FRANCE
Tel: +33 1 45 37 77 77
Website: www.ctmnc.fr

GONGLI
山东淄博功力机械制造有限责任公司

助您进入现代化

新一代硬塑真空挤出机＋机器人自动码坯集成系统＋……

  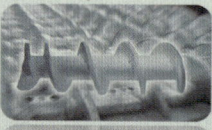 

地址（ADD）：山东省淄博市淄川区昆仑镇昆新路21号　邮编（POSTCODE）：255129
电话（TEL）：0533-5780926　传真（FAX）：0533-5785382
Http://www.sdgongli.com　E-mail：gongli5780926@163.com

GONGLI +ABB
唯一战略合作伙伴

ABB——全球最强大的工业机器人制造商。**功力公司**和**ABB公司**结成唯一战略合作伙伴关系。在中国首次成功地将硬塑挤出成型技术和机器人自动码坯集成技术成套运用于新型墙材生产线，预示着中国砖瓦工业进入了现代化的春天。

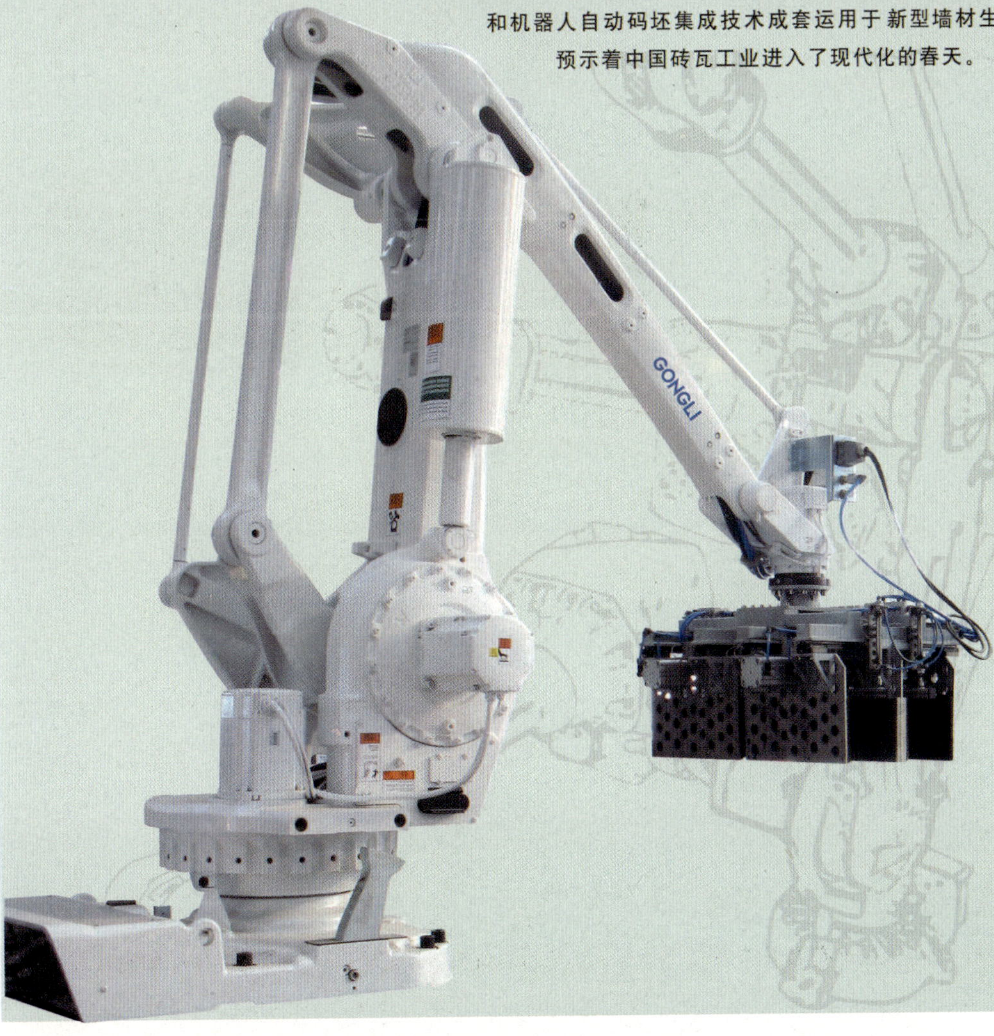

功力真空挤出机生产的砌块

0533—5780926

山东淄博功力机械制造有限责任公司　　地址：山东省淄博市淄川区昆仑镇昆新路21号　邮编：255129

功力真空挤出机生产的砌块

功力公司率先开发了烧结保温隔热砌块成型机,并顺利生产了中国第一块大型烧结保温隔热砌块,拓展研制了多种规格型式的高性能砌块。